Mark Benecke & Lydia Benecke

Aus der Dunkelkammer des Bösen

Weitere Titel des Autors:

Mordmethoden (auch als Audio und E-Book erschienen)
Lachende Wissenschaft
Dem Täter auf der Spur
Mordspuren (auch als Audio und E-Book erschienen)
Warum Tätowierte mehr Sex haben (auch als E-Book erschienen)

Mark Benecke & Lydia Benecke

Aus der Dunkelkammer des Bösen

Neue Berichte vom bekanntesten Kriminalbiologen der Welt

Lübbe

FSC www.fsc.org
MIX
Papier aus verantwortungsvollen Quellen
FSC® C006701

Dieser Titel ist auch als E-Book erschienen.

Lübbe Paperback in der Bastei Lübbe GmbH & Co. KG

Originalausgabe

Textredaktion: Werner Wahls, Köln
Register: Kristina Baumjohann und Saskia Reibe, Köln
Umschlaggestaltung: Gisela Kullowatz
Umschlagmotiv: © Guido Krebs, Wesseling

Grafik Seite 6: © Michael Hutter, Köln
Gestaltung & Satz: Peter Frommann, Köln
Gesetzt aus der Minion Pro
Druck und Einband: CPI – Ebner & Spiegel, Ulm
Printed in Germany

ISBN 978-3-7857-6046-8

10 9 8 7 6 5

Sie finden uns im Internet unter: www.luebbe.de
Bitte beachten Sie auch: www.lesejury.de

www.benecke.com
www.benecke-psychology.com

Inhalt

Unseren Klienten – egal, ob PolizistInnen, Knackis oder Angehörige eines toten Kindes – gewidmet.
Viele von ihnen haben bei der Fallbearbeitung mehr geleistet, als es ihnen irgendjemand jemals zugetraut hätte.
Das ist eindrucksvoll und hält auch uns bei der Stange.

Einleitung

Argh, wie man sich doch irren kann. Nachdem die kleine Trilogie aus den Büchern *Mordspuren* (kniffelige Fälle und Serienmord, oft aus Sicht der Täter), *Mordmethoden* (spannende Ermittlungen, meist aus Sicht der Ermittler) und *So arbeitet die moderne Kriminalbiologie* (biologische Spuren am Tatort) erschienen waren, teilte ich dem Verlag mit, dass ich beim besten Willen keine neuen Themen mehr im Angebot hätte. Auch das Vorschicken der bezaubernden Lektorinnen, eine leckere Dinner-Einladung sowie ein fantastisches Fläschchen Apfelschnaps konnten das nicht ändern.

Das wäre es also gewesen – wenn nicht kurz darauf meine Frau Lydia einen gigantischen Berg Papier vor sich aufgestapelt hätte. Den Inhalt kannte ich: Es war die Akte des Serientäters Luis Alfredo Garavito, der in Kolumbien über dreihundert Jungen zu Tode gefoltert hat. Im Alltag überaus sanft, ja geradezu weichlich, ist mir der in seinen Taten so brutale Mann bis heute vor allem deshalb gut in Erinnerung, weil er bei meinen Besuchen immer die Kaffeetassen vertauschte. Ich kriegte seine, er meine. Immer. Begründung: Sein Kaffee könnte ja vergiftet sein.

Dass ich stürbe, hätte ihm die Gefängnisverwaltung tatsächlich einen Giftcocktail zugedacht, war ihm wurscht. So lernte ich jemanden kennen, der die Gefühle anderer einfach nicht versteht – nicht einmal dann, wenn er sich damit mörderisch unbeliebt macht. Dazu passte auch Garavitos Abschiedsgeschenk an mich: Eine Bibel mit der Widmung: »Gott versteht mich, die Menschen nicht.« Damit hat er vielleicht sogar recht, dachte ich.

»Ist dir eigentlich aufgefallen«, fragte mich Lydia nun, »dass es da einige interessante Tests in der Akte gibt? Du musst sie beim letzten Besuch in Kolumbien durchgeführt haben.«

Nein, das wusste ich nicht mehr. Stattdessen erinnerte ich mich, damals stundenlang vor dem Gefängnis in der glühenden Sonne gesessen und mir dabei meine Füße komplett verbrannt zu haben. Verflucht seien alle Sandalen dieser Welt! Schuld an meinem Fußrückenbrand war eigentlich die Übersetzerin. Sie hatte die Tests morgens mit in den Knast genommen, denn ausgerechnet an diesem Tag musste sie alleine zu unserem Täter: Es war Frauentag, das heißt, nur Frauen durften ins Gefängnis. Ich hatte sie noch angefleht, sich nicht von Garavito umgarnen zu lassen. Acht Stunden und gefühlte zwanzig Flaschen Limo später kam sie wieder. »Er hat so interessant erzählt«, meldete sie fröhlich, »warum hätte ich früher gehen sollen?«

Die Bildertests hatte ich recht zufällig herausgesucht, weil ich mir einfach nicht erklären konnte, warum der von Grund auf nette Mann Dinge getan hatte, die bereits mit einem Mindestmaß an Einsicht dazu führen müssten, dass man sich – anstatt die Taten zu begehen – entweder einweisen lässt oder von einer Brücke springt. Was war in Garavitos Gehirn so anders, dass er Kindern lebend den Kopf abschnitt, während er andere, gefesselte Kinder dabei zusehen ließ? Wie schaffte er es, sogar im Gefängnis unerkannt zu bleiben und von dort unter falschem Namen beinahe wieder freigelas-

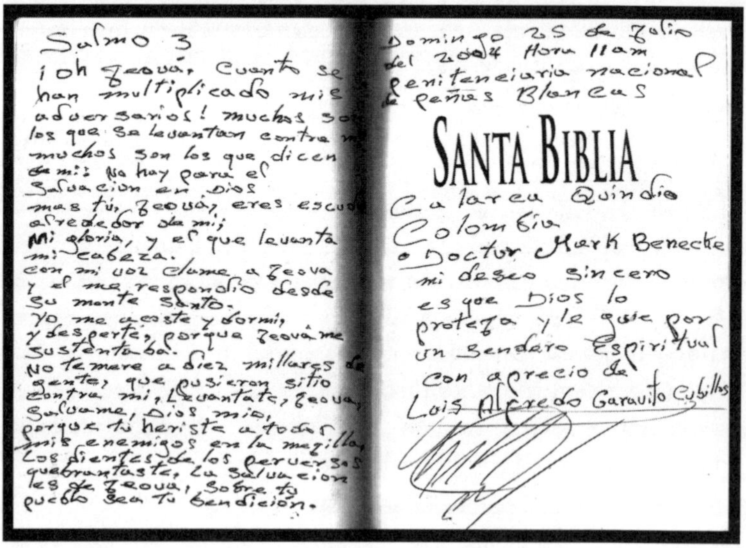

sen zu werden? Wie hatte er das Gericht dazu gebracht, eine Höchststrafe von nur fünfundzwanzig bis vierzig Jahren auszusprechen, wenn selbst der aufgeklärteste Mensch eine lebenslange Sicherheitsverwahrung fordern müsste? Und warum war der örtliche Priester davon überzeugt, dass sein Schäfchen Garavito durch die Taufe zu einem besseren Menschen wurde?

Zwar habe ich auch Psychologie im Nebenfach studiert, aber als herzenstief der Biologie verschriebener Student interessierte mich nicht so sehr die Software des Menschen als dessen harte Verdrahtung mit Nerven- und Sinneszellen. Den Beweggründen eines Serienmörders lässt sich so aber nicht auf die Spur kommen.

Kurz gesagt, der Fall Garavito steckte damals fest. Ich wusste nur absolut nicht, wo. Weil ich im Denken sehr schlicht, im Rumprobieren aber umso größer bin, hatte ich daher einfach den Stapel Tests eingepackt, bei dem die Aufgaben aus simplen Bildern bestehen (siehe Abb. unten). Ich dachte, das würde eventuell die Kommunikation mit Garavito erleichtern. Leider fiel auf das für den Besuch festgelegte Datum der erwähnte Frauentag. Die Auswertung des Tests hatte ich danach offenbar aufgrund meines von Limo erweichten Hirns und der durchaus nagenden Sorge um die beim Besuch des Serientäters verschollene Übersetzerin aus den Augen verloren.

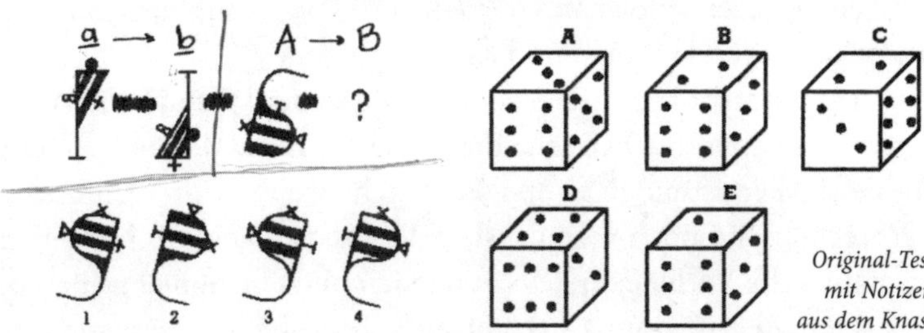

Original-Test mit Notizen aus dem Knast

»Das ist ja lustig«, sagte Lydia mit ihrem Stirnrunzeln, das aus einer ganz anderen Welt kommt. »Hast du dir wirklich nie Gedanken darüber gemacht, dass Psychologen solche Täter begutachten und beschreiben? Und dass dafür dieselben Regeln gelten, die auch ein Naturwissenschaftler anwendet: Vorhersagbarkeit und Nachprüfbarkeit?«

Nein, hatte ich nicht. Wer Sperma, Blut, Drogen und Insekten einsammelt und ordentlich beschriftet, macht sich eben keine Gedanken um vermurkste Lebensläufe. Das sollte sich ändern.

Wir durchforsteten fortan Zeitungen, Artikel und meine eigenen Fälle nach den »missing links«, also den seelischen Beschreibungen der Täter. Das machte so viel Spaß, dass ich sogar einige meiner Vorträge entsprechend umbaute. Ergebnis war, dass wir ganz neue Nachfragen aus dem Publikum erhielten – von Opfern, Tätern, Angehörigen und Informanten. Es war überwältigend. Die Vorgänge, wie sie in der modernen forensischen Seelenkunde erforscht werden, waren großteils unbekannt. Nicht nur mir, sondern auch den meisten Zuschauern.

Deshalb haben wir einige der spannendsten Fälle hier aufgeschrieben. Die psychologischen Teile des Buches stammen von Lydia, das Übrige von mir. Dass der Stil dabei ein wenig wechselt, ist gewollt. Genau so reden wir mit den Klienten – jeder ein bisschen anders und mit verschiedenen Schwerpunkten und Sichtweisen, aber dennoch als Team, das hinterher alles zu einem hoffentlich stimmigen Gesamtbild zusammenfügt. Deswegen haben wir auch kleine Zusatztexte eingebaut, in denen Sie neben Gesprächen mit einigen unserer Informanten auch am Wegesrand unserer Forschungen liegende Blüten und Kräuter finden.

Dieses Buch war übrigens eine Höllenarbeit, für die wir vieles hintenanstellten. Bücher scheiben ist keine romantische Tändelei für nette Abendstunden … erst recht nicht, wenn es um vermurkste Verbrechen und noch vermurkstere Verbrecher geht. Es hatte aber zwei hübsche Vorteile. Erstens ärgere ich mich nicht mehr über Taten, die meiner Meinung nach eigentlich nie hätten passieren dürfen, denn in den meisten Fällen habe ich jetzt verstanden, warum es so kam, wie es kam. Schön war diese Einsicht nicht. Aber, wie der Kölner sagt: »Et is, wie et is.« Zudem: Was man versteht, lässt sich vielleicht auch ändern. Das gilt auch für Erkeimendes in der Dunkelkammer des Bösen.

Zweitens geht unsere kriminalistische Buchserie nun also doch mit einem neuen Blickwinkel weiter, den Sie so garantiert nirgendwo aufbereitet finden. Wir schließen Türen auf, von denen selbst ich nichts geahnt hätte, wenn mich meine Frau nicht zu psychologischen Kongressen und schmutzigen Gerichtsverhandlungen geschleppt sowie allerhand neue Forschungsarbeiten ausgegraben hätte, die Sigmund Freud prähistorisch aussehen lassen.

Außerdem muss ich unserem stets neugierigen Publikum bei öffentlichen Veranstaltungen danken. Ihre Nachfragen sind es, die uns immer wieder darüber nachdenken lassen, ob ein Fall wirklich so abgelaufen sein kann, wie es »alle« meinen. Ergebnis davon ist beispielsweise der Baukasten für Straftäterseelen, den Lydia Ihnen hier vorstellt.

So entstand eine Sammlung von Kriminalfällen, die wir nicht nur spannend finden, sondern die teils nicht nur das Leben der Betroffenen, sondern auch das unsere verändert haben. Wer sich eher für technische Einzelheiten der Fälle interessiert, surft einfach die kostenlose und werbefreie Webseite »benecke.com« an, wo auch Spezialartikel ohne Registrierung und Schnickschnack gratis aufrufbar sind. Muss aber nicht sein – Sie halten ja das deutlich unterhaltsamere Buch in Händen.

Also: Viel Spaß beim Lesen.

Mark Benecke
Köln, im Mai 2011

KAPITEL 1

HITLERS ZÄHNE

Es war unglaublich kalt. So kalt, dass mir zum ersten Mal im Leben der Schädelknochen einzufrieren drohte, mir die Ohren fast abfielen und ich mir nichts dringender herbeisehnte als eine winddichte Mütze mit möglichst großen Schlappohren. Egal, wie doof die aussehen würde.

Wir standen am Roten Platz, am Hintereingang des Kreml. Ein sehr netter, aber etwas zauseliger Mann in hellblauer Polyesterfluffjacke – von unserem »Fixer« (von engl. »to fix«: etwas richten) zweifellos großzügig bestochen – begrüßte uns und führte uns in die Kellerräume. Ich staunte: Alles, wirklich jede Ecke und jeder Winkel, stand voller Lenin-Nippes. Große und kleine Büsten – teils verhüllt, damit der Staub der Zeit sie nicht zerfressen möge, teils aber auch wie soeben erst aufgestellt – duckten sich in gedeckten Farben unter endlose Regalreihen und Kellerdecken (siehe Abb. unten).

Ein Schrank kam mir besonders seltsam vor. Er war als einziger versiegelt, allerdings nur mit einer billigen Schnur. Dieses Siegel hätte ich sogar mit meinem Taschenmesser vorsichtig lösen und dann wieder ankleben können. Es interessierte aber offenbar eh

Aus irgendeinem Grund steht der gesamte Keller des Kreml noch voller Lenin-Statuen. Stalin hingegen scheint ungeliebt – von ihm findet sich dort überhaupt nichts mehr.

Das geheimnisvolle Einheitsbild im KGB (FSB) stellte sich als Deckel einer Pralinenschachtel heraus.

niemanden. Auf die Frage, was in diesem Schrank »versiegelt« sei, bekam ich die Antwort: »Das sind Stalins persönliche Gegenstände … seine Pfeife und so was.« Der zumindest für meine Augen laxe Umgang mit solchen sonst oft in Staatsmuseen ausgestellten Dingen verwirrte mich. War nicht sogar Helmut Kohls Strickjacke ein bewundertes Ausstellungsstück im Bonner Haus der Geschichte? Gehörten da die persönlichen Gegenstände von zumindest nach außen hin maßlos übersteigert verehrten Führungsgestalten nicht auch entweder in eine Hochsicherheitskammer oder hinter Panzerglas?

Doch wohin wir auch kamen, es war überall das Gleiche: Der Eingang des Staatsarchivs wurde von einem vielleicht siebzehnjährigen Soldaten bewacht, und in der Geheimdienstzentrale hingen keine Gemälde an der Wand, sondern die – allerdings sehr hübschen – Deckel von Pralinenschachteln. Auch das Rauchverbot im KGB war nicht ganz ernst zu nehmen: Das Schild hing falsch herum, sodass der Qualm nach unten zog. Ich steckte mir also erstmal eine Pfeife an (meine eigene, nicht die von Stalin) und überlegte.

Das Ziel unserer Tour durch Moskau war es, Dinge zusammenzutragen, die noch nie zuvor und auch später nie wieder ein Forscher so detailliert untersuchen durfte. Dazu gehörten neben

Mit National Geographic *auf dem Roten Platz vor dem Lenin-Mausoleum. Weil wir sowieso in Moskau waren, schauten wir uns gleich noch Lenins Leiche an und sprachen mit seinem Präparator. Ereignisse wie diese sind der Grund, warum die Arbeit mit JournalistInnen so viel Spaß macht. Auch wenn man damit entgegen landläufiger Meinung nichts verdient: Man sieht dafür Dinge, die einem sonst für immer verschlossen blieben.*

einem Schädelstück aus dem Hof des Führerbunkers vor allem die angeblichen Zähne Hitlers. Uns wurden aber auch eine Art Entgiftungsbox, die Pistolen von Goebbels und Hitler, die Lehne des Sofas, auf dem sich die Hitlers erschossen hatten, und – für mich am interessantesten – die handschriftlichen Originalerinnerungen einiger Personen aus dem Führerbunker vorgelegt. All das war in mehreren Instituten verstreut. Die wenigen Kollegen, die Zugang zu den Beweisstücken hatten, durften oft nur alte Schwarz-Weiß-Fotos ansehen oder ohne Kamera einen raschen Blick auf die Gegenstände werfen. Selbst der KGB-Agent, der mir half, kannte nur die Gegenstände aus seiner Behörde, nichts anderes.

Im Laufe der Jahre kamen noch weitere spannende Fundstücke hinzu, beispielsweise die Röntgenbilder von Hitlers Kopf, als er noch lebte. Das alles geschah auf teils sehr abenteuerlichen Wegen, wie ich gleich berichten werde. Wer sich mit Hitler einlässt, und sei es nur mit seinen Überresten, braucht neben starken Nerven auch reichlich Widerstandskraft gegen Verfolgungswahn.

Ein Schädel ohne Zähne

Doch zurück zum eiskalten, spiegelglatten Roten Platz. Nachdem das Team von *National Geographic* dort mit mir den Keller voller Lenin-Figuren angeschaut und gelernt hatte, dass hier einiges anders aufbewahrt wird als erwartet, gelangten wir zum Lenin-Mausoleum. Ich war mir nicht ganz sicher, was das mit Hitler zu tun haben sollte, ließ mich aber überraschen. Und wirklich – der Präparator von Lenins Leiche, mit dem wir am Vorabend gesprochen hatten, berichtete nun von seinem gefährlichen Job. Je nachdem, welcher politische Wind gerade wehte, war es mal besser und mal schlechter gewesen, die Leiche des eigentlich verehrten Staatslenkers zu pflegen. Auch hier lernte ich also etwas: Nämlich dass politische Strömungen keineswegs so nachvollziehbar verlaufen, wie ich mir das als Biologe mit einem guten Schuss Naivität vorgestellt hatte. Dass dieses Alarmlicht (»Achtung, es könnte alles anders sein, als es scheint«) nun auch für mögliche Hintergründe unserer Schädeltour angeschaltet war, half mir bei unserer nächsten Station, dem Staatsarchiv.

Das Merkwürdige dort war nämlich, dass es sich um eine nichtgeheimdienstliche Organisation handelt. Warum also sollte Hitlers Schädel dort liegen? Schließlich hatte der militärische Geheimdienst Smersch (Смерш) die beiden verkohlten Hitlers (Adolf und

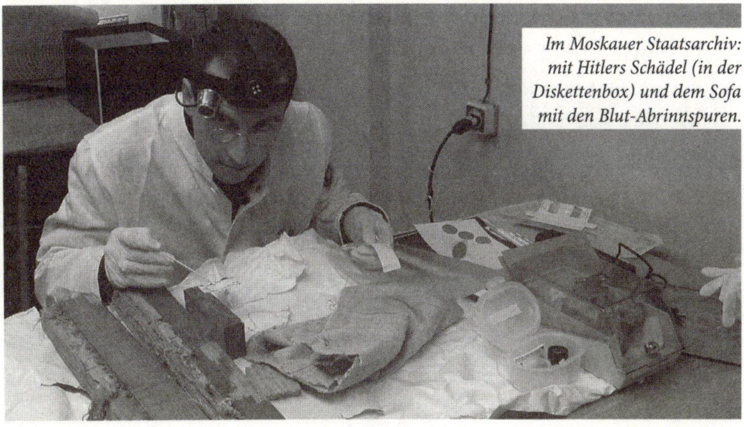

Im Moskauer Staatsarchiv: mit Hitlers Schädel (in der Diskettenbox) und dem Sofa mit den Blut-Abrinnspuren.

Eva) aus ihrem flachen Erdloch ausgebuddelt. Hierzulande ist der Smersch höchstens aus den James-Bond-Romanen *Casino Royale, Leben und sterben lassen* und *Goldfinger* bekannt – Bond hat dort eine Rechnung mit dem Smersch offen, weil ihm Agent »Le Chiffre« alias »Die Nummer« das russische Zeichen »Sha« (ш) für »Spion« in die linke Hand schnitt. In den Filmen heißt die Einheit allerdings nicht Smersch, sondern »S.P.E.C.T.R.E.«. Der geheime Dienst war aber trotz dieser scheinbar harmlosen Romanverwurstung gewiss nicht so leutselig, Beweisstücke ans öffentlich zugängliche Staatsarchiv durchzureichen. Wenn schon das bloße Erhalten von Lenins Leiche den Präparator mehrfach fast vor ein Erschießungskommando gebracht hätte, was würde dann wohl mit Smersch-Agenten passieren, die ein solch bedeutendes Beweisstück einfach an die Öffentlichkeit auslagern?

Wie gut, dass wir einen Historiker im Team hatten. Wer dieser Mann wirklich war, habe ich erst später erfahren … für mich war er zunächst einmal der einzige Historiker, den ich überhaupt kenne. Tatsächlich ist Gerhard Weinberg derjenige Mann, der nicht nur Hitlers angebliche Tagebücher untersuchte, sondern der auch die vielleicht beste Gesamtschau des Zweiten Weltkrieges geschrieben hat (*A World at Arms*, dt. *Eine Welt in Waffen*, Stuttgart 1995). Beim Abendessen erzählte mir Weinberg zwei Dinge, die dank meines nun aktivierten Nichts-Ist-Wie-Du-Denkst-Spinnensinns sogar zu mir durchdrangen:

Erstens: Stalin wollte Hitler, um es propagandamäßig ausschlachten zu können, unbedingt als weinerliches Weichei sterben lassen, das sich – O-Ton – »wie ein Weib« vergiftet und nicht wie ein Offizier erschossen hatte.

Zweitens: Hitler hatte fürchterliche Angst davor, als Lebender oder als Leiche durch Moskau gezerrt zu werden. Vielleicht hatte er dabei Bilder von römischen Feldherren vor Augen, die besiegte Führer in der Tat so vorführten. Das war auch der Grund, warum Hitler befahl, seine Leiche zu verbrennen.

Konnte es sein, dass der Geheimdienst die ewigen Lügen Stalins hintertreiben wollte? Denn der Kremlchef wollte angeblich weder wissen, ob sein verhasster Gegner Hitler überhaupt tot sei, noch, wohin er im Falle des Überlebens verschwunden sein könnte. Selbst der Befreier Berlins, Marschall Georgij Schukow (Žukov) musste auf Geheiß Stalins im Juni 1945 Journalisten in Berlin mitteilen: »Wir haben keinen Leichnam gefunden, der als Hitler identifiziert werden konnte. Er mag im letzten Augenblick mit einem Flugzeug entkommen sein.«

Auch Stalin selbst erzählte auf der Potsdamer Konferenz amerikanischen Lunchgästen einen Monat später, Hitler sei noch am Leben und habe sich möglicherweise nach Spanien oder Argentinien abgesetzt. (Dort soll er nach Meinung von Verschwörungstheoretikern im Jahr 1985 im Alter von sechsundneunzig Jahren gestorben sein.) Durch diese Propagandalüge Stalins entstanden die noch heute umlaufenden Gerüchte, Hitler sei in Japan, Skandinavien, Argentinien oder auf dem Mond anzutreffen.

Stalin blieb bei seiner hirnverbrannten Darstellung – hirnverbrannt deshalb, weil seine Diplomaten und Agenten durch die Geschichte in schwere Bedrängnis kamen. Kurz zuvor hatten sie nämlich noch die Version vertreten müssen, dass der tote Hitler gefunden worden sei. Man druckte sogar das Foto einer unverbrannten »Hitlerleiche« und produzierte ein Filmchen davon. Beides musste nun wieder zurückgezogen werden. Das war eine der ganz wenigen Propagandaaussagen Stalins, die er rückgängig machte und durch eine neue Story ersetzte. Was allerdings vollkommen sinnlos war. Denn alle Überlebenden aus dem Führerbunker – zuletzt lebten dort noch etwa zweihundert Menschen – hatten getrennt voneinander und vor verschiedenen Mächten und in allen Details übereinstimmend berichtet, Hitler habe sich erschossen und seine Leiche sei vor dem Führerbunker verbrannt worden. Stalin wusste also genau, wo Hitler war, wie seine Leiche aussah und, damit einhergehend, dass er tot war (siehe Box: Hitlers Grab, S. 51). Auch alle internationalen Zeitungen berichteten von Hitlers Tod, und schon am 1. Mai 1945 hatten Stalins Truppen aus Berlin Hitlers Tod gemeldet. Das berichteten mir übereinstimmend sowohl die Übersetzerin von General Schukow, als auch

Lew Bezymenskij, Dolmetscher und Aufklärungsoffizier (also Agent) ebenfalls für Schukow. Die Nachricht an Stalins Sekretär lautete:

»Genosse Stalin. Bei einem Posten der 8. Gardearmee meldete sich der Chef des Generalstabs der Infanterie, General Kreps (gemeint ist Hans Krebs, letzter Generalstabschef des Heeres; er suizidierte sich wenig später im Führerbunker, nachdem Stalin keine Verhandlungen, sondern nur die Kapitulation annehmen wollte, M.B.), der Folgendes berichtete: Am 30. April um 15.50 Uhr Berliner Zeit setzte Hitler durch Selbstmord seinem Leben ein Ende.«

Schukow berichtete später, dass Stalin auf diesen Anruf geantwortet habe: »Hat der Lump ausgespielt! Schade, dass wir ihn nicht lebend erwischt haben.«

Das sowjetische Propagandachaos wurde also immer größer und lächerlicher. Dennoch widersprach niemand aus der Sowjetunion der Darstellung, dass Hitler angeblich geflohen sei. Stalin war bekannt dafür, Menschen anderer Meinung rasch ermorden zu lassen – Hunderttausende solcher Auftragsmorde sind bekannt.

Kein Wunder, dass sogar das erste Buch über Hitlers Tod aus der Sowjetunion nur unter der Bedingung erscheinen durfte, dass ausdrücklich auf einen Bittermandelgeruch und Glassplitter von einer Giftampulle zwischen Hitlers Zähnen hingewiesen wurde. Diese Darstellung folgte dem damals unveröffentlichten Sektionsbericht vom 8. Mai 1945 aus dem Leichenschauhaus der Kliniken in Berlin-Buch. Darin hatte Rechtsmediziner Faust Schkarawski (den schicken Vornamen erhielt er, weil sein Vater Goethe-Liebhaber war) zusammen mit dem Chefanatom der Roten Armee, N. A. Krajewski, festgestellt:

»Das Vorhandensein der Überreste einer zerdrückten Glasampulle in der Mundhöhle (…) der ausgeprägte Bittermandelgeruch (…) und die gerichtschemische Untersuchung der inneren Organe, wobei Zyanverbindungen festgestellt wurden, (…) gestatten der Kommission, den Schluss zu ziehen, daß der Tod in diesem Fall durch Vergiftung mit Zyanverbindungen verursacht wurde.«

Autor des Buches, in dem der Obduktionsbericht dann 1968

erstmals erschien, war Lew Bezymenskij. Er bezog sich wegen der vom KGB vorgegebenen Linie nur auf die Giftpassage des Sektionsberichtes, nicht aber auf eine mögliche Ausschussöffnung im Schädel. Als ich im Jahr 2001 mit ihm sprach, regte ihn die ganze Sache noch so auf, dass er fast ohnmächtig wurde und wir das Interview unterbrechen mussten. Im Jahr 2007 starb er. Er lebte zuletzt in einer mit Büchern randvoll gestellten Wohnung in einem überheizten Moskauer Wohnblock. Die Heizungstemperatur war nur zu regeln, indem man die Fenster öffnete oder schloss. Es war eine unwirkliche Welt.

Ob die Glassplitter tatsächlich im Mund von Hitlers Leiche lagen oder nicht, wollte Bezymenskij selbst am Ende seines Lebens nicht endgültig entscheiden. Er hielt die Geschichte mit der Giftampulle aber für eher korrekt und erzählte mir, dass der Kopfschuss seiner Meinung nach aus politischen Gründen unter den Tisch fallen musste. Diese Aussage – dass Hitler durch einen Schuss starb – deckt sich nicht nur mit den Berichten aller Zeugen aus dem Führerbunker, sondern vor allem auch mit der Schilderung Johann Rattenhubers, dem Leiter des »Kommandos zum Schutz des Führers«. Er berichtete allerdings seltsamerweise, dass Hitler sich nicht selbst erschossen habe, sondern dies seinen persönlichen Adjutanten bzw. Diener Otto Günsche habe erledigen lassen. Ich bin mir da nicht so sicher, denn die Schussrichtung, eher von unten als von der Seite, ist für eine Erschießung durch andere sehr ungewöhnlich.

Aber Bezymenskij hatte dieselbe Erfahrung gemacht wie ich: Wo Agenten ihre Finger im Spiel haben, wird das Forschen schwierig – nur war es in seinem Fall auch lebensgefährlich. Er hielt sich in seinem Buch an das, was ihm vorgelegt und angeraten wurde.

Für mich ergab sich aus der Zusammenfassung aller Gespräche, Akten und Erinnerungen, dass Hitler sich vergiftet *und* erschossen hat. Solch ein merkwürdiger Doppel-Freitod ist technisch problemlos möglich, weil Zyankali erst nach einer halben Minute oder – je nach Menge – auch noch später zum Tod führt. So bleibt genug Zeit, um noch eine Pistole abzudrücken.

Eigentlich konnten sich die Hitlers sicher sein, dass das Gift wirken würde, denn sie hatten kurz vorher die Wirkung an Hitlers geliebter Schäferhündin Blondi und ihrem Sohn Wolf ausprobiert. Die beiden Tiere starben am Gift. Doch wer konnte schon wissen, ob bei Hitlers Kapsel nicht ein Herstellungsfehler aufgetreten war? Oder ob das Gift bei einem schwereren Körper als dem eines Hundes genauso schnell wirkte? So fiel wohl der Entschluss, dass nur Gift plus einem Schuss – der alleine mit viel Pech ebenfalls nicht hundertprozentig zum Tod führen musste – den gewünschten sicheren und schnellen Tod bewirken würden. Die Rechnung ging auf und Hitler starb.

Archivwechsel

Während wir das Schädelstück also mithilfe der Abteilungsleiterin herauskramten, fragte ich mich, ob irgendjemand mit schwindender Macht Stalins ein Informationsleck schaffen wollte. Denn eine Austrittsöffnung an Hitlers Schädel würde jedem klarmachen, dass er sich auf jeden Fall erschossen hatte. Damit wäre das Thema der »weibischen« Vergiftung vom Tisch gewesen.

»Wie also«, fragte ich die Archivarin, »sind Sie eigentlich auf das Schädelstück gestoßen?« »Ganz einfach«, sagte sie. »Eines Tages kamen hier KGB-Agenten mit einer Bibliotheks-Kiste vorbei. Auf der stand deutlich lesbar ›Operation Mythos‹. Da wir mit geheimdienstlichen Dingen immer vorsichtig waren, haben wir die Kiste einfach in eine Ecke gestellt. Dort stand sie dann erst einmal herum.«

Diese Geschichte, so eigentümlich sie sich auch anhören mag, konnte ich gut nachvollziehen. Denn dass man in den chaotischen, vernachlässigten Krimskrams-Bergen des Archivs eine suspekte Kiste leicht verschwinden und von der auch sonst dort herrschenden Staubschicht bedecken lassen konnte, das konnte ich vor Ort gut erkennen.

Auch der frühere Direktor des Staatsarchivs, Sergei Mironenko, kennt das: »Ganz reibungslos geht es hier wirklich nicht vonstatten. Alleine im Jahr 1993 wurden uns beispielsweise dreihunderttausend Aktenordner übergeben. Für die KGB-Archive ist die Zusammenarbeit auch nicht ganz einfach. Boris Jelzin hatte deren Neuordnung befohlen, aber manche der örtlichen KGB-Dienststellen tun sich mit der Übersendung ihrer Unterlagen an uns schwer. Der zentrale Apparat ist behäbig. Immerhin gibt es aber schon einen Leseraum im Zentralarchiv des Ministeriums für Sicherheit. Das Ganze ist noch nicht vollständig gelöst, aber wir haben einen Anfang gemacht.« Es gab sogar eine Fernsehserie über – so der Titel der Show – *Archivmysterien* des Staatsarchivs. Sie lief in den Jahren 2000 und 2001 auf dem staatlichen russischen Sender RTR.

Der filmreife Codename Operation Mythos« ist also gar nicht so verrückt. Wer zudem hin und wieder mit Schlapphüten – so unsere interne Bezeichnung für Agenten aller Art – zu tun hat, kennt die bei ihnen manchmal herrschende Vorliebe für betont unauffällige oder geheimnisvolle Tarnnamen und Vorgangsbezeichnungen. Bis hierhin konnte die Geschichte von der mythischen Operation also stimmen. Die Frage war allerdings, ob in guter alter Agentenmanier nicht eine weitere, tiefere Täuschung und Lüge dahintersteckte.

»Einige Jahre später«, erzählte die Archivarin weiter, »öffneten wir die bis dahin herumstehende Kiste endlich. Darin lag ein Knochenstück und ein Zettel, auf dem stand: ›Stammt von Hitler‹. Für uns war das nicht sonderlich spannend. Das einzige Mal, dass sich jemand dafür interessiert hat, war bei einer Ausstellung in Moskau, auf der wir das Fragment zeigten. Wenn Sie wollen, könnten Sie es nach Deutschland mitnehmen und dort ausstellen. Was meinen Sie dazu?«

Ich biss mir auf die Lippe, weil ich nicht lachen wollte – eine Ausstellung mit dem Schädel Hitlers in Deutschland, das wäre vermutlich wirklich ein Erfolg. Fragte sich nur, welche Zuschauer diese Show anziehen würde …

Mittlerweile stand das Schädelstück vor mir. Es lag, fein gebettet auf einige Taschentücher und ein Stückchen dünnen Schaumstoffs, in einer antiken Diskettenbox.

Die Diskettenbox, in der Hitlers Schädel lagert. Man beachte das solide Schloss.

Das Erste, was mich am Schädel wunderte, war die wirklich deutlich erkennbare Ausschussöffnung. Beim Ausschuss bildet sich fast immer ein Trichter im Knochen – aber auf der Außenseite, also der Seite, aus der das Projektil zuletzt ausgetreten ist. Das leuchtet zunächst nicht ein, ist aber eine Tatsache, die auf fast alle Schädeldurchschüsse zutrifft. Hier gab es nichts zu diskutieren: Diese Person war mit großer Sicherheit erschossen worden.

Es fragte sich nur, ob diese Person Hitler war. Diese Frage wurde kürzlich noch einmal spannend, als die DNA desselben Schädels getestet wurde und angeblich von einer Frau stammte. Der Vizechef der russischen Staatsarchive, Wladimir Koslow, meldete daraufhin, das Schädelfragment sei sowieso bloß als »vermutlich zu Hitler gehörend« eingestuft worden und eh erst ein Jahr nach Hitlers Tod gefunden worden. Doch diese Informationen lagen uns damals noch nicht vor. Ich puzzelte also das, was ich wusste, zusammen:

- Hier lag ein angesengtes Schädelstück. An den Rändern platzten – ursprünglich hitzebedingt – kleine Plättchen ab. Hitlers Leiche war verbrannt worden. Passte.
- Das Fragment bestand aus zwei Teilen, die auf der Innenseite mit Knete zusammengeklebt waren. Diese Stücke sahen so aus wie Einzelstücke, die auch auf einem alten Foto aus dem Staatsarchiv zu sehen waren. Das passte also auch.
- Das zusammengepappte Schädelstück lag in einer absurden Diskettenbox und wurde von Hinz und Kunz mit bloßen Händen an-

gefasst. Passte, weil Hitler ein viel kleineres Problem für die Sowjets war als Stalin. Seine Überreste wurden also nicht mit einer Mischung aus Schuldgefühl und heimlicher Bewunderung aufbewahrt, sondern einfach als der Schädel eines Gegners.

Wie zur Bestätigung fand die Archivarin das Ganze so unspannend, dass sie um Schlag sechzehn Uhr ihr mit süßen Hundepostern und toten Pflanzen verschönertes Büro verließ, uns den Schlüssel in die Hand drückte und nach Hause schlenderte.

Wir kramten noch eine Sofalehne hervor. An ihr war eine Abrinnspur zu erkennen, die wahrscheinlich von Blut stammte. Das konnte man allerdings nicht mehr sicher erkennen, weil die Spur völlig verblichen war und daher auch der Blutschnelltest nicht mehr anschlug.

Die Sofalehne stimmte mit dem in den alten Untersuchungsakten abgebildeten Sofa überein. Das wiederum stand im Zimmer im Führerbunker, in dem sich die Hitlers umgebracht hatten.

Wir näherten uns dem Ziel.

Allerdings wurde der überaus entspannte Umgang mit den Spuren zum Problem. Zwar konnten wir im Archiv so ziemlich

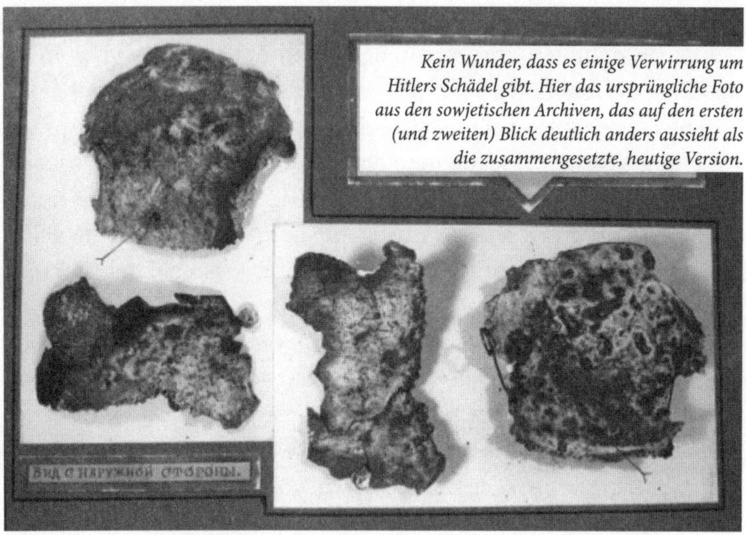

Kein Wunder, dass es einige Verwirrung um Hitlers Schädel gibt. Hier das ursprüngliche Foto aus den sowjetischen Archiven, das auf den ersten (und zweiten) Blick deutlich anders aussieht als die zusammengesetzte, heutige Version.

Die Sofalehne aus dem Führerbunker. Deutlich erkennbar: die Abrinnspuren des Blutes.

alles machen, was wir wollten, doch fielen mir zur Prüfung der Frage, ob der Schädel nun echt sei oder nicht, nur drei Möglichkeiten ein: Entweder wir gewönnen Erbsubstanz daraus und verglichen sie mit Gewebe, das auf jeden Fall von Hitler stammte. Oder wir glaubten die Agentengeschichte. Oder wir fragten jemanden, der dabei war.

Die letzte Option stellte sich als fruchtlos heraus. Zwar sprach ich einige Agenten an, die meinten jedoch allesamt, dass ich doch der Wissenschaftler sei, nicht sie. Von den Smersch-Leuten konnten wir niemanden mehr auftreiben, und die KGB (heute FSB)-Agenten waren selber ratlos. Kein Wunder: Das Schädelstück hatten sie noch nie gesehen. Es lag ja im Staatsarchiv.

Möglichkeit zwei wäre, wie gesagt, gewesen, die Geschichte einfach zu glauben. Das wäre mir in diesem Fall gar nicht so schwer gefallen, denn es ging ja nicht um eine Gerichtsverhandlung, sondern eher um ein eichhörnchenhaftes Zusammentragen von Informationen, die wir erst später sortieren wollten.

Doch was war mit der DNA? Wie sich zeigte, war diese normalerweise bombensichere Lösung die schwierigste, und wir ärgern uns bis heute damit herum. Warum, das erfahren Sie im folgenden Abschnitt.

DNA hilft ... nicht immer

Neben normalen Fingerabdrücken, die schon seit 1904 in Deutschland verwendet werden, sind genetische »Fingerabdrücke« – seit etwa 1990 – die wichtigsten spurenkundlichen Ermittlungshilfen. Dabei wird die Erbsubstanz vom Fundort in einen Strichcode verwandelt, der für jeden Menschen einmalig ist. Einzige Ausnahme sind eineiige Zwillinge, die denselben forensischen Strichcode haben. Das spielt hier aber keine Rolle, weil Hitler keinen eineiigen Zwilling hatte.

Es wäre also problemlos möglich, die DNA aus dem zweifelhaften Hitlerschädel mit einer anderen, sicher von ihm stammenden Probe zu vergleichen, beispielsweise einer Zahnbürste, an der Erbsubstanz haftet, oder einer Briefmarke, die Hitler abgeleckt hat, oder einem Haar von seinem Kopfkissen. Sogar eine Mütze, die er getragen hat, würde genügen, um daraus einige Zellen auszuschütteln oder einen Fleck auszuschneiden, der durch Schweiß oder Blut entstanden ist. Fast immer sind in diesen Flüssigkeiten Hautzellen mit genügend DNA enthalten; bei Blut wäre das Problem am geringsten, da selbst im kleinsten Tropfen noch Hunderte weißer Blutzellen schwimmen. Diese trocknen dann auf der Unterlage,

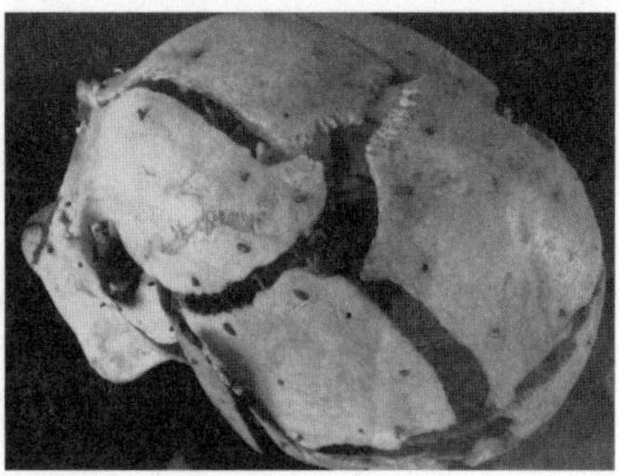

Der menschliche Schädel ist an »Nähten« zusammengewachsen (vgl. S. 38). Je älter ein Mensch ist, desto fester sind diese Verbindungen; bei kleinen Kindern sind die »Nähte« noch sehr locker. Hier ein mit aufquellenden Erbsen »gesprengter« Schädel im Institut für Rechtsmedizin in Bukarest.

was der Erbsubstanz meist nicht schadet. Und bereits eine Zelle würde genügen …

Leider hatte Hitler aber eine Marotte. Er wollte seine Erbsubstanz um keinen Preis irgendwo hinterlassen und tat dies auch nicht. Nicht eine einzige Locke klebt in einem Tagebuch, keine Träne wurde aufgefangen, keine von ihm angeleckte Briefmarke ist bekannt. Selbst eine Zahnbürste oder ähnliche Gegenstände wurden nicht aufgefunden – zumindest habe ich nichts dergleichen beim KGB gesehen und bis heute auch nichts darüber gelesen.

Normalerweise ist das Fehlen solcher Überreste überhaupt kein Problem, denn die Erbsubstanz heißt ja so, weil sie vererbt wird, also in den Nachkommen eines Menschen in ähnlicher, berechenbarer Form vorliegt. Doch Kinder wollte der Führer nicht. Seiner Sekretärin Traudl Junge sagte er:

»Ich wäre kein guter Familienvater, und ich halte es für verantwortungslos, eine Familie zu gründen, wenn ich mich meiner Frau nicht in genügendem Maße widmen kann. Außerdem möchte ich keine eigenen Kinder. Ich finde, die Nachkommen von Genies haben es meist sehr schwer in der Welt. Man erwartet von ihnen das gleiche Format wie das des berühmten Vorfahren und verzeiht ihnen den Durchschnitt nicht. Außerdem werden es meistens Kretins.«

Andere Verwandte Hitlers waren bis zum Jahr 2010 nicht aufzutreiben. Selbst die Grabstätten seiner Eltern und seiner Schwester sind nicht auffindbar. Von seiner übrigen Familie hatte sich Hitler ganz aktiv entfernt. Er wollte auf keinen Fall mit irgendwelchen Familienangehörigen zu tun haben; selbst seine schizophrene Großcousine Aloisia Hitler rettete er nicht, als sie 1940 im Rahmen der Tötung »geistig behinderter« Menschen vergast wurde. Als DNA-Vergleichsquelle kämen daher einzig sein zunächst in England, später dann in den Vereinigten Staaten lebender Halbneffe William Patrick und dessen Nachkommen infrage.

Allerdings konnte Hitler seinen Halbneffen nicht leiden. Der hatte nämlich versucht, sich einen Job oder, besser noch, Geld direkt beim Führer zu besorgen – andernfalls wolle er Familiengeheimnisse ausplaudern. Damit verhob sich der britische Neffe natürlich gewaltig. Bald kehrte Patrick wieder in seine Heimat zurück. Mit dem kleinen Job, den Hitler ihm in der Tat verschafft hatte, war er nicht zufrieden. Die Leiche Patricks – und damit die DNA aus seinen Knochen – wäre bis heute verfügbar, da er erst 1987 starb. Das Grab auf Long Island lautet zwar auf den Namen »Stuart-Houston«, die wahre Identität der Leiche ist aber durch Recherchen der *New York Times* und der *Süddeutschen Zeitung* mittlerweile bekannt.

Da Patrick Hitler/Stuart-Houston nach dem Krieg ein Labor für Blutuntersuchungen betrieb, könnte es sein, dass irgendwo noch eine Probe seines eigenen Blutes schlummert. Danach muss man aber seit Neuestem gar nicht mehr suchen. Denn im Jahr 2010 haben der Journalist Jean-Paul Mulders und der Historiker Marc Vermeeren neununddreißig entfernte Verwandte Hitlers aus Europa, den USA und Australien aufgetan. DNA-Proben lieferten diese Probanden allerdings nicht immer ganz freiwillig: So warf der Urenkel von Hitlers Vater Alois an einem Drive-in-Restaurant eine Serviette weg, die dann einfach als Spurenträger stibitzt wurde.

Im Sonnenlicht lächelnde Nazis – gut für die Erkennung der Leichen anhand ihrer Zähne. Einzelne Zähne blinzeln je nach Sonnenstand auf. Das erlaubt es, den Anstell-Winkel der Zähne im Gebiss zu ermitteln. Man beachte auch die blitzenden Zähne beim Nazi rechts von Hitler. (Foto aus einem Leni-Riefenstahl-Film, Vergrößerung von Michel Perrier, Zahnkundler an der Universität Lausanne, der das Sonnen-Blink-Verfahren erfunden hat.)

Diese verwandtschaftlich etwas entferntere, durch Heiraten vermischte DNA ist trotzdem nützlich. Es gibt nämlich einen Teil der Erbsubstanz, der sich im Laufe der Generationen nicht ausdünnt und verändert, sondern auch in den Nachkommen immer gleich bleibt.

Dieser unveränderliche Teil der Erbsubstanz liegt auf dem Y-Chromosom, das nur Männer in sich tragen: Das Y-Chromosom wird in der männlichen Linie unverändert weitergegeben. Es ist also egal, ob man DNA aus Hitlers mutmaßlichem Schädel mit der DNA seines Neffen, seines Großvaters oder seines – hier nicht vorhandenen – Kindes vergleicht. Sogar die DNA des Groß-Halb-Neffen würde genügen, solange die Väter aus derselben Erblinie stammen.

Der Teufel steckt in einem ganz anderen Detail. Es fehlte jetzt nämlich an guter Original-DNA aus dem Schädel. Grund dafür war, dass niemand mit einem sterilen Bohrer unter guten, forensischen Laborbedingungen Knochenmehl aus dem Schädel gewonnen hatte. Das war das Einzige, was unser Bestechungsgeld nicht kaufen konnte … und ehrlich gesagt hatte ich – da damals noch die Vergleichs-DNA der Verwandten fehlte – auch keinen Bohrer eingepackt.

Diese Nachlässigkeit wurde 2009 von meinem Kollegen Nick Bellantoni ausgebügelt. Er bohrte nicht, sondern besorgte sich eins der abbröckelnden Stückchen des angekokelten Schädels. Zudem machte er mit Wattetupfern Abriebe. »Mir war dabei von vorneherein klar«, berichtet er, »dass da etwas nicht stimmen kann. Der Schädel war verdächtig dünn. Schädelknochen von Männern sind in der Regel dicker. Außerdem sahen die Verwachsungen der Schädelnähte eher aus, als ob sie von einem Menschen unter vierzig Jahren stammen.«

Die Knochenproben brachte er der Genetikerin Linda Strausbaugh, die ihr Labor in Connecticut daraufhin erst einmal für drei Tage dichtmachte. »Wir haben das ganz gründlich gemacht«, berichtet sie, »mit Kontrollen und allem Drum und Dran, wie in einem forensischen Labor.« Ergebnis: Die DNA stammte »unanfechtbar« von einer Frau. Da Eva Hitler im Alter von dreiunddreißig Jahren

Die Zähne von Eva Hitler, in der KGB-(FSB-)Zentrale liebevoll in einer Schmuckdose aufbewahrt.

starb und ihre Leiche nahe an der Hitlers lag, könnte es sich also um den Schädel von Hitlers Gattin handeln. Oder aber um eine ganz andere Person – vielleicht ist es auch eine sowjetische Fälschung.

Doch eines haben wir herausbekommen, und das ist fast zum Lachen: Als Jean-Paul Mulders und Marc Vermeeren sich 2010 mit viel Mühe und einigen Tricks die DNA von Hitlers Verwandten besorgten, stellten sie dabei auch einen Teil der Erbsubstanz sicher, der Informationen zur ethnischen Herkunft trägt.

In dieser Erbsubstanz lag die sogenannte Haplogruppe E1b1b. Sie ist in Westeuropa selten. Am häufigsten findet man sie unter Äthiopiern, Somali, Einwohnern Eritreas und bei nordafrikanischen Berbern, beispielsweise in Marokko, und bei Arabern. Sie ist dort teils so häufig, dass sie als typisches genetisches Merkmal dieser Menschen gilt. Sie alle haben eine deutlich erkennbare Hautbräunung. Aber auch unter sephardischen Juden aus Marokko, Spanien und Portugal findet man dieses DNA-Merkmal häufiger und regelmäßiger als im restlichen Europa. Die Haplogruppe kommt auch sehr oft im Nahen Osten vor, von wo aus sie sich über den Balkan nach Europa verbreitete. Das heißt nichts anderes, als dass die Familie der Hitlers, Hüttlers und Stuart-Houstons entfernte, aber dennoch deutliche nordafrikanische oder nahöstliche Wurzeln hat. Und das ist, angesichts des schäumenden Hasses der damaligen und heutigen Nazis gegen andere »Völker«, »Rassen«, Hautfarben und überhaupt alles ihnen Fremde schon wirklich komisch.

Das DNA-Phantom

Kaum hatte das Team berichtet, dass der Schädel von einer Frau stammen musste, begann mein Handy permanent zu klingeln. »Waren Sie nicht damals und gerade erst wieder in Moskau und haben sich alles angesehen?«, fragten JournalistInnen aus vielen Ländern. Ich war verblüfft und dachte noch einmal gründlich nach (was, wie Sie noch öfters sehen werden, nicht meine Stärke ist). Sogar der Leiter des Staatsarchivs der Russischen Föderation Sergei Mironenko hatte als Kommentar zur Moskauer Ausstellung »Der Untergang des Dritten Reiches« im Jahr 2000 klar und deutlich festgestellt, dass es sich »bei den hier ausgestellten Knochen nicht einfach um irgendwelche Teile handelt, die auf der Straße herumlagen, sondern um ein Knochenstück, das in der Grube lag, in der Hitler begraben wurde«.

Sollte er gelogen haben? Warum? Dass der Führer längst tot war, war vollkommen klar, und auf ein Ausstellungsstück mehr oder weniger kam es auch nicht an. Selbst wenn das Schädelstück mit einem Hinweis auf vorsichtige Zweifel ausgestellt worden wäre, hätte das der eindrucksvollen Eigenschaft des Objekts aus den Führerbunkergräbern keinen Abbruch getan. Wusste Mironenko es nicht besser? Bildete er sich etwas ein, das er sich wünschte, aber nicht beweisen konnte?

»Ist doch egal«, erwiderte Kollege Bellantoni, »wir haben im Labor bewiesen, dass das Schädelstück von einer Frau stammt, die bei ihrem Tod zwischen zwanzig und vierzig Jahre alt war. Ich glaube nicht, dass es sich dabei um Eva Brauns Schädel handelt, denn sie hat sich vergiftet, nicht erschossen. Das Schädelstück könnte von jeder Frau stammen. Es sind ja schließlich viele Menschen im Bereich des Führerbunkers gestorben.«

Mir gefiel das nicht. Mit welchem Ziel sollten KGB oder Staatsarchiv eine derart plumpe Fälschung veranlasst haben?

Konnte es nicht ebenso gut sein, dass sich in die Untersuchung eine falsche Grundannahme eingeschlichen hatte? Auf einmal, beim Duschen, rumpelte es in meinem Kopf: »DNA-Phantom«, flüsterte es mir aus dem Wasserschlauch zu, »denk an das DNA-Phantom!«

Das DNA-Phantom war Kern einer der tragikomischsten Ermittlungen, die es in Deutschland je gab. Anfang 2008 fand sich im Zusammenhang mit dem Mord an einer jungen Polizistin in Heilbronn eine DNA-Spur. Sie stammte allerdings nicht von den zwei Männern (darunter einem V-Mann der Polizei), denen das Auto gehörte, sondern von einer Frau.

DNA derselben Frau war auch im August 2007 bei Einbrüchen in Kornwestheimer Gartenhütten gefunden worden. Ein Vergleich mit der DNA-Datenbank des BKA ergab, dass dieselbe Frau an verdächtig vielen Tatorten in Baden-Württemberg, Rheinland-Pfalz, Frankreich und Österreich gewesen sein musste. Die Taten reichten weit zurück. 1993 sollte sie in Idar-Oberstein eine Rentnerin und 2003 in Freiburg einen alten Mann ermordet haben. Außerdem fand sich ihre DNA im Auto von mutmaßlichen Mördern dreier georgischer Gebrauchtwagenhändler in der Nähe von Heppenheim. »Der Fall sprengt alles Dagewesene«, sagte ein Polizeisprecher aus Heilbronn damals.

Eine solch abgefeimte Serientäterin, die eine derartige Menge völlig verschiedener Taten begangen hatte, gab es in der Tat nie zuvor. Die Ermittler führten eine Reihenuntersuchung durch, bei der ab Anfang 2008 über achthundert Frauen überprüft wurden, die in Baden-Württemberg wegen Einbruchs oder Gewaltdelikten aufgefallen waren. Ohne Ergebnis.

»Die gesuchte Frau könnte möglicherweise auch wie ein Mann aussehen«, gab der Leiter der Sonderkommission zu bedenken. Alleine zur Aufklärung des Polizistinnenmordes wurde die ungewöhnlich hohe Belohnung von hunderttausend Euro ausgesetzt. Ab Januar 2009 erhöhte sich dieser Betrag nach Zusammenlegung aller Taten sogar auf unglaubliche dreihunderttausend Euro. Nun wurde klar: Die Ermittler standen mit dem Rücken an der Wand –

wie sollten sie auch der Öffentlichkeit erklären, dass eine Superverbrecherin seit fünfzehn Jahren jedes nur vorstellbare Delikt vom Eierdiebstahl bis zum Mehrfachmord unerkannt durchführen konnte?

Im Gewühl der Ermittlungen fiel niemandem zweierlei auf: Dass erstens das Phantom eine sehr eigentümliche Vorliebe für bestimmte Regionen und eine unerklärliche Abneigung gegen andere Gebiete (beispielsweise Bayern) hatte und dass es zweitens insgesamt vierzig so verschiedene Taten begangen hatte, dass sie in dieser Brandbreite kaum vorstellbar waren, ohne dass es schon einmal zu einer Verhaftung hätte kommen müssen. Vom Einbruch in ein stillgelegtes Hallenbad über Autoschlüsseldiebstähle aus Wohnungen und Heroinkonsum bis zu Autodiebstählen, Tötungen, Einbrüchen und Überfällen reichte die Palette. Besonders verwirrend dabei war, dass die in mehreren Fällen geschnappten Mittäter nichts von einer Frau berichteten. Hatten sie Angst vor der Rache des Phantoms und wollten es deshalb nicht verpfeifen? Doch auch kein anderer Zeuge hatte das Phantom je gesehen, und Fingerabdrücke hatte es auch nie hinterlassen. Trug das Phantom Handschuhe? Warum nicht …

Als das Innsbrucker Institut für gerichtliche Medizin sich Teile der Erbsubstanz der Supertäterin genauer ansah, zeigte sich, dass darin DNA-Anteile vorlagen, die häufig in Osteuropa vorkommen. Doch auch dieser Hinweis führte in die Irre. Denn wenig später zeigte sich, dass das DNA-Phantom in Wahrheit eine ältere Dame war, die beim Zulieferer der Spuren-Abriebstäbchen in Oberfranken arbeitete.

Dort setzte die nette Frau auf aus China stammende Wattestäbchen von Hand einen Stopfen auf, der wiederum in ein Plastikröhrchen passte. Mit diesen Stäbchen können Spuren, zum Beispiel Sperma oder Blut, von einer Oberfläche abgerieben, an der Luft getrocknet und danach sicher verpackt und befördert werden. Wenn allerdings schon vorher die DNA der Mitarbeiterin daran klebt, scheint es später so, als handele es sich dabei um eine Person, die an der Tat beteiligt war.

Leider dauerte es vom ersten Verdacht, dass es sich um eine solche Verschmutzung aus der Herstellerfirma handeln könnte, bis zur Enttarnung des Phantoms fast ein Jahr. Begründung der Ermittler: Überlastung. Meine verblüffte Anmerkung, man könne doch – wie eigentlich in der Spurenkunde und auch in unserem Labor üblich – immer ein zusätzliches, unbenutztes Stäbchen mit untersuchen, sodass die darauf befindliche Spur eines »DNA-Phantoms« sofort auffallen würde, traf auf Ablehnung: Das sei viel zu teuer.

Der Phantom-Fall führte nicht nur zu ordentlichem politischem Ärger, sondern auch zu weltweiter Berühmtheit: Sogar in der Fernsehserie *CSI New York* wurde die Story unter dem Titel »Dead Reckoning« (»Das DNS-Phantom«) verewigt.

Zurück zu Hitlers Schädel. Was wäre, wenn bei der in Connecticut frisch untersuchten DNA von Hitlers Schädel, die angeblich von einer Frau stammte, ebenfalls eine andere Quelle vorläge? Dass Hitler genetisch keine Frau war, wissen wir nicht nur durch sein Aussehen, sondern auch von Zeugenaussagen seiner Haushälterin, die später (verschämt) über Hitlers Sexleben sprach. (In unserer Welt ist alles möglich. Sogar scheinbar selbstverständliche Annahmen möchten wir aus Erfahrung nicht als gegeben hinnehmen, bevor sie nicht bewiesen sind.)

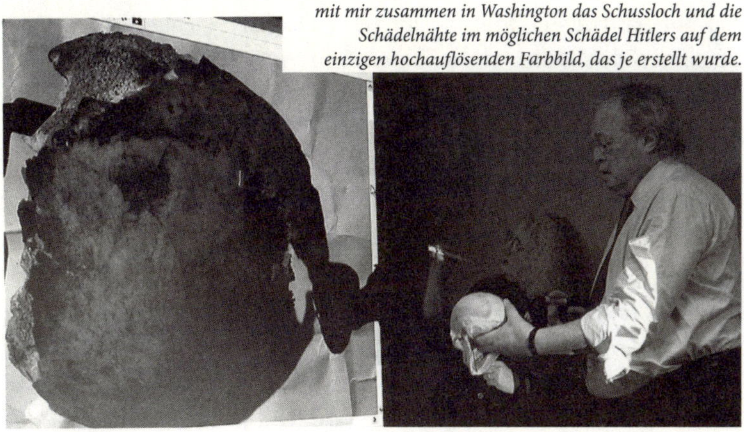

Knochenkundlerin Marylin London und der ehemalige Chef der Rechtsmedizin New York, Michael Baden, betrachten mit mir zusammen in Washington das Schussloch und die Schädelnähte im möglichen Schädel Hitlers auf dem einzigen hochauflösenden Farbbild, das je erstellt wurde.

Auch im Fall Hitler könnte ein Phantom eine Rolle spielen, nur dass es diesmal nicht bei der Wattestäbchenfirma arbeitet, sondern an einem Schreibtisch im Moskauer Staatsarchiv. Könnte es sich nicht um die DNA unserer Archivarin handeln? Sie hatte den Schädel Hunderte Male angefasst. Dass sich dabei ihre DNA übertragen hat, ist leicht einzusehen, zumal der Schädel stets ohne Handschuhe angefasst worden ist. Während unserer gesamten Untersuchung war ich der Einzige, der Latexhandschuhe trug – sowohl im Staatsarchiv als auch später beim KGB.

Wenn die Schädelnähte allerdings wirklich die einer jüngeren Person sind, kann es tatsächlich nicht Hitlers Schädel sein – Archivarinnen-DNA hin oder her. Doch leider wird auch hier gestritten. Die forensische Knochenkundlerin Marylin London, der ich die Nähte auf stark vergrößerten Bildern in Washington zeigte, meinte, die Nähte sähen doch eher wie die einer älteren Person aus. Mit dieser Erklärung kann ich leichter leben als mit der, dass die Person zwischen dreißig und vierzig Jahre alt gewesen sein soll. Denn dass Hitler am Ende seines Lebens stark vorgealtert war, ist bekannt.

Der »Führer« nahm deshalb große Mengen Aufputschmittel zu sich, die heute als illegale Droge »Crystal Meth« (damals Pervitin) bekannt sind. Er litt zudem an Schüttellähmung und ließ sich regelmäßig mit mehreren Substanzen, darunter dem starken Schmerzmittel Eukodal, fit spritzen. Das ist ein medikamentöser Hammer, den Hitler angeblich gegen seine Darmkrämpfe benötigte. Das Mittel sollte ab 1915 eigentlich als harmloserer Ersatz für das stark süchtig machende Morphin dienen. Doch schon zwei Jahre nach Einführung des Eukodal (Dihydrooxy-Codeinon-Hydrochlorid) bemerkte man, dass es nicht nur Schmerzen linderte, sondern auch die Stimmung verbesserte. Es wirkt also ähnlich wie Heroin.

Setzt man Eukodal ab, kommt es zu Entzugserscheinungen, vor allem zu Angstzuständen und quälenden Erstickungsgefühlen. Diese sind derart unangenehm, dass man sich das Mittel wie jede andere Droge immer wieder beschafft und der Suchtkreislauf einsetzt, wenn man nicht einen regelrechten Entzug durchführt. Das Medikament kann man spritzen oder als Tabletten schlucken. Für Hitler war beides möglich. Sein Leibarzt versorgte ihn mit aufputschenden »Täfelchen« und »Vitamin«-Spritzen.

Das war jedoch noch nicht alles. Eukodal wurde in deutschen Militärlabors teils mit Kokain und Pervitin gemischt und besonders bei der Luftwaffe, seltener auch in U-Booten, von den Besatzungen verwendet, wenn Durchhalten unbedingt notwendig war. Es ist also gut möglich, dass Hitler ebenfalls derartige Mischungen verwendete. In welcher Menge, ist aus den wenigen verbliebenen Papieren nicht erkennbar. Dass Hitler reines Kokain erhielt, ist zumindest für die Zeit nach dem Attentat gut belegt: Erwin Giesing, Facharzt für Hals-, Nasen-, Ohrenkrankheiten, reiste nach dem Anschlag aus dem nahegelegenen Kriegslazarett Lötzen an. Da durch die Bombenexplosion Hitlers Trommelfell verletzt war und schmerzte, pinselte er nach eigener Aussage vom 22. Juli bis zum 7. Oktober eine Kokainlösung etwa sechzig Mal in Nase und Rachen des »Führers«. Das habe Hitler »zunehmend als anregend und wohltuend« empfunden. Kein Wunder: Kokain stillt nicht nur Schmerzen, sondern macht einen Menschen auch froh und cool – bis der Absturz und die nächste Einreibung kommen.

Als Giesing Hitler zum ersten Mal sah, machte der auf ihn »den Eindruck eines gealterten, verbrauchten und erschöpften Mannes«. Hitlers linke Hand zitterte und helles Licht störte ihn, sodass er seine Augen mit dem Schirm seiner Uniformmütze schützte. Bei Bahnfahrten blieben fortan die Jalousien geschlossen. Hitler kapselte sich mehr und mehr von seiner Umwelt ab. Er war verbittert, alterte merklich und verbrauchte seine letzten Reserven dafür, sich noch Auswege aus dem sicheren Untergang zu erträumen. Er hatte zudem schwere Darmkrämpfe, und auch seine Zähne, auf die wir gleich noch kommen, waren völlig hinüber. Hitlers Mundgeruch war bei seinen MitarbeiterInnen und Generälen bekannt und gefürchtet.

Zum Ende des Krieges war der Führer ein Wrack. Dass neben seinen übrigen Organen auch die Schädelknochen vorgealtert sein könnten, ist vorstellbar. Dumm nur, dass sich meine Kollegen und Kolleginnen noch nicht einigen können, ob das Fragment von einer jungen oder einer alten Person stammt. So hatten der 2009 verstorbene Ostberliner Rechtsmediziner Prof. Otto Prokop und der Direktor des Instituts für Rechtsmedizin des Universitätsklinikums Hamburg-Eppendorf, Prof. Klaus Püschel, anhand von Fotos der Schädelnähte gefolgert, dass es sich eher um eine jüngere Person handeln müsse. Da ich von Knochen nichts verstehe, halte ich mich aus dieser Diskussion vorläufig heraus. Denn es gibt ja auch noch andere Spuren in diesem Fall …

Beim KGB

Schwirrt Ihnen schon der Kopf? Gut. Dann folgen Sie mir jetzt ins KGB *(Komitet gossudarstwennoi besopasnosti pri Sowjete Ministrow SSSR*, Komitee für Staatssicherheit; heute FSB: Federalnaja sluschba besopasnosti Rossijskoj Federazii, Bundesagentur für Sicherheit der Russischen Föderation). Denn dort, endlich und zum ersten Mal in dieser Untersuchung, herrschte angenehme Klarheit.

Die Agenten hatten für uns alles ordentlich vorbereitet – kistenweise standen die letzten Gegenstände aus dem Führerbunker auf einer langen Tischreihe im schönsten Besprechungsraum, der verfügbar war. Die hellblauen Raffgardinen und die braunen Ohrensessel werde ich nie vergessen. Es sah wirklich aus wie in einem Spionagefilm aus den 1970er Jahren.

Während unser Kameramann, kurzzeitig gewandet in die Uniform Goebbels', Erinnerungsfotos für zu Hause schoss, nahm ich mir die Zähne vor, die bereits herausgelegt worden waren. Sie waren in einem erbärmlichen Zustand. Das lag aber nicht an der Lagerung, sondern daran, dass Hitlers Gebiss eine einzige Ruine war. Noch nie im Leben habe ich etwas Derartiges gesehen. Der Großteil der »Zähne« bestand aus damals hochwertigen, für heutige Vorstellungen aber plumpen, Metallkonstruktionen. Dass Hitler nicht lispelte, ist ein Wunder, denn eine der Brücken war so massiv, dass sie in der Tat eher einer Eisenbahnbrücke als einer kieferchirurgischen Meisterleistung glich. Und doch war das Ganze die solide Arbeit eines außergewöhnlich guten Zahnarztes.

Hugo Blaschke, »oberster Zahnarzt« bei der Dienststelle Reichsarzt-SS, hatte von 1907 bis 1911 in London und Philadelphia Zahnmedizin studiert und war dann nach Berlin übergesiedelt. Zu seinen Patienten gehörten Himmler, Goebbels und eben auch Hitler. Dieser hatte allerdings ein derart verfallenes Gebiss, dass Blaschke trotz seines großen Könnens zu recht brachialen Mitteln greifen musste, um die Zähne noch halbwegs intakt erscheinen zu lassen. In den 1930er-Jahren gab es noch keine Zahn-Implantate, und auch eine Vollprothese aus Kautschuk mit einvulkanisierten Keramikzähnen stand noch nicht zur Debatte, da in Hitlers Kiefer noch einige letzte Zähne saßen.

Das für uns Gute daran war, dass neben den Brücken auch komplette Zahngalerien aus Metall standen. Sie wurden mit einer dünnen Lage Zahnmaterial verblendet, sodass man auf Fotos nicht erkennen konnte, dass das Gebiss des Führers das eines Eisenbeißers war. Da Metall in Röntgenbildern dunkel erscheint, war nun die Frage, ob ein Röntgenbild von Hitlers Kopf aufzutreiben war.

Wir hatten Glück: Der britische Geheimdienst überließ uns Röntgenbilder, die im September und Oktober 1944 nach dem Attentat vom 20. Juli angefertigt worden waren. Woher er die Röntgenbilder hatte, weiß ich nicht. Wie schon mehrfach betont, glaube

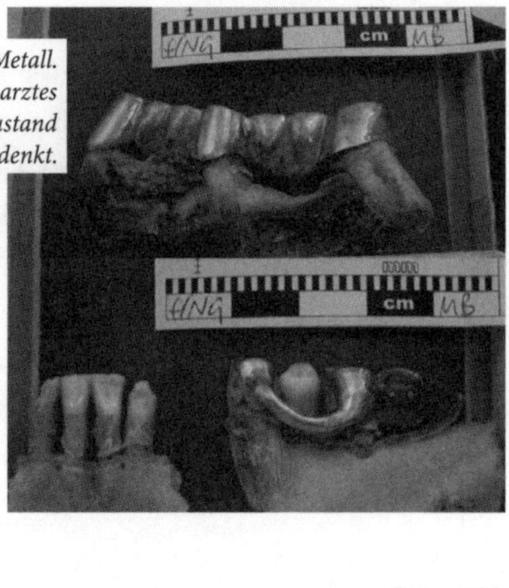

Hitlers Zähne bestanden fast nur noch aus Metall. Eine eindrucksvolle Leistung seines Zahnarztes Blaschke, wenn man den fürchterlichen Zustand von Zähnen und Kiefer bedenkt.

ich Geheimdienstmitarbeitern ohnehin kein Wort. In diesem Fall ist der Ablauf aber nachvollziehbar, wenn man alle Puzzleteile zusammensetzt. Dabei ergibt sich, dass die Röntgenaufnahmen vermutlich aus einer Suchaktion im Führerbunker stammen, wo Hitlers Leibarzt Theo Morell ein Büro direkt bei den Zimmern von Eva Braun und Adolf Hitler unterhielt.

Schon drei Tage nach Hitlers Tod, am 2. Mai 1945, wurde ein Kommando unter Oberstleutnant Iwan Issajewitsch Klimenko, dem Leiter einer Abwehrabteilung, auf der Suche nach verwertbarem Material zum Ableben Hitlers dort fündig und barg die ersten Leichen aus dem Hof des Führerbunkers. Dabei könnten die Röntgenaufnahmen aufgetaucht sein. Es dauerte nicht lange, bis man auch Hitlers Leiche erkannt hatte. Der *Spiegel* berichtete dazu 1968:

Am 5. Mai 1945 gaben die Abwehrleute zu Protokoll: »Die Leichen lagen in einem Bombentrichter, drei Meter vor dem Eingang zum privaten Luftschutzbunker Hitlers, und waren mit Erde überschüttet.« In Holzkästen (183 Zentimeter lang, 55 Zentimeter breit, 53 Zentimeter hoch) wurde das Ehepaar zur Identifizierung und Obduktion geschafft.

Als am 8. Mai 1945 die Wehrmacht die Waffen niederlegte, lag ihr Oberbefehlshaber im Leichenschauhaus der Kliniken von Berlin-Buch auf einem sowjetischen Seziertisch. Stalingradkämpfer und gerichtsmedizinischer Chefexperte der 1. Weißrussischen Front, Dr. Schkarawski, dem der Vater, Angestellter einer Zuckerfabrik und Goethe-Verehrer, den Vornamen Faust zulegte, und der Chefanatom der Roten Armee, Oberstleutnant N. A. Krajewski, leiteten die Obduktion. »Die Verhältnisse waren«, so Dr. Faustus über seine Arbeit, »ganz normal.«

Der Leiche wurden laut offiziellem Bericht entnommen: »Eine Oberkieferbrücke aus gelbem Metall, bestehend aus neun Zähnen« und »ein angesengter Unterkiefer, bestehend aus fünfzehn Zähnen« – wichtigste Beweisstücke für die Identifizierung des Toten.

Schon am nächsten Morgen schickte der Chef des Abwehr-

Der zahntechnische Bericht in den Akten des KGB (FSB) nach Befragungen von Zeugen sowie das Röntgenbild des lebenden Hitler-Kopfes aus dem Jahr 1944 des britischen Geheimdienstes. Gut erkennbar die metallenen Teile in Hitlers Gebiss. Später stieß ich durch einen traumhaften Zufall auf weitere Röntgenbilder der US-amerikanischen Geheimdienste, die die Zuordnung bestätigten.

dienstes der 3. Stoßarmee, Andrej Sewostjanowitsch Miroschnitschenko, NKWD-Leute aus, die nach Hitlers Zahnarzt Professor Dr. Hugo Blaschke fahnden sollten – vergebens, denn Blaschke hatte sich am letzten Führer-Geburtstag nach Süddeutschland abgesetzt.

Die Späher stöberten jedoch den Blaschke-Gehilfen, Dentist Fritz Echtmann, auf, der für eine Identifizierungsaufgabe gut vorbereitet war: Erst im Herbst 1944 war ihm das reparaturbedürftige Führergebiss unter die Hände gekommen. Eine Goldbrücke, die Hitler im Jahre der Machtergreifung in den Oberkiefer eingesetzt worden war, musste wegen einer Zahnfleischentzündung von elf auf neun Glieder verkürzt werden.

Nach gründlicher Rasur, versehen mit einem frischen Hemd, wurde Echtmann am 11. Mai im Lager Schwanebeck von den Russen vernommen. Abwehrchef Miroschnitschenko präsentierte ihm den in einer Zigarrenkiste verwahrten Zahnersatz. Echtmann identifizierte ihn ohne Zögern als Hitlers goldene Brücken.

Die Röntgenbilder

Eigentlich war die Sache nun klar. Vor uns im KGB lagen die Zähne von Hitler, und die Röntgenbilder hatten wir auch. Wie Sie auf den Abbildungen auf Seite 41/42 deutlich sehen können, sind die U-förmige Brücke und die umfangreichen Schwärzungen – alles Metall-Bauteile – auf Hitlers Schädelfoto gut zu erkennen. Zudem hatten zuerst Käthe Heusermann, die Zahnarzthelferin Blaschkes, sowie Blaschkes ehemaliger Zahntechniker Fritz Echtmann die Zähne nach ihrer Verschleppung in die Sowjetunion aus dem Gedächtnis nachgezeichnet. Dies gelang, weil der in Berlin im Untergrund lebende jüdische Zahnarzt Fedor Bruck, der zu diesem Zeitpunkt außer seinem nackten Leben nichts mehr besaß, seine alte Zahnarzthelferin besuchte. Der Historiker und Enkel Fedor Brucks, Kay Lutze, erinnert sich an diesen von ihm treffend so genannten Treppenwitz der Geschichte:

»Am 4. Mai suchte Fedor Bruck seine frühere Helferin Käthe Heusermann in der Pariserstraße in Berlin-Wilmersdorf auf. Sie war seit 1937 bei Professor Hugo Blaschke, Hitlers Zahnarzt, als Helferin angestellt und viele Jahre bei den zahnärztlichen Behandlungen Hitlers zugegen. Bruck kannte Käthe Heusermann und ihre Familie aus seiner Zeit in Liegnitz. Er hatte sie in Liegnitz als zahnärztliche Helferin ausgebildet. Fedor Bruck wurde nun Zeuge der Identifizierung von Hitlers sterblichen Überresten, die die Russen im Garten der Reichskanzlei gefunden hatten.«

Bruck selbst schrieb seine Erinnerungen an diesen Moment auf.

»Mittwoch den 9. Mai 1945«, so hinterließ er es seinem Enkel, »erschienen ein russischer Oberleutnant, eine russische Geheimagentin … sowie ein Herr in Zivil, der als Dolmetscher fungierte …, im Hause und erkundigten sich beim Hausmeister, wo Blaschke wäre. Er konnte keinerlei Auskunft geben, und als ich zufällig dazu kam, nahm ich die drei Personen, die nach Unterlagen über Hitlers Mundverhältnisse fragten, mit in die Praxis herauf. Wir suchten

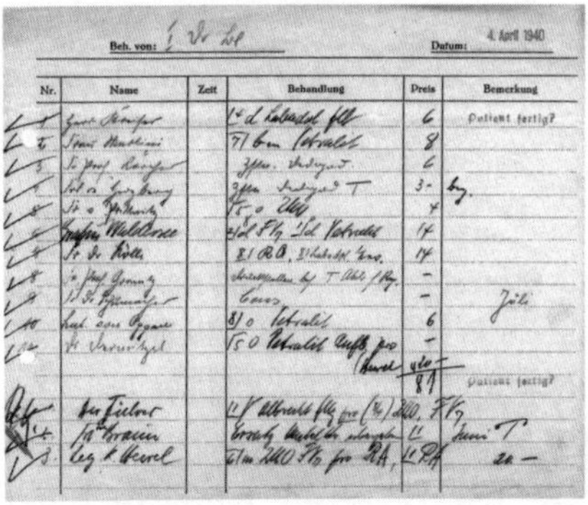

Die Behandlungs-Akten des Zahnarztes Hugo Blaschke tauchten teilweise erst kürzlich auf. Am 4. April 1940 waren »der Führer« und »Frl. Braun« in Behandlung (siehe links unten). Ohne die Informationen des Zahntechnikers und des Zahnarztes wäre Hitlers Leiche bis heute nicht identifiziert worden. Zum einen, weil es nicht möglich war, aus den Zähnen DNA zu gewinnen. Zum anderen, weil man die Vergleichs-DNA erst kurz vorher durch einen Trick hatte gewinnen können. (Abdruck mit Dank an Dr. Menevse Deprem-Hennen.)

alles durch, fanden aber von Hitler weder Röntgenaufnahmen noch Kartothekkarten, dagegen welche von Himmler, Ley, Göring, Goebbels und anderen, welche die Russen an sich nahmen.

Als ich die Bemerkung machte, ob man anhand der gesuchten Unterlagen irgendwelche gefundenen Fragmente identifizieren wolle, machte der Oberleutnant ein sehr ärgerliches offizielles Gesicht und legte den Zeigefinger auf den Mund, woraus ich entnahm, dass ich mit meiner Annahme auf dem richtigen Wege wäre. Auf die Frage, ob denn niemand da wäre, der über Hitlers Zähne Bescheid wisse, holte ich den Techniker Echtmann herein, der aber keinerlei Auskunft geben konnte, da er nie bei einer Behandlung dabei war und die technischen Arbeiten bei Hitler zu einer Zeit gemacht worden waren, wo er noch nicht in Blaschkes Diensten stand.

Als es sich nun herausstellte, dass Käthe Heusermann seit vielen Jahren immer bei Hitlers Behandlungen assistiert habe, wurde ich beauftragt, sie zu holen. Die Geheimagentin ging mit mir zur Tür, wo sie den Chauffeur beauftragte, meinen Anweisungen Folge zu leisten.«

Soweit Fedor Bruck. Sein Enkel berichtet weiter:

»Auf der Suche nach den Behandlungsunterlagen Hitlers folgte Frau Heusermann ihnen in die zerstörte Reichskanzlei. Sie berichtete Bruck einige Tage später darüber. Da man die Unterlagen nicht fand, musste sie die ihr vorgelegten Kieferteile aus der Erinnerung begutachten. Sie erkannte welche wieder, die mit Bestimmtheit zu Hitler gehörten. Somit wusste Bruck als einer der Ersten, dass sein Peiniger Hitler zweifelsfrei tot war.

Käthe Heusermann und der Zahntechniker Fritz Echtmann wurden von den Russen mitgenommen und blieben einige Jahre in Gefangenschaft. Die sowjetische Regierung unter Stalin wollte keine Zeugen, die den Tod Hitlers bestätigen konnten. Im Juli 1945 waren die westlichen Alliierten in Berlin eingerückt. Am 5. Juli suchten Bruck amerikanische Journalisten auf und befragten ihn nach Käthe Heusermann und seinem eigenen Schicksal. Am 7. Juli erschienen drei britische Korrespondenten. Unter ihnen war William Forrest vom *News Chronicle*. Am 9. Juli 1945 berichtete die britischen Zeitung dann über die Identifizierung von Hitlers Überresten anhand der Informationen, die Fedor Bruck William Forrest gegeben hatte.«

Im Sommer 1945 wurde schließlich Heusermanns und Echtmanns Chef Blaschke in einem Sonderlager für prominente Kriegsgefangene aufgestöbert. Aus Gips baute er für die Sowjetische Militäradministration Hitlers Gebiss detailgenau nach – frei aus dem Gedächtnis. »Das Gebiss stand lange auf unserem Tisch«, berichtete einer von Blaschkes Lagergenossen, »und es gab Anlass zu manchen Glossen. Besucher aus dem Nebenzimmer prallten zurück, wenn sie auf ihre erstaunten Blicke hin über die historische Bedeutung dieses seltsamen Tischschmuckes informiert wurden.«

Als die Sowjets das Modell abholten, stellten sie fest, dass es mit den Zähnen und Brücken übereinstimmte, die in Moskau gelandet waren. Damit war endgültig geklärt, dass es sich bei den Zähnen in Moskau um Hitlers Gebiss handelte. Das bedeutet zugleich, dass Hitler 1945 gestorben ist – oder den Rest seines Lebens in Argentinien ohne Kiefer und Zähne gelebt hat.

Mir selbst genügen die Gipsnachbildungen von Blaschke, die ich selbst nicht gesehen habe, und die Zeichnungen von Echtmann, die jetzt beim KGB liegen, vollkommen zur Bestätigung der Echtheit. Beide fertigten diese Beweismittel ohne Vorlage und völlig getrennt voneinander an. Sie hatten auch keinen Vor- oder Nachteil von dieser Arbeit: Die Sowjets wollten ja nur wissen, wessen Zähne da lagen – ein Gefälligkeitsgutachten hätte niemandem geholfen. Zudem wussten Blaschke, Echtmann und Heusermann eh nicht, ob und was der Smersch in Berlin eingesammelt hatte.

Trotz dieser klaren Beweislage sehen für viele Menschen dennoch die Röntgenbilder eindrucksvoller aus. Kann man daran nicht erkennen, dass Hitler irgendwelche Schrauben locker hatte? Ist irgendetwas an seinem Kopf verformt, kaputt oder eingedellt? Nichts davon. Einzig die metallenen Einlagen in seinem Kiefer sind deutlich erkennbar und passen zum Metallgebiss im KGB. Dennoch gab es wegen der Röntgenbilder noch eine spannende Wendung in diesem nun eigentlich erledigten Fall.

Eine Stimme aus der Ferne

Als ich Anfang Dezember 2004 meinen Briefkasten öffnete, leuchtete ein Brief mit bunten und coolen Briefmarken daraus hervor. Er war aus Puerto Rico, wo ich allerdings noch nie gearbeitet hatte und auch niemanden kannte. »Hoffentlich nicht wieder ein alter Nazi oder Sonderling, der Hitler in Mittel- oder Südamerika gesichtet hat«, dachte ich mir.

Es ging tatsächlich um Hitler. Aber anders als die Spinnerpost war er sehr klar und höflich geschrieben. Spinnerpost zum Thema Hitler zeichnet sich meist durch Unverschämtheiten, dräuende Dringlichkeit und wirre Gedanken aus. Jeder meiner Kollegen, der mit Hitler zu tun hat, erhält Dutzende solcher Briefe und Mails; sie rauben uns mit ihrer verqueren Logik öfters den Verstand.

Dieses Schreiben war anders: Heriberto Cintron, ein Hals-Nasen-Ohren-Arzt aus Puerto Rico, fragte mich in seinem Brief nach einigen Details, die ich im KGB bei der Besichtigung der Gegenstände aus dem Führerbunker gesehen hatte. Wie sich herausstellte, ist Cintron leidenschaftlicher Sammler ungewöhnlicher Dinge. Er hatte sich zudem Gedanken darüber gemacht, wie ein geklonter

Hitler wohl aussähe und welchen Charakter er haben müsste. Wäre ein heute aus Hitlers DNA erschaffenes Ebenbild eher Diktator, Geschäftsmann oder Künstler geworden? Zu dieser Frage, die auch ich interessant finde, wollte Cintron ein Buch schreiben.

Um seinen Text zu bebildern, wünschte er sich von mir einige Fotos von Hitlers Zähnen. Am liebsten hätte er auch noch DNA-Proben für seine Sammlung. Das hört sich ungewöhnlicher an, als es ist, denn jede Art von Hitler-Memorabilien, und eben auch seine DNA, ist begehrt. Noch im Herbst 2005 verschwand Hitlers Parteiabzeichen aus einer Moskauer Ausstellung (siehe S. 49).

Nun ist es unter Sammlern üblich, dass sie tauschen. Als Cintron mir also seine Wünsche mitteilte, fragte ich ihn, was er denn im Gegenzug zu bieten habe. Sein Angebot machte mich zu einem glücklichen Kriminalbiologen. Es waren die Originale bzw. direkte Ablichtungen der Röntgenbilder Hitlers.

Es dauerte zwar eine ganze Weile, bis Cintron mich überzeugt hatte, kein Angeber oder Betrüger (oder beides, also ein Agent) zu sein. Einige freundliche Briefe später hielt ich die Röntgenbilder in Händen – und bin darüber bis heute froh. Denn so hatte ich endlich einen unabhängigen Beweis dafür, dass der englische Geheimdienst uns nicht irgendwelche eigens fabrizierten Abzüge erfundener Röntgenbilder nach Moskau mitgegeben hatte. Auf der beiliegenden Notiz stand:

»Diese Bilder wurden am 19. September und 21. Oktober 1944 auf Veranlassung von Dr. Erwin Giesing aufgenommen. Diese Bilder stimmen mit den Überresten, die die Russen gefunden haben, überein, und auch mit den Röntgenbildern, die im Buch *Der Tod von Adolf Hitler* von Lew Bezymenskij, einem sowjetischen Journalisten, der Offizier in der Sowjetarmee war, abgedruckt sind.«

Die Notiz stammt von Lester Luntz, dem Vater der rechtsmedizinisch-kriminalistischen Zahnkunde in den USA. Irgendwer hatte einem der US-amerikanischen Geheimdienste diese Bilder gegeben – wohl der britische Geheimdienst, der sie ja auch als Erster geborgen hatte. Die Amerikaner wiederum reichten die Bilder an Lester Luntz weiter, dem anerkannten Spezialisten auf diesem Gebiet. Unabhängig von den Briten bestätigte er dann noch einmal, dass Hitlers Zähne wirklich in Moskau lagern.

Man sieht: Obwohl die Russen Zeichnungen der Zähne aus Berlin nebst bombenfesten Zeugenaussagen hatten und obwohl die Briten die Röntgenbilder des lebenden Hitler sowie eine ebenso bombenfeste und unabhängige Zeugenaussage besaßen, trauten sich die Geheimdienste untereinander nicht. Sie versuchten jeweils selbst, die Sache zu lösen. Vielleicht tauschten sie ihre Informationen untereinander aus. Vermutlich aber nicht, denn in Moskau fragte mich der zuständige Agent, ob ich ihm die britischen Bilder überlassen könnte (was ich tat).

Dieser Tanz der Schlapphüte hatte einen Vorteil: Er bewirkte lauter unabhängige Quellen – die dann Heriberto Cintron und mir als unerwarteten, nie vorhergesehenen Darstellern mehr durch Zufall als durch gezieltes Suchen zufielen. Wie aber der Puerto Ricaner an die Röntgenbilder von Lester Luntz gelangte und warum gerade ich der einzige Mensch bin, der vor Ort in Moskau alle Fundstücke anschauen und untersuchen durfte, das werden wir wohl nie erfahren.

Das verschwundene Parteiabzeichen

Als ich im Jahr 2002 in der Lubjanka, der FSB(früher KGB)-Zentrale in Moskau, stand, war mir gar nicht klar, dass es da vor mir lag: das Parteiabzeichen des Führers. Ich habe es sogar nur zufällig fotografiert, dabei war es Sammlern schon damals um die drei Millionen Euro wert, heute eher das Dreifache. Das Abzeichen war bis dahin noch nie ausgestellt oder öffentlich abgebildet worden.

Man vermutet, dass Hitler sein – auf der Rückseite mit einer »1« für »erstes Mitglied« graviertes – Abzeichen unmittelbar vor seinem Freitod Goebbels' Ehefrau gab, die den »Führer« abgöttisch verehrte und ihn sogar auf Knien anflehte, sich nichts anzutun, als Hitler sich schon mit Eva Hitler zum bitteren Ende in einen Raum eingeschlossen hatte. Frau Goebbels machte einen derartigen Lärm, dass Hitler tatsächlich noch einmal vor die Tür trat und mit ihr sprach.

Danach brachte der Smersch das Abzeichen zusammen mit den Zähnen von Adolf und Eva, dem Schädelstück, einigen Uniformen und dem Sofa nach Moskau. Das Abzeichen soll allerdings erst 1948 dort gelandet sein. 1954 leitete Iwan Serow, der damalige KGB-Chef, die Marke ans hauseigene Archiv weiter. Dort wurde sie gut bewacht und schlummerte vor sich hin.

Erst 2003, also ein Jahr nach meinem ersten Besuch beim KGB, wurde erstmals ein Foto des Abzeichens im Katalog zur Ausstellung »60 Jahre militärische Geheimdienstarbeit« veröffentlicht. Ausgestellt wurde das Abzeichen aber erst zwei Jahre später – und dort dann prompt geklaut.

Das Einzige, was man vom Täter weiß, ist, dass er »schlank und alleine« war. Mehr war aus dem Überwachungsbild nicht herauszulesen. Als er über die drei Meter hohe Mauer kraxelte, hielten ihn die Wachen angeblich für eine Katze. Obwohl mehrere Alarme losgingen, zerhämmerte er blitzschnell die Scheibe der Vitrine mit dem Abzeichen, steckte noch acht weitere kleine Ausstellungsstücke ein und war dann weg, und zwar ganz klassisch mit einem Seil aus dem Fenster.

»Leider banden sich unsere Wachleute offenbar gerade die Stiefel zu«, kommentierte der zuständige Ermittler, »sonst hätten sie den Täter an Ort und Stelle geschnappt.« Bis heute ist das Abzeichen nicht wieder aufgetaucht.

Um zu zeigen, dass in der Welt der Hitler-Froschung bis heute immer wieder neue Informationen auftauchen, folgen zum Abschluss noch drei Boxen.

Hitlers verheimlichtes Begräbnis
von Roland Harder

Erstmals geben russische Geheimdienstdokumente Aufschluss über das Schicksal der sterblichen Überreste Adolf Hitlers, Eva Brauns, des Ehepaars Goebbels und dessen sechs Kinder. Diese Dokumente wurden 1999 vorgelegt.

Die Odyssee beginnt Anfang Mai 1945. Am 4. Mai finden sowjetische Militärs die bis zur Unkenntlichkeit verbrannten Leichen Hitlers und Eva Brauns im Bombenkrater vor dem Führerbunker in Berlin. Am 5. Mai stellen Vertreter der sowjetischen Spionageabwehr Smersch der 3. Stoßarmee die nötigen Dokumente für den Abtransport zusammen.

Einen Tag später jedoch liegt die Reichskanzlei plötzlich auf dem Gebiet der 5. Stoßarmee – die Gebiete waren neu verteilt worden. Da müssen die Smersch-Mitarbeiter der 3. Armee nachts ran, stehlen die Überreste und bringen sie nach Buch bei Berlin.

Dort wird am 8. Mai im Feldlazarett Nummer 496 eine gerichtsmedizinische Expertise erstellt. Diese »Expertise« jedoch besteht aus lauter Lügen. Behauptet wird, Hitler habe sich durch eine Zyankalikapsel das Leben genommen. Dass er sich durch einen Schuss in den Kopf entleibte, wird verschwiegen. Offensichtlich wollte man damit die Mär in die Welt setzen, dass Hitler zu feige war, sich zu erschießen.

Im Begleitbrief heißt es: »Es gibt keine Zweifel daran, dass der Leichnam Hitlers echt ist. Das gelang festzustellen auf der Grundlage der Aussagen des Zahnarztes und der Krankenschwester, die Hitler behandelt haben.« Weiter wird berichtet, dass die sterblichen Überreste »in der Gegend der Stadt Buch« vergraben wurden.

Nach einiger Zeit muss die 3. Stoßarmee weiterziehen. Ihre Geheimdienstoffiziere wollen sich jedoch nicht von den prominenten Überresten trennen. Sie graben sie aus und schaffen sie in die Gegend von Rathenow. Dort werden die Knochen erneut bestattet. Zur Tarnung werden Kiefern auf das Grab gepflanzt.

Ende 1945 beschließt Generalleutnant Kobulow, seines Zeichens stellvertretender Chef der Abteilung für Kriegsgefangene und Internierte, die Untersuchung noch einmal aufzurollen. Denn Zeugenbefragungen hätten ergeben, dass Hitler an einem Kopfschuss starb. Ein Teil der Schädeldecke, die im Bombenkrater vor dem Führerbunker gefunden wurde und ein Loch einer austretenden Kugel aufweist, sollte ebenso die ursprünglich angegebene Todesursache widerlegen.

Am 13. Januar 1946 wird deshalb eine Untersuchungskommission ins Leben gerufen. Noch bevor sich die Ermittler die Knochen ansehen können, öffnen die Smersch-Mitarbeiter auf Anweisung von Generalleutnant Selenin, Abteilungsleiter Spionageabwehr, die Gräber bei Rathenow und schaffen die sterblichen Überreste klammheimlich nach Magdeburg.

In Magdeburg werden sie wieder vergraben – diesmal im Hof des Hauses Westendstr. 36, wo sich eine Smersch-Abteilung bei der 3. Stoßarmee befindet. So hat die Untersuchungsbrigade Kobulowa keinen Zugriff auf des Führers Knochen und kann ihre (zutreffende) These, Hitler habe sich eine Kugel in den Kopf gejagt, nicht untermauern.

1970 wird zum letzten Mal die Totenruhe Adolf Hitlers gestört. KGB-Chef Juri Andropow zeigt sich beunruhigt, weil das sowjetische Garnisonsstädtchen von Magdeburg an die DDR übergeben werden soll. Im Brief Nr. 655A vom 13. März schreibt Andropow an Leonid Breschnew. »Vor dem Hintergrund möglicher Bau- und anderer Erdarbeiten auf diesem Territorium, die zur Entdeckung der Gräber führen könnten, hielte ich es für zweckmäßig, die Überreste zu beschlagnahmen und sie auf dem Weg der Verbrennung zu vernichten. Die angeordnete Maßnahme wird streng konspirativ von Kräften einer Sondereinsatzgruppe des KGB in der 3. Armee der Gruppe der sowjetischen Streitkräfte in Deutschland durchgeführt und in der nötigen Form dokumentiert.«

Unter dem Schreiben steht »Einverstanden. 16. März«, unterschrieben haben Breschnew, Kossygin, Podgornij.

Wladimir Gumenjuk ist schließlich einer von den drei Männern, die den Befehl vor Ort auszuführen haben. Mit von der Partie sind sein Kollege Major Schirokow und der Chef der Einheit, Oberst Kowalenko. »Für immer und ewig« müsse die Angelegenheit geheim bleiben, habe Kowalenkow seinen Mannen gesagt, erinnerte sich Gumenjuk in der Zeitung Moskowskije Wedomosti.

Es sei schwer gewesen, inmitten der kleinen Garnison zu graben. Deshalb sei ein Zelt über dem Grab aufgestellt worden, angeblich, um darin Gasmasken zu schwefeln. Zum Abtransport stand ein GAZ-69, ein Sowjet-Jeep, bereit. Zur Tarnung ragten unter der Plane Angelruten heraus. Es sollte alles nach einem harmlosen Angelausflug aussehen.

Am Abend des 4. April 1970 beginnen Gumenjuk und Schirokow zu graben. Kowalenko sichert das Unternehmen mit der Waffe in der Hand. Erst graben die Offiziere an der falschen Stelle, dann werden sie in eineinhalb Meter Tiefe fündig. Sie stoßen auf vier Munitionskisten, in denen neben den Skelettresten »auch ein paar goldene Zähne« liegen. Die Knochen werden in Kalaschnikow-Kisten umgelagert.

Im Morgengrauen bringen die drei Männer die Fracht aus dem Militärgelände heraus. Schließlich stapeln sie die Kisten auf einem Scheiterhaufen, gießen zwanzig Liter Benzin darüber und zünden sie an. Eine gute Stunde warten die drei im Wagen bei laufendem Motor, bis Gumenjuk die Asche zusammenkehrt und in einen Sack fegt. An einer Brücke streut er die Asche bei Biederitz in das Flüsschen Ehle.

Akteneintrag: »Die Vernichtung der Überreste wurde auf dem Weg des Verbrennens in einem Lagerfeuer auf unbebautem Terrain in der Gegend der Stadt Schönebeck, elf Kilometer von Magdeburg, durchgeführt.«

Ein Teil der Schädeldecke lagert im Staatsarchiv der Russischen Föderation.

Eine anatolische Zahnärztin stößt auf Hitlers Zahnarzt

Die Einordnung von Hitlers Zähnen ist nicht nur eine spannende zahnkundliche Geschichte, sondern erlaubt auch einen Blick darauf, wer wann wo und warum im Nazitheater mitgespielt hat. Hitlers Zahnarzt Hugo Blaschke ist dafür ein erstaunliches Beispiel. Am Ende des Krieges war er ein hochrangiger SS-Mann, wollte aber ansonsten mit der Naziideologie nicht viel zu tun gehabt haben. Vor wenigen Jahren grub eine aus Anatolien stammende Zahnärztin für ihre Doktorarbeit Unterlagen hervor, nach denen sich alle Geheimdienste die Finger geleckt hätten. Ganz klar: Ich musste mit ihr sprechen.

Mark Benecke: *Frau Dr. Deprem-Hennen, wie sind Sie im Jahr 2007 auf die Idee gekommen, sich um Hitlers Zahnarzt zu kümmern und dabei völlig unbekannte Unterlagen auszugraben?*

Menevse Deprem-Hennen: *Das ist eine ziemlich lange Geschichte voller unglaublicher Zufälle. Es fing schon viel früher an, nämlich 1999. Um mein zahnmedizinisches Studium in Deutschland anerkannt zu bekommen, habe ich neben diversen Fachprüfungen auch Rechtsbeistand benötigt. Diesen Beistand bekam ich von einem Anwalt Namens Wolfgang Lutze, ein Familienfreund meiner Schwiegereltern. Nach und nach haben wir uns angefreundet. Bei einem Besuch bei seiner Familie erzählte Herr Lutze, dass sein Vater Zahnarzt gewesen ist. Dieser jüdische Zahnarzt, Fedor Bruck, habe den Zweiten Weltkrieg im Untergrund in Deutschland überlebt. Nach dem Krieg habe er die nunmehr verwaiste Praxis Blaschkes übernommen. Bruck habe Unterlagen über den Praxisablauf vorgefunden und an sich genommen. Anhand dieser Dokumente konnte er den Verbleib Hitlers bestätigen, nämlich, dass er tot ist. Die Russen wollten alle Personen, die über Hitlers Verbleib Auskunft hätten geben können, in Arbeitslager bringen. Um diesem Schicksal zu entgehen, floh Bruck in die USA und nahm die Dokumente mit.*

Bevor Bruck starb, übergab er die Dokumente seinem Sohn Wolfgang Lutze. Dieser arbeitete in der Staatskanzlei Düsseldorf und hat bis zu seiner Pensionierung über diese brisanten Dokumente Stillschweigen bewahrt. Nicht zuletzt, um sich und seine Familie zu schützen. Es lag ihm allerdings am Herzen, diese Dokumente und das Leben seines Vaters gewürdigt zu wissen. Eine wissenschaftliche Arbeit erschien ihm dafür als eine gute Möglichkeit.

Als ich im Zusammenhang mit meiner Berufsanerkennung erwähnte, promovieren zu wollen, schlug er mir vor, diese Dokumente auszuarbeiten. Mit den Recherchen begann ich aber erst 2001, und 2007 wurde die Arbeit an der Düsseldorfer Heinrich-Heine-Universität angenommen. Wie Sie sehen, bin ich gar nicht auf die Idee gekommen, Hitlers Zahnarzt ausfindig zu machen, das Thema ist mir sozusagen in den Schoß gefallen.

Ganz am Anfang habe ich mir überhaupt nicht vorstellen können, mich mit so einem Thema zu befassen. Ich dachte, die Geschichte ist mir ein paar Nummern zu groß. Mein damaliger Mann hat mir Mut gemacht: Stell dir vor, eine alevitische Kurdin aus Anatolien schreibt über eine Person aus dem Dritten Reich! Diese Begeisterung von ihm hat mich angesteckt.

MB: *Was haben Sie gefühlt, als Sie sich durch die Akten gewühlt haben? Das Ganze ist ja nicht nur ein zahnkundliches Kuriosum, sondern hängt auch mit vielen Schicksalen, mit Nazis, mit Karrieren und Lebensläufen zusammen. Können Sie nachvollziehen, dass Blaschke, um ein großes Zahnhygiene-Programm durchzuziehen, in die SS eintrat? Oder halten Sie den Schritt für ein Lehrstück in Sachen Opportunismus?*

MDH: *Wie bereits erwähnt, war mir bei diesem Thema ziemlich unbehaglich zumute. Ich durfte mir keinen Fehler leisten, denn ich war so leicht angreifbar: Keine Historikerin, mit einem historisch hoch brisanten Thema, keine Deutsche mit einem, na ja, »deutschen« Thema – dies und weitere Bedenken haben mich manchmal regelrecht gelähmt. Mein Doktorvater, der leider im Jahr 2009 verstorbene Medizinhistoriker Prof. Hans Schadewaldt, sagte mir, es sei gut, dass ich gar keine persönliche Verbindung zu dem habe, worüber ich arbeite. Er hatte recht – ein Abstand war* *da; ich bin keine gebürtige Deutsche und gehöre auch nicht einer im Dritten Reich verfolgten Gesellschaftsgruppe an. Als Mensch wird man jedoch berührt, egal, woher man kommt.*

Blaschke war ein Opportunist, keine Frage. Er hat seinen Beruf gerne ausgeübt, und sein Opportunismus diente ihm auch dabei; er konnte neue Konzepte entwickeln (Reihenuntersuchungen, Prophylaxe …) und durchführen. Er hat aber auch hier und da, wenn es nicht lebensgefährlich war, den Regimegegnern geholfen. Das kann man Menschlichkeit nennen, man kann es aber auch für einen weiteren Beweis seines Opportunismus halten.

MB: *Wenn Sie heute an Ihre Doktorarbeit zurückdenken: Was war für Sie bei Ihren Nachforschungen und Archivarbeiten am erstaunlichsten?*

MDH: *Wie leicht ich an Blaschkes SS-Unterlagen und seine Gerichtsakte aus Langwasser gekommen bin, obwohl er von mehreren Kollegen und Historikern nach dem Krieg für verschollen erklärt wurde. Man hatte sich, um Näheres zu erfahren, wohl nicht an die Archive gewandt. Ebenso verblüffend fand ich, wie gleichgültig die Berufsverbände der Zahnärzte der Aufarbeitung ihrer Beteiligung im Dritten Reich gegenüberstanden und -stehen. Sehr spannend war auch, Blaschkes zweite, um 36 Jahre jüngere Ehefrau anzutreffen. Ich hatte sie mit einem fast kindlichen Glauben daran, dass sie noch lebt, gesucht und tatsächlich gefunden. Sie gab mir sogar ein Interview, das ich in meine Arbeit eingebracht habe.*

MB: *Wie empfinden Sie den Rummel um Hitlers Zähne? Er hatte ja offenbar fürchterlichen Mundgeruch, dürfte angesichts der vielen fehlenden Zähne auch Schmerzen gehabt haben – ist Ihnen der Mensch Hitler da nähergekommen? Oder finden Sie alles nur noch schrecklicher als vorher?*

MDH: *Das ist eine Frage, deren Antwort mir sehr am Herzen liegt: Es ist tragisch und gleichzeitig von einer unvergleichlichen Komik, annehmen zu wollen, Hitlers Zahnschmerzen hätten zu seinen Fehleinschätzungen, seinen unmenschlichen Entscheidungen beigetragen. Dies zeugt wohl von dem verzweifelten*

Wunsch, eine Erklärung seiner ungeheuerlichen Taten zu finden. Hitler hatte viele Probleme mit seinen Zähnen – wie viele andere Menschen auch. Man ist immer wieder versucht, Hitler zu einer anderen Spezies zu machen, vielleicht sogar mithilfe seiner schlechten Zähne, immer bedacht, zwischen sich und ihm einen Abstand herzustellen, um als Deutscher mit »seinen« Taten nichts zu tun zu haben. Von meinen Untersuchungen her muss ich die Erwartung enttäuschen: Hitler war ein ganz normaler »Mensch«, der diese unmenschlichen Taten mit Hilfe, Billigung und Applaus der anderen »Menschen« vollbracht hat.

Ein Amateurforscher stößt auf die letzten Zeugen aus dem Führerbunker

Das Interesse an Hitlers letzten Stunden und der früheren Suche nach seinem Aufenthaltsort ist bis heute ungebrochen. Als ich in Moskau mit den Zeugen der sowjetischen Seite gesprochen und im KGB die Originalbeweise gesehen hatte, fehlte mir allerdings der Blick für die Aussagen der deutschen Beteiligten. Ich hatte mir auch nie Gedanken darüber gemacht, dass Zeugen aus dem Bunker bis heute noch leben könnten – ein typischer Fall von Betriebsblindheit. Umso besser, dass sich immer wieder Menschen bei mir melden, die das Richtige zur richtigen Zeit tun. So wie Robert Biebermann. Übrigens, lesen Sie diese Box bitte bis zum Ende – dort folgt eine Überraschung.

Benecke: *Sie haben mir eine Mail mit Fragen zu Hitlers Schädel gesendet und dabei erwähnt, dass Sie mit Menschen gesprochen haben, die Hitler direkt kannten. Wer war das?*

Biebermann: *Ich sprach mit drei Personen, und zwar Rochus Misch (Oberscharführer in der 1. SS-Division Leibstandarte SS Adolf Hitler, Kurier, Leibwächter und Telefonist für Hitler 1940–1945, bis zuletzt im Führerbunker), Otto Günsche (persönlicher Adjutant Hitlers) und Günther Schwägermann (ab 1940 Adjutant von Goebbels). Ich kannte am Anfang niemanden, musste also Nachforschungen betreiben.*

Durch Zufall konnte ich die Adresse von Rochus Misch recherchieren. Meine Oma hatte Kontakt mit einer Familie in Berlin-Neukölln. Genau diese Familie wohnt bei Rochus Misch auf der anderen Seite des Hauses. Von ihm erhielt ich die Adresse von Otto Günsche in Lohmar, der wohl noch der letzte Zeuge von Hitlers Verbrennung war. Danach war es für mich nicht schwer, mit Herrn Schwägermann Kontakt aufzunehmen. Er war bis zuletzt in München Bundesangestellter und war bereit, mit mir über die letzten Tage von Hitler zu sprechen. Wobei man bedenken muss, dass er mit der Familie Goebbels mehr beschäftigt war als mit Hitler. Schwägermann war der letzte mehr oder weniger bekannte Akteur der Goebbels-Verbrennung.

Benecke: *Wie kamen Sie ins Gespräch?*

Biebermann: *Ich bin natürlich nicht unvorbereitet zu den Interviews gefahren, ich habe mir immer einen kleinen Fragebogen erstellt. Als Einstieg in das Gespräch habe ich immer ein wenig über meinen Heimatort Jüterbog gesprochen, da er damals eine sehr bekannte Garnisonsstadt war und somit ein guter Anknüpfungspunkt. Danach konzentrierte ich mich auf die letzten Tage Hitlers und die Aufgaben von Günsche, Schwägermann und Misch gegenüber Hitler. Günsche war von den dreien der Einzige, der genau den Ablauf der Verbrennung schilderte. Der Leichnam Hitlers wurde zwar verbrannt, aber nicht in einer Art, die geeignet gewesen wäre, den kompletten Leichnam zu vernichten.*

Benecke: *Was, glauben Sie, fasziniert die Menschen bis heute an der Schädel-Frage? Letztlich ist ja klar, dass Hitler tot ist, und seine Zähne im KGB sind auch auf jeden Fall echt. Woher also das andauernde Interesse? Was meinen Sie?*

Biebermann: *Das Interesse an Hitler ist bis in die Gegenwart erhalten geblieben, aber die Meisten möchten natürlich die Wahrheit nicht wahrhaben. Der Mensch Hitler spielt dabei vielleicht nur noch eine Nebenrolle, es könnte nur noch von Interesse sein, ob Hitlers Schädel in Moskau der wahre ist oder nur eine Fälschung.*

Benecke: *Viele der Mitarbeiter Hitlers sind später im Alter daran zerbrochen, mit ihm gearbeitet zu haben, etwa seine Sekretärin Traudl Junge, andere überhaupt nicht. Wie haben Sie das erlebt?*

Biebermann: *Günsche, Schwägermann und Misch sind nicht an der Gegenwart zerbrochen, sondern haben vielmehr aus ihrer Geschichte Nutzen gezogen und Bücher geschrieben. Misch beispielsweise würde zerbrechen, wenn er* nicht *über Hitler sprechen würde. Er lebt bis heute in seinem Haus in Berlin-Neukölln und empfängt Besuch. Die beiden anderen haben eher zurückgezogen gelebt und sich eine vernünftige Zukunft aufgebaut.*

Robert Biebermann hat diese Gespräche nicht nur privat durchgeführt, sondern auch aufgezeichnet – eine erstaunliche Leistung. Das Erstaunlichste war aber etwas ganz anderes. Wochen nach unseren ersten E-Mails erfuhr ich, dass der Briefeschreiber erst mehr als vierzig Jahre nach Hitlers Tod geboren wurde. Hier folgt die Selbstvorstellung des unerwarteten Informanten:

»Mein Name ist Robert Biebermann. Ich bin neunzehn Jahre alt, wohne in Jüterbog und lege demnächst mein Abitur ab. Sie werden sich sicherlich wundern wegen meines Alters, aber mein Interesse für die Geschichte fing bereits sehr früh an.

Als ich auf dem Dachboden meiner Großeltern im Alter von elf Jahren das Eiserne Kreuz meines Urgroßvaters fand, begann mein Interesse. Wenn Sie auf das Sterbedatum von Herrn Günsche achten, fällt Ihnen sicher auf, dass ich erst dreizehn Jahre war, als ich mit ihm sprach, wobei ich ohne meine Oma und Eltern nicht mit ihm hätte sprechen können. Sie haben mich in meinem Interesse immer unterstützt. Mit Herrn Misch habe ich auch erstmals mit dreizehn gesprochen und danach noch mehrmals, das letzte Mal 2010. Beim ersten Treffen hatte er auf Herrn Günsche verwiesen, was mir bei wichtigen Fragestellungen sehr half. Ich hatte damals mit ihm noch relativ guten Kontakt, bedingt durch Familie Palmer, die meine Oma gut kannte, wobei er mittlerweile abgerissen ist, bedingt durch das große Interesse an seiner Person. Mit Herrn Schwägermann sprach ich im Jahr 2007.

Ich habe alle Gespräche mit diesen Zeitzeugen mit einem Diktiergerät beziehungsweise später mit einer Kamera aufgezeichnet, sodass für mich die Gespräche bis in die Gegenwart nachzuvollziehen sind.

Mit freundlichen Grüßen
Robert Biebermann

War Hitler ein sadistischer Serienmörder und warum empfinden ihn so viele als bösesten Menschen der Welt?

Der Name Adolf Hitler erweckt bei Menschen auf der ganzen Welt Gedanken an das pure Böse. Das liegt hauptsächlich daran, dass Hitler sowohl für den umfangreichsten Massenmord an Menschen in so kurzer Zeit als auch für den gewaltigsten Krieg, den Menschen jemals durchgeführt haben, mitverantwortlich war. Kein Wunder also, dass er als Urtyp aller Finsterlinge gilt. Oder nicht? Gehen wir doch einmal aus psychologischer Sicht die Merkmale anderer Täter durch und vergleichen sie mit dem Diktator.

Größenwahnsinniger Tyrann ja, sadistischer Serienmörder nein.

Hitler war offensichtlich größenwahnsinnig und hatte ein ziemliches Selbstwertproblem, doch im Gegensatz zu den meisten in diesem Buch beschriebenen Serienmördern (vgl. 2. Kapitel) hatte er – soweit wir wissen – keine sadistische sexuelle Neigung. Allerdings morden nur etwa fünf Prozent aller Serienmörder, weil sie dies sexuell erregend finden, wie der Spezialist für Serientäter Stephan Harbort feststellt. Hitler wurde auch ein persönlicher Hass gegen Juden unterstellt. Dies sollte eine zwar völlig kranke, aber zumindest noch irgendwie nachvollziehbare Erklärung für die Ermordung so unvorstellbar vieler Menschen sein. Bei genauerem Hinsehen erscheint aber auch dies unwahrscheinlich. Zwar haben verschiedene Menschen versucht herauszufinden, ob Hitler jemals etwas erlebt hat, das seinen Hass auf Juden erklären könnte. Doch einen sicheren Hinweis darauf, dass Hitler Juden persönlich hasste und das aufgrund eines Erlebnisses aus seinem Leben erklärbar wäre, gibt es nicht. Somit ist er auch kein Serienmörder aus Hass, wie beispielsweise David Berkowitz (siehe »David Berkowitz«, S. 101). Berkowitz fühlte sich von »den Frauen« persönlich enttäuscht und verletzt und wollte sich ebenso persönlich an ihnen rächen. Deshalb richtete er sie mit seiner Pistole regelrecht hin.

Viel banaler als kranke sexuelle Fantasien oder persönlicher Hass ist jedoch der Grund, aus dem die meisten Serienmörder töten: Sie sind schlicht antisoziale Menschen (siehe S. 128), die andere aus dem Weg räumen, weil sie sich von ihnen gestört fühlen. Dabei spielt es keine Rolle, ob die störende Person beispielsweise eine bettlägerige Mutter ist oder ein Raubopfer, das den Täter beschreiben könnte und deshalb getötet wird. Diesen beängstigend banalen Umstand beschreibt Harbort sehr eindrücklich in seinen Hörbüchern Der Mittagsmörder *und* Blaubeer-Mariechen. *Gemeinsam ist allen Serienmördern eines: Sie fühlen sich stets selbst als Opfer bestimmter Umstände und übernehmen daher keine oder höchstens nur teilweise Verantwortung für ihre Taten. Hitler hatte aus psychologischer Sicht mit den Serienmördern gemeinsam, dass er bereit war, Menschenleben für seine persönlichen Ziele zu opfern, und sich dies schönredete, indem er beispielsweise behauptete – und vermutlich auch selbst glaubte –, für »die Menschheit« langfristig damit etwas »Gutes« zu tun. Hierin ähnelt er besonders den bekannten Fällen von Serienmördern in Krankenhäusern und Pflegeheimen, die sich oft selbst einreden, sie würden die Menschen von ihrem Leid befreien, also »eigentlich« etwas Gutes tun, obwohl auch sie nur ihre Unzulänglichkeit und Minderwertigkeitsgefühle mit dem Gefühl, Macht zu haben über Leben und Tod, übertünchen wollen.*

Dennoch, Hitler schreckte offensichtlich davor zurück, Menschen persönlich zu töten – hier liegt der entscheidende

Unterschied zwischen ihm und allen bekannten Serienmördern. Er war darin sogar derartig feige, dass er Befehle zur Judenvernichtung nicht einmal schriftlich, sondern nur mündlich gab. Und mit der Art, wie sie getötet wurden, wollte er sich schon gar nicht beschäftigen. Mit der von den Nazis als »Endlösung« bezeichneten Vernichtung der europäischen Juden beauftragte er seine Untergebenen, sie sollten den Holocaust organisieren und durchführen. Der Massenmord, den Hitler in die Wege leitete, verlief für ihn nicht direkt sichtbar. Er zeigte, zumindest soweit bekannt, kein Interesse daran, sich Konzentrationslager anzusehen. Für ihn waren die Juden keine Menschen, und das machte es ihm leicht, deren Ermordung ganz sachlich und gefühllos als »Projekt« zu betrachten, das seine Untergebenen selbstständig durchführen konnten. Diese Haltung verdeutlicht ein Brief, den er bereits 1920 geschrieben hat: »Sowenig ich einer Tuberkelbazille einen Vorwurf machen kann einer Tätigkeit wegen, die für den Menschen Zerstörung bedeutet, für sie aber Leben heißt, so sehr bin ich aber auch gezwungen und berechtigt, um meiner persönlichen Existenz willen den Kampf gegen die Tuberkulose zu führen durch Vernichtung ihrer Erreger. Der Jude aber wird und wurde durch Jahrtausende hindurch in seinem Wirken zur Rassetuberkulose der Völker. Ihn bekämpfen heißt ihn entfernen.« Hitler sprach bewusst nicht von Tötung, sondern benutzte Worte wie »entfernen«, »vernichten«, »ausrotten«. Solange er die Menschen, deren Ermordung er anordnete, als gefährliche, aber eben nicht menschliche Lebewesen ansah, brauchte er sich selber nicht als Mörder oder Mord-Auftraggeber zu betrachten.

Hitler war eigentlich ein völlig unsicherer Außenseiter, der sich die Ungerechtigkeit und das Elend auf der Welt selbst erklären wollte – und das tat er mit sehr schlichten Mitteln. Schon in seiner Jugend ließ er sich leicht von Ideen begeistern, die einfache Lösungen für alle gesellschaftlichen Probleme versprachen. So zog er auch begeistert als Soldat in den Ersten Weltkrieg. Feinde, denen er die Schuld für gesellschaftliche Missstände und für sein eigenes bis dahin eher freudloses Leben in die Schuhe schieben konnte, hatte er schon immer gesucht. Daher war es für ihn naheliegend, die damals in Europa ohnehin weit verbreitete Judenfeindlichkeit für sich zu nutzen.

Schließlich eiferte der bis zu seinem dreißigsten Lebensjahr erfolglose, kleine Österreicher stets mächtigen Vorbildern wie Mussolini oder Napoleon nach. Von solch großen Schwätzern der Geschichte schaute er sich wahrscheinlich ab, wie er mit inhaltlich zwar wenig beeindruckenden, dafür aber umso gefühlsbetonteren Reden und einem imposanten Auftreten die Menschen begeistern und um sich scharen konnte.

Egal ob Politiker oder Religionsführer: Wenn eine Person zum mächtigen Führer werden will, dann hat sich seit Anbeginn der Menschheitsgeschichte immer wieder die Vorgehensweise bewährt, unzufriedenen Mitmenschen einfache Lösungen für ihre Probleme anzubieten – wie dumm diese auch waren. Die Idee, alle Probleme auf einen Sündenbock zu schieben, ist so alt wie die Menschheit selbst. Hitler war also keinesfalls besonders einfallsreich, was das anging.

Hitlers Hauptziel war die Errichtung einer Welt nach seinen Vorstellungen. Dabei war ihm die Vernichtung aller Menschen, die er als unnütz oder schädlich ansah, zwar völlig recht, aber persönlich waren ihm diese Menschen völlig egal. Die Triebkraft hinter allem, was er tat, war sehr wahrscheinlich nicht persönlicher Hass, sondern seine Gier nach unbegrenzter Macht und ewigem Ruhm sowie sein Glaube daran, dass eine Gruppe von Menschen für alle Probleme eines Landes verantwortlich sein kann.

Krank oder nicht krank?

Über Hitlers psychischen Zustand wurde von Psychiatern und Psychologen viel geschrieben. Sicher ist nur eins: Niemand wird jemals sicher entscheiden können, ob Hitler nun psychisch gestört war oder nicht. Das liegt daran, dass über ihn sowohl zu Lebzeiten als auch nach seinem Tod unendlich viele Gerüchte verbreitet wurden. Nach so langer Zeit und wegen der Flut wah-

rer und unwahrer Informationen über sein Verhalten ist es, so unglaublich das auch klingen mag, nicht mehr möglich, eine sichere Vorstellung von seiner Persönlichkeit und seiner Psyche zu entwickeln.

Es gibt kaum eine psychische Störung, die nicht irgendwann in der Person Hitler gesichtet wurde. Er wurde als hysterisch eingestuft oder als schizophren – das alles in Verbindung mit seiner Parkinsonerkrankung, seinem Drogenkonsum oder einer Syphilis. Auch als Psychopath, Antisozialer oder Borderliner haben Fachleute ihn bezeichnet. Seltener kamen auch die Ideen auf, er habe eine posttraumatische Belastungsstörung gehabt, sei autistisch oder manisch-depressiv gewesen.

Hitler als Person ist aber eigentlich gar nicht so interessant wie das, was er bewirkt hat: Menschenmassen sind diesem aus heutiger Sicht lächerlich wirkenden, schreienden Männchen zombiehaft gefolgt. Oft taten vorher unauffällige Menschen als Soldaten, SS-Männer oder KZ-Aufseher plötzlich unmenschliche Dinge.

Ihn als die Ausgeburt der Hölle und das Mensch gewordene Böse darzustellen, hatte und hat daher bis heute einen großen Vorteil. Hitler wird so zum Sündenbock für alles, was so viele Deutsche damals taten – ohne, dass er neben ihnen stand und den direkten Befehl dazu gab.

Das Böse steckt in jedem Menschen

Auch, wenn das für die meisten Menschen ein unerträglicher Gedanke ist: Im Grunde ist jeder Mensch dazu in der Lage, einen anderen zu töten oder grausam zu sein. Falls Sie das nicht glauben sollten, folgen hier zwei Versuche, die das eindrucksvoll bestätigen. Einen davon kennen Sie vielleicht aus dem Spielfilm Das Experiment, *der aber nur entfernte Anleihen am echten Experiment nimmt.*

1971 wollte der US-amerikanische Psychologe Philip Zimbardo herausfinden, wie sich psychisch gesunde Studenten – allesamt junge Männer – unter Gefängnisbedingungen verhalten würden. Alle Teilnehmer machten zuerst psychologische Tests. Nur Studenten, die darin keine psychischen Auffälligkeiten zeigten, durften beim Versuch mitmachen. Nur ein Drittel der Bewerber wurde ausgewählt.

Per Münzwurf wurden die Studenten in Gefangene und Wärter eingeteilt. Im Keller der Universität war ein kleines Gefängnis nachgebaut worden. Es gab reichlich versteckte Kameras und Mikrofone, damit die Psychologen den Verlauf des Versuchs beobachten konnten.

Die »Wärter« trugen Polizeiuniformen, verspiegelte Sonnenbrillen und Gummiknüppel, die »Gefangenen« ein Krankenhaushemd ohne Unterwäsche, einen Nylonstrumpf über dem Kopf und eine schwere Fußkette.

Die Studenten in den Wärter-Rollen wurden schon nach wenigen Stunden immer grausamer den »Gefangenen« gegenüber. Die »Gefangenen« wehrten sich daraufhin immer mehr. Zur Strafe mussten sie Liegestütze machen, nachts Eimer neben ihren Schlafplätzen als Toiletten benutzen und wurden zu jeder Tages- und Nachtzeit geweckt. Wehrten sich die »Gefangenen« noch mehr, dann besprühten die »Wärter« sie mit kaltem Kohlendioxid aus Feuerlöschern oder gaben ihnen nichts mehr zu essen.

Nach drei Tagen musste der erste »Gefangene« das Experiment vorzeitig verlassen, weil er eine starke Stressreaktion zeigte. Nach nur sechs Tagen wurde der Versuch abgebrochen. Bis dahin waren bereits vier »Gefangene« zusammengebrochen.

Das Ganze ging als »Stanford-Prison-Experiment« (nach der Universität Stanford, wo der Versuch stattfand) in die Geschichte der Psychologie ein. Die Studenten dort waren als »Wärter« ähnlich grausam wie die US-amerikanischen Soldaten im irakischen Gefängnis Abu-Ghuraib. Auch dort folterten und erniedrigten scheinbar normale junge Menschen ihre in diesem Fall echten Gefangenen und machten Fotos davon.

Es war nicht der einzige Versuch, bei dem ganz normale, nette, intelligente Menschen sehr schnell dazu gebracht wurden, grauenvolle Dinge zu tun. Schon zehn Jahre zuvor hatte der Psy-

chologe Stanley Milgram einen Versuch durchgeführt, um herauszufinden, wie weit Menschen Befehle befolgen würden.

Mit einer Zeitungsausschreibung wurden Teilnehmer für einen scheinbar harmlosen Versuch angeworben. Die Menschen, welche den Versuch mitmachten, wurden immer einzeln in ein Labor geführt. Dort wurde ihnen von einem Wissenschaftler, der sich als Leiter des Versuchs vorstellte, gesagt, dass sie und ein anderer Teilnehmer per Zufall in einen »Lehrer« und einen »Schüler« eingeteilt werden würden.

In Wahrheit bekamen die Versuchsteilnehmer aber immer die »Lehrer-Rolle«. Der angebliche andere Versuchsteilnehmer war in Wahrheit ein Schauspieler. Den echten Teilnehmern erklärte der Versuchsleiter sachlich, dass sie an einem Versuch zum menschlichen Lernverhalten teilnahmen. Sie als »Lehrer« hätten die Aufgabe, dem »Schüler« immer dann Stromschläge zu verabreichen, wenn dieser bei einer Aufgabe falsch antwortete. Mit jeder falschen Antwort würde der Strom ein wenig stärker werden.

Die Teilnehmer bekamen zur Probe selbst einen kurzen, schmerzhaften Stromschlag, damit sie sich besser vorstellen konnten, was sie gleich dem »Schüler« antun würden. Damit es besonders erschreckend aussah, wurde der »Schüler« auf einem Stuhl festgebunden, der einem Elektrischen Stuhl sehr ähnlich sah. In Wahrheit war der Stuhl natürlich nicht an Strom angeschlossen.

Im Laufe des Versuchs gab der Schauspieler, der den »Schüler« spielte, immer mehr falsche Antworten. Die Versuchsteilnehmer hörten ihn bei jedem »Stromschlag«, den sie per Knopfdruck auslösten, lauter schreien. Irgendwann flehte der »Schüler« sogar, sie sollten aufhören und ihn losbinden.

Doch der Versuchsleiter sagte den Versuchspersonen immer wieder, »bitte machen Sie weiter«, »das Experiment erfordert, dass Sie weitermachen«, »Sie müssen unbedingt weitermachen« und »Sie haben keine Wahl, Sie müssen weitermachen«. Außerdem sagte der Versuchsleiter, er übernehme die volle Verantwortung für den Versuch. Irgendwann rief der »Schüler«, den der

»Lehrer« nicht sehen konnte, er wolle nicht mehr am Versuch teilnehmen. Später schrie er nur noch und schließlich rührte er sich gar nicht mehr.

Viele der »Lehrer« lösten sehr starke und sogar die stärksten, als lebensgefährlich gekennzeichneten Stromschläge aus, wenn ein Versuchsleiter sie mit seinen Worten dazu drängte.

Umstände, die in jedem das Böse wecken

Wie man sieht, stimmt es nicht, dass Menschen nur dann grausam handeln, wenn sie oder ein Angehöriger bedroht werden. Es gibt zahlreiche andere Situationen, die Menschen dazu bringen, Böses zu tun.

Wenn Gefangene durch ihre Kleidung nicht mehr wie eigenständige Menschen wirken und statt mit Namen nur noch mit Nummern angesprochen werden, dann fällt es denen, die als Wärter auch noch eine Ausrede dafür haben, grausam zu sein, leichter, diese schlecht zu behandeln. Genau das erleichterte es Wärtern in Konzentrationslagern, die Gefangenen nicht mehr als echte Personen anzusehen.

Es fällt Menschen auch leichter, grausam zu sein, wenn sie Teil einer Gruppe sind, in der alle anderen sich ebenso verhalten. Menschen sind darauf ausgerichtet, sich – besonders im Zweifelsfall – an das Verhalten anderer Menschen anzupassen. Mit diesem Verhalten befasst sich ein ganzer Unterzweig der Psychologie. In der Nazizeit fiel es den Menschen umso leichter, Juden gegenüber grausam zu sein, je mehr andere sich ebenfalls so verhielten.

Ganz normalen Menschen fällt es gegenüber »Gefangenen« oder auch »Versuchsteilnehmern« sehr viel leichter, sie beispielsweise mit Stromschlägen wissentlich zu foltern und in Lebensgefahr zu bringen, weil durch eine solche Situation der Anschein erweckt wird, der gefolterte Mensch sei an seiner Lage selbst schuld und würde sie deshalb auch verdienen. Und das erst recht, wenn die so grausam handelnden Menschen Vorgesetzte haben, die ihnen Befehle geben, oft sogar die »Verantwortung« überneh-

men und allgemeine Regeln vorgeben. Dementsprechend rechtfertigten auch die Studenten in den Wärterrollen ihr grausames Verhalten damit, dass sie nur wichtige Regeln durchsetzten. Aus ihrer Sicht waren die Gefangenen an ihrer Strafe selbst schuld.

Während der Nazizeit konnte sich jeder auf den weit verbreiteten Judenhass und ganz konkret auf judenfeindliche Gesetze berufen. Das galt besonders für Soldaten, SS-Leute und KZ-Wärter, die sich immer damit rechtfertigen konnten, dass sie ja nur »Befehle ausführten«.

Die eigene Verantwortung eines jeden Menschen für jede seiner Entscheidungen wird durch all diese Umstände Stück für Stück ausgehebelt, und dagegen ist kein Mensch gefeit. Deshalb ist es wichtig, sich jeden Tag neu und bewusst für oder gegen das zu entscheiden, was man tut. Es ist sehr schwer, sich dabei von der Meinung anderer und den Vorgaben seitens Vorgesetzter zu lösen. Dennoch haben die meisten Menschen in der Tat die Wahl. Jeder muss sich dazu aber täglich neu bewusst machen, dass er allein diese Entscheidung trifft – nicht die Gesetze, nicht der Chef, nicht die Kollegen und auch nicht die Freunde. Und weil das viele Menschen überfordert, suchen sie sich lieber einen unübertreffbaren Standard-Bösewicht: Adolf Hitler.

Adolf Hitlers Ahnentafel

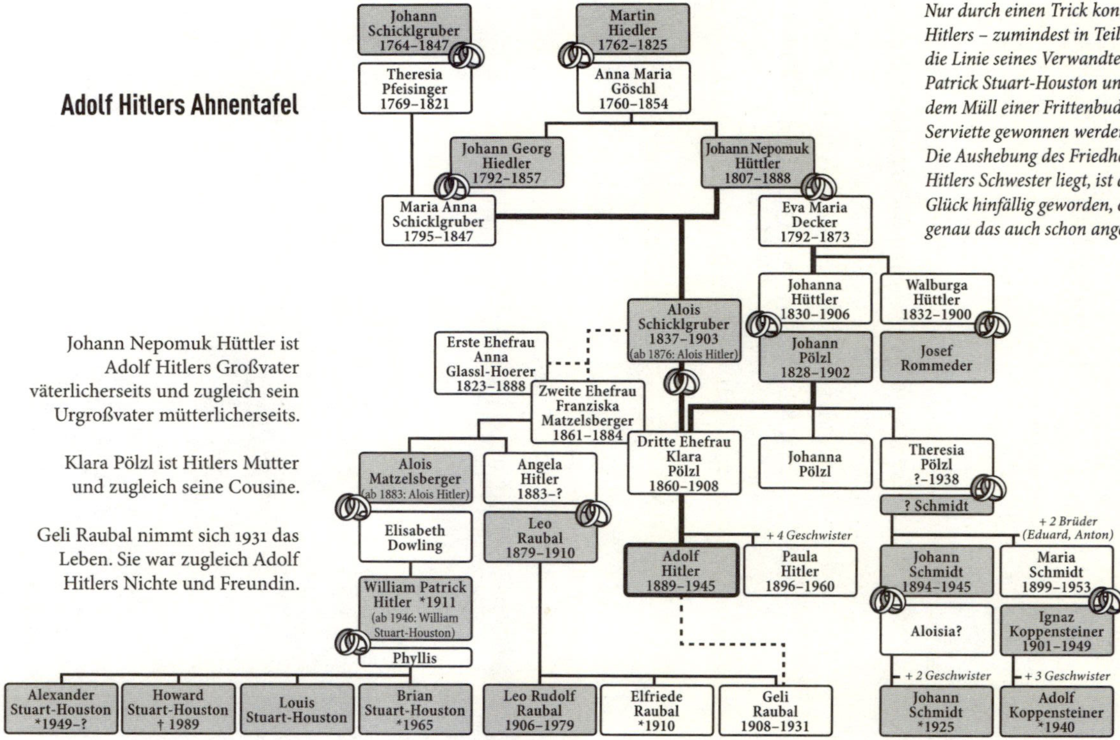

Nur durch einen Trick konnte die DNA Hitlers – zumindest in Teilen – über die Linie seines Verwandten William Patrick Stuart-Houston und eine aus dem Müll einer Frittenbude geborgenen Serviette gewonnen werden.

Die Aushebung des Friedhofs, auf dem Hitlers Schwester liegt, ist damit zum Glück hinfällig geworden, obwohl mir genau das auch schon angeboten wurde.

Johann Nepomuk Hüttler ist Adolf Hitlers Großvater väterlicherseits und zugleich sein Urgroßvater mütterlicherseits.

Klara Pölzl ist Hitlers Mutter und zugleich seine Cousine.

Geli Raubal nimmt sich 1931 das Leben. Sie war zugleich Adolf Hitlers Nichte und Freundin.

KAPITEL 2

IN KOPF UND KNAST BEI GETRIEBENEN

Luis Alfredo Garavito Cubillos – Wie »Monster« entstehen

Der Kolumbianer Luis Alfredo Garavito Cubillos tötete zwischen 1992 und 1997 etwa dreihundert Jungen. Die meisten davon waren zwischen acht und zwölf Jahren alt. Er folterte sie, schnitt ihnen den Kopf ab und legte die Leichen auf möglichst entwürdigende Weise – teilweise mit den abgetrennten Genitalien im Mund – ab. Manchmal brachte er mehrere Jungen gleichzeitig in seine Gewalt und ließ sie vor ihrem Tod zusehen, was er mit ihren Freunden machte (siehe M. Benecke, *Mordspuren* und *Mordmethoden*). Seine Taten erscheinen monströs, wie aus einem schlechten Horrorfilm. Kein Wunder also, dass er in Kolumbien als »La Bestia« bekannt ist.

Für die meisten Menschen ist es unvorstellbar, dass jemand zu solchen Taten fähig sein soll. Deshalb werden Täter, die besonders grausame Verbrechen begehen, in allen Kulturen und Zeitaltern mit Bezeichnungen wie »Bestie«, »Ungeheuer« oder »Monster« belegt. Aktuelle Beispiele dafür sind Zeitungsüberschriften wie »Jetzt spricht das Opfer des Sex-Monsters« (*BILD*), »Polizei vermutet das Sex-Monster in Bonn« (*EXPRESS*), »20 Sonder-Ermittler jagen das Sex-Monster von Lichtenberg« (*Berliner Kurier*), »Bestie vom Bodensee – Der Taxi-Mörder schweigt« (*Blick*), »Sex-Bestie plante Kinder-Mord im Internet« (*BILD*) und »Berlins schlimmstes Sex-Ungeheuer« (*B. Z.*). Durch solche Bezeichnungen ziehen normale Menschen eine Trennlinie zwischen sich und denen, die offensichtlich unmenschlich handeln.

Von sich aus wird in Kolumbien nicht über den Fall Garavito geredet, und darauf angesprochen, gibt man sich eher unangenehm berührt, als sei es schon unangenehm, die Staatsangehörigkeit mit diesem »Monster« zu teilen. Dabei gab es Menschen wie ihn schon immer und in allen Kulturen. Dass er ein menschliches Wesen ist und in vielen Dingen allen anderen Menschen sehr ähnelt, scheint vielen das Unheimlichste zu sein. Der russische Schriftsteller und Nobelpreisträger Alexander Solschenizyn hat dazu festgestellt: »Wenn es nur böse Menschen gäbe, die irgendwo heimtückisch böse Taten begingen und es genügte, sie von uns anderen zu trennen und sie auszurotten! Doch die Trennlinie zwischen Gut und Böse verläuft mitten durch das Herz eines jeden menschlichen Wesens. Und wer ist schon bereit, einen Teil seines eigenen Herzens zu zerstören?«

Die Trennlinie zwischen Gut und Böse

Psychologen und Psychiater stellen sich schon lange die Frage, wie ein Mensch zu einem Kindermörder wird. Inzwischen ist klar: Menschen werden nicht einfach »böse« geboren. Vergleicht man Lebensläufe von extremen Gewaltstraftätern, dann findet man immer wieder Ähnlichkeiten: Kaputte Elternhäuser, körperliche oder sexuelle Misshandlung. Natürlich werden nicht die meisten Menschen, die solche Dinge in ihrer Kindheit erleben, grausame Straftäter. Doch viele von ihnen entwickeln psychische Störungen wie Depressionen, starke Ängste, Zwänge oder dauernde Probleme mit anderen Menschen. Das liegt daran, dass Kinder schlechter als Erwachsene schlimme Erlebnisse verarbeiten können. Sie sind ihrer Umwelt viel hilfloser ausgesetzt, beispielsweise können sie nicht einfach fortgehen, wenn sie in ihrer Familie misshandelt werden.

Menschen, die in ihrer Kindheit lange Zeit Gewalt, sexuellen Missbrauch oder starke Probleme in der Familie erleben, denken, fühlen und verhalten sich oft anders als andere. Sie sind deutlich öfter ängstlicher, vorsichtiger, unzufriedener mit sich selbst oder aggressiver und rücksichtsloser. Ist diese Veränderung besonders ausgeprägt, sprechen Fachleute von einer psychischen Störung. Einbildung ist das alles nicht. Die einen schaffen es als Erwachsene, oft mithilfe einer Therapie, ihre durch die schlimmen Erlebnisse entstandenen Probleme in den Griff zu bekommen. Andere werden abhängig von Alkohol, Drogen oder Medikamenten oder werden immer wieder straffällig.

Es gibt Risikomerkmale, die – besonders, wenn mehrere davon auftreten – die Wahrscheinlichkeit vergrößern, dass ein Mensch irgendwann eine Straftat begeht. Garavito zeigte eine ganze Reihe davon: Er wurde von seinem Vater körperlich misshandelt und beschimpft, durch seine Eltern vernachlässigt und von einem Bekannten des Vaters als Kind sexuell missbraucht. Seine Familie war arm, er hat nur eine schlechte Schulbildung. Auch sein Gefühlsleben zeigt viele Auffälligkeiten, die bei Straftätern öfter vorkommen. Die Fähigkeit, sich in andere Menschen einzufühlen, besitzt er nicht, Schuldgefühle sind ihm fremd. Enge zwischenmenschliche Beziehungen kann er kaum aufrecht halten, und er gerät immer wieder in Streitereien, weil er leicht reizbar und aggressiv ist. Hinzu kommt ein oft unkontrolliertes Verhalten aufgrund seiner langjährigen Alkoholabhängigkeit. Die Art seiner Verbrechen wurde bestimmt durch seine sadistische und pädophile sexuelle Neigung. All das kam Stück für Stück zum Vorschein, als Garavito in Gesprächen mit Mark immer wieder recht freimütig aus seinem Leben erzählte. Natürlich war ihm nicht bewusst, wie viele der für forensische Psychologen und Psychiater interessanten Risikofaktoren er aneinanderreihte. Seine Erzählung war chaotisch, er sprang immer wieder zwischen verschiedenen Themen hin und her und fügte manchmal ganz beiläufig wichtige Details hinzu. Das Ergebnis ist ein lebhaftes und trauriges Gesamtbild eines typischen Schwerkriminellen.

Ein Zuhause voller Schrecken

Garavitos Vater war Eigentümer einer Kaffee- und Teeplantage, die allerdings nicht viel abwarf. Luis Alfredo war der älteste Sohn, ihm folgten sechs Geschwister. Über sich selbst als Kind sagte er: »Ich war ein sehr schüchternes Kind, klein und ängstlich. Ich hatte Angst in der Nacht vor der Dunkelheit.« Als er ungefähr sechs Jahre alt war, sah er, wie sein Vater seine Mutter an den Haaren über den Boden schleifte. Ein Bild, das sich ihm tief ins Gedächtnis eingrub. Wenn der Vater nach Hause kam, verkroch sich Luis Alfredo unter dem Bett, solche Angst hatte er von ihm. Der Vater war jähzornig, er schlug und beschimpfte seine Frau und die Kinder. Die Mutter war überfordert und tat nichts, um sich und ihre Kinder zu schützen.

Mit zwölf Jahren schlug Luis Alfredo das erste Mal zurück, als sein Vater ihn mal wieder verprügeln wollte. Von da an wehrte er sich regelmäßig, was in Kämpfe mit dem Vater ausartete. Gewalt war an der Tagesordnung. Die vier Brüder verprügelten auch ihre Schwestern regelmäßig.

Dass er homosexuelle Empfindungen hatte, bemerkte er schon sehr früh. Er selbst beschrieb das so: »Während der ganzen Volksschulzeit gab es einen Jungen, der diese fünf Jahre mit mir zusammen zur Schule gegangen ist. Ich lebte damit, in diesen Jungen verliebt zu sein. Irgendwann hat er mich einmal gekratzt, und ich habe Lust dabei empfunden.«

In der Schule interessierte er sich besonders für Naturwissenschaften und Geografie. Das Interesse für Geografie behielt er, sodass er nach seiner Verhaftung eine erstaunlich detailgetreue, insgesamt mehrere Quadratmeter große Landkarte zeichnen konnte, auf der er Opfernamen, Tötungsdaten und andere Details wie das Alter der Opfer vermerkte. Eigentlich wollte er Arzt oder Landwirt werden, doch sein Vater verlangte von ihm, auf der Plantage zu schuften, und zwar kostenlos. Seit seinem zehnten Lebensjahr arbeitete Luis Alfredo nach der Schule dort, bald darauf den ganzen Tag, die Schule musste er ohne höheren Abschluss verlassen.

Als er dreizehn Jahre alt war, freundete sich Luis Alfredo mit einem zwölfjährigen Mädchen an. Es sei eine platonische Liebe gewesen, sagte er. Manchmal schlich er sich spät abends – wenn der Rest der Familie schlief – aus dem Haus, um sich mit dem Mädchen zu treffen. Dabei wurde er irgendwann von einem Freund seines Vaters erwischt. Dieser drohte, alles seinem Vater zu erzählen, der ihn hart für seine abendlichen Ausflüge bestrafen würde. Für sein Schweigen verlangte er von Luis Alfredo, an ihm sexuelle Handlungen vorzunehmen, was dieser aus Angst tat.

Immer unterwegs

Sobald er volljährig war, verließ Luis Alfredo die Plantage seines Vaters und schlug sich als Hilfsarbeiter durch. Von dem Geld kaufte er regelmäßig Alkohol und betrank sich. Schließlich fand er eine Anstellung als Aushilfe im Geschäft einer zwanzig Jahre älteren Frau, in die er glaubte, sich verliebt zu haben. Im Nachhinein behauptete er jedoch, dass seine Empfindungen für Frauen immer platonisch waren und er nie sexuelle Gefühle für sie hegte.

Irgendwann betrank er sich in Anwesenheit seiner Arbeitgeberin und stritt sich heftig mit ihr. Daraufhin kündigte er, reiste weiter und suchte sich eine andere Arbeit. Dieses Verhalten sollte er den Rest seines Lebens beibehalten. Es hielt ihn nie lange an einem Ort. Auf diese Weise ging er Problemen aus dem Weg und knüpfte keine tieferen Freundschaften.

Während er wie ein einsamer Wolf durch das Land zog und sich der jeweiligen Umgebung erstaunlich gut in Aussehen und Verhalten anpasste, wurde sein Alkoholkonsum immer stärker.

Mit zweiundzwanzig Jahren griff er völlig betrunken einige Polizisten an. Daraufhin wurde er in Gewahrsam genommen und musste eine Geldstrafe zahlen. Ein Bekannter riet ihm daraufhin, zu den Anonymen Alkoholikern zu gehen. Etwa ein Jahr lang gelang es ihm mithilfe der Gruppe, sich von Alkohol fernzuhalten. Dann kam der Rückfall, den er so beschrieb: »Ich habe fast ein Jahr nicht getrunken und nach diesem einen Jahr im Dezember 1979 hat man mir einen Schluck Alkohol zu trinken gegeben, in einem Glas, von dem ich dachte, es wäre Limonade. Ich habe es getrunken und trank dann noch mehr. Neun Tage habe ich dann getrunken und dabei viel Unsinn gedacht.«

Der »Unsinn« steigerte sich zu einem Selbstmordversuch. Er wurde für zwei Monate in die psychiatrische Klinik von Manizales eingeliefert und verließ die Klinik mit der festen Absicht, zukünftigen Alkoholexzessen aus dem Weg zu gehen, was ihm immerhin für sieben Jahre gelang.

1987, er war dreißig Jahre alt, begann er auf einer seiner Reisen durchs Land wieder Alkohol zu trinken. Der Alkoholkonsum stei-

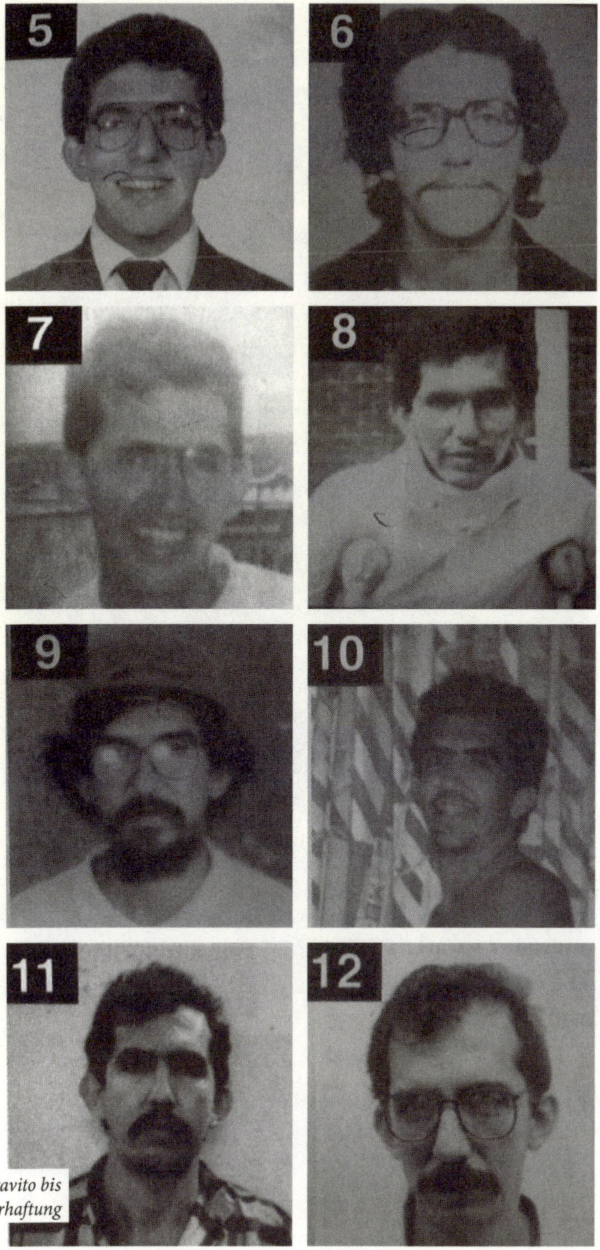

Bilder von Garavito bis zu seiner Verhaftung

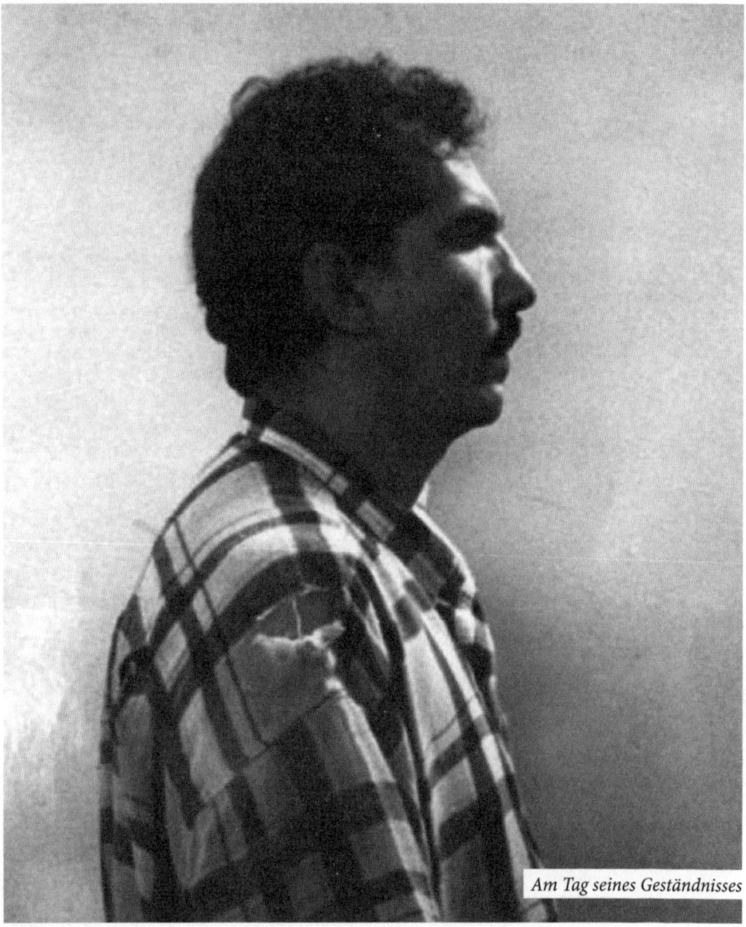
Am Tag seines Geständnisses

gerte sich schnell wieder in extremste Ausmaße. »Also, ich habe dann bis zu dem Tag, an dem man mich festnahm, jeden Tag von morgens an getrunken. Bevor ich aufstehen konnte, musste ich meistens Alkohol trinken. Mein Körper war nicht mehr in der Lage aufzustehen, er verlangte nach Alkohol. Wenn ich das nicht gemacht hätte, hätte ich nicht aufstehen können. Dann habe ich meistens wohltemperiertes (lauwarmes) Bier getrunken, kalt schmeckte es mir nicht. Hatte ich kein Bier, dann trank ich Schnaps, obwohl mir Bier lieber war. Mein Lieblingsgetränk war Brandy de la Corte mit Coca-Cola, weil ich die Farbe der Flasche und den Geschmack mochte. Außerdem war es billig.«

Drei Jahre nach seinem erneuten Rückfall begann er, Stimmen zu hören, die nicht da waren. Er fing an, sich mit dem Glauben an dunkle, übersinnliche Kräfte zu beschäftigen, da er der Meinung war, die Stimmen müssten einen solchen Ursprung haben. »Ich habe Bücher zu okkulten Themen gelesen und bin immer tiefer in die Materie eingedrungen. Ich sah damals auch Dinge, die nicht da waren.« Diese Wahrnehmungen von nicht vorhandenen Dingen liefern ihm zusammen mit seinem Aberglauben bis heute eine Entschuldigung vor sich selbst, mit der er die Verantwortung für all seine Taten größtenteils von sich weist. »Ich habe im Gefängnis darüber nachgedacht, dass all das durch die Hexerei, die ich betrieben habe, passiert ist.«

Die erste Tat

Garavito fühlte schon früh das Bedürfnis, Jungen gewaltsam zu sexuellen Handlungen zu zwingen. Mit neunzehn versuchte er, einen zwölfjährigen Jungen zu entführen, wobei er ihn mit einem Messer bedrohte. Der Junge schrie und rannte zur Polizei. Daraufhin wurde Garavito festgenommen und saß dafür kurz im Gefängnis. Nach diesem Erlebnis vergingen sechzehn Jahre, bis er wieder einen Angriff auf einen Jungen wagte. Garavito beschreibt seinen ersten Mord so:

»Es war ein Sonntag, der 4. Oktober 1992. Ich war am Busterminal von Cali und trank Alkohol, als ich bemerkte, dass etwas Fremdes von mir Besitz ergriff. Ich hörte damals bereits schon länger Stimmen. Ein zwölfjähriger Junge ging vor mir, und ich fühlte dieses Fremde, das Besitz von mir ergriff. Die Stimme sagte mir: ›Da geht ein kleiner Junge‹, und ich ging hin und sprach ihn an. Aber an den Mord, wie es geschah, habe ich nur sehr vage Erinnerungen. Später, als ich wieder im Hotel war, erkannte ich die Schuhe des Kleinen wieder. Dadurch habe ich mich erinnert, dass ich einen

Mord begangen habe. Aber daran, wie ich den Mord begangen und den Tatort verlassen habe, daran erinnere ich mich nicht mehr gut.«

Die Stimme, die Garavito auf den Jungen aufmerksam gemacht hatte, hörte er noch viele Male. Er sah auch immer wieder Dinge, die nicht da waren. Später behauptete er, er hätte dadurch immer fester daran geglaubt, von übersinnlichen Mächten begleitet und gelenkt zu werden.

»Es ist so, als wenn der Dämon mir etwas erzählen würde. Wie eine normale Stimme. Als wenn man einer Stimme zuhören würde. Wie soll ich es erklären? Ja, ich habe eine Stimme gehört. Eine Stimme, die mir sagte: ›Geh nach hier und nach dort, diese Person zählt nichts, töte sie.‹ Es gab Morde, an die erinnere ich mich besser als an andere, und an manche erinnere ich mich kaum. Aber ich erinnere mich an viele Morde, bei denen ich fürchterliche Angst hatte. Aber viele Male, während ich diese Angst hatte, hörte ich die Stimmen. ›Töte es, töte es‹, sagten sie mir, und so habe ich die Jungen genommen und getötet. Ich habe nicht nur Stimmen gehört, sondern manchmal auch Schlangen auf der Straße gesehen, obwohl dort keine Schlangen waren. Ich sah sie, obwohl sie nicht existierten. Manchmal habe ich gesehen, dass sich die Gebäude bewegt haben, obwohl sich in Wirklichkeit nichts bewegt hat.«

Der erste Mord war der Beginn einer fünfjährigen Mordserie, welcher etwa dreihundert Jungen zum Opfer fielen. Immer wieder erwähnte Garavito in Gesprächen die Stimmen, die er als Anstifter für seine Morde darstellte. Über einen 1994 in Trujillo begangenen Mord sagt er:

»Am Tag zuvor war ich sehr wütend auf meinen Vater und hatte eine Rauferei mit einem meiner Brüder. Dabei schlug ich die Haustür ein. Es kamen mehrere Polizisten, worauf ich mich heftig wehrte. Die Polizisten nahmen mich dann fest. Am nächsten Tag ließ man mich frei und ich ging gleich in eine Bar. Während ich trank, hörte ich eine Stimme, die mir sagte: ›Geh zum Friedhof.‹ Das tat ich und auf dem Friedhof entdeckte ich einen Jungen. Genau dort war der Junge, so wie es mir die Stimme gesagt hatte. Ich lockte ihn vom Friedhof weg und brachte ihn um.«

Die perfekte Welt für einen Serienkiller

Muss ein Mensch, dem es gelingt, in nur sieben Jahren dreihundert Kinder zu töten, ein kaltblütiges, extrem selbst kontrolliertes und planendes Genie vom Kaliber eines Hannibal Lecter aus dem *Schweigen der Lämmer* oder eines John Kramer alias Jigsaw aus der *Saw*-Reihe sein? Garavito ist weder selbstkontrolliert, noch hochintelligent oder ein Planungsgenie. Die erschreckende und doch einfache Erklärung für seine unvorstellbar hohe Opferzahl sind die damals herrschenden bürgerkriegsähnlichen Zustände. Während im Kampf zwischen Militärs und Guerillas zahllose Zivilisten starben, herrschte eine unvorstellbare Armut, die Kinderarbeit und -prostitution ebenso wie extrem hohe Mordraten zu etwas Alltäglichem machte. Die Justizbehörden waren völlig überfordert und von Korruption zersetzt. Diese gesellschaftlichen Umstände boten den perfekten Rahmen für einen umherreisenden Serienmörder.

Wie sehr sich Garavito von den in Hollywoodfilmen dargestellten Serienmördern unterscheidet, wird durch die Schilderungen seines Vorgehens deutlich:

»Also in diesen Momenten – da ich ja nie einen Mord geplant hatte, ich habe überhaupt nie irgendetwas geplant, passierte alles von einem Moment auf den anderen – in diesen Momenten, als ich Alkohol getrunken habe und die Verbrechen beging, habe ich nie daran gedacht, dass ich zur Verantwortung gezogen werden könnte. Wie soll ich das erklären? Für mich gab es nie einen Plan, weil ich doch eigentlich nur Alkohol trinken und Musik hören wollte.

Während ich also trank und Musik hörte, tauchte immer wieder dieses Verlangen auf, einen kleinen Jungen von dort draußen mitzunehmen. Mir war in diesen Momenten schon klar, dass ich gleich losgehen, mein nächstes Opfer ansprechen und mitnehmen würde. Aber zu keinem Zeitpunkt, das möchte ich klarstellen, absolut niemals habe ich mit dem Gedanken, einen Mord zu begehen, angefangen zu trinken. Diese Gedanken kamen mir immer während des Trinkens. Manchmal bin ich sogar mit einem Jungen zu dem Ort gegangen, wo ich ihn eigentlich töten wollte, und habe dann plötzlich diesen Wunsch bereut. Dann bin ich weggegangen, ohne dem Jungen etwas zu tun.

Es gab Zeiten, da habe ich wirklich versucht mich zu beherrschen. Eigentlich wollte ich ja gar keine Morde begehen und all diese schrecklichen Dinge tun. In manchen Fällen ist es mir gelungen, diese ›Kraft‹ zu beherrschen und so den eigentlich gewollten Mord nicht zu begehen. Aber diese ›Kraft‹, die mich dominierte und immer dominiert hat, war sehr oft stärker als ich, und dann habe ich mich nicht beherrschen können. Manchmal drängte mich die ›Kraft‹, wie ich sie nenne, dazu, mehrere Morde an einem Tag oder an aufeinanderfolgenden Tagen zu begehen. Ich habe dabei immer weiter sehr viel Alkohol getrunken.

Als die ›Kraft‹ mich nach mehreren begangenen Morden nicht mehr drängte, fühlte ich mich oft zwei oder drei Tage lang sehr schlecht. Ich war sehr erschöpft und fühlte mich deprimiert. Ich habe dann manchmal das Messer, mit dem ich tötete, weggeschmissen, weil ich das nicht mehr tun wollte. Aber wenn die ›Kraft‹ wieder zu drängen begann, habe ich mir ein neues Messer besorgt.«

Opfer der Umstände oder kaltblütiger Killer?

Was ist Garavito für ein Mensch? Welche Charaktereigenschaften und Interessen zeichnen ihn aus? Hat er – wie er behauptet – ein schlechtes Gewissen oder versucht er nur mit Tricks wieder in Freiheit zu gelangen?

Immer wieder fällt auf, dass er dem Alkohol, den übersinnlichen Kräften, an die er angeblich glaubt, und seinen Eltern die Schuld für seine Taten in die Schuhe schiebt. Er sieht sich selbst als Opfer dieser Einflüsse und fühlt sich eigentlich als schon hinreichend bestraft für seine Taten. Das Eingesperrtsein, der Verlust der Frau, mit der er bis zu seiner Verhaftung zusammenlebte, und seine Depressionen im Gefängnis erscheinen ihm als vollkommen ausreichende und vielleicht sogar zu harte Strafe. Wiederholt beschreibt er, dass nicht er selbst, sondern die übernatürliche ›Kraft‹

Ein Serienmörder, der dreihundert Kinder totfolterte, sehnt sich nach seiner Familie zurück: nach seinem Nenn-Sohn Rodolfo und seiner Lebenspartnerin, der »Chefin« (Chefa). Wahrer Wunsch oder geplantes Theater, um aus dem Gefängnis zu gelangen? Diese Zeichnung fertigte Garavito, als ich ihn bat, einen Traum aufzumalen.

ihn zu seinen Morden drängte und er meistens keine Chance hatte, sich gegen diesen Drang zu wehren.

Dass er sich in gewissem Umfang allerdings sehr wohl beherrschen konnte, zeigt sich daran, dass er sich nie an Kindern von Freunden oder Bekannten verging. »Ich habe mir gedacht, dass ich mich nicht mit den Kindern meiner Freunde einlassen sollte. In vielen Fällen habe ich mich dabei ertappt, dass ich darüber nachgedacht habe, aber ich habe sie nie angefasst. Auch Rodolfo, dem Jungen der Frau, die mit mir zusammengelebt hat, habe ich nie etwas getan. Graciella war mehrere Jahre meine Lebensgefährtin. Wir lebten zusammen mit Rodolfo, den ich wie meinen eigenen Sohn behandelte. Ich wollte ein ganz normaler Familienvater sein, obwohl ich nur platonische Gefühle für Graciella hegte. Die beiden haben mir sehr viel Zuneigung entgegengebracht. Das war für mich eine glückliche Zeit. Ich kümmerte mich um sie und versuchte, mich so von diesem Drang zu töten abzulenken.«

Doch anstatt auch nur zu versuchen, seine tödlichen Gelüste wirklich dauerhaft zu kontrollieren, widmete er sich Horrorfilmen und der Verehrung Adolf Hitlers. »Zu dieser Zeit mochte ich Filme, in denen viel Blut floss. *Das Schweigen der Lämmer* sah ich fünf Mal, erinnere mich aber kaum noch an den Film. Aber ich habe mich nie auf Filme konzentriert, so wie es mir nachgesagt wird, in denen Kinder ermordet werden. Das war kein besonderes Interesse von mir. Das Wichtigste für mich war an den Filmen, dass das Blut floss – egal von wem. Ich habe auch *Mein Kampf* von Adolf Hitler gelesen und wollte wie er werden. Mit Hitler habe ich mich identifiziert, weil er auch von seinem Vater misshandelt wurde. Laut dem, was ich über Hitler gelesen habe, glaube ich, dass er eine homosexuelle Tendenz hatte, genau wie ich. Denn als er zur Schule ging, verliebte er sich in einen Jungen.«

Auch für andere Persönlichkeiten der Weltgeschichte interessierte sich Garavito: »Besonders die heilige Mutter Teresa von Kalkutta, Evita Perón, Saddam Hussein, Nelson Mandela und Mahatma Gandhi fand ich spannend. Ich habe es auch bedauert, dass am 31. August 1997 Prinzessin Diana von England starb, die eine sehr gütige Person war.«

Auf die Frage, was ihn an dieser doch eher ungewöhnlichen Zusammenstellung an Prominenten denn besonders interessiere, antwortete er: »Sie alle haben sich einer bestimmten Sache hingegeben.« An Aussagen wie dieser merkt man, dass moralische Bewertungen in Garavitos Sicht der Welt keinerlei Rolle spielen. Ob Hitler, Hussein, Mutter Teresa oder Mahatma Gandhi, sie alle beeindrucken Garavito seinen Angaben zufolge durch die Beharrlichkeit, mit der sie sich für etwas einsetzten. Tatsächlich jedoch – was er sicher nicht freiwillig zugeben würde, weil es ihn negativ dastehen lassen könnte – bewundert er die *Macht* über andere Menschen und den Ruhm, der sie alle verbindet. Dabei spielt es für ihn keine Rolle, ob ihr großer Einsatz menschenfreundlichen oder menschenverachtenden Zielen galt.

Dass er nicht großen persönlichen Einsatz als solchen bewundert, lässt sich unter anderem daraus ableiten, dass er keinen einzigen sich persönlich einsetzenden Menschen erwähnte, der nicht über große Prominenz und Einfluss verfügte. Dabei war er sowohl bei den Anonymen Alkoholikern als auch in der religiösen Glaubensgemeinschaft, der er sich im Gefängnis anschloss, von in ihrer Sache sehr engagierten Menschen umgeben. Diese fielen ihm aber offensichtlich nicht weiter auf – sie waren eben weder einflussreich noch berühmt.

Was für andere gut oder schlecht ist, ist Garavito egal. Deshalb brachte er sein Leben lang erstaunliche kriminelle Energie auf, um schnell und einfach an große Geldsummen zu kommen. Als Geistlicher verkleidet zog er durch die Dörfer und tat so, als würde er Spenden für die Kirche sammeln. In einem extrem katholischen Land wie Kolumbien erwies sich dies als gewinnbringende Strategie. Es gelang ihm so, bis zu vierhunderttausend Pesos (umgerechnet einhundertzwanzig Euro) am Tag zu ergaunern. Das entspricht dem Vielfachen eines normalen Monatslohns auf dem Land. Sogar die Guerillas führte er hinters Licht, indem er ihnen erzählte, er sei ein Geistlicher und brauche dringend eine lebensnotwendige Operation. Die Guerillas zwangen daraufhin Dorfbewohner, ihm das angeblich nötige Geld zu »spenden«.

Besonders auffällig ist, dass Garavito immer wieder versucht, sich trotz seiner grauenvollen Taten in ein möglichst gutes Licht zu rücken. So betont er, dass er zwar schreckliche Dinge tat, jedoch bei der Beschaffung seiner Opfer niemals Gewalt einsetzte, sondern die Kinder immer freiwillig mit ihm mitgingen. »Ich musste mit den Kindern eine Weile sprechen, bevor ich die Morde beging, na klar. Durch das Gespräch mit ihnen gelang es mir, die Jungen mitzunehmen. Meist habe ich ihnen Geld angeboten. Wenn man zu diesen Kindern, die an öffentlichen Plätzen herumlungern, nett ist, kann man mit ihnen machen, was man will. Die Kinder verstehen recht schnell, wofür sie das Geld bekommen sollen (hier meint er sexuelle Handlungen, Anm. L.B.). Niemals habe ich Gewalt eingesetzt.« An seinen Übersetzer gewendet fügte er hinzu: »Sage ihm, dass ich wirklich niemals Gewalt gebraucht habe, um die Jungen mitzunehmen.« Dass sehr armen Kindern Geld für sexuelle Dienste anzubieten alles andere als ein entschuldigender Umstand seiner Taten ist, fällt Garavito gar nicht auf.

Ein weiterer eher ungeschickter Versuch von ihm, sich besser darzustellen, war seine Behauptung, dass ihm Gespräche mit Priestern zu der Entscheidung gebracht hätten, sein Geständnis abzulegen. Im selben Gespräch erzählte er auch davon, dass die Polizei ihn ohnehin mit mindestens einem Mord klar in Zusammenhang brachte, während er im Gefängnis saß: »Die Geistlichen, die mich zu dieser Zeit besuchen kamen«, sagte Garavito, »fingen an, mit mir über Gott zu sprechen. Dabei ging wirklich ein Licht in meinem Geiste auf und ich begann nach einiger Zeit, von allen Morden zu erzählen, die ich begangen habe. Das bereitete mir extrem große Schmerzen. Denn eigentlich wollte ich schon lange gestehen, wusste aber nicht wie. Ich wollte ja auch niemandem damit wehtun. Aber ich habe angefangen, Vertrauen aufzubauen in diesen sechs Monaten im Gefängnis. Während ich dort wegen Betruges einsaß, haben sie meine Fingerabdrücke überprüft und herausgefunden, dass ich bei meiner Verhaftung einen falschen Namen angegeben hatte. Ich habe 1996 einen Mord begangen, in Tunga. An dem Ort, wo der Kleine verschwunden ist, war ich auch in einem Hotel, wo ich meinen eigenen Namen hinterlassen habe, und daher war ich verdächtig. Das Verschwinden des Jungen lasteten sie mir an, weil ich der einzige Hotelgast war und mir die verdächtigen Handtücher, die ich im Hotel gelassen hatte, gehörten.

In Tunga gab es sehr viel Aufruhr wegen des Mordes, weil dieser Junge enthauptet und mit den Genitalien im Mund vorgefunden wurde. Ich erinnere mich nicht mehr, wie ich es gemacht habe, und auch nicht an die Uhrzeit. Ich las in einer Zeitung, dass mich die Fiscalia (staatsanwaltschaftliche Ermittler, M.B.) bereits für diesen Mord suchte. Die Fingerabdrücke konnten sie wie gesagt dem Namen Garavito zuordnen und fanden so heraus, dass ich zu dem Zeitpunkt unter falschem Namen im Gefängnis saß. Als die Situation sich zuspitzte, habe ich mich entschlossen auszusagen. An dem Tag, an dem ich gestand, habe ich mich übergeben. Danach habe ich einige Tage lang geweint. Aber ich erholte mich langsam.«

Die Vorstellung, dass ein Mensch wie Garavito überhaupt weinen kann, wirkt im ersten Moment überraschend. Dass er seine Tränen aber sicher nicht aus Mitleid mit seinen Opfern, sondern aus Selbstmitleid vergoss, merkt man an den Formulierungen, die er benutzt, wenn er von seiner Schuld spricht: »Diese Tragödie, die ich verursacht habe, hat *mir* sehr viele Schmerzen und Leiden zugefügt.« – »Ich bedauere, was diesen Familien zugestoßen ist, und die Leiden, die *ich mir* selbst zugefügt habe.« – »Ich würde mein Leben dafür geben, dass die Opfer wieder leben könnten. Aber ich kann es nicht.«

Garavito meinte die im Zusammenhang hohl klingende Aussage, er würde sein Leben dafür geben, die Opfer wieder lebendig zu machen, nicht ernst. Denn hätte er auch nur ansatzweise die Schuldgefühle empfunden, die er recht oberflächlich vortäuscht, dann hätte er wohl kaum jahrelang ein Reisetagebuch führen können, in dem er die unvorstellbare Zahl seiner Mordopfer verschlüsselt mit Anmerkungen zu den Taten notierte, um sie wie Trophäen an einem sicheren Ort aufzubewahren.

Monster unter der psychologisch-psychiatrischen Lupe

Psychologen und Psychiater benutzen kompliziert klingende Fachbegriffe, um Eigenschaften von psychisch auffälligen Straftätern zu beschreiben. Die verhängnisvolle Mischung von Garavitos Eigenschaften lässt sich auseinandernehmen und in ihrem Zusammenspiel erklären. So wird das, was er tat, und wie er sich bis heute verhält besser nachvollziehbar.

Viele seiner Eigenschaften besitzen auch andere Straftäter. Im Laufe dieses Buches werden Sie sehen, welche Eigenschaften bei unterschiedlichen Verbrechern besonders oft vorkommen, wie Fachleute diese Eigenschaften nennen und wie sich diese Eigenschaften auf die Art der begangenen Verbrechen auswirken. Diese Informationen werden auch bei der Erstellung von Täterprofilen, besser bekannt unter dem US-amerikanischen Wort Profiling, benutzt.

Garavito würde ein Psychologe oder Psychiater mit folgenden Fachbegriffen – die ich noch erklären werde – beschreiben: Er zeigt sowohl Merkmale einer narzisstischen als auch einer antisozialen

Persönlichkeitsstörung. Insgesamt ergibt sich das Bild eines Psychopathen. Seine Sexualität ist von pädophilen, sadistischen sexuellen Fantasien und Handlungen geprägt.

Ich werde, wie gesagt, diese Begriffe und Persönlichkeitsveränderungen im Folgenden ausführlich erklären. Sie werden sehen, dass es sich um eine Art Baukasten für einen der gefährlichsten Tätertypen handelt, die wir kennen.

Ein interessanter Punkt in Garavitos Fall ist seine Behauptung, zumindest vor einigen Morden dämonische Stimmen gehört zu haben, die ihn zum Töten angestachelt haben sollen. Zu beurteilen, ob das möglich ist oder ob er sich diese Geschichte nur ausgedacht hat, um eine mildere Strafe zu bekommen, ist nicht ganz einfach. Garavitos Fall ist aber ein schönes Beispiel dafür, dass ein Psychologe oder Psychiater mithilfe einer genaueren Überprüfung dieser Geschichte doch zu einem schlüssigen Ergebnis kommen kann.

Ich erlebe immer wieder, dass besonders Polizeibeamte das Vorurteil haben, ein Straftäter müsste nur von Stimmen erzählen, die ihm etwas befohlen haben, und schon würde ein Gutachter ihn als schizophren einstufen. Dieses Vorurteil lässt sich an Garavitos Beispiel gut widerlegen, wie ich noch ausführlich im Unterkapitel des 3. Kapitels »Stimmen im Kopf, Alkohol und viele Personen in einem Körper« (S. 142 ff.) erklären werde.

Narzissmus

Laut den beiden international verwendeten aktuellen Handbüchern für psychische Erkrankungen hat ein Mensch eine »narzisstische Persönlichkeitsstörung«, wenn auf ihn mindestens fünf der neun folgenden kurzen Beschreibungen zutreffen. Vielleicht kennen Sie Menschen in ihrem Umfeld, die dieser Beschreibung entsprechen. Besonders in Führungspositionen findet man Narzissten auffällig oft.

1. Der Narzisst glaubt, ganz besonders wichtig und großartig zu sein. Anderen Menschen gegenüber übertreibt er die eigenen Fähigkeiten und in seinem Leben bisher erbrachten Leistungen. Er erwartet, dass andere Menschen ihn als ganz besonders fachkundig und klug einschätzen und sich selbstverständlich nach seinen Ansichten, Meinungen und Wünschen richten. Sie sollen ihre Bewunderung ihm gegenüber auch möglichst oft und ausgiebig zeigen.

2. Die Zukunftsträume des Narzissten sind völlig unrealistisch. So meint er, dass er schon jetzt oder aber bald in seinem künftigen Leben von allen anderen Menschen als sehr mächtig, erfolgreich, klug oder schön eingeschätzt oder einfach grenzenlos geliebt werden wird.

3. Weil er sich für ganz besonders wertvoll hält, meint der Narzisst, nur von den wenigen ebenfalls besonderen – besonders mächtigen, erfolgreichen oder klugen – Menschen verstanden werden zu können. Deshalb strebt er an, sich mit solchen Menschen zu umgeben. Alle anderen sieht er als eigentlich unter seiner Würde stehend an.

4. Er meint, dass andere Menschen ihn grenzenlos bewundern müssen.

5. Deshalb erwartet der Narzisst in allen Lebensbereichen, bevorzugt behandelt zu werden. Die anderen Menschen haben das, was er erwartet, selbstverständlich und sofort umzusetzen.

6. Beziehungen zu anderen Menschen interessieren den Narzisst nur so lange, wie sie ihm einen Vorteil bringen. Ihm sind Bedürfnisse oder Gefühle anderer Menschen völlig egal, außer er kann sie beeinflussen, um dadurch zu bekommen, was er will: Erfolge im Beruf, Bewunderung, Geld, Sex oder irgendeine Unterstützung, die er gerade haben will. So gibt er sich einfühlsam, char-

mant, liebe- oder verständnisvoll. Nichts an diesem Verhalten ist aber echt, es ist für ihn immer nur ein Mittel zum Zweck.

7. Mit anderen Menschen mitfühlen kann der Narzisst kaum bis gar nicht. Was in anderen vorgeht, ob sie leiden oder glücklich sind, lässt ihn kalt.

8. Neid spielt für den Narzissten eine wichtige Rolle. Er ist oft neidisch auf andere Menschen, wenn er ab und zu erkennen muss, dass er nicht der Beste, Schnellste, Klügste, Wichtigste, Reichste und so weiter ist. Umgekehrt gefällt es ihm besonders gut, wenn er meint, dass andere Menschen ihn beneiden.

9. Insgesamt verhält sich der Narzisst oft arrogant, besserwisserisch und angeberisch und äußert dementsprechende Meinungen.

Laut dem deutschen Psychologen Rainer Sachse, Experte für Persönlichkeitsstörungen, machen Narzissten in ihrer Kindheit die Erfahrung, dass ihre Eltern oder andere wichtige Bezugspersonen sie abwerten (ob bewusst oder unbewusst) und ihnen zu verstehen geben, dass sie nur, wenn sie etwas leisten, Zuwendung erhalten. Deshalb entwickeln sie als Kinder ein unzufriedenes Bild von sich selbst und denken, sie wären Versager, die nichts gut können und die niemand um ihrer selbst willen mag und lieb hat. Deshalb lernen solche Kinder, durch Leistung (z. B. Klassenbester sein, Wettbewerbe gewinnen) wenigstens für kurze Zeit die Zuwendung und Anerkennung zu bekommen, die sie sich wünschen. Besonders schlimm wird es, wenn solche Kinder keine Fähigkeiten entwickeln, mit denen sie positiv auffallen können. Sie bekommen im echten Leben nichts für sie Zufriedenstellendes hin, stürzen sich in Fantasievorstellungen, die mit der Wirklichkeit nichts mehr zu tun haben, und begehen im schlimmsten Fall Verbrechen, weil sie nur noch unzufrieden und von Neid und Hass getrieben sind (vgl. Box: Erfolglose Narzissten, S. 111 ff.). Die meisten Narzissten holen sich allerdings in irgendeinem Lebensbereich Anerkennung, indem sie sehr hart arbeiten, sich dabei aber auch äußerst rücksichtslos verhalten. Durch die Leistung, die sie erbringen, bauen sie sich allmählich ein erfolgreiches Bild von sich selbst auf. Das schießt allerdings über ihr ursprüngliches Ziel, einfach um ihrer selbst willen anerkannt, geliebt und unterstützt zu werden, deutlich hinaus. In seinem positiven Selbstbild hält sich der Narzisst für großartig, klug, leistungsfähig und zeigt all die übertriebenen Einstellungen und Verhaltensweisen, die ich zu Beginn des Kapitels beschrieben habe. Das fühlt sich natürlich viel besser an, als sich selbst für einen Versager zu halten. Leider ist das schlechte Selbstbild des Narzissten durch seine Erfolge nicht verschwunden, sondern wird immer nur vorübergehend übertüncht. Wenn ihm dann irgendetwas nicht so gelingt, wie er es sich vorstellt, oder wenn er kritisiert wird, fühlt er sich sofort wieder als Versager, und da er das nur schlecht aushält, lässt er seine schlechte Laune und seinen Frust an jedem aus, der ihm in die Quere kommt. Um diesem Zustand so schnell wie möglich zu entfliehen, muss er sich schleunigst ein nächstes Erfolgserlebnis holen, zum Beispiel Geld, berufliche Anerkennung oder Sex. Der Narzisst ist also wie ein Fass ohne Boden, in das er Erfolg nach Erfolg hineinschüttet, ohne jemals wirklich längere Zeit zufrieden mit sich zu sein. Sollten Sie also einen narzisstischen Chef haben – viele von ihnen erkämpfen sich Führungspositionen –, nehmen Sie sein Verhalten nicht persönlich und denken Sie mild lächelnd an das Kind, das er mal war und das einfach nicht die Liebe erfahren hat, die es gebraucht hätte.

Narzissmus bei Garavito

Während der Gespräche, die Mark mit Garavito im Gefängnis führte, kleidete und verhielt sich der Täter anfangs eher wie ein Gefängnisdirektor als wie ein verurteilter Schwerverbrecher. Er schaffte es sogar, im Gefängnis vorteilhaft behandelt zu werden.

So gelang es ihm, den großen Krankenbehandlungsraum für die Gespräche, die er mit Mark führen wollte, zur Verfügung gestellt zu bekommen und dabei mit zahlreichen Stiften, Batterien, Unterlagen, Kaffeetassen und anderen Utensilien vom Gefängnis ausgestattet zu werden. Diesen opulenten Empfang, der sicher eines Gefängnisdirektors und seines Ehrenbesuchs würdig gewesen wäre, organisierte Garavito mithilfe seines Charmes und seiner Beharrlichkeit lange im Voraus.

Dass er Kontakte hauptsächlich nutzt, um seine Ziele zu erreichen, zeigt sich beispielsweise daran, dass er bei den Besuchen von Mark immer wieder Sachgegenstände und schließlich horrende Summen zu fordern versuchte. Das ist ein für narzisstische Täter typisches Vorgehen. Wenn sie die Möglichkeit dazu haben, weil ihr Fall großes Aufsehen erregt hat, versuchen sie selbst im Gefängnis noch, Kapital aus ihren Verbrechen zu schlagen, indem sie sich fürstlich für Exklusivinterviews bezahlen lassen wollen. Ein Vorschlag einer entsprechenden Entlohnung für Gespräche mit Garavito war die lebenslange Zahlung von täglich geliefertem, gutem Essen für ihn, da er das Gefängnisessen als fettig und für sich nicht schmackhaft empfand.

Ein solch arrogantes und hochmütiges Verhalten ist typisch für Narzissten. Garavito zeigt sich neidisch auf Menschen, die aus seiner Sicht bessere Chancen im Leben gehabt hatten als er, und gibt gleichzeitig beispielsweise in Fernsehinterviews an, er bereite sich auf sein Leben in Freiheit und eine Karriere in der Politik vor. Offensichtlich sind seine Fantasien von Erfolgen in seinem zukünftigen Leben fernab der Realität, denn wer würde einen dreihundertfachen Kindermörder als einflussreichen Politiker wählen? Dass dies völlig unvorstellbar ist, leuchtet Garavito in seinem Größenwahn überhaupt nicht ein. Aus seiner Sicht waren ja Dämonen, seine Eltern und der Alkohol schuld an den Morden. Da er sich die Dämonen von einer christlichen Freikirche im Gefängnis angeblich hat austreiben lassen, sieht er keinen Grund, warum er jetzt nicht ein beliebter und erfolgreicher Politiker werden sollte.

Nur ein Mensch, dem Mitgefühl und Einfühlungsvermögen wirklich grundlegend fehlen, kann so völlig blind für seine Wirkung auf andere Menschen sein. Kein Wunder, denn er erfährt durch seine aufgesetzt charmante und freundliche Art durchaus positive Reaktionen, die seine unrealistisch positive Selbsteinschätzung verstärken.

Seine Unfähigkeit, sich in andere einzufühlen, zeigte sich auch in seinen ständigen Fragen, ob Mark Mörder kenne, die mehr Menschen getötet haben, und ob bei bekannten Flugzeugabstürzen mehr oder weniger Menschen starben als durch seine Hand. Hier zeigte er, dass seine hohe Opferzahl für ihn eine besondere »Leistung« ist, auf die er im Kern stolz ist, auch wenn er gelernt hat, das nicht so direkt zu sagen.

Er versuchte auch, sich Mark gegenüber als besonders intellektuell interessiert darzustellen, und verlangte unter anderem Literatur, mit der er sich angeblich selbst während des Gefängnisaufenthalts weiterbilden wollte. Als ihm entsprechende Literatur aber mitgebracht wurde, zeigte er keinerlei Interesse an ihr und blätterte sie nur gelangweilt und oberflächlich durch. Auf die Frage, für welche Bildungsbereiche er sich denn interessiere, konnte er nichts antworten. Offensichtlich ging es ihm bei seiner Bitte um Bildungsliteratur ausschließlich darum, sich als intelligenter darzustellen, als er tatsächlich ist.

Garavitos Glaube daran, ganz besonders und einzigartig zu sein und von normalen Menschen einfach nicht verstanden werden zu können, von Gott allerdings schon, spiegelt sich treffend in der Widmung wieder, die er Mark in eine Bibel schrieb, welche er ihm als Andenken mitgab. Es ist eine Passage aus der Bibel, die lautet:

»Ach HERR, wie sind meiner Feinde so viel und setzen sich so viele wider mich! Viele sagen von meiner Seele: Sie hat keine Hilfe bei Gott. Aber du, HERR, bist der Schild für mich und der mich zu Ehren setzt und mein Haupt aufrichtet. Ich rufe an mit meiner Stimme den HERRN; so erhört er mich von seinem heiligen Berge. Ich liege und schlafe und erwache; denn der HERR hält mich. Ich fürchte mich nicht vor viel Tausenden, die sich umher gegen mich legen. Auf, HERR, hilf mir, mein Gott! denn du schlägst alle meine Feinde auf den Backen und zerschmetterst der Gottlosen Zähne.«

Offensichtlich sieht er Gott auf seiner Seite und als Beschützer im Kampf gegen alle Menschen, die ihm etwas Böses wollen. Auch schon bei seinen vielen Betrügereien gefiel er sich in der Rolle des Geistlichen, der sowohl um seine Klugheit als auch um seine Verbindung zu Gott von der Dorfbevölkerung bewundert wurde, die ihm viel Geld spendete.

Narzissten – Macht durch Überzeugung

Garavito überschätzte sich in seinem Fall deutlich, was seine erträumten Möglichkeiten als Politiker anging. Doch andere narzisstische Gewalttäter schaffen es tatsächlich durch Charme, unrealistische Selbsteinschätzung, die sie anderen aber gut verkaufen können, und ihren starken Willen, sich in eine überlegene Position zu bringen und Vorteile für sich durchzusetzen.

Einigen gelingt es, Gerichtsverhandlungen zu verzögern, sich Fluchtmöglichkeiten zu ergaunern oder der Todesstrafe zu entgehen. Manche versuchen, aus ihren Verbrechen Kapital zu schlagen, indem sie für Interviews, Film- oder Buchrechte hohe Geldsummen fordern. Anderen reicht es auch, einfach mithilfe ihrer Lebensgeschichte berühmt zu werden und Zuspruch von Fans zu bekommen.

Paradebeispiele für Serienmörder, die sehr gut einschätzen können, was andere Menschen wollen, und sie so beeinflussen, sind die Serienmörder Ted Bundy (1946–1989), David Berkowitz (geb. 1953) und Jack Unterweger (1950–1994).

Ted Bundy – ein selbst erschaffener Superstar

Ted Bundy galt als intelligenter junger Mann mit guten Karrierechancen. Er begann ein Psychologiestudium und später ein Jurastudium, die er beide nicht beendete. Zwischenzeitlich arbeitete er unter anderem in der Nachtschicht einer Suizid-Hotline und engagierte sich im Wahlkampfteam des republikanischen Gouverneurs von Washington. Der als uneheliches Kind geborene Ted erlebte während seiner Kindheit einen gewalttätigen Großvater und eine Mutter, die ihm allerdings als ältere Schwester dargestellt wurde. Früh entwickelte er sexuell gewalttätige Fantasien und wurde mit verschiedenen Diebstählen auffällig. Schätzungen zufolge tötete er zwischen fünfunddreißig und sechzig Frauen in mehreren Bundesstaaten der USA auf extrem sadistische Art, verging sich noch an den Leichen, zerstückelte sie und benutzte manchmal noch Tage später die Leichenteile, um sich über ihnen selbst zu befriedigen. Als er gefasst wurde, schaffte er es mithilfe seines guten Aussehens, seines Charmes und seiner Redegewandtheit, mit den Medien und den Justizbehörden zu spielen. Vor Gericht verteidigte er sich weitestgehend selbst, gab Interviews und sprach mit Schriftstellern und FBI-Agenten. Letzteren bot er Hilfe bei der Aufklärung anderer Morde an, was sich für die FBI-Agenten aber schnell als völlig unergiebig herausstellte, weil Bundy nur seine Selbstdarstellungsshow abspulte und keine sinnvollen Erkenntnisse zu den inneren Vorgängen anderer Verbrecher lieferte.

Mit seinem übertrieben selbstsicheren, Aufmerksamkeit auf sich ziehenden Auftreten gelang es ihm, eine gewisse Kontrolle über den Verlauf der gegen ihn laufenden Verfahren zu bekommen und sich im Licht der Öffentlichkeit als eigentlich netten Kerl darzustellen. Doch ab und zu wurden in Zeitungen und im Fernsehen Fotos und Filmaufnahmen gezeigt, in denen seine Wutausbrüche vor Gericht zu sehen waren. Trotzdem wurde er aufgrund seiner Selbstdarstellung zu einem größenwahnsinnigen Medienstar, der tatsächlich mehrmals mit seinen Dreistigkeiten durchkam.

Es gelang ihm insgesamt zwei Mal zu flüchten. Beim ersten Mal sprang er im Juni 1977 aus dem Fenster der im zweiten Stockwerk gelegenen Gerichtsbibliothek, die er betreten durfte, weil er sich vor Gericht selbst verteidigte. Er schaffte es, mit einem vom Sprung verstauchten Knöchel zu Fuß bis zu einer abgelegenen Jagdhütte auf dem Aspen Mountain zu gelangen. Zwei Tage später wollte er in die nächste Stadt, verlief sich aber in den Bergen, wo er weitere zwei Tage umherirrte. Schließlich stahl er in der Nähe einer Berghütte ein Auto. Dieser Fluchtversuch endete damit, dass er in der

Stadt zwei Verkehrspolizisten auffiel, weil er das Abblendlicht anhatte und Schlangenlinien fuhr.

Nun ließ sich Bundy den nächsten Fluchtplan einfallen, der – wie vieles in seinem Leben – filmreif war. Er beschaffte sich fünfhundert Dollar Bargeld und ein Sägeblatt, sägte zwei Wochen lang an den Schweißnähten einer Metallplatte an der Decke, quetschte sich im Dezember 1977 – nach einer strengen Diät – in das enge Lüftungsrohr und entkam durch die Wohnung des Gefängniswärters, der mit seiner Frau gerade ausgegangen war.

Seine Flucht wurde erst siebzehn Stunden später (da war er bereits mit dem Flugzeug in Chicago angekommen) bemerkt, weil Bundy mit Dokumenten und Büchern die Umrisse seines Körpers unter der Bettdecke geformt hatte. Die Wärter glaubten, er schlafe nur. Mit gestohlenen Wagen, per Anhalter, Bus, Zug und Flugzeug kam er schließlich nach der Durchquerung mehrerer Bundesstaaten neun Tage später in Florida an. Während er sich mit Diebstählen durchschlug, keimte bald seine Mordlust wieder auf. Anfang Februar 1978 tötete er innerhalb weniger Stunden zwei Studentinnen und ein zwölfjähriges Mädchen und verletzte drei weitere Studentinnen schwer. Kurze Zeit später geriet er mit einem gestohlenen Wagen wieder in eine Verkehrskontrolle und wurde festgenommen.

Bundys Selbstinszenierung steigerte sich noch. Während der erneuten Gerichtsverhandlung im Februar 1980 vernahm er in seiner Funktion als eigener Anwalt seine ehemalige Arbeitskollegin Carole Ann Boone, die in ihn verliebt war, als Zeugin. Er fragte sie plötzlich, ob sie ihn heiraten würde, was sie sofort bejahte. Daraufhin sagte er: »Hiermit heirate ich dich.« Dieses Vorgehen war eine legale Eheschließung. Der gewitzte Bundy hatte aufgrund seiner Jurakenntnisse ermittelt, dass es im Staate Florida, wo die Verhandlung stattfand, noch ein altes Gesetz gab, nach dem eine entsprechende Erklärung vor Gericht als rechtmäßige Eheschließung angesehen werden musste. Das hinderte die Jury aber nicht, Bundy noch am selben Tag zum Tod auf dem elektrischen Stuhl zu verurteilen. Wenigstens war er nun verheiratet.

Um dem elektrischen Stuhl doch noch zu entgehen, ließ sich Bundy einige Tricks einfallen. Erst versuchte er, die drohende Hinrichtung immer weiter hinauszuzögern, indem er Stück für Stück immer mehr Morde und Einzelheiten seiner Verbrechen zugab. Er glaubte, solange die ganze Wahrheit über seine tatsächliche Opferzahl und den Verbleib der Leichen noch nicht ans Licht gekommen war, könne er die Hinrichtung noch eine ganze Weile hinauszögern. Während dieser gruseligen Hinhaltetaktik schaffte er es zum Erstaunen der weiter an ihm stark interessierten Öffentlichkeit sogar, seine Ehefrau im Gefängnis zu schwängern – obwohl sexuelle Kontakte mit Gefangenen dort offiziell untersagt waren und Paare angeblich stets bewacht wurden. Carole Ann Bundy gebar im Oktober 1982 eine Tochter. Sie tauchte aber 1986 mit dem Kind in Washington ab und sah Bundy nie wieder.

Bundys Plan, mit viel Gerede und Hinhalterei der Ermittlungsbehörden und der Öffentlichkeit seine Hinrichtung bis zum St. Nimmerleinstag aufzuschieben, gelang ihm bis 1989. Nach ewigem Hin und Her wurde seine Hinrichtung für den 24. Januar 1989 angesetzt. Einen Tag vor dieser Hinrichtung legte sich Bundy ein letztes Mal so richtig ins Zeug. Er gestand noch schnell und oberflächlich weitere Morde und kündigte an, mehr Einzelheiten über diese und andere Taten sowie den Verbleib vieler vermisster Leichen preiszugeben, wenn man ihm »mehr Zeit lassen würde«. Offensichtlich hoffte er, das Interesse der Ermittlungsbehörden ein letztes Mal anzuheizen und so eine Verschiebung der Hinrichtung oder eine Umwandlung des Todesurteils in eine lebenslange Haftstrafe zu erreichen. Sein Anwalt schreckte nicht einmal davor zurück, Kontakt mit einigen Familien der Opfer aufzunehmen und sie zu bitten, ein Gnadengesuch an den Gouverneur von Florida zu schicken. So könnten sie noch erfahren, wo die zerstückelten Überreste ihrer Töchter lagen. Die Familien lehnten diese Bitte einhellig ab.

In der Nacht vor seiner Hinrichtung zog Bundy noch ein, wie er meinte, letztes Ass aus dem Ärmel. Er gewährte dem Psychologen James Dobson, dem Gründer einer christlich-evangelikalen, ex-

Der Serienmörder Ted Bundy versucht am Abend vor seiner Hinrichtung als letzte Rettungsmaßnahme, einer christlichen Gruppe das absurd erlogene Rührstück seiner angeblich heilen Familie sowie den Glauben an das Gute zu verkaufen. Wer noch nie mit Psychopathen gearbeitet hat, erliegt ihrer eindrucksvollen Überzeugungskraft. Hier musste allerdings selbst der geübte Lügner Bundy über den eindeutig widerlegten Unsinn lachen, den er dem unbeeindruckten Interviewer andrehen wollte. Sein Grinsen versucht er, in letzter Sekunde hinter betenden Händen zu verstecken.

trem konservativen Familienorganisation, ein Exklusivinterview. In diesem Interview versuchte er, den Bedürfnissen der christlichen Rechten in den USA entgegenzukommen, und erklärte plötzlich, dass er im Prinzip nur wegen des Lesens und Anschauens von Pornografie zum Serientäter geworden war. Diese vollkommen abwegige Idee ist durch viele Studien längst widerlegt. Psychisch gesunde Menschen werden nicht durch das Anschauen von Pornografie gewalttätig oder bindungsgestört, sondern äußern sich sehr menschenfreundlich und friedlich über Frauen (vgl. Benecke, *Lachende Wissenschaft,* S. 137–140). Bindungsgestörte und gewalttätige Menschen kaufen aber natürlich ebenfalls Pornofilme, und sie schauen sich diese Filme nur deshalb teils öfter an, weil sie wegen ihrer bereits vorhandenen psychischen Probleme mit ihren Mitmenschen und ihrer Sexualität nicht gut zurechtkommen. Sie suchen also einen filmischen Ersatz.

Bundy hatte noch nie zuvor Pornografie als Ursache allen Übels erwähnt, doch in der Nacht vor der Hinrichtung wollte er die in den USA politisch einflussreiche christliche Rechte gezielt ansprechen und sich als gut aussehenden Vorzeigemann in ihrem Kampf gegen Pornografie anbieten – also als geläuterten Sünder im Kampf gegen das Böse, was im christlichen Glaubenssystem bekanntlich immer gut ankommt.

Im Gegensatz zu allem, was er selbst, seine Angehörigen, ehemaligen Freunde und Bekannten in all den Jahren zuvor geschildert hatten, gab er während dieses Interviews überraschend an, seine Kindheit sei wunderbar, seine Familie liebevoll und selbstverständlich sehr christlich gewesen. Im Grunde kann man seine Aussagen in diesem Interview herunterbrechen auf die Kernbehauptung, er sei ein lieber Junge aus einer tollen Familie gewesen, der nur verhängnisvollerweise als Teenager Porno- und Krimihefte in die Finger bekommen hat und dadurch zum Sexkiller mutierte.

Das Video dieses Interviews ist im Internet frei verfügbar. Man kann darauf erkennen, dass Bundys Mimik völlig unecht wirkt, wie eine Mischung aus einem Politiker, der weiß, dass man seinem Gegenüber beim Lügen ganz besonders nachdrücklich in die Augen schauen muss, um überzeugend auszusehen, und einem drittklassigen Theaterschauspieler, der Betroffenheit und andere Gefühle sehr betont darstellen will. Besonders bei der verzerrten Darstellung seiner angeblich heilen, christlichen Familie muss er sich immer wieder das Lachen verkneifen, was ihm an einigen Stellen nur schwer gelingt (siehe Abb. S. 98). Ironischerweise wird dieses offensichtlich nur zur Anbiederung an die christliche Rechte durchgeführte Interview bis heute von Evangelikalen verwendet, um damit ihre extremen und unwissenschaftlichen Meinungen zur Pornografie zu unterstützen. So sehr der Medienprofi Bundy sich mit seiner letzten öffentlichen Show für das christliche Publikum ins Zeug gelegt hat, er entkam seiner Hinrichtung auf dem elektrischen Stuhl am folgenden Morgen dann aber doch nicht.

Nicht nur Ted Bundy versuchte, sich extreme christliche Gruppen zunutze zu machen, um seiner Strafe zu entgehen. Auch Luis Alfredo Garavito schloss sich im Gefängnis einer christlichen, evangelikalen Gruppe an, die daran glaubt, Menschen könnten vom Teufel oder von Dämonen besessen sein. Er ließ sich taufen, behauptete, mit Gebeten gegen den Teufel und die Dämonen in ihm zu kämpfen und von ihnen inzwischen frei geworden zu sein.

Garavitos Aussage gegenüber Mark zu seiner angeblichen Begegnung mit dem Teufel wirkt wie gestanzt und aus einem Horrorfilm abgeschaut. Garavito beschrieb es so: »Bei zwei Gelegenheiten habe ich einen Pakt mit dem Teufel geschlossen. Als ich das erste Mal anfing, das OUIJA-Board auszuprobieren. Mein Haar und die Gardinen haben sich bewegt und mir wurde kalt und ich hörte ein Lachen. Eine Stimme, die mich gefragt hat, was ich bräuchte, und ich sagte ihr, was ich wolle. Die Stimme fragte, ob ich an ihn glauben würde, und ich sagte: ›Ja, ich glaube an Sie.‹ Er sagte, dass er aber dafür viele Seelen bräuchte.«

Viele der Wahrnehmungstäuschungen, die Garavito während seines Lebens gehabt haben will und von denen er in den Gesprächen mit Mark erzählte, wirken lebhaft genug vorgetragen und im Zusammenhang mit seinem starken Alkoholkonsum durchaus auch für mich als Psychologin glaubhaft. Diese sehr übertriebene und gestanzte Geschichte vom Pakt mit dem Teufel ist aber angesichts seiner Persönlichkeit doch eher als Versuch auszulegen, den ihn im Gefängnis unterstützenden Christen eine Erklärung für seine Untaten zu liefern. Diese Geschichte passt gut in das christliche Weltbild, sodass Garavito sie seinen christlichen Unterstützern erzählt, um sie davon zu überzeugen, dass er inzwischen dämonenfrei sei, sprich – dass er keiner Fliege mehr etwas zuleide tun könne. Doch selbst der Priester der Gemeinde, die Garavito im Gefängnis betreut, hat da so seine Zweifel. Im Gespräch mit Mark sagte er, dass er nicht seine Hand dafür ins Feuer legen würde, dass Garavito dank der »Teufelsaustreibung« ein harmloser Mensch geworden sei.

Eine ähnliche Taktik wie Garavito wendet auch der US-amerikanische Serienmörder David Berkowitz an, der unter dem Namen »Son of Sam« bekannt wurde. Er erschoss 1976/1977 sechs Menschen in New York und verletzte sieben andere schwer.

David Berkowitz: Vom Teufelsbraten zum Kind Gottes

Berkowitz' aus armen Verhältnissen stammende Mutter hatte sich kurz vor seiner Zeugung von ihrem Ehemann getrennt. Bei einer anschließend begonnenen Affäre mit einem verheirateten Mann wurde sie schwanger. Obwohl ihr Geliebter auf eine Abtreibung drängte, trug sie das Kind aus, nannte es Richard David und gab es direkt nach der Geburt zur Adoption frei. Innerhalb einer Woche wurde der kleine Junge vom Ehepaar Nathan und Pearl Berkowitz adoptiert, die seine Vornamen umdrehten und ihn David Richard Berkowitz nannten.

Obwohl er nicht dumm war, hatte David Schulprobleme und begann früh damit, andere Kinder zu verprügeln, von ihnen Geld zu erpressen und Ladendiebstähle zu begehen. Er fühlte sich seinen Adoptiveltern nie wirklich gefühlsmäßig nah, hatte oft Wutausbrüche, bei denen er auch Gegenstände zerstörte, log, schwänzte die Schule und trieb sich alleine in der Stadt herum. Oft fühlte er sich niedergeschlagen und verunsichert. Obwohl er es sich gewünscht hätte, konnte er mit anderen Kindern keine normalen Kontakte aufbauen. Wegen seiner Verhaltensauffälligkeiten wurde er – allerdings erfolglos – zu einem Kinderpsychologen geschickt.

Aus heutiger psychologischer Sicht würde man seine Verhaltensauffälligkeiten als »Störung des Sozialverhaltens bei fehlenden sozialen Bindungen« beschreiben. Berkowitz ist geradezu ein Paradebeispiel für diese Störung. Die Auffälligkeiten, die er aus seiner Kindheit beschreibt, stimmen mit den typischen Merkmalen dieser Störung überein. Sein Fall zeigt, was schlimmstenfalls aus einem Kind mit einer solchen Störung werden kann, das nicht rechtzeitig gezielt behandelt wird. Das Risiko, dass solche Kinder als Erwachsene eine Antisoziale Persönlichkeitsstörung entwickeln, ist deutlich höher als bei anderen Kindern. Berkowitz wurde als Erwachsener ein antisozialer, von Frauenhass erfüllter Mörder.

Zusätzlich litt Berkowitz in seiner Kindheit wahrscheinlich an ADHS, einer Aufmerksamkeitsdefizit-/Hyperaktivitätsstörung. Personen mit dieser Störung haben von früher Kindheit an starke Probleme damit, sich zu konzentrieren, spüren den ständigen Drang, etwas zu tun, ihnen wird schnell langweilig, und sie können ihre Gefühle nicht ihrem Alter entsprechend steuern.

Dazu kam bei David schon in seiner Kindheit eine Depression mit schweren Minderwertigkeitsgefühlen. Er war ständig unzufrieden, traurig und fühlte sich unverstanden. Bereits als Kind hatte er Suizidgedanken. So saß er beispielsweise öfter mit den Füßen aus dem Fenster baumelnd auf dem Fensterbrett der Wohnung seiner Stiefeltern im sechsten Stockwerk und stellte sich vor, sich herunterzustürzen.

Das Ehepaar Berkowitz konnte sich Davids Verhalten einfach nicht erklären. Sie waren mit dem Jungen überfordert, obwohl sie sich alle Mühe gaben, ihm eine stabile Familiensituation zu bieten.

David erfuhr früh, dass er adoptiert war. Da er immer schon Probleme mit seinen Gefühlen hatte und sich nicht sonderlich verbunden mit seinen Adoptiveltern fühlte, entwickelte er den starken Wunsch, seine leibliche Mutter kennenzulernen. Darin setzte er all seine Hoffnungen.

Als David vierzehn Jahre alt war, starb seine Stiefmutter an Brustkrebs. Das verstärkte seinen Wunsch, seine leibliche Mutter zu treffen. Doch er hatte damals noch keine Möglichkeit, sie ausfindig zu machen. Sein Stiefvater arbeitete sechs Tage die Woche zehn Stunden am Tag, sodass der ohnehin verhaltensauffällige David noch mehr sich selbst überlassen war und sich seinen zerstörerischen Gefühlen und Ideen hingab. Die ihm bald vorgesetzte neue Stiefmutter mochte er nicht, und von der in die Familie gebrachten Stiefschwester sagte er später, dass sie sein Interesse an Hexerei und übernatürlichen Dingen geweckt hätte.

Mit achtzehn Jahren ging Berkowitz für drei Jahre in die Armee. Er wollte ein Kriegsheld in Vietnam werden, war er doch bis dahin ein völliger Außenseiter ohne Freunde, der sich für unattraktiv hielt. Bis zu seinem Eintritt in die Armee bestand seine Hauptbeschäftigung darin, einsam zu jeder Tages- und Nachtzeit durch die Straßen New Yorks zu geistern, Feuer zu legen oder kleine Diebstähle zu begehen. Aus seinen Träumen, dieses triste Leben hinter sich zu lassen und mit Heldenruhm nach New York zurückzukehren, wurde nichts. Er landete in Südkorea, wo er sich nicht besonders hervortat und ohne irgendwelche Anerkennung wieder nach Hause geschickt wurde. Das Einzige, was ihm von seiner Zeit in der Armee dauerhaft blieb, war eine Geschlechtskrankheit, die er sich bei seinem ersten und einzigen sexuellen Erlebnis mit einer Frau – dummerweise war es eine Prostituierte aus einem Elendsviertel – holte.

Zurück in den USA steckte er alle seine Energie in das Vorhaben, seine leibliche Mutter zu finden. Dieses Treffen wurde eine weitere große Enttäuschung in seinem Leben. Seine Mutter erklärte ihm, unter welch ungünstigen Umständen er gezeugt worden war. Er begriff, dass er »ein Unfall war, ein Fehler, der niemals geboren werden sollte – ungewollt«.

Seine Mutter merkte nicht, wie sehr sie Berkowitz mit der vollen Wahrheit über seine Zeugung verletzte. Sie wollte daran glauben, dass der kleine Junge, den sie nach seiner Geburt Richard genannt hatte, ein gesunder und glücklicher Erwachsener geworden war. Den emotional völlig kaputten David, der nun vor ihr stand, nahm sie gar nicht wahr. Sie weigerte sich sogar, ihn David zu nennen. Für sie war er ihr kleiner »Richie«.

Berkowitz versuchte, die Erwartungen seiner so lange vermissten Mutter oberflächlich zu erfüllen. Während er ihr bei den seltenen Besuchen vorspielte, »der nette Richie« zu sein, wie er seine eingeübte Rolle selbst nannte, kochte er innerlich. »Ich war erfüllt mit Ärger und Wut gegen Betty (der Name seiner leiblichen Mutter). Ich entwickelte ein sehr starkes Verlangen danach, den Großteil meiner leiblichen Familie zu töten.«

Doch das brachte Berkowitz nicht fertig. Er schaffte es auch nicht, seine Wut und Enttäuschung irgendwie zu verarbeiten und hinter sich zu lassen. Stattdessen staute sich seine Wut immer mehr auf, weil er seiner Mutter weiter vorspielte, der nette und fröhliche Junge zu sein, den sie sich als Sohn wünschte. Schließlich brach er den Kontakt zu ihr ab.

Eine Weile konnte Berkowitz seine negativen Gefühle abreagieren und sich kurzzeitig mächtig fühlen, indem er Feuer legte. Bis zu seinem ersten Mord waren es mehr als eintausend Feuer in Mülltonnen oder Abbruchhäusern, die er in seinem Tagebuch penibel notierte. Während er das Feuer legte, befriedigte er sich selbst. Dann schaute er aus sicherer Entfernung zu, wie die Feuerwehr das Feuer löschte, und befriedigte sich dabei noch ein Mal. Dieses Verhalten ist typisch für Serienbrandstifter. Doch irgendwann reichte dieser Kick Berkowitz nicht mehr aus.

Sein ohnehin negatives Frauenbild verstärkte sich durch die Treffen mit seiner leiblichen Mutter. Er war sehr enttäuscht darüber, dass er sich seiner Adoptivmutter nie wirklich nah gefühlt hatte. Seine leibliche Mutter bemerkte seine schweren Probleme überhaupt nicht. Statt bei ihr Halt zu finden, spielte er ihr einen Jungen vor, der er nicht war. Enge persönliche Beziehungen zu Frauen brachte er nicht zustande. Ihm gelang es nie, eine feste Freundin zu finden, während seine Bekannten heirateten und Familien gründeten. Die einzige Sexualpartnerin seines Lebens hatte ihn mit einer Geschlechtskrankheit angesteckt. In ihm blieb nur

Der Serienmörder David Berkowitz hat sich entschuldigt und meint, durch die Kraft des Glaubens für immer geheilt zu sein. Einige Christen wie die Betreiber von »Arise and Shine« (früher: »Forgiven for Life«) glauben das ebenfalls.

noch Hass übrig. Er hasste sich und noch mehr hasste er »die Frauen«, die ihn aus seiner Sicht auf allen Ebenen nur enttäuscht hatten.

Die Kluft zwischen dem, was er sein wollte, und seinem trostlosen Leben, wie es in Wirklichkeit aussah, wurde ihm immer bewusster. In seinen Träumen war er ein mächtiger Held, den andere Menschen schätzten, ein geliebter Sohn und Liebespartner. In Wirklichkeit war er ein einsamer Kleinkrimineller, der sich niemandem nahe fühlte und von den wenigen Menschen in seinem Leben nur enttäuscht war. »Ich habe mich gefühlt wie wertlose Scheiße«, beschrieb er diesen Zustand.

Berkowitz ist ein typischer Antisozialer (siehe S. 128 ff.), allerdings kommen bei ihm noch ein extrem schlechtes Selbstwertgefühl und wiederholt starke Depressionen dazu. Diese ungünstige Mischung macht seine späteren Taten erklärbar. Er hat in seiner Kindheit und Jugend wegen seiner psychischen Probleme nicht gelernt, eine wie auch immer geartete normale Beziehung zu anderen Menschen aufzubauen. Deshalb konnte er deren Verhalten auch nie gut einschätzen und fühlte sich immer schlecht behandelt. Alles Gute, was ihm widerfuhr, nahm er kaum zu Kenntnis. Stattdessen sah er sich immer nur als Opfer schlechter Umstände und seiner unkontrollierbaren Gefühle. Es war ihm selbst ein völliges Rätsel, warum er so anders war als die anderen.

Sowohl seine Adoptiveltern als auch seine leibliche Mutter versuchten, ihm Freundlichkeit entgegenzubringen. Doch wegen seines sehr schlechten Selbstwertgefühls, seiner Depressionen und seiner schnell aufkommenden Wut nahm er hauptsächlich das Negative wahr. Nicht die Freude seiner leiblichen Mutter über das Wiedersehen kam bei ihm an, sondern ihre Geschichte über seine ungewollte Zeugung. Er hätte die Geschichte auch ganz anders verstehen können: Sie hatte ihn nicht abtreiben wollen, sondern sich dafür entschieden, ihn zu bekommen und zur Adoption freizugeben, damit er eine Chance auf ein glückliches Leben hatte. Bei Berkowitz kam diese positive Sichtweise nie an. Für ihn stand nur fest, dass er das ungewollte Ergebnis einer Affäre war, was zu seiner Einstellung, nichts wert zu sein, gut passte. Auch die vielen Bemühungen, mit denen seine Adoptiveltern ihm zu zeigen suchten, dass sie ihn liebten und gern bei sich hatten, verpufften praktisch im großen, schwarzen Loch seiner Minderwertigkeitsgefühle.

Den Gefühlszustand, in dem ein Mensch mit so starken psychischen Störungen steckt, kann eine gefühlsmäßig gesunde Person kaum nachvollziehen. Jemand wie Berkowitz, der hauptsächlich Depressionen, Minderwertigkeitsgefühle und Wut erlebt, sieht seine Welt wie durch eine schwarze Brille. Jeder andere Mensch sieht durch diese Brille wie ein gemeines Monster aus, und seine Umgebung erscheint ihm als ein hässlicher, stinkender Ort. Das zeigte Berkowitz sehr anschaulich in einem Brief, den er einem Reporter der *New York Daily News* vor seiner Verhaftung schrieb.

Der Brief beginnt mit den Worten: »Hallo aus den Regenrinnen von New York City, die gefüllt sind mit Hundekot, Kotze, abgestandenem Wein, Urin und Blut. Hallo aus den Abwasserkanälen, die diese Leckerbissen verschlingen, wenn sie von den Reinigungsfahrzeugen weggewaschen werden. Hallo aus den Ritzen der Bürgersteige und von den Ameisen, die in diesen Ritzen leben und sich von dem getrockneten Blut der Toten ernähren, das in die Bürgersteigritzen eingesickert ist.«

Wie sehr Berkowitz selbst von seinen total unkontrollierbaren und widersprüchlichen Gefühlen verwirrt war, zeigte er immer wieder. Die Frage eines Psychiaters nach seiner Einstellung zu Frauen beantwortete er mit den Worten: »Ich wollte ein Liebhaber von Frauen sein, aber ich wollte sie auch zerstören.« Berkowitz ist aber kein Sadist. Er hatte nie sexuelle Fantasien, in denen er Frauen folterte. Auch die Art, mit der er tötete, deutet darauf hin, dass er kein Sadist ist. Er erschoss Frauen, ohne sie vorher zu erniedrigen, zu verängstigen oder körperlich zu foltern. Es ging ihm nicht darum, sie zu quälen, sondern darum, sie auszulöschen.

1975 griff er zum ersten Mal zwei Frauen in kurzem Abstand hintereinander an. Es war am Weihnachtsabend, eine Zeit also, in der viele Menschen glücklich im Kreis ihrer Familie sitzen. Berkowitz war alleine und voller Hass. Er stürzte mit einem Messer auf die Frauen los. Eine von ihnen verletzte er dabei so schwer, dass sie ins Krankenhaus kam. Später sagte Berkowitz, dass er sich erschreckte, als die Frauen bei seinem Angriff schrien. »Ich wollte ihnen nicht wehtun, ich wollte sie nur töten«, war seine kühle, inhaltlich aber richtige Erklärung dazu.

Berkowitz war nicht getrieben von sexuellen Wünschen, sondern von Hass und Enttäuschung gegenüber sich selbst und vor allem gegenüber »den Frauen«, die ihm aus seiner Sicht nur Leid gebracht hatten. Er sagte einem Psychiater: »Ich hasse besonders Frauen, die tanzen. Ich hasse ihre Sinnlichkeit, ihre lockeren moralischen Einstellungen. Ich bin selbst kein Heiliger, aber ich schiebe ihnen die Schuld für alles zu.« Seine Mutter war in ihrer Jugend Tänzerin am Broadway gewesen. Aus seiner Sicht war ihre »lockere moralische Einstellung« der Grund für seine Zeugung.

Es ist kein Zufall, dass seine Mordserie im Jahr nach dem Kennenlernen seiner leiblichen Mutter begann. In seiner Vorstellung war sie von einer traumhaften, liebevollen Fantasiegestalt, bei der er sich endlich zu Hause fühlen wollte, zum Ursprung all seines Übels geworden. Ihre Affäre mit einem verheirateten Mann war der einzige Grund für seine Geburt. Die Wut darüber, die er sich nicht traute, an ihr selbst auszulassen, ließ er junge Frauen spüren, die ihn an seine Mutter erinnerten. Fast alle seiner Opfer hatten wie sie längere braune Haare.

Sieben Monate nach seinen Messerattacken, im Juli 1976, beging er seinen ersten Mord. Gegen ein Uhr nachts sah er auf einem Parkplatz zwei junge Frauen, die sich in einem Auto miteinander unterhielten. Als die achtzehnjährige Donna Lauria aus dem Wagen stieg, schoss Berkowitz drei Mal in ihre Richtung, wobei er sie tödlich in den Brustkorb traf, während eine weitere Kugel ihre im Wagen sitzende neunzehnjährige Freundin Jody Valenti in die Hüfte traf.

Drei Monate später schoss Berkowitz nachts auf ein in einem Auto sitzendes Pärchen, wobei beide verletzt überlebten. Einen weiteren Monat später fielen ihm die sechzehnjährige Donna DeMasi und ihre achtzehnjährige Freundin Joanne Lomino zum Opfer, die spätabends von einer Kinovorstellung heimgingen. Auch diese beiden überlebten schwer verletzt.

Ende Januar 1977 schoss Berkowitz wieder nachts auf ein in einem Auto sitzendes Pärchen. Die sechsundzwanzigjährige Christine Freund starb, ihr Verlobter wurde verletzt, schaffte es aber noch, mit seinem Auto wegzufahren und dem Angreifer zu entkommen. Auf die Frage, warum er es meist auf in Autos sitzende Paare abgesehen hatte, antwortete er, seine Mutter Betty habe mit seinem Vater in solchen geparkten Autos gesessen.

Im März 1977 änderte Berkowitz sein Vorgehen. Bis dahin hatte er stets nachts auf Pärchen geschossen. Dieses Mal erschoss er abends eine junge Frau, die alleine auf dem Heimweg war. Offenbar tötete er immer dann, wenn die Wut ihn gerade wieder besonders packte und er irgendwo eine Person erblickte, die ihn an seine Mutter und die Umstände seiner Zeugung erinnerte.

Wie viele Serienmörder, die unter Minderwertigkeitsgefühlen leiden und sich Beachtung wünschen, schrieb Berkowitz einen Brief an die New Yorker Polizei und einen an einen Reporter, in denen er wirre Angaben zu den Morden machte und behauptete, ein gewisser Sam verlange von ihm, immer mehr Morde zu begehen. Hier gab er sich auch zum ersten Mal den Namen »Son of Sam«.

Es machte ihm Spaß, einerseits die Polizei und die Öffentlichkeit mit seinen völlig verrückt wirkenden Briefen zu verwirren und gleichzeitig die Vorstellung zu verbreiten, ein irres Monster verlange nach Menschenleben. Er unterschrieb seine Briefe sogar mit »Mr. Monster«. Weil es ihm nie gelungen war, sich mit etwas Gutem hervorzutun – sein Traum vom Heldentum war längst geplatzt –, verschaffte er sich nun Aufmerksamkeit, indem er Angst verbreitete. So befriedigte er zwei seiner Bedürfnisse: Er ließ seiner Wut auf seine Mutter und sein missratenes Leben freien Lauf und konnte sich gleichzeitig mächtig, wichtig und beachtet fühlen, weil er eine Großstadt in Angst versetzte.

Durch viele Zeitungsberichte war bekannt geworden, dass ein Serienmörder in New York sein Unwesen trieb und dass ihm bisher nur junge Frauen mit langen braunen Haaren zum Opfer gefallen seien. Deshalb begannen die Frauen in New York damit, sich die Haare blond zu färben und sie kurz schneiden zu lassen, in der Hoffnung, so nicht mehr für den Serienkiller interessant zu sein.

Im Juni 1977 schoss Berkowitz wieder in gewohnter Weise spät nachts auf ein Pärchen, das nach einem Discobesuch in einem Auto saß. Die beiden wurden verletzt, überlebten aber. Einen Monat später, am 31. Juli, schoss er erneut nachts auf ein Pärchen, das sich gerade in einem Auto küsste. Stacy Moskowitz starb, ihr Freund wurde schwer verletzt. Moskowitz war das erste Opfer, das eine völlig andere Frisur hatte, als die anderen weiblichen Opfer: Sie hatte kurz geschnittene, blonde Locken. Diese Frisur hatte sie sich aus Angst vor dem Serienmörder machen lassen und glaubte damit sicher vor einem Angriff zu sein.

Der Mord an Stacy Moskowitz führte schließlich zu Berkowitz' Festnahme. Eine Frau, die nahe des Tatorts wohnte, erinnerte sich an ein Auto, das zu nah an einem Feuerhydranten geparkt war und dafür einen Strafzettel erhielt. Der Fahrer war ihr aufgefallen, weil er am Tatabend in der Nachbarschaft herumgeschlichen war und die an ihm vorbeigehenden Menschen bedrohlich angestarrt hatte. Nach dem aufsehenerregenden Mord meldete sie ihre Beobachtung der Polizei, die ermitteln konnte, dass David Berkowitz den Strafzettel erhalten hatte.

Die Polizisten fanden in Berkowitz' Auto unter anderem Munition, Straßenkarten von den Tatorten und einen noch nicht abgeschickten Brief an die Polizei, in dem Berkowitz weitere Morde ankündigte. Er wurde beim Verlassen seiner Wohnung festgenommen. Dabei sagte er: »Ihr habt mich. Warum hat das so lange gedauert?«

Bei der anschließenden Vernehmung gestand Berkowitz die »Son of Sam«-Morde und bot an, sich vor Gericht für schuldig zu bekennen, wenn ihm hierfür die Todesstrafe erlassen werden würde. Er behauptete auch, dass er mit dem geheimnisvollen Sam in seinen Briefen seinen ehemaligen Nachbarn Sam Carr meinte. Dessen Hund sei von einem Dämon besessen, der ihm die Morde befohlen habe. Folglich war nicht Berkowitz, sondern der Hund des Nachbarn der »Son of Sam«!

Der Dämonenhund war nur der Auftakt einer ganzen Reihe von Nonsens-Geschichten, die Berkowitz erzählte, um sich selbst als Opfer der Umstände darzustellen. In den Wochen nach seiner Festnahme begann er damit, sein Geständnis zurückzunehmen und zu behaupten, er habe einer satanistischen Sekte angehört.

Die meisten der ihm zugeschriebenen Morde hätten Mitglieder der Sekte begangen, von denen er aber nur die Vornamen kenne. Er behauptete auch, er habe Informationen über einen anderen Mord an einer Universität, den ein Mitglied seiner Sekte einige Jahre zuvor begangen haben soll. Die Ermittler stellten fest, dass er in Wahrheit nur Informationen über den Fall hatte, die er sich aus der Zeitung zusammengereimt hatte. Es fanden sich nie schlüssige Hinweise darauf, dass an seiner Behauptung, Mitglied einer satanischen Sekte gewesen zu sein, etwas dran war. Die wenigen Opfer und Zeugen, die den Täter vor Berkowitz' Festnahme beschrieben, sprachen immer von einem Mann seiner Statur und mit seinen dunklen Augen. Manchmal trug er bei den Taten eine blonde Perücke, die zu besorgen und verschwinden zu lassen in einer Stadt wie New York kein Problem ist. Auch in seiner Wohnung fanden sich keine Hinweise auf Kontakte zu irgendwelchen Sektenmitgliedern. Außerdem hörte die Mordserie mit seiner Verhaftung auf, obwohl er behauptete, es gäbe »noch mehr Söhne von Sam da draußen«.

Es passt aber – auch ganz unabhängig von der Schuldfähigkeitsfrage – zu Berkowitz' Persönlichkeit, sich als Mitglied einer mächtigen, geheimnisvollen Gruppe darzustellen. Er sehnte sich schließlich sein Leben lang nach normalen Beziehungen zu Menschen, nach Anschluss, Aufmerksamkeit und Bewunderung. Wegen der negativen Art, mit der er sein Leben, seine Umgebung und andere Menschen wahrnahm, schaffte er es aber nie, einen Freundeskreis oder eine Gruppe, der er sich hätte zugehörig fühlen können, zu finden.

Stattdessen schlich er stets alleine durch die Stadt, sah sich Horrorfilme an, las Bücher über geheime Kräfte und probierte magische Rituale aus, von denen er gehört oder gelesen hatte. Die Fantasie, sowohl von einer mächtigen Sekte als Mitglied ausgewählt zu werden, als auch dunkle Mächte mit magischen Ritualen beherrschen zu können, war also eine sehr angenehme Vorstellung für ihn. So fühlte er sich weniger wertlos und weniger einsam.

Erfolglose Narzissten

Sich mit etwas völlig frei Erfundenem und dabei so Fantasievollem wie im Fall Berkowitz derart wichtig zu machen ist dem bereits erwähnten Psychologen Rainer Sachse zufolge typisch für erfolglose Narzissten. Narzissten sind, wie bereits erklärt, Menschen, die sich als etwas ganz Besonderes empfinden und von der Umwelt auch so behandelt werden wollen (siehe S. 90). Viele von ihnen legen sich dafür auch ins Zeug und arbeiten hart daran, Erfolge im Leben zu erzielen. Doch es gibt eine Gruppe von ihnen, die wie Berkowitz nichts von dem, was sie sich vornehmen, erreichen.

Berkowitz wollte ein Kriegsheld und ein großer Liebhaber sein, hat aber nichts davon auch nur im Entferntesten hinbekommen. Weil ihre grandiosen Träume ebenso grandios scheitern, nennt Sachse solche Menschen »erfolglose Narzissten«. Sie wollen aber ebenso wie ihre erfolgreichen Gegenstücke beachtet und für besonders wichtig gehalten werden. Deshalb entwickeln sie oft Fantasien, in denen sie so sind, wie sie gerne in Wirklichkeit wären. In ihren Tagträumen sind sie Superhelden, Millionäre, Präsidenten, Stars oder sonstwie beeindruckende Gestalten. Oft glauben sie fest daran, dass es ihnen auch irgendwann gelingen wird, ihre völlig übersteigerten Karriereträume zu verwirklichen. Solche erfolglosen Narzissten werden von Castingshows wie magisch angezogen. Diese Shows wiederum sind unter anderem darauf ausgerichtet, die grandiose Selbstüberschätzung und totale Fehlwahrnehmung genau solcher Menschen möglichst peinlich in Szene zu setzen. Sollten Sie sich also in den ersten Runden solcher Shows gefragt haben, wie jemand, der nun wirklich nicht singen oder tanzen kann, derart von sich überzeugt sein kann, kennen Sie jetzt die Antwort.

Berkowitz' Versuch, mithilfe seiner Besessenheits- und Satanistengeschichte für schuldunfähig erklärt zu werden, misslang. Obwohl verschiedene Gutachter ihm seine Geschichten glaubten und annahmen, er leide wirklich an Wahnvorstellungen und Sinnestäuschungen, wurde vom Gericht schließlich ein psychiatrisches Gutachten anerkannt, in dem er als schuldfähig eingestuft wurde. Der Psychiater David Abrahamson erklärte, dass Berkowitz zwar durchaus in seiner Persönlichkeit gestört sei, dass er aber keineswegs Wahnvorstellungen habe und in der Lage gewesen sei, das Unrecht seiner Taten zu verstehen und sich bewusst für das Töten zu entscheiden.

Dafür, dass Berkowitz' Geschichte vom Dämonenhund auch erfunden war, spricht, dass er nach seiner Verhaftung keine Anzeichen mehr von Sinnestäuschungen oder Wahnvorstellungen zeigte. Hätte er – wie es einige Gutachter annahmen – an einer sogenannten paranoiden Schizophrenie gelitten, dann hätte er auch früher oder später im Gefängnis jemandem von weiteren dämonischen Botschaften berichtet. Eine Schizophrenie verschwindet nicht ohne eine Behandlung mit entsprechenden Medikamenten von einem Tag auf den anderen, nur weil jemand plötzlich ins Gefängnis kommt. Berkowitz hat aber nach seiner Verhaftung nie wieder behauptet, Stimmen zu hören oder Dämonen zu sehen. David Berkowitz war, als er seine Taten beging, kein vom Teufel Besessener oder Schizophrener, sondern ein antisozialer, depressiver und erfolglos narzisstischer Frauenhasser. Antisoziale Täter neigen dazu, zu lügen, bis sich die Balken biegen, nur um die Schuld von sich abzulenken und eine möglichst geringe Strafe zu bekommen. Schon in seiner ersten Vernehmung bei der Polizei nannte Berkowitz sein Ziel, der Todesstrafe zu entgehen, und bot an, sich dafür schuldig zu bekennen.

Wie wichtig es ihm verständlicherweise war, der Todesstrafe zu entkommen, zeigte er auch während der Verhandlung. Weil die Mutter von Stacy Moskowitz sich für seine Todesstrafe aussprach, sagte er mehrmals deutlich hörbar im Gerichtssaal, in dem sie saß: »Stacy war eine Hure«, obwohl ihm klar sein musste, dass er mit einem solchen abfälligen Kommentar Richter und Geschworene sicher nicht milde stimmen würde. Aber auch dies ist typisch für antisoziale Täter. Sie haben ihre Gefühle oft nicht im Griff und lassen ihre schnell aufkommende Wut wenn möglich direkt heraus. Berkowitz konnte es sich aus Wut über die Mutter, die ihn tot sehen wollte, nicht verkneifen, sein Opfer zu beschimpfen.

Berkowitz erkannte, dass er wegen des Gutachtens des Psychiaters Abrahamson der Todesstrafe nicht mehr durch vermeintliche Schuldunfähigkeit entkommen konnte. Deshalb bekannte er sich schuldig und wurde im Gegenzug statt zum Tode zu sechs Mal lebenslänglicher Haft verurteilt.

Nach seiner Verurteilung gestattete er es ausgerechnet dem Psychiater, der ihn als schuldfähig eingestuft hatte, mehrere Gespräche mit ihm zu führen, und begann mit ihm einen Briefwechsel. Dabei gab er zum ersten Mal zu, dass er mit seiner Geschichte vom Dämonenhund versucht hatte, die Gutachter zu beeinflussen. Über seine Unterhaltung mit einem anderen Psychiater schrieb er abfällig: »Alles, was ich tun musste, war ›Sam Carr‹ und die ›Dämonen‹ in die Unterhaltung einzuschieben (…) und schon tröstete er mich.« An Dr. Abrahamson schrieb er auch: »Ich schätze, Sie sehen mich, wie ich wirklich bin – ein Tier und unmenschlich.«

Vom Monster zum Heiligen

Berkowitz schloss sich 1987 im Gefängnis einer christlichen Gruppe an und begann, seine Bekehrungsgeschichte öffentlich zu machen. Von Mitgliedern seiner Glaubensgemeinschaft ließ er sich eine Homepage einrichten, die er »forgivenforlive.com« nannte, was soviel bedeutet wie »für's Leben vergeben«. Seither nutzt er alle freie Zeit, die er hat, um öffentlich darzustellen, dass er seinen Frieden mit Gott gemacht hat, nun ein Kämpfer gegen Satan ist und seine Opfer und deren Familien um Vergebung bittet.

Die Methode, sich einer christlichen Gruppe anzuschließen, weil Christen ganz besonders gerne ehemalige Sünder aufnehmen, haben ebenso auch Garavito und Ted Bundy versucht. Garavito und Berkowitz erzählen sogar fast identische Geschichten von Dämonen, die sie zum Töten aufforderten, und von einem Pakt, den sie mit dem Teufel eingingen.

Sich das christliche Glaubenssystem zunutze zu machen, kann für Straftäter, die sowohl antisozial als auch narzisstisch sind, sehr praktisch sein. So können sie die Verantwortung für ihre Taten von sich selbst weg auf die bösen Mächte schieben und sich gleichzeitig auch noch als besonders gut darstellen, weil sie mit der Bekämpfung der bösen Mächte zu »Helden für Gott« werden.

So ähnelt auch die gefühlsselige Geschichte von Berkowitz darüber, wie er zum christlichen Glauben kam, der von Garavito (siehe S. 93): »Eines Tages kam während des Hofgangs an einem kalten Winterabend ein Mitgefangener zu mir. Er stellte sich vor und begann mir von Jesus Christus zu erzählen, der mich liebe und mir vergeben möchte.«

Märchenhaft und dramatisch gehen seine Schilderungen auch weiter. Eine halbe Seite später schreibt er, »spät in dieser Nacht ging ich in meiner kalten Gefängniszelle auf meine Knie und fing an zu JESUS zu rufen. Ich sagte IHM, dass ich angewidert von den üblen Taten und ihrer überdrüssig war. Ich bat JESUS um Vergebung für alle meine Sünden. Ich verbrachte eine ganze Zeit auf meinen Knien, um zu IHM zu beten.«

Die irdische Erklärung für scheinbar übersinnliche Übereinstimmungen

Auf den ersten Blick wirkt es erstaunlich, dass sowohl Garavito als auch Berkowitz Geschichten von Dämonen in ihrer Haft erzählten und sich im Gefängnis als geradezu vorbildliche Christen darstellten. Doch dafür gibt es eine einfache Erklärung:

In Ländern wie Kolumbien und den USA kann es für Straftäter besonders nützlich sein zu behaupten, von Dämonen zu ihren Taten getrieben worden zu sein. In solchen Ländern haben christliche Gruppen, die tatsächlich an Dämonen, Besessenheit und Austreibung glauben, viele Anhänger. So können die Täter eine größere Gruppe von Menschen als Unterstützer für sich gewinnen.

Derart extreme christliche Gruppen wiederum leben von besonders gefühlsbetonten Bekehrungsgeschichten, mit denen sie neue Anhänger werben. Kaum eine Bekehrungsgeschichte lässt sich besser verkaufen, als die von einem vom Teufel besessenen Mörder, der mit Gottes Hilfe zum Heiligen wird. Das ist ein sprichwörtliches Wunder, und Wunder können diese christlichen Gruppen immer gut gebrauchen. Somit profitiert sowohl der Straftäter als auch die religiöse Gruppe von derart filmreifen Bekehrungsgeschichten.

Dass die Geschichten von Garavito und Berkowitz sehr ähnlich klingen, lässt sich ebenso leicht erklären: Beide erzählten, dass sie sehr gerne Horrorfilme geschaut hätten. Horrorfilme, die von Besessenheit und satanischen Ritualen handelten, waren besonders in den Sechziger- und Siebzigerjahren viel beliebter als heute und wurden auch in den Achtzigern noch oft auf Videokassetten verkauft. Kein Wunder also, dass sich die von solchen Filmen angeregten Geschichten ähnelten. Die beiden Täter konnten sie erfolgreich im Gefängnis verkaufen, denn von Satan und Dämonen handelnde Geschichten passten perfekt zum Glaubenssystem der extremen christlichen Gruppen, die auch im Gefängnis immer auf der Suche nach Anhängern waren.

David Berkowitz schrieb im März 1999 sein Lebens- und Glaubensbekenntnis, das er einfach »Meine Geschichte« nannte. Seine Beschreibungen wirken – genau wie er selbst – gekünstelt wie aus einem Roman und bemüht gefühlsbetont. Er bietet seinen Lesern – extrem gläubigen Christen – genau das, was sie hören wollen: Eine moderne Geschichte vom Kampf zwischen Gott und Satan, der ausgetragen wurde im Menschen David. Wie in der biblischen Geschichte, in der der Jüngling David einen mächtigen Riesen mit Gottes Hilfe erschlägt, gewinnt David Berkowitz in seiner Geschichte mit Gottes Hilfe den Kampf gegen Satan persönlich.

Schon der Anfang trieft vor Rührseligkeit:

»Mein Name ist David Berkowitz. Ich bin Strafgefangener und seit zweiundzwanzig Jahren inhaftiert. Ich bin zu 365 Jahren Haft verurteilt. Mein Fall ist unter dem Namen ›Son of Sam‹-Morde bekannt. Es ist elf Jahre her, als ich in einer kalten und einsamen Gefängniszelle lebte und Gott in mein Leben kam. Dies ist meine Geschichte der Hoffnung.«

Zunächst erzählt Berkowitz von den psychischen Auffälligkeiten, die er als Kind und Jugendlicher hatte, und schmückt diese mit Details, die in Richtung »Besessenheit« weisen. So habe er beispielsweise Krämpfe gehabt, bei denen er sich auf dem Boden herumwälzte, wobei sich Möbel wie durch Geisterhand bewegt hätten.

Aus psychologischer Sicht kann ich dazu sagen: Berkowitz litt – wie ich bereits erklärt habe – als Kind an einer Störung des Sozialverhaltens, sehr wahrscheinlich zusammen mit einer Aufmerksamkeitsdefizit-/Hyperaktivitätsstörung und einer Depression (siehe S. 102). Das ist für ein Kind sehr ungünstig, aber alles andere als eine teuflische Besessenheit. Deshalb sind die beschriebenen »Krämpfe« eher als Ausschmückung von Wutanfällen eines überaktiven, wütenden und gleichzeitig traurigen Kindes zu deuten, das seine Gefühle nicht gut steuern kann. Berkowitz selbst behauptet, er habe bei den Anfällen das Gefühl gehabt, von »etwas« – dabei meint er dämonische Mächte – erfasst worden zu sein.

Es kann sogar sein, dass er sich seine unglaubliche Wut rückblickend als dämonischen Einfluss erklärt. Dass antisoziale Täter die Schuld stets von sich wegschieben, ist schließlich typisch für sie. Einem Dämon an allem die Schuld zu geben, macht da durchaus Sinn. Für das Selbstwertgefühl von Berkowitz – der sogar eine ganze Satanssekte in seiner Vorstellung erschuf, um sich weniger minderwertig zu fühlen – kann die Umdeutung seines Lebens als dauernden Kampf zwischen Gott und dem Teufel sehr vorteilhaft sein. Deshalb ist es gut möglich, dass er tatsächlich glaubt, was er geschrieben hat.

Garavito als erfolgreicher Narzisst hat im Gegensatz zu Berkowitz kein ständig schlechtes Selbstwertgefühl empfunden. Er konnte immer erfolgreich andere Menschen beeinflussen, sich beliebt machen und seine Ziele durchsetzen. Deshalb braucht er die christlichen Geschichten nicht, um sein Selbstwertgefühl aufzubauen, vielmehr hofft er, sich positiv genug darstellen zu können, um vorzeitig entlassen zu werden.

Berkowitz dagegen hat immer nur Enttäuschungen erlebt und sich total in seine Fantasien von Macht und Bewunderung zurückgezogen. In der christlichen Gruppe, die seine Horrorgeschichten mit Begeisterung aufnahm, erlebte er zum ersten Mal echtes, ihm zugewandtes Interesse an seiner Person. Durchaus verständlich also, dass er sich fortan mit all seiner Energie als geläuterten Christen zu verkaufen suchte und vielleicht ja auch einer wurde. Berkowitz' frühes Interesse an übersinnlichen Kräften wurde in seinen christlichen Kreisen als erste Verlockung des Teufel verstanden, um von ihm leichter Besitz ergreifen zu können. In Wahrheit steckte vielmehr sein Wunsch dahinter, einerseits mächtig zu sein und andererseits irgendwo dazuzugehören. Der kleine, einsame Junge, der sich selbst nicht mochte, hätte ebenso gerne einer – wie im Horrorfilmklassiker *Rosemary's Baby* dargestellten – mächtigen Satanssekte angehört.

In seinem christlichen Lebensbericht schreibt er dazu: »1975 traf ich einige Leute auf einer Party, von denen ich später herausfand, dass sie tief in okkulte Praktiken verstrickt waren. Von Kindheit an war ich von Hexerei, Satanismus und okkulten Dingen fasziniert. Ich sah mir zahllose Horror- und satanistische Videos an. Der Film *Rosemary's Baby* nahm meinen Verstand völlig gefangen.

Ich war jetzt zweiundzwanzig Jahre alt, und diese böse Kraft streckte sich weiter nach mir aus. Überall wo ich hinkam schien ein Zeichen oder ein Symbol zu sein, das auf Satan hinwies. Ich fühlte mich, als ob etwas versuchte, die Kontrolle über mein Leben zu erringen. Ich las die satanische Bibel, ein Spätwerk von Anton LaVey, der 1966 die Kirche Satans in San Francisco gründete. Ich begann ganz unschuldig, verschiedene okkulte Rituale und Beschwörungen zu praktizieren.

Ich bin absolut davon überzeugt, dass sich damals etwas Satanisches in meinem Verstand eingenistet hat, und im Rückblick auf das, was passiert ist, stelle ich fest, dass ich ganz langsam in die Irre geführt wurde. Ich wusste nicht, dass schlechte Dinge daraus folgen würden. Doch nach einigen Monaten schienen mir Dinge, die erst böse waren, plötzlich nicht mehr böse zu sein. Ich war auf dem Weg in den Untergang und wusste es nicht. Ab einem bestimmten Zeitpunkt war es mir dann aber auch egal.«

Berkowitz beschreibt treffend, dass die Entwicklung zum Serienmörder sich in ihm schrittweise vollzogen hat. Nur versteht er diese Schritte im Sinne christlicher Glaubensvorstellungen und nicht psychologisch. Psychologisch betrachtet war er ein Kind, dem die Fähigkeit fehlte, seine Gefühle und Gedanken normal zu steuern, weshalb es sich sehr auffällig verhielt. Einsam und traurig blieb er den Großteil seiner Kindheit und Jugend für sich und flüchtete in Fantasiewelten von dunklen Mächten und geheimen Gruppen. Nach der Enttäuschung über seine erfolglose Zeit als Soldat wurde er zum Brandstifter. Als die Wut über seine Mutter und die Umstände seiner Zeugung seine letzten Träume zerstörten, gab es für ihn nur noch Hass. Dieser Hass entlud sich in der Tötung von Menschen, die ihn an seine Mutter erinnerten.

Er sagte in einem Interview: »Ich habe keinen Zweifel daran, dass ein Dämon seit meiner Geburt in mir gelebt hat.« Der Dämon ist für ihn eine verständliche, greifbare Erklärung dafür, dass er schon seit seiner frühen Kindheit nur Probleme hatte und unglücklich war. Wie viele Kinder mit psychischen Problemen konnte er sich nie erklären, warum er so anders war als alle anderen. Dabei wäre er sicherlich lieber ein normales und glückliches Kind gewesen.

Einem Dämon die Schuld für alles Schlechte in seinem Leben zu geben ist gut für sein Selbstwertgefühl, denn das macht ihn zum Opfer von etwas Großem, Mächtigem, Unvorstellbarem, gegen das er damals keine Chance hatte. Nicht er hat also dazu beigetragen, dass sein Leben schieflief, sondern der Dämon hat das bewirkt. »Es war Teil des Planes des Teufels, dass auf mir ein Fluch lag, der die Menschen von mir wegschob und eine Situation bewirkte, in der ich einsam und frustriert war.«

Berkowitz hat es mithilfe seiner christlichen Fans geschafft, von einem erfolglosen zu einem erfolgreichen Narzissten zu werden. Nach der entsprechenden Umdeutung seiner Lebensgeschichte versteht er sich nun als Kämpfer gegen Satan. Diese Aufgabe ist sogar noch viel heldenhafter als das Kriegsheldentum, das er vergeblich angestrebt hat.

Narzissten mögen es, sich mit bekannten, einflussreichen, wohlhabenden und mächtigen Menschen zusammen darzustellen, um sich in ihrem Glanz zu sonnen. Berkowitz geht sogar noch einen Schritt weiter. Er glaubt und erzählt jedem, der es hören will, dass er sowohl für Gott persönlich als auch für den Teufel eine ganz besondere Rolle spielt. Er sieht sich als sehr wichtige Figur, einen modernen und gleichzeitig biblischen Superhelden. So erklärte er in einem Interview: »Ich fühle, dass Gott mich dazu beruft, einen bestimmten Zweck zu erfüllen. Er hat eine Aufgabe für mich, die ich erledigen soll. Gott beruft mich dazu, sein Verkündiger für unser Land zu sein, für alle Menschen. Ich weiß, dass Satan große Angst vor mir hat, weil er weiß, dass ich so viel aus eigener Erfahrung über ihn weiß.«

Möglicherweise ist Berkowitz zum ersten Mal in seinem Leben wirklich zufrieden mit sich. Er ist inzwischen ein Prominenter in christlichen Kreisen, der zahlreiche Interviews gibt. Seine christlichen Freunde stellen sein Tagebuch ins Internet, in dem er seine Meinung zu verschiedenen Themen kundtut. Plötzlich wird er beachtet, geschätzt, sogar bewundert.

Im Gefängnis arbeitet er in der Seelsorge und bekommt auch dort positive Rückmeldungen. Alles, was er sich früher wünschte, hat er jetzt. Er ist in einer sicheren Umgebung, in der der Alltag geregelt und überschaubar ist. Endlich kommen viele Menschen zu ihm oder schreiben ihm. Er fühlt sich wichtig, bekommt sehr viel Aufmerksamkeit und Anerkennung. Als ein moderner Heiliger zu leben ist so viel besser, als einsam und wuterfüllt durch dunkle Straßen zu streifen. Kein Wunder also, dass Berkowitz überhaupt nicht vorhat, das Gefängnis jemals wieder zu verlassen. Es ist schließlich die beste Zeit seines Lebens in der geschützten, kleinen Welt dort. Sein Ruf als moderner Heiliger wächst außerdem noch dadurch, dass er alle Möglichkeiten, einen Gnadengesuch zu stellen und vielleicht vorzeitig entlassen zu werden, seit 2002 abgelehnt hat. Als »geläuterter Sünder«, der sich mit seiner irdischen Strafe abgefunden hat und sie »mit Würde« trägt, ist ihm ewiger Ruhm – zumindest in christlichen Kreisen – sicher.

Jack Unterweger: eine weitere kaputte Kindheit und ein erfolgreicher Narzisst

Unterweger (1950–1994) war ein Psychopath (siehe »Was ist ein Psychopath«, S. 132) und bösartiger, sexueller Sadist (siehe »Sadistische Straftaten«, S. 238 ff.). Berühmt wurde er als Serienmörder, der andere Menschen in einem Ausmaß um den Finger wickeln und sich selbst positiv darstellen konnte, wie es sonst nur der Romanfigur des faszinierenden Kannibalen Hannibal Lecter gelungen ist.

Macht ausüben, indem sie andere Menschen von sich und ihren Wünschen überzeugen, können antisoziale und psychopathische Straftäter nicht nur in christlichen Kreisen. Unterweger nutzte seine starke Ausstrahlung und Überzeugungskraft, um sich während seiner Haft bei berühmten und gebildeten Bürgern der höheren österreichischen Gesellschaft beliebt zu machen. Seine einflussreichen Fans halfen ihm schließlich dabei, aus dem Gefängnis entlassen zu werden.

Über Unterwegers Kindheit und Jugend sind einige Umstände bekannt, von denen auch andere psychopathische und gleichzeitig sadistische Täter berichten (vgl. Fall Josef Fritzl, S. 188 ff.). Jahre später wurde allerdings darüber gestritten, ob Unterweger seine Kindheits- und Jugendgeschichte – die als Buch vermarktet wurden – nicht ein wenig zu seinen Gunsten ausgeschmückt hat. Unstrittig sind folgende Informationen:

Seine Mutter war Prostituierte, sein Erzeuger ein US-amerikanischer Soldat, den er nie kennenlernte. Seine ersten anderthalb Lebensjahre verbrachte er bei Pflegepersonen, danach wurde er von seinem alkoholsüchtigen Großvater in ärmlichen Verhältnissen aufgezogen. Der war ebenso wie Unterwegers Mutter das, was man einen »Kleinkriminellen« nennt. Er vernachlässigte seinen Enkel und misshandelte ihn körperlich schwer. Außerdem spannte er ihn als Hilfe bei seinen Gaunereien ein.

Die sexuellen Abenteuer des Großvaters erlebte Unterweger als Kind mit, weil er in dessen Bett, wo verschiedene Damen nächtigten, seinen Schlafplatz hatte. In der Schule wurde er ein Außenseiter, da seine Kleidung schäbig war und er wegen fehlender Körperpflege schlecht roch. Als er acht war, wurde er vom Großvater weggeholt und erst bei einer Tante, dann bei einer Pflegefamilie und schließlich in einem Heim untergebracht. Seine Mutter tauchte kurz in seinem Leben auf, als er zehn Jahre alt war. Nach einigen Tagen reiste sie, ohne sich zu verabschieden, wieder ab.

Wollte man es darauf anlegen, aus einem Kind einen Psychopathen zu machen, so könnte man seine Lebensbedingungen kaum passender gestalten. Fast alles, was ein Kind erleben muss, damit es mit größerer Wahrscheinlichkeit zu einem gestörten Straftäter wird, hat Unterweger erlebt. Ziemlich typisch für einen antisozialen Jugendlichen ging es auch weiter: Unterweger begann schon früh zu stehlen, weshalb er vier Mal seine Lehrstelle verlor. Schließlich wurde er in eine Erziehungsanstalt gesteckt. Diese verließ er nach einem Jahr, weil er als »unerziehbar« galt. Danach zog er umher, schlug sich mit Gelegenheitsarbeiten, Diebstählen und Einbrüchen durch. Er ging nach Deutschland, angeblich in der Hoffnung, seine Mutter zu finden. In Hamburg wurde er Zuhälter und ging auch selbst anschaffen, wobei er sich wohlhabenden Damen anbot. Er begann, Drogen zu nehmen, wurde schließlich wieder verhaftet und nach Österreich ausgewiesen.

Als er vierundzwanzig war, erdrosselte er eine Achtzehnjährige mit ihrem Büstenhalter. Er erklärte, das Mädchen habe ihn an seine Mutter erinnert. Der Hass auf seine Mutter könnte zwar eine Rolle dabei gespielt haben, dass er gerade diese Frau tötete. Die treibende Kraft hinter diesem und allen weiteren Morden waren aber seine bösartigen, sadistischen, sexuellen Fantasien.

Täter, die seit ihrer Jugend starke sadistische Fantasien haben, gehen oft nach einem bestimmten Muster vor. Sie haben – wie Menschen mit normalen sexuellen Vorlieben auch – bestimmte Vorstellungen, die sie besonders erregend finden. Töten sie Menschen, um ihre Fantasien umzusetzen, dann erkennt man sie oft an ihrer typischen Vorgehensweise. Sie töten immer wieder auf die Art, die sie besonders erregt (vgl. Fall Dennis Rader, S. 239). Unterweger erregte es besonders, Frauen mit ihrer Unterwäsche zu erdrosseln und dabei einen bestimmten Knoten zu benutzen (siehe M. Benecke, *Mordspuren*, S. 185 f.).

Für diesen Mord wurde er zu lebenslanger Haftstrafe verurteilt. Die Zeit im Gefängnis nutzte er, um eine Ausbildung anzufangen, sich die bis dahin fehlende Bildung durch Zeitungen und Bücher anzueignen und seine Lebensgeschichte aufzuschreiben. Einer

Journalistin, die mit ihm sprechen wollte, schickte er das von Hermann Hesse geklaute Gedicht »Der Wanderer an den Tod«. Der gefühlsbetonte Text kam bei der Dame gut an. Er lautet:

Auch zu mir kommst du einmal, / du vergisst mich nicht, / und zu Ende ist die Qual / und die Kette bricht. / Noch erscheinst du fremd und fern, / lieber Bruder Tod. / Stehest als ein kühler Stern / über meiner Not. / Aber einmal wirst du nah / und voll Flammen sein. / Komm, Geliebter, ich bin da, / nimm mich, ich bin dein.

Die Journalistin glaubte wegen des Gedichtes, einen im Kern verwundbaren und gefühlvollen Menschen mit schriftstellerischem Talent vor sich zu haben. Sie vermittelte ihm Kontakte zu anderen Journalisten und Schriftstellern. Unterwegers Idee, mit dem Gedicht Eindruck zu schinden, war ein voller Erfolg.

Vom Zuspruch der Journalistin angespornt, legte sich Unterweger von da an richtig ins Zeug. Er schickte Texte von sich an Journalisten und Verlage und schrieb ein Buch über seine Lebensgeschichte. Der ins Auge fallende Titel war *Fegefeuer – eine Reise ins Zuchthaus*. Das Buch bekam positive Kritiken und verkaufte sich gut. Einer der Gründe für den Bucherfolg war die unverblümte und harte Art, mit der Unterweger seine abenteuerliche Lebensbeichte – inklusive sehr deutlich erzählter sexueller Abenteuer – beschrieb. Dieser einem Psychopathen leichtfallende Schreibstil befriedigte die Sensationsgier gutbürgerlicher Leser, die mit derartig kaputten und kriminellen Lebensverhältnissen selten zu tun haben.

Unterweger arbeitete an seinem Bild als Vorzeigehäftling und begann, eine Literaturzeitschrift herauszugeben. Bald folgte ein Theaterstück über sein Leben, das auf verschiedenen österreichischen Bühnen aufgeführt wurde. Er schrieb unter anderem Erzählungen, Romane, Gedichte und Texte für Kinderradiosendungen. Hartnäckig und vom Drang getrieben, sich öffentlich darzustellen und bejubeln zu lassen, verbreitete Unterweger seine Schriften vom Gefängnis aus. Schriftsteller und Schauspieler, die er für sich einspannen konnte, stellten seine Texte bei öffentlichen Lesungen vor, während er weiter im Gefängnis saß.

Unterweger setzte – ebenso wie beispielsweise auch Ted Bundy (siehe S. 94 ff.) – seine für Psychopathen typischen Fähigkeiten gezielt und erfolgreich ein: Er war redegewandt, übermäßig selbstsicher und erkannte schnell, was andere Menschen wollten. Weil er weder mit anderen mitfühlen konnte noch jemals ein schlechtes Gewissen hatte, hinderte ihn nichts daran, jeden Menschen, der ihm nutzen konnte, für sich einzunehmen und zu beeinflussen. Nachdem er sich einen Ruf als begabter Schriftsteller und vorbildlich gebesserter Häftling aufgebaut hatte, brachte er seine Unterstützer dazu, sich für seine Haftentlassung einzusetzen. Viele einflussreiche und bekannte Menschen Österreichs unterschrieben die Forderung, Unterweger solle auf Bewährung frühzeitig entlassen werden. 1990 durfte er tatsächlich das Gefängnis verlassen.

Das Leben nach der Haft war sehr angenehm für Unterweger. Bei Lesungen beschwerte er sich über die Missstände in österreichischen Gefängnissen, gab Interviews und arbeitete als Journalist. Wie alle Narzissten genoss er das Publikum und die große Bestätigung, die ihm seine Leser und Bewunderer entgegenbrachten. Außerdem konnte er den bei Psychopathen oft vorhandenen Drang nach Abwechslung voll befriedigen.

Als Journalist befasste er sich mit Themen, die ihm selbst nahe waren: Knastleben, Prostitution, Waffenhandel, Leben auf der Straße. Auch außerhalb öffentlicher Auftritte holte er sich reichlich Selbstbestätigung. Er legte sich einen teuren Sportwagen, eine hübsche Wohnung und teure Kleidung zu. Durch seine vielen Vorträge an verschiedenen Orten hatte er die Möglichkeit, zahlreiche Affären mit Frauen einzugehen. Die Damen waren von seinem übermäßig selbstsicheren Auftreten und seiner Berühmtheit beeindruckt, sodass Unterweger sie leicht um den Finger wickeln konnte. Außerdem schaffte er sich eine gerade achtzehnjährige Dauerfreundin an, die seinen Haushalt erledigte und Geld für beide verdienen sollte.

Doch seine Gier danach, Frauen zu töten, konnte er nicht durch all die Vergnügungen, die sein neues Leben bot, befriedigen. Bösartige sexuelle Sadisten wie Unterweger können zwar auch »normalen« Sex haben. Nichts befriedigt sie aber so sehr, wie das Ausleben ihrer sadistischen Fantasie in der Wirklichkeit. Unterwegers Fantasie bestand darin, Frauen zu schlagen und mit ihrer Unterwäsche zu erdrosseln.

Unterwäsche als Tatwerkzeug

Gerade die Unterwäsche des Opfers als Mordwaffe zu nutzen, kann für manche Täter aus mehreren Gründen erregend sein: Es ist besonders erniedrigend für das Opfer, mit einem so persönlichen Kleidungsstück, das normalerweise nicht jeder zu sehen bekommt, getötet zu werden. Damit zeigt der Täter, dass er absolute Macht über sein Opfer hat und jede persönliche Grenze zu seinem Vergnügen überschreitet. Außerdem kann die Unterwäsche an sich auf den Täter erregend wirken – wie auf jemanden mit gesunden sexuellen Vorlieben auch besondere Unterwäsche anregend wirken kann.

Nur fünf Monate nach Unterwegers Entlassung wurde eine Wiener Prostituierte mit ihrem Büstenhalter erdrosselt in einem Waldstück aufgefunden. Wenige Wochen später ereilte eine andere Wiener Prostituierte dasselbe Schicksal. Nach drei Monaten Pause wurden die zeitlichen Abstände zwischen den immer gleich ablaufenden Taten kürzer. Zwischen März und Mai 1991 starben fünf weitere Prostituierte aus Wien, alle erdrosselt mit ihrer Unterwäsche und im Wald abgelegt. Angespornt durch seinen psychopathischen Größenwahn, berichtete Unterweger persönlich über die Morde. Er ging dafür in die Wiener Rotlichtbezirke und befragte Prostituierte dazu, ob sie keine Angst vor dem unbekannten Serienkiller hätten. Außerdem stellte er als Reporter der Polizei Fragen zum Stand der Ermittlungen.

Kurz darauf flog er nach Los Angeles, um über die dortigen Rotlichtgebiete zu berichten. Die Mischung aus Selbstüberschätzung und Gier danach, seine Fantasie immer und immer wieder auszuleben, trieb ihn dazu, in nur zwei Wochen drei Prostituierte dort auf die altbekannte Art zu töten. Er ging sogar so weit, sich der amerikanischen Polizei als Auslandsreporter vorzustellen und auch dort Fragen zu den Morden zu stellen. Seine Fähigkeit, Menschen zu beeinflussen, war so groß, dass die Beamten ihm nicht nur bereitwillig Auskunft gaben, sondern ihn auch noch auf eine Rundfahrt durch das Rotlichtviertel in ihrem Streifenwagen mitnahmen.

Zurück in Europa reiste Unterweger nach Prag, wo prompt eine weitere Prostituierte mit ihrer Unterwäsche erdrosselt aufgefunden wurde. Vermutlich wich er in seiner Mordlust auf die USA und Tschechien aus, weil ihm trotz aller Selbstsicherheit klar war, dass er in Wien sehr bald erwischt werden würde. Doch die Mordserie in Wien hatte bereits ausgereicht, um den Verdacht auf ihn zu lenken.

Ein schon in Rente befindlicher Polizist, der auch bei Unterwegers erster Verurteilung wegen Mordes dabei gewesen war, kam auf die Idee, dass Unterweger der gesuchte Serienmörder sein könnte. Immerhin war auch sein erstes Opfer mit ihrem Büstenhalter erdrosselt und im Wald zurückgelassen worden. Außerdem begann die Mordserie auffällig kurz nach seiner Freilassung. Dieser Verdacht reichte aus, um Unterweger von der Polizei beschatten zu lassen. Das bekam dieser – als erfahrener Krimineller – recht schnell mit.

Die österreichische Polizei fragte auch bei der Polizei in Los Angeles und Prag an, ob während Unterwegers Aufenthalt dort Prostituierte getötet wurden. Als sich herausstellte, dass an Unterwegers Aufenthaltsorten Prostituierte mit ihrer Unterwäsche erdrosselt aufgefunden worden waren, wurden die Fälle und die Tatwerkzeuge verglichen. Es stellte sich heraus, dass jedes Mal derselbe Knoten um den Hals der sterbenden Frauen zugezogen wurde. Damit war der Fall für die Polizei klar.

Bevor sie Unterweger aber verhaften konnten, war dieser mit seiner achtzehnjährigen Freundin nach Miami geflohen. Während seiner Flucht gab er Telefoninterviews, in denen er sich als unschuldiges Opfer falscher Beschuldigungen darstellte. Er sei nicht geflohen, weil er schuldig sei, sonder weil er nach seinen vielen schweren Jahren im Gefängnis nicht ertragen könne, wieder dort einzusitzen, und das auch noch zu Unrecht.

Weil er so lange so erfolgreich andere Menschen beeinflusst hatte, glaubte er auch dieses Mal, sich herausreden zu können. Unterweger äußerte sich bis zu seinem Tod nach der typischen Psychopathenregel: »Leugne alles so lange wie möglich, und wenn du etwas nicht leugnen kannst, dann erkläre, warum du trotzdem nichts dafür kannst und das eigentliche Opfer bist.«

In Miami ging Unterweger das Geld aus. Seine Freundin als Nachtklubtänzerin arbeiten zu lassen, brachte auch nicht genug ein. Deshalb wollte er sich im Februar 1992 Geld für ein Interview überweisen lassen und wurde beim Versuch, das Geld abzuholen, vom FBI verhaftet. Dieses suchte ihn nämlich für die Prostituiertenmorde in Los Angeles. Er wurde nach Österreich ausgeliefert und dort für elf Morde in drei Ländern angeklagt.

Unterweger gab sich – wie auch Ted Bundy (siehe S. 94) – bei seinem Prozess selbstsicher. Gut gekleidet lächelte er in die Kameras, als habe er schon gewonnen. Mit großen Worten beteuerte er seine Unschuld und Aufrichtigkeit. Doch die Beweise waren zu schlüssig. In neun Fällen war das Gericht von seiner Schuld überzeugt und verurteilte ihn zu lebenslanger Haft. Einen Tag später erhängte sich Unterweger mit dem Gummizug seiner Jogginghose in seiner Zelle. Dabei machte er genau den Knoten, mit dem die Prostituierten ermordet worden waren.

Vermutlich erlosch Unterwegers Lebenswille, weil er Dinge wie das Töten zur sexuellen Befriedigung und das Dasein als Prominenter, nach denen er so süchtig geworden war, durch die Verurteilung endgültig verloren hatte. Seine gesamte Kraft während sechzehn Jahren Haft hatte er dafür verwendet, um seine tiefsten Wünsche wahr werden zu lassen: Er wurde berühmt, bewundert, beliebt, übte Macht über viele Menschen aus, konnte reisen und ein abwechslungsreiches Leben führen. Durch seine Gier nach alldem war er so hoch gestiegen. Den Absturz überlebte er nicht.

Antisoziale und Psychopathen

Dissoziale bzw. antisoziale Persönlichkeitsstörung

Es gibt zwei von Psychologen und Psychiatern auf der ganzen Welt benutzte Handbücher mit Listen von Merkmalen, nach denen bei einem Menschen das Vorhandensein einer »dissozialen« oder auch »antisozialen Persönlichkeitsstörung« festgestellt wird. Eine Möglichkeit, die Störung zu beschreiben, bietet das Krankheitenhandbuch »ICD« (Abkürzung für »Internationale statistische Klassifikation der Krankheiten und verwandter Gesundheitsprobleme«). Es wird auf der ganzen Welt benutzt, alle paar Jahre überarbeitet und auf den neuesten Stand der Wissenschaft gebracht, weshalb es inzwischen schon die zehnte Ausgabe davon gibt. Das »ICD« wird von der Weltgesundheitsorganisation herausgegeben und beschreibt alle international bekannten Krankheiten. Diesem Handbuch zufolge hat ein Mensch eine »dissoziale Persönlichkeitsstörung«, wenn auf ihn drei der folgenden Eigenschaften zutreffen.

1. Ein Mensch mit dissozialer Persönlichkeitsstörung fühlt kaum bis gar nicht mit anderen Menschen mit. Wenn andere Menschen Gefühle zeigen, löst das bei ihm keine eigenen Gefühle aus. Das wirkt auf andere Menschen gefühlskalt und ist es auch.

2. Grundlegende Regeln des menschlichen Zusammenlebens wie »Man soll nicht stehlen«, »Man soll niemanden verletzen oder töten«, »Man soll die Sachen anderer nicht kaputt machen« sind einem solchen Menschen fremd.

3. Es fällt ihm auch schwer, sich auf eine feste Beziehung – sei es ein Liebespartner, ein Verwandter oder ein Freund – einzulassen. Da er kaum Gefühle für andere entwickelt, fühlt er sich ihnen auch nicht verbunden.

4. Der dissozial Persönlichkeitsgestörte wird leicht ärgerlich und wütend. Er reagiert unangemessen schnell und heftig mit Beleidigungen oder körperlicher Gewalt gegen Gegenstände oder andere Menschen.

5. Schuldgefühle hat ein solcher Mensch nie. Er schafft es auch nicht, durch Rückmeldungen anderer Menschen oder Bestrafung dazuzulernen und sein Verhalten dementsprechend zu verändern. Für das, was er tut, tragen immer andere Menschen oder Umstände die Schuld.

6. Die meiste Zeit fühlt er sich angespannt und gereizt.

Das amerikanische Handbuch der Krankheiten, »DSM« (Abkürzung für »Diagnostisches und statistisches Handbuch psychischer Störungen«), beschreibt die Störung unter dem Begriff »Antisoziale Persönlichkeitsstörung« ähnlich:

Der Antisoziale missachtet und verletzt die Rechte anderer Menschen wiederholt über viele Jahre und das schon seit seiner Kindheit oder Jugend. Mindestens drei der folgenden Beschreibungen treffen auf ihn zu:

1. Ihm sind sowohl grundlegende gesellschaftliche Umgangsregeln (= nicht stehlen, zerstören, verletzen, töten) als auch Gesetze egal, sodass er immer wieder aus verschiedenen Gründen von der Polizei verhaftet wird.

2. Anderen Menschen gegenüber ist er zutiefst hinterhältig, lügt immer wieder, benutzt Decknamen und betrügt (um beispiels-

weise an Geld zu kommen oder Sex mit vielen verschiedenen Partnern zu haben). Er tut das alles, um sich Vorteile zu verschaffen, oder zum persönlichen Vergnügen.

3. In allem, was er tut, wird der Antisoziale von seinen Gefühlen und Bedürfnissen getrieben, ohne dass er dabei vernünftig abwägt oder Dinge vorausschauend plant. Sein Motto ist: »Was ich will, das will ich sofort und egal wie.«

4. Weil er ständig und sehr leicht reizbar ist, wird er immer wieder in Schlägereien oder Überfälle verwickelt.

5. Seine eigene Sicherheit wie auch die Sicherheit anderer sind ihm egal.

6. Weil er völlig verantwortungslos handelt, ist er nicht in der Lage, über längere Zeit einer festen Arbeit nachzugehen. Rechnungen oder Schulden bezahlt er oft nicht.

7. Der Antisoziale fühlt sich nie für irgendetwas schuldig und hat deshalb immer wieder Ausreden parat, um das Unrecht, das er anderen angetan hat, zu rechtfertigen. Grundsätzlich sind die Umstände, andere Menschen oder seine Opfer schuld an dem, was er getan hat.

Garavito erfüllt alle Merkmale, die die dissoziale bzw. antisoziale Persönlichkeitsstörung ausmachen. Leider hat niemals jemand einen Gentest mit ihm gemacht. Es gibt nämlich wissenschaftliche Hinweise dafür, dass ein bestimmtes Gen, also eine angeborene Erbinformation, die Wahrscheinlichkeit erhöht, dass ein Mensch antisozial wird.

Der US-Psychologe Avshalom Caspi und seine Mitarbeiter fanden im Jahr 2002 heraus, dass Männer, die eine schwach arbeitende Ausprägung eines bestimmten Gens hatten und in ihrer Kindheit körperlich misshandelt und/oder sexuell missbraucht wurden, zu

85 Prozent antisoziale Verhaltensweisen zeigten. Männer mit denselben Kindheitserlebnissen, aber mit einer stark arbeitenden Ausprägung des entsprechenden Gens, verhielten sich fast nie antisozial. Das Gen bewirkt also je nach Ausprägung eine gute oder schlechtere Versorgung des Gehirns mit bestimmten Stoffen, die das Denken, Fühlen und Verhalten beeinflussen. Sie werden auch in Medikamenten zur Bekämpfung bestimmter psychischer Krankheiten eingesetzt.

Kurz gesagt: Einige Menschen haben das Glück, dass sie sich aufgrund ihrer Erbanlagen trotz schlimmer Kindheitserlebnisse psychisch weitgehend »normal« entwickeln können, andere verfügen nicht über diesen »Schutz«, weshalb sie antisozial werden oder andere psychische Störungen entwickeln.

Die Sprache antisozialer Verbrecher

Antisoziale Straftäter übernehmen grundsätzlich keine Verantwortung für ihre Taten und haben keinerlei Schuldgefühle, was sich manchmal schon in ihrer Ausdrucksweise zeigt. Selbst wenn sie versuchen, sich zu entschuldigen, weil das von ihnen erwartet wird, drücken sie sich oft so aus, dass klar wird, was sie eigentlich denken: Nämlich dass sie Opfer der Umstände geworden sind und unter ihren eigenen Taten ebenfalls sehr zu leiden haben. Berkowitz und Garavito sind gute Beispiele dafür.

Berkowitz schrieb in seiner christlichen Lebensgeschichte: »Im Rückblick war das alles ein abscheulicher Albtraum und ich würde alles in meiner Macht Stehende tun, wenn ich das, was dann passierte, ungeschehen machen könnte. Sechs Menschen verloren ihr Leben. Viele andere litten durch mich und werden ihr ganzes Leben leiden. Es tut mir so leid.«

Er benutzt ebenso wie Garavito Worte, die zeigen, dass er die Verantwortung für seine Taten nicht wirklich bei sich selbst sieht. Anstatt etwa zu sagen: »Dass ich diese Menschen getötet habe war unrecht«, schreibt Berkowitz, dass seine Taten »ein Albtraum« für ihn waren. Garavito sagte im Gespräch mit Mark, dass »die Tragödie«, die er verursacht hat, ihm selbst viel Leiden zugefügt hätte. Beide sehen sich also weiterhin als Opfer.

Immer sagen sie, dass irgendetwas irgendjemandem passiert ist, *anstatt zu sagen, dass* sie selbst etwas getan und entschieden haben. *Berkowitz schrieb: »Sechs Menschen verloren ihr Leben. Viele andere litten durch mich«, anstatt zu schreiben: »Ich habe sechs Menschen getötet und vielen anderen Leid zugefügt.«*

Garavito sagte im Gespräch mit Mark: »Ich bedauere, was diesen Familien zugestoßen ist«, anstatt zu sagen: »Es tut mir leid, was ich diesen Familien angetan habe.«

Mark und ich erleben im Gespräch mit Straftätern diese Sprachauffälligkeit häufig.

Was ist ein Psychopath?

Psychopathie ist in den beiden bereits genannten aktuellen Handbüchern psychischer Erkrankungen nicht aufgeführt. Dennoch spielt sie eine wichtige Rolle in der Arbeit forensischer Psychologen und Psychiater. Derzeitigen Schätzungen zufolge zeigen etwa fünfzehn Prozent aller Häftlinge die Merkmale einer Psychopathie. Die Begriffe »psychopathisch, antisozial und dissozial« werden aber in den Medien oft recht willkürlich benutzt, weshalb kaum jemand weiß, was eigentlich genau gemeint ist.

Robert Hare, ein kanadischer Kriminalpsychologe, hat als Erster eine umfangreiche Liste mit Merkmalen eines Psychopathen aufgestellt, sie wurde als »Psychopathie-Checkliste« bekannt. Die besonderen Persönlichkeitsmerkmale von Psychopathen und die ungewöhnliche Gestaltung ihres Alltags spiegeln sich in der Liste wider. Kein Wunder: Psychopathen haben einen auffälligen Lebensstil, weil sie andere Bedürfnisse haben als die meisten Menschen und diese um jeden Preis durchsetzen wollen.

Über Leichen gehen

In dem von uns übrigens sehr geschätzten Musical *Tanz der Vampire* singen die Vampire ein dazu passendes Lied, in dem es unter anderem heißt:

»Willst du bestimmen, statt andere zu fragen, musst du lernen, über Leichen zu gehen.«

Der Psychopath muss das nicht erst lernen. Er ist grundsätzlich dazu bereit, alles – am besten auf Kosten anderer – dafür zu tun, um so schnell wie möglich das, was er will, auch zu bekommen. Er wird deswegen aber nicht unbedingt zum Mörder. Zwar hätte er keine seelischen Probleme damit, jemand anderem zu schaden oder ihn sogar zu töten, doch viele Psychopathen haben sich gut genug im Griff, um nichts zu tun, was sie leicht für lange Zeit hinter Gitter bringen könnte. Diese sozial besser angepassten Psychopathen werden beispielsweise gewissenlose Geschäftsleute, kämpfen sich in Führungspositionen durch oder finden andere berufliche Nischen, in denen sie niemand daran hindert, ihre Machtfantasien auszuleben. Über »Leichen« gehen diese Psychopathen nur insofern, als dass ihnen die seelische, finanzielle oder soziale Verletzung oder Zerstörung anderer Menschen vollkommen gleichgültig ist und sie sie ohne Gewissensbisse betreiben, wenn es ihnen nützt.

Ein Psychopath ist bildlich dargestellt der klassische Wolf im Schafspelz. Er ist ein guter Redner, der andere zu unterhalten weiß. Mit seinem oberflächlichen Charme macht er sich beliebt. Das Bild, das er von sich selbst hat, ist unrealistisch positiv, er hält sich für besser, klüger, erfolgreicher als alle anderen. Es macht ihm Vergnügen, andere Menschen dazu zu bringen, das zu tun, was er will. Dabei ist er durchaus trickreich und behandelt andere genau so, wie sie behandelt werden möchten, solange sie dann seine Wünsche erfüllen. Er lügt in geradezu krankhaften Ausmaßen. Jede Lüge ist ihm recht, um an sein Ziel zu kommen und sich besonders positiv darzustellen. Das alles fällt ihm umso leichter, als er nicht mit anderen mitfühlt – diese Fähigkeit hat er nie entwickelt – und für andere Menschen keine echten Gefühle aufbringt. So fühlt er sich auch niemals schuldig und übernimmt für das, was er tut, grundsätzlich keine Verantwortung. Immer sind andere Menschen oder die Umstände schuld an seinen Taten. Wenn er für sein Verhalten ins Gefängnis kommt, fühlt er sich natürlich zu Unrecht bestraft.

Leben auf der Überholspur

Außerdem langweilt sich der Psychopath schnell, er braucht immer wieder einen neuen Kick und intensive Erlebnisse, um sich gut zu fühlen. Dazu gehören zum Beispiel viele wechselnde Sexpartner und ungewöhnliche Sexpraktiken. Er mag den Adrenalinstoß, wenn er mit Lügen, Betrügen, einer Straftat oder auch nur mit zu schnellem Autofahren seine eigene Sicherheit riskiert. Auch Reisen in ihm unbekannte Länder oder Partys, auf denen er sich Zuspruch von anderen Menschen holen kann, machen ihm Spaß. Er braucht einfach möglichst oft wechselnde und starke Anregungen. Dabei lebt er gerne auf Kosten anderer Menschen, fühlt sich ihnen weder gefühlsmäßig noch finanziell irgendwie verpflichtet und nimmt sich von ihnen schlicht das, was er will, und zwar sofort.

Er schafft es allerdings fast nie, sich realistische Lebensziele zu setzen. Stets träumt er vom großen Erfolg, will diesen aber möglichst schnell und sieht nicht ein, warum er dafür hart arbeiten sollte. Ist er einmal straffällig geworden, so versagt er oft beim Einhalten seiner Bewährungsauflagen. Sein Verhalten ändert sich einfach nicht, egal wie viel Strafe ihm droht. Er hat sich oft schon in seiner Jugend kriminell verhalten oder ist beispielsweise durch Lügen, Schuleschwänzen oder wiederholtes Ausnutzen anderer Menschen negativ aufgefallen.

Unstillbare Gier

Zusammenfassend hat ein Psychopath drei wesentliche Eigenschaften: Erstens eine unstillbare Gier nach Macht, Bewunderung, positiver Aufregung, Abwechslung und allem, was ihm gerade begehrenswert erscheint. Zweitens eine vollkommene Blindheit und Gleichgültigkeit anderen Menschen gegenüber und drittens die

Fähigkeit, mit anderen Menschen zu spielen und sie in seinem Sinne zu beeinflussen. Das macht ihn in seinem Wesen zu dem, was schon Dracula in Bram Stokers Roman war: Ein ewig gieriges und andere Menschen – teils durch Gewalt, teils durch Verführung – aussaugendes Wesen. Im bereits erwähnten Musical *Tanz der Vampire* ist der Vampir-Graf von Krolock ein Psychopath. Krolock – der wie alle Psychopathen das Wort »Liebe« mit »jemanden völlig besitzen wollen und alles mit ihm machen können« verwechselt –, beschreibt seine Eigenschaften im Lied »Unstillbare Gier« sehr treffend aus dem inneren Erleben eines Psychopathen heraus:

Ich will frei und freier werden
Und werde meine Ketten nicht los.
Ich will ein Heiliger oder ein Verbrecher sein,
und bin doch nichts als eine Kreatur,
die kriecht und lügt und zerreißen muss,
was immer sie liebt.
Jeder glaubt, dass alles einmal besser wird,
darum nimmt er das Leid in Kauf.
Ich will endlich einmal satt sein,
Doch der Hunger hört nie auf.

Der Psychopath und der Antisoziale

Antisoziale und Psychopathen wirken auf den ersten Blick ähnlich, weil sie beide kaum bis gar nicht mit anderen Menschen mitfühlen können und deshalb kein schlechtes Gewissen haben, wenn sie Dinge tun, die anderen schaden. Bei genauerem Hinsehen gibt es aber auffällige Unterschiede.

Der Antisoziale bricht rücksichtslos sehr viele gesellschaftliche Grundregeln und tut meistens das, worauf er gerade Lust hat. Das tut der Psychopath auch. Allerdings spielt er mit den Gefühlen anderer Menschen bewusster und erfolgreicher und bringt sie geschickt dazu, das zu tun oder ihm das zu geben, was er will. Der Psychopath ist sehr viel mehr als der Antisoziale davon überzeugt, etwas Besonderes zu sein, und will deshalb auch von Menschen, die mit ihm zu tun haben, so behandelt werden. Im Unterschied zum Antisozialen tritt der Psychopath sehr charmant auf und nimmt andere Menschen schnell für sich ein. Die Meinung, die der Psychopath von sich selbst hat, ist zwar übertrieben, aber er kann sie anderen Menschen – zumindest für eine Weile – glaubhaft verkaufen.

Der Psychopath hat zudem das schon beschriebene, sehr starke Bedürfnis nach Anregung und Abwechslung – viel stärker als der antisoziale Mensch. Dennoch befriedigen beide ihre Bedürfnisse, indem sie andere Menschen finanziell, seelisch oder körperlich verletzen oder sie in Gefahr bringen. Der Psychopath ist allerdings besser darin, andere Menschen zu beeinflussen. Deshalb gelingt es ihm oft über einen langen Zeitraum – manchmal ein Leben lang – ungestraft seine Ziele auf Kosten anderer durchzusetzen.

Wenn wir wieder von dem Baukasten aus Persönlichkeitseigenschaften ausgehen, aus denen sich viele Täter zusammensetzen, so ist der Psychopath vereinfacht gesagt zusammengesetzt aus der starken Ausprägung eines Narzissten plus den Eigenschaften eines Antisozialen. Der Psychopath vereinigt sozusagen das »Beste«, also das für den Betreffenden bei seinen Verbrechen Vorteilhafteste, aus beiden Störungen. Das macht ihn für seine Mitmenschen ganz besonders gefährlich.

Garavito ist ein Paradebeispiel für einen voll ausgeprägten Psychopathen. Seine Verbrechen zeugen von der starken Anregung durch seine sexuellen Folter- und Tötungsfantasien, die er auch unter großen Gefahren sofort umsetzt. Selbst im Gefängnis, eingesperrt für Verbrechen, für die sich eine ganze Nation schämt, nützen ihm sein gut angepasstes und charmantes Auftreten und seine ausgeprägte Fähigkeit, andere Menschen zu beeinflussen. Dass ausgerechnet er es schafft, für sich eine bevorzugte Behandlung im Gefängnis durchzusetzen, ist eine beängstigende Leistung, die in dieser Form wirklich nur einem Psychopathen gelingen kann.

Perfekte Schauspieler

Jack Unterweger verließ das Gefängnis als Berühmtheit und verhielt sich dementsprechend. Kurz nach seiner Entlassung war er sogar Gast einer Talkshow des österreichischen Fernsehens. Es ging um die Wiedereingliederung Krimineller in die Gesellschaft, und Unterweger wurde als Paradebeispiel einer gelungenen Resozialisierung gefeiert.

Sein Bedürfnis, im Mittelpunkt des Interesses zu stehen, setzte er bei dieser Gelegenheit meisterhaft um. Kein Wunder, denn Psychopathen haben die Fähigkeit, nicht nur durch überzeugende Reden, sondern auch durch das bewusste Einsetzen bestimmter Kleidung, genau die Rolle zu spielen, die andere Menschen ihnen abkaufen sollen. Sie sind zwar selbst sehr gefühlsarm, können aber gut einschätzen, was andere Menschen fühlen, sich wünschen und wie sie sich verhalten werden. Deshalb können sie jede beliebige Rolle spielen und sich wenn nötig auch so darstellen, als hätten sie tiefe Gefühle.

Unterweger machte die Gesprächsrunde zu seiner persönlichen Bühne. Die Rolle, die er darstellte, war ein attraktiver, gebildeter und menschenfreundlicher Schriftsteller. Schon durch seine Kleidung zog er die Aufmerksamkeit der Zuschauer auf sich: Er trug einen strahlend weißen Anzug und eine Nelke im Knopfloch. Wäre es nicht Unterweger gewesen, dann hätte diese Bekleidung übertrieben und unpassend in einer gediegenen, österreichischen Fernsehsendung gewirkt. Doch zur Figur des scheinbar geläuterten Exknackis und eigensinnigen Künstlers Unterweger passte der auffällige Stil.

In Szene setzte sich Unterweger auch für Fotografen. Er ließ sich mit seinem strahlend weißen Anzug, mit nacktem und auffällig tätowiertem Oberkörper oder mit kühlem Blick und einem in Richtung Kamera gehaltenen Stück Seil fotografieren. Ein bisschen verrückt und düster zu wirken konnte er sich angesichts seiner Vergangenheit erlauben. Das machte ihn für seine Zuschauer und Leser nur noch interessanter. Bei Lesungen trug er schöne Anzüge, in denen er aussah wie ein Geschäftsmann. Auf sein Publikum – besonders das weibliche – wirkte er anziehend, klug, humorvoll und wortgewandt.

Psychopathen wählen die Rollen, die sie spielen, immer nach ihren gerade drängenden Bedürfnissen und möglichst zur Situation passend aus. So auch Unterweger. Er wollte sich öffentliche Aufmerksamkeit, Ruhm und Bewunderung verschaffen. Also passte er sein Aussehen und Verhalten so an, dass er in Zeitschriften und im Fernsehen besonders interessant und attraktiv wirkte und einen bleibenden Eindruck hinterließ.

Der Serienmörder Ted Bundy (siehe S. 94 ff.) war Unterweger in vielen Dingen ähnlich. Er kam auch aus einer kaputten Familie, war ein bösartiger, sadistischer Psychopath und gleichzeitig ein gut aussehender und gebildeter Frauenschwarm. Bundy war während seiner Gerichtsverhandlungen rein äußerlich nicht von den anderen Juristen im Raum zu unterscheiden. Im Gerichtssaal zeigte er sich nur mit tadellos gelegten Haaren und genau zu ihm passenden Anzügen. Seine Körperhaltung wirkte überhaupt nicht wie die eines Angeklagten, sondern wie die eines aufstrebenden und selbstsicheren Anwalts.

Mit strahlendem Lächeln und flammenden Reden zu seiner Verteidigung versuchte er, die Verhandlung zu kontrollieren. Er bekam aber – ebenfalls typisch für Psychopathen – leicht Wutausbrüche, wenn er sich kritisiert fühlte. Schließlich benahm er sich nicht nur wie ein Anwalt, er wollte auch als solcher – und nicht als Angeklagter – behandelt werden.

Auch der psychopathische, sadistische Serienmörder Jürgen Bartsch (siehe M. Benecke, Mordmethoden und Mordspuren) füllte die ihm in seiner Lebensumgebung besonders nützliche Rolle meisterlich aus. Von seinen übermäßig strengen Stiefeltern hatte er gelernt, dass er die Rolle des »lieben Jungen« zu spielen hatte. Denn einem lieben, braven Jungen traut niemand etwas Böses zu, und ihm kann auch keiner lange böse sein. Diese sein Leben lang für ihn vorteilhafte Rolle behielt er auch während der Gerichtsverhandlung und im Gefängnis bei. Seine Kleidung und Frisur blieb die eines übermäßig braven, kleinen Jungen.

Luis Alfredo Garavito (siehe Mordspuren*), ebenfalls ein psychopathischer und sadistischer Serienmörder, reiste in dem von Region zu Region sehr unterschiedlichen Kolumbien sein Leben lang umher. Je nach der Gegend, in der er gerade war, und den Menschen, mit denen er zu tun hatte, passte er seinen Kleidungsstil an. Im Gefängnis wählte er bei Marks Besuchen eine Kombination aus schicker Hose, Hemd und manchmal auch einer Krawatte, sodass er eher wie der Gefängnisdirektor als wie ein Häftling aussah. Psychopathische Straftäter wissen genau, was sie anziehen und wie sie sich verhalten müssen, damit andere Menschen denken: »Er sieht so nett, vertrauenswürdig und gepflegt aus – das kann doch nicht wirklich ein brutaler Serienkiller sein!«*

KAPITEL 3

SHERLOCK HOLMES RELOADED: AUF DER SUCHE NACH DER PSYCHISCHEN STÖRUNG

Stimmen im Kopf, Alkohol und viele Personen in einem Körper

Luis Alfredo Garavito begann erst im Gefängnis davon zu erzählen, dass er jahrelang Stimmen von »Dämonen« gehört hatte, die ihn aufforderten, Jungen zu töten. Wenn Straftäter solche Dinge berichten, dann muss ein psychologischer Gerichtsgutachter besonders aufmerksam Informationen sammeln und einzuschätzen wissen, was dahintersteckt. Denn es kann ganz unterschiedliche Gründe dafür geben.

Manchmal kommt es natürlich auch vor, dass ein Straftäter versucht, eine psychische Störung vorzutäuschen, um für vermindert schuldfähig oder gar schuldunfähig erklärt zu werden. In den USA ist der Anreiz dafür noch deutlich größer als in Deutschland, denn dort kann das einen Täter im Extremfall vor der Todesstrafe bewahren. Das Vorspielen einer seelischen Erkrankung ist allerdings nicht so einfach, wie viele glauben.

Psychische Störungen bestehen aus ganz klar eingegrenzten Merkmalen. Für jemanden, der eine solche Störung nicht selbst erlebt hat und sich auch nicht sehr gut damit auskennt, ist es schwierig, sie wirklichkeitsgetreu nachzuahmen. Er muss nicht nur wissen, was typische Merkmale sind und wie und wann er sie in seine Lebensgeschichte einbaut, sondern auch noch Verhalten, Körpersprache, Wortwahl und vieles mehr darauf abstellen. Dazu müsste jemand also sowohl sehr gute schauspielerische Fähigkeiten haben als auch das entsprechende Fachwissen und die Fantasie, dieses Wissen in seine Lebensgeschichte glaubwürdig einzuflechten.

Gegebenenfalls würden Gutachter mithilfe von Zeugenaussagen auch überprüfen, ob andere Menschen, die den Täter vor seiner Tat kannten, das, was er behauptet und darstellt, bestätigen können. Insgesamt ist es also ziemlich schwierig, eine schwere psychische Störung vorzutäuschen, um damit die eigene Schuldfähigkeit bei einer Gerichtsverhandlung infrage zu stellen.

Garavitos Aussage, er hätte jahrelang Stimmen gehört und unwirkliche Dinge gesehen, muss also genau geprüft werden. Das funktioniert so ähnlich wie in der bekannten Fernsehserie *Dr. House*. In jeder Folge dieser Serie schreibt Dr. House alle Auffälligkeiten, die sein neuester Patient zeigt, auf eine Tafel. Zusammen mit anderen Ärzten überlegt er, welche Krankheiten als Erklärung für diese Ansammlung von Auffälligkeiten infrage kommen.

Dann schließt er jede Krankheit aus, die im genaueren Vergleich mit der Liste von Auffälligkeiten keine gute Erklärung bietet. Übrig bleibt schließlich die Krankheit, welche alle Auffälligkeiten zusammen am besten erklärt. Dieses Ausschlussverfahren hat schon Arthur Conan Doyle, der Erfinder von Sherlock Holmes (die Vorlage für die Figur des Dr. House), mit den Worten beschrieben: »Erst wenn man das Unmögliche ausgeschlossen hat, muss das, was übrig bleibt, die Wahrheit sein – so unwahrscheinlich sie auch klingen mag.«

Die Regeln des kriminalistischen Denkens gelten auch für Psychologen und Psychiater. Ich werde nun zeigen, wie man diese Regeln in Garavitos Fall anwenden kann.

Wir schauen uns zuerst an, welche psychischen Krankheiten überhaupt als Erklärung für die Stimmen, von denen Garavito spricht, infrage kommen. Die zwei naheliegendsten psychischen Störungen sind entweder eine *Schizophrenie* oder eine deutlich unbekanntere psychische Störung, die *Alkoholhalluzinose*.

Letztere kommt infrage, weil Garavito sehr lange alkoholabhängig war. Schon mit dreiundzwanzig machte Garavito seinen zweiten Entzug. Danach kam er sieben Jahre ohne Alkohol aus, bis er mit dreißig wieder damit anfing. Von da an trank er täglich sehr große Mengen, bis er ins Gefängnis kam. Seine Alkoholabhängigkeit beschrieb er glaubhaft. Ein Beispiel dafür ist seine Erzählung, dass es ihm oft nicht möglich war, morgens auch nur aufzustehen, ohne vorher Alkohol getrunken zu haben.

Menschen, die auf diese Art über Jahre Alkohol trinken, werden »Spiegeltrinker« genannt. Dieser Begriff leitet sich daraus ab, dass sie die ganze Zeit eine bestimmte Alkoholmenge, den sogenannten Alkoholspiegel, im Blut halten müssen. Sinkt der Alkoholgehalt, dann fühlen sie sich körperlich und gefühlsmäßig schnell sehr schlecht und besorgen sich deshalb schnellstmöglich weiteren Alkohol. Nach einer Weile leben diese Menschen mit einem Alkoholpegel, bei dem Nichtalkoholiker sich nicht mehr aufrecht halten könnten oder sogar bewusstlos werden würden. Spiegeltrinker können aber dadurch, dass sich ihr Körper langsam an immer höhere Alkoholmengen gewöhnt hat, auf andere Menschen nüchtern wirken, obwohl sie völlig betrunken sind.

Garavitos Alkoholabhängigkeit erklärt auch ein auf den ersten Blick merkwürdig anmutendes Ergebnis des kleinen Intelligenztests, den Mark mit ihm im Gefängnis durchgeführt hat. Die Aufgaben zielten hauptsächlich auf Fähigkeiten ab, die von der Schulbildung unabhängig sind, weil Garavito eine nur schlechte Schulbildung hat. Mark hat diese Tests nie ausgewertet. Als ich sie mir einige Jahre später anschaute, stellte ich fest, dass Garavitos Leistungen typisch für die eines langjährigen Alkoholikers sind:

Seine Fähigkeit zu rechnen war gut. Kein Wunder, denn er hat jahrelang neben seinen Gaunereien als Händler gearbeitet. Dabei musste er viel und schnell kopfrechnen. Er konnte auch Dinge schnell wahrnehmen, beispielsweise sehr schnell zählen, wie viele Sterne auf einem Bild voller Sterne, Kreise und Vierecke sind. Allerdings ist er an Aufgaben, bei denen es darum geht, sich Dinge räumlich vorzustellen und unbekannte Regeln in Reihenfolgen von Formen zu erkennen, total gescheitert (siehe Abb. S. 11). Genau diese Fähigkeiten, die bei ihm auffällig schlecht ausgefallen sind, verschlechtert sich bei Menschen, die über viele Jahre alkoholabhängig sind, oft.

Garavito erzählte, er habe die Stimmen, die ihm sagten, er solle kleine Jungen töten, zum ersten Mal drei Jahre nach seinem Alkoholrückfall gehört. Zur gleichen Zeit habe er auch angefangen, Schlangen zu sehen, die nicht da waren, oder Gebäude, die sich bewegten. Von diesen Informationen ausgehend wäre sowohl eine Schizophrenie als auch eine Alkoholhalluzinose möglich.

Die Alkoholhalluzinose kommt eher selten vor und auch nur

bei Menschen, die vorher jahrelang große Mengen Alkohol zu sich genommen haben. Sie hat ähnliche Merkmale wie die viel bekanntere und häufiger vorkommende Schizophrenie. Deshalb werden die beiden Störungen manchmal miteinander verwechselt. Schizophrenie entwickelt sich aber unabhängig davon, ob jemand vorher alkoholsüchtig war. Und bei näherem Hinsehen gibt es noch einige andere wichtige Unterschiede.

Schließe aus, was unmöglich ist

Ich gehe also nach dem Ausschlussverfahren vor, indem ich zuerst schaue, ob eine der beiden infrage kommenden Störungen die Auffälligkeiten, von denen Garavito erzählt, besser beschreibt als die andere. Dann schaue ich, ob es noch etwas gibt, das gegen die Störung spricht, die die meisten der Auffälligkeiten erklärt.

Bei der Alkoholhalluzinose fängt der Betroffene plötzlich an, Stimmen zu hören und manchmal auch Dinge zu sehen, die nicht da sind. Normalerweise fangen diese Sinnestäuschungen an, nachdem der Alkoholsüchtige weniger als gewohnt oder gar keinen Alkohol mehr getrunken hat. Schizophrene hören ebenfalls oft Stimmen, deutlich seltener sehen sie allerdings nicht vorhandene Dinge. Bei ihnen entwickeln sich die psychischen Auffälligkeiten oft langsamer, nicht so plötzlich wie bei der Alkoholhalluzinose.

Garavito hat behauptet, die Stimmen und Wahrnehmungen hätten bei ihm schlagartig angefangen und seien von da an in ähnlicher Art immer wieder gekommen. Das würde besser zur Alkoholhalluzinose passen. Ob es einen Zusammenhang damit gab, dass er zwischendurch mal größere und mal kleinere Mengen Alkohol getrunken hat, davon hat er nichts gesagt. Allerdings erzählte er Mark, dass er nicht jeden Tag die gleiche Menge und die gleiche Art von alkoholischen Getränken zu sich genommen hat. Das bedeutet, dass sein Alkoholspiegel von Tag zu Tag geschwankt hat. Außerdem behauptete er, dass er die Stimmen auch an Tagen gehört hat, an denen er ausnahmsweise nichts trank. Diese Teile seiner Geschichte würden zu einer Alkoholhalluzinose passen.

Er erklärte auch, dass die Stimmen sich anhörten wie jemand, der neben ihm stehen würde, und nicht so, als wären sie in seinem Kopf oder kämen von einem unbestimmten Ort. Auch das ist typisch für eine Alkoholhalluzinose. Schizophrene können häufig keine genaue Richtung nennen, aus der die von ihnen gehörten Stimmen kommen. Oft hören sie die Stimmen auch nur in ihrem Kopf. Menschen mit Alkoholhalluzinose können dagegen eine Richtung ausmachen, aus der die Stimme kommt. Oft entwickeln sie deshalb das Gefühl, die Stimmen würden sie verfolgen. Garavito beschrieb dazu passend, dass er Stimmen hörte, als würde jemand neben ihm sprechen, wobei er aber niemals jemanden sah.

Schizophrene haben oft zeitweise wirre, nicht mehr richtig zusammenhängende Gedanken. Das merkt man beispielsweise daran, dass sie keinem roten Faden im Gespräch mehr nachgehen können. Jemand, der ihnen zuhört, kann beim besten Willen nicht nachvollziehen, wie sie von einem Gedanken auf den nächsten kommen. Menschen mit Alkoholhalluzinose können ihre Gedanken im Gegensatz dazu noch ordnen und mit anderen Menschen normal sprechen. Garavito war die ganze Zeit noch in der Lage, sich normal mit anderen Menschen zu unterhalten, denn er verwickelte seine zukünftigen Opfer in Gespräche, um sie an einen Ort zu locken, an dem er sie töten konnte. Hätte er sehr auffällig unzusammenhängende Gedanken gehabt und sich auch so geäußert, dann wäre es für ihn kaum möglich gewesen, unauffällig so viele Jungen dazu zu überreden, ihm zu folgen, um sie dann zu töten.

Garavito hat sich während seiner starken Alkoholsucht oft niedergeschlagen oder ängstlich gefühlt. Genau diese Zustände haben Menschen mit Alkoholhalluzinose oft. Sie zeigen aber nie Gefühlsausdrücke, die nicht zu ihrem Gefühl passen. Das tun allerdings oft Schizophrene: Sie lächeln beispielsweise, obwohl sie etwas Trauriges oder Beängstigendes erzählen, oder wirken ausdruckslos, obwohl sie etwas tun, was ihnen Spaß macht.

Schizophrene erleben oft Gefühle und Eindrücke, die psychisch gesunde Menschen sich nur schwer vorstellen können. Sie haben beispielsweise das Gefühl, dass andere Menschen ihre Gedanken aus ihrem Kopf ziehen oder ihnen fremde Gedanken in den Kopf hineinsenden. Manche haben den Eindruck, dass ihre Gedanken sich ausbreiten und für andere sichtbar oder hörbar werden oder dass ihr Körper ferngesteuert, vergiftet oder mit unsichtbaren Strahlen durchbohrt wird. Andere fühlen sich selbst gegenüber völlig fremd oder ihre Umgebung kommt ihnen beängstigend unwirklich vor. All diese Auffälligkeiten kommen bei Menschen mit Alkoholhalluzinose nur sehr selten vor, Garavito hat nichts davon jemals erwähnt.

Für eine Alkoholhalluzinose spricht auch die Tatsache, dass Garavito nach eigener Aussage heute im Gefängnis keine Stimmen mehr hört. Schließlich gibt es dort auch keinen Alkohol. Nach einiger Zeit ohne Alkohol verschwinden die Sinnestäuschungen einer Alkoholhalluzinose in den meisten Fällen von selbst. Bei einer Schizophrenie bleiben die Sinnestäuschungen eine Weile, manchmal sogar dauerhaft, unabhängig vom Alkoholkonsum. Sie hören nur dann schnell auf, wenn entsprechende Medikamente eingenommen werden.

Nach diesen Überlegungen ist klar, dass Garavito nicht schizophren ist. Jetzt stellt sich also nur noch die Frage, ob er an einer Alkoholhalluzinose gelitten haben könnte und diese tatsächlich die Stimmen, die er gehört haben will, erklärt. Wie wir gerade festgestellt haben, passen viele Merkmale einer typischen Alkoholhalluzinose zu Garavitos Schilderungen. Doch es gibt einige entscheidende Merkmale, die nicht dazu passen.

Menschen, die an einer Alkoholhalluzinose leiden, hören fast immer mehrere Stimmen, die über sie reden. Weil sie das Gefühl haben, dass diese Stimmen von bestimmten Stellen in ihrer Nähe kommen, glauben die Betroffenen oft, dass sie verfolgt werden. Garavito erzählte etwas für diese Störung sehr Untypisches: Die Stimmen hätten nicht über ihn geredet, sondern ihn direkt angesprochen und ihm gesagt, was er tun sollte. Allerdings hatte er auch den Eindruck, dass die Quellen dieser Stimmen, die er als Mächte oder Dämonen bezeichnete, ihn verfolgten und immer wieder neben ihm auftauchten.

Bei der Alkoholhalluzinose sagen die Stimmen Dinge, die den Betroffenen Angst machen oder sie verärgern. Manchmal beleidigen sie den Erkrankten, lachen ihn beispielsweise aus, weil er Alkoholiker ist und in seinem Leben nichts erreicht hat, oder Ähnliches. In einigen Fällen sprechen die Stimmen davon, dass dem Betroffenen etwas Schlimmes passieren, beispielsweise dass jemand ihn töten wird. Es kann auch sein, dass sie wie Verschwörer darüber reden, ihm etwas anzutun. Dies zu erleben ist wie ein lebendig gewordener Albtraum. Deshalb kommt es manchmal dazu, dass der Erkrankte sich in seiner Wohnung versteckt, dass er andere Menschen angreift, weil er glaubt, diese hätten ihn bedroht, oder dass er sich sogar selbst tötet, weil er die Beleidigungen und die Angst nicht mehr aushält. Es ist also eine sehr ernste und für den Betroffenen allemal fürchterliche Störung.

Garavito hat nie davon gesprochen, dass er vor den Stimmen Angst gehabt oder diese ihn beleidigt hätten. Das ist sehr ungewöhnlich und einer der Hauptgründe dafür, warum seine Geschichte fragwürdig erscheint. Er könnte sich zwar die Geschichte ausgedacht haben, um seine Taten zu erklären, doch dann bleibt unerklärlich, wie er so viele Merkmale der eher unbekannten Alkoholhalluzinose richtig hatte beschreiben können.

Gegen die Vermutung, er könne sich die Stimmen nur ausgedacht haben, spricht auch, dass er überhaupt nicht behauptet hat, die Stimmen hätten ihm jeden Mord befohlen und er wäre nur wie ein willenloser Zombie ihren Anweisungen gefolgt. Garavito sagte mehrfach, dass er einen Drang zu morden spürte, den er »die Kraft« nannte, und dass er diesem Drang gefolgt ist. Er versucht zwar sich damit herauszureden, dass sein Tötungsdrang vom Teufel und dessen Dämonen kam, doch er hat nie behauptet, ohne oder sogar gegen sein eigenes Verlangen nur Anweisungen der Stimmen ausgeführt zu haben.

Von einem solchen inneren Drang zu töten sprechen sadistische Sexualmörder oft. Sie wissen nicht, warum gerade sie den Drang haben und warum sie ihn wie bei einer Sucht trotz der Gefahr, entdeckt und bestraft zu werden, immer weiter ausleben. Das hat auch

Garavito entsprechend beschrieben. Er sagte auch, dass in ihm immer wieder Gedanken daran aufstiegen, sich das nächste Opfer zu suchen. Insgesamt hat er also die Geschichte von den Stimmen nur benutzt, um damit zu unterstreichen, dass sein ganz eigener Drang zu töten einen teuflischen und dämonischen Ursprung hat. Dass er diesen Drang spürt und aus diesem Drang heraus die Morde beging, hat er nie abgestritten, sondern ausdrücklich gesagt.

Nach all diesen Überlegungen bin ich zu dem Schluss gekommen, dass es zwei Erklärungen dafür gibt, warum Garavito zwar die Symptome einer Alkoholhalluzinose in vielen Merkmalen richtig beschrieb, aber die Stimmen auf ihn weder bedrohlich noch beleidigend wirkten und er sich auch von ihnen persönlich angesprochen fühlte:

Die meiner Meinung nach wahrscheinlichste Erklärung ist die, dass er als jahrelanger Spiegeltrinker irgendwann tatsächlich Stimmen hörte und Dinge sah, die nicht da waren, deshalb konnte er diese Eindrücke auch so gut beschreiben. Vielleicht hat er die Erlebnisse dann so ausgeschmückt, dass sie zu den Erwartungen seiner christlichen Unterstützer möglichst gut passten. Es könnte also sein, dass die von ihm wahrgenommenen Stimmen völlig andere Dinge gesagt haben und er einfach den Inhalt in seiner Erzählung verändert hat, damit seine Teufelsgeschichte besser klingt.

Oder er hat tatsächlich ab und zu Stimmen gehört, die das ausdrückten, was sein ureigenster Wunsch war: nämlich kleine Jungen, die er irgendwo sah, zu töten. Das ist vorstellbar, weil Sinnestäuschungen – ob bei Schizophrenen, unter Drogeneinfluss oder bei Alkoholikern – oft Dinge zum Vorschein bringen, die den Betroffenen sowieso beschäftigen. Die Stimmen, die Alkoholiker während einer Alkoholhalluzinose hören, sagen oft Dinge, vor denen der Alkoholiker sowieso Angst hat. Wenn er beispielsweise im tiefsten Inneren denkt, dass er ein Versager ist und dass seine Frau ihn deshalb verlassen wird, dann beleidigen die Stimmen ihn, lachen ihn aus und reden darüber, dass seine Frau ihn betrügt. Wenn er im tiefsten Inneren Angst hat, dass jemand ihm etwas antun könnte, dann reden die Stimmen davon, dass sie ihn töten werden.

Weil Garavito ein Psychopath ist, hat er weder Schuldgefühle noch Ängste oder Selbstzweifel. Deshalb ist es vorstellbar, dass Stimmen während einer Alkoholhalluzinose bei ihm über andere Dinge gesprochen haben als bei Menschen, die keine Psychopathen sind. Weil das stärkste Gefühl in Garavito sein Drang zu foltern und zu töten ist, ist es zumindest vorstellbar, dass die Stimmen bei ihm von solchen Dingen geredet haben. Leider gibt es keine wissenschaftlichen Daten dazu, ob Psychopathen andere Arten von Sinnestäuschungen haben, als nicht psychopathische Menschen. Deshalb lässt sich die Frage, welche Art von Sinnestäuschungen Garavito tatsächlich erlebt hat, nicht mit Sicherheit beantworten.

Entscheidend ist aber, dass er sich nicht von irgendwelchen Stimmen – ob er sie nun Sinnestäuschungen oder Dämonen nennt – gezwungen fühlte, seine Verbrechen zu begehen. Der Drang in ihm, den er auch selbst beschrieben hat, war der Ausdruck seiner bösartigen, sexuellen sadistischen Neigung. Es waren seine eigenen Bedürfnisse und Gedanken, die ihn immer wieder dazu brachten, Jungen zu Tode zu foltern.

Wenn er Stimmen gehört hat, dann zusätzlich zu seiner ohnehin bestehenden sexuellen Neigung, sie waren aber nicht die Ursache für seine Bedürfnisse. Garavito hat sich selbst dafür entschieden, seine sexuellen und gewalttätigen Fantasien auszuleben. Weil er ein Psychopath ist, der weder Mitgefühl noch ein Gewissen hat, gab es nichts in ihm, das ihn davon abgehalten hätte. Er war also auf jeden Fall für seine Taten selbst verantwortlich – egal ob mit oder ohne Stimmen.

Wie viel Persönlichkeiten passen in einen Körper?

Garavito hat immer wieder erzählt, dass er manchmal Stimmen hörte, die nicht wirklich da waren. Ich habe im Abschnitt »Schließe aus, was unmöglich ist« erklärt, dass nicht nur schizophrene Menschen von solchen Erlebnissen berichten. Auf Veranstaltungen von Mark und mir stellt ab und zu jemand aus dem Publikum die Frage, ob Schizophrene nicht jene Menschen sind, die viele verschiedene

Persönlichkeiten in sich haben. Diese Vorstellung ist so verbreitet, dass es sogar T-Shirts zu diesem Irrglauben gibt. Auf der Vorderseite steht »Ich bin schizophren« und auf der Rückseite steht »Ich auch«. Es gibt auch die etwas abgeänderte Version mit dem Spruch »Ich bin *nicht* schizophren« vorne und »Ich auch *nicht*« hinten.

Die Vorstellung, Schizophrene hätten mehrere Persönlichkeiten, ist falsch. Welche Auffälligkeiten sie häufig zeigen, habe ich auf Seite 145 schon erklärt. Es gibt aber tatsächlich eine psychische Störung, bei der ein Mensch verschiedene Persönlichkeitsanteile entwickelt, die teilweise nichts voneinander wissen. Diese Störung wurde früher »Multiple Persönlichkeitsstörung« genannt, inzwischen ist unter Fachleuten »Dissoziative Identitätsstörung« gebräuchlicher.

Diese Störung entwickelt sich in der Kindheit. Ausgangspunkt ist ein furchtbares Erlebnis, das man nicht verkraften kann. Die meisten Betroffenen wurden sexuell missbraucht, manche wurden schwer körperlich misshandelt oder haben etwas erlebt, bei dem sie fast gestorben wären – beispielsweise einen Autounfall. Kinder, die Derartiges erleben mussten, entwickeln sehr unterschiedliche psychische Probleme. Nur einige von ihnen spalten die schlimmen Erlebnisse von sich selbst ab. Dabei »übernimmt« eine zweite Persönlichkeit die Erinnerung an das furchtbare Erlebnis, während die ursprüngliche Persönlichkeit sich an das, was passiert ist, nicht mehr erinnern kann.

Oft entwickelt dieses Kind mehr als nur zwei Persönlichkeiten. Jede Persönlichkeit hat ganz bestimmte, stark ausgeprägte Eigenschaften, die Teile des ursprünglichen Menschen sind. Eine Persönlichkeit kann beispielsweise sehr aggressiv sein, eine andere ängstlich und schüchtern. Es ist so, als würde die Seele des Menschen in viele Splitter auseinanderfallen, und jeder dieser Splitter wird zu einer eigenen Person.

Menschen, denen das passiert, sind sich oft über Jahre nicht bewusst darüber, was eigentlich mit ihnen los ist. Ihnen fällt zwar auf, dass etwas mit ihnen nicht in Ordnung ist, aber sie wissen nicht was. Oft haben sie Erinnerungslücken. Dabei fällt ihnen beispielsweise nicht mehr ein, was sie in den letzten zwei Stunden oder am Vortag gemacht haben, so stark sie auch darüber nachdenken.

Manchmal erzählen ihnen Freunde, dass sie etwas getan oder gesagt haben, woran sie sich nicht erinnern können und was auch eigentlich nicht ihre Art ist. Sie finden Kleidung oder andere Dinge zu Hause, von denen sie sicher sind, dass sie die nicht gekauft haben. Oder sie entdecken auf dem Küchentisch benutztes Geschirr, obwohl sie alleine wohnen und sicher sind, dass sie das Geschirr seit dem letzten Spülen nicht wieder benutzt haben.

Oft suchen diese Menschen irgendwann einen Therapeuten auf. Sie können dafür ganz unterschiedliche Gründe haben. Manche fühlen sich beispielsweise längere Zeit traurig und niedergeschlagen. Andere haben starke Ängste oder Probleme mit dem Beziehungspartner oder Arbeitskollegen. Während der Therapie fällt dem Therapeuten irgendwann auf, dass er mit unterschiedlichen Teilpersönlichkeiten seines Patienten redet, die unterschiedlich sprechen und sich verhalten und sich an jeweils andere Dinge erinnern. Meistens haben sie unterschiedliche Namen. Es kann sogar sein, dass manche Teilpersönlichkeiten männlich und andere weiblich sind, einige sind Kinder und andere Erwachsene.

Einige Persönlichkeiten wissen, dass es mehrere von ihnen gibt, andere nicht. Die Persönlichkeiten, die nichts von den anderen wissen, erleben immer dann Erinnerungsaussetzer, wenn gerade eine andere Persönlichkeit »das Steuer übernimmt«. Manchmal fühlt sich eine Persönlichkeit, die nichts von den anderen weiß, sich selbst gegenüber fremd und unwohl. Sie fühlt oder denkt etwas, von dem sie meint, dass es nicht zu ihr gehört. In manchen Fällen fühlen sich die Betroffenen sogar vorübergehend wie betrunken oder unter Drogen, obwohl sie nichts zu sich genommen haben.

Die dissoziative Identitätsstörung wird im Vergleich mit anderen psychischen Störungen eher selten von Psychologen oder Psychiatern festgestellt. Das liegt unter anderem daran, dass es andere psychische Störungen gibt, bei denen die Betroffenen von ähnlichen Problemen berichten. Menschen mit einer Borderline-Persönlichkeitsstörung haben beispielsweise sehr starke Stimmungsschwankungen und wissen deshalb oft nicht genau, was sie wollen und was nicht. Sie können nicht gut einschätzen, was sie als Person ausmacht, weil ihre Gefühle sich schnell und auch für sie unvorhersehbar ändern.

Borderliner haben deshalb manchmal den Eindruck, aus mehreren Personen zu bestehen, und wirken auf ihre Freunde und Beziehungspartner auch so. Es gibt aber doch einige Merkmale, an denen Psychologen und Psychiater unterscheiden können, ob ihr Patient Borderliner ist oder eine dissoziative Identitätsstörung hat. Borderliner haben beispielsweise keine häufigen und lange andauernden Erinnerungslücken. Sie fühlen sich nicht mal als Mann und mal als Frau, mal alt und mal jung. Egal, wie sehr ihre Gefühle hin und her schwanken, sie bleiben doch immer dieselbe Person.

Gespaltene Persönlichkeiten: Stoff für Albträume

Es gibt viele Romane und Filme, die davon handeln, dass ein Mensch aus einer guten und einer schlechten Persönlichkeit besteht. Die schlechte Persönlichkeit begeht dann Verbrechen, von denen die gute Persönlichkeit nichts weiß.

Die wohl bekannteste Geschichte dieser Art wurde 1886 vom schottischen Schriftsteller Robert Louis Stevenson geschrieben: *Der seltsame Fall des Dr. Jekyll und Mr. Hyde* handelt vom angesehenen und liebenswerten Arzt Dr. Henry Jekyll. Er stellt eine Droge her, durch die seine schlechten Eigenschaften und Bedürfnisse von ihm selbst abgespalten werden. Alle seine schlechten Seiten, die er sonst nie ausleben würde, sammeln sich in seiner anderen Persönlichkeit, die sich Mr. Hyde nennt. In der Geschichte verliert Dr. Jekyll seinen Kampf gegen die böse Person in ihm und verwandelt sich schließlich endgültig in Mr. Hyde.

Dieser Geschichte diente als Vorlage für die Figur *Hulk*. Aus Dr. Jekyll wurde Dr. Banner. Statt durch eine Droge wird der Wissenschaftler in dieser Geschichte bei einem Unfall radioaktiv verstrahlt. Von da an verwandelt er sich immer, wenn er wütend wird, in das große, grüne, zornige Monster Hulk. Hier verändert sich also nicht nur die Persönlichkeit, sondern auch gleich der Körper des ursprünglich friedlichen Dr. Banner.

Der Hitchcock-Thriller *Psycho* aus dem Jahr 1960 handelt auch von einem Mann, der eine gute und eine mörderische Seite hat. Die Hauptfigur des Films ist der schüchterne Norman Bates, der seine herrschsüchtige Mutter zehn Jahre vor Beginn der Filmhandlung getötet hat. Dabei hat sich in ihm eine zweite Persönlichkeit abgespalten, die glaubt, seine Mutter zu sein. Immer, wenn Norman eine Frau anziehend findet, übernimmt die Persönlichkeit seiner Mutter seinen Körper. In Frauenkleidern und mit Perücke tötet sie die Frauen, für die sich Norman interessiert hat. In der letzten Szene des berühmten Films sitzt der gefangene Mörder Norman in einer Zelle und der Zuschauer kann seine Gedanken hören. Es spricht nur noch die Persönlichkeit seiner Mutter, die offenbar seine ursprüngliche Persönlichkeit völlig verdrängt hat.

Sehr erfolgreich zum Thema »gespaltene Persönlichkeit« war der Film *Fight Club* aus dem Jahr 1999 nach dem gleichnamigen Roman des US-Amerikaners Chuck Palahniuk (1996). Edward Norton spielt einen skrupellosen Versicherungsspezialisten einer Autofirma, dessen Name nicht genannt wird. Sein Job ist es, Produktionsfehler zu vertuschen, die des Öfteren zu tödlichen Autounfällen führen. Er ist von seiner Arbeit, bei der er viel Geld verdient, angewidert und leidet an Schlaflosigkeit. Auf einer seiner Geschäftsreisen begegnet er im Flugzeug dem zwielichtigen Seifenhändler Tyler Durden – gespielt von Brad Pitt. Die beiden ziehen zusammen in ein heruntergekommenes Haus und gründen den geheimen »Fight Club«. In diesem Klub treffen sich Männer, die mit ihrem Leben unzufrieden sind, und kämpfen miteinander. Der übermäßig selbstsichere, sehr überzeugende Tyler baut ohne das Wissen seines Freundes eine landesweite Geheimarmee von Männern auf, die mit ihm zusammen einen großen Anschlag auf die Finanzwelt plant. Sie wollen die Finanzunterlagen aller Menschen zerstören und so dafür sorgen, dass jeder Mensch sein Leben noch einmal von Grund auf neu aufbauen muss. Der namenlose Hauptdarsteller erkennt, dass er eine gespaltene Persönlichkeit hat und

Tyler sein selbstsicheres und größenwahnsinniges zweites »Ich« ist. Er versucht, seine beiden Persönlichkeiten auszulöschen, indem er sich in den Mund schießt. Dabei stirbt aber nur die Persönlichkeit von Tyler und der Hauptdarsteller gewinnt die Kontrolle über seinen Körper und sein Leben zurück.

Im Horrorfilm *Identity* (USA, 2003) setzt sich der Psychiater Dr. Malick für die Begnadigung des verurteilten Serienmörders Malcolm Rivers ein, der am nächsten Morgen hingerichtet werden soll. Rivers leidet an einer gespaltenen Persönlichkeit. In seinem Körper leben zehn Teilpersönlichkeiten, die nichts voneinander wissen. Während des Films treffen sich die zehn Teilpersönlichkeiten in Rivers Kopf. Sie glauben, sie seien in einem abgelegenen Motel in der Wüste. Eine der Persönlichkeiten tötet nach und nach die neun anderen. Der Psychiater glaubt, dass auch die mordende Persönlichkeit getötet wurde, und bewirkt dadurch die Freilassung des Häftlings Rivers. Wie in Horrorfilmen üblich, hat natürlich die mörderische Persönlichkeit am Ende überlebt und kann nun ungestört weiter morden.

Im bisher neuesten Kinofilm zu diesem Thema (USA, 2007) spielt Kevin Costner den erfolgreichen Geschäftsmann und liebevollen Familienvater Earl Brooks. Earls abgespaltene, böse Persönlichkeit namens Marshall (William Hurt) ist ein gewissenloser Serienmörder. Beide Persönlichkeiten wissen voneinander. Marshall ist trotz seiner schlechten Eigenschaften auch ein guter Freund und Beschützer für Earl. Während des Films sieht man die beiden Persönlichkeiten die meiste Zeit nebeneinander, während sie miteinander sprechen. Die beiden arbeiten zusammen daran, die von ihnen begangene Mordserie zu vertuschen. Während Earl stets betont, dass er nie wieder morden will, wird er von Marshall doch immer wieder dazu überredet. Bis zum Ende des Films gelingt es ihnen durch zahlreiche Tricks, der Verfolgung durch die Polizei zu entkommen.

Sind das alles nur spannende Geschichten oder ist es möglich, dass eine Persönlichkeit ein Verbrechen begeht, von der andere Persönlichkeiten im gleichen Körper nichts wissen?

In den USA gab es bisher mindestens zwanzig Fälle, in denen überführte Verbrecher behaupteten, an einer dissoziativen Persönlichkeitsstörung zu leiden. Sie schoben die Schuld auf eine andere Persönlichkeit in ihnen und versuchten so, für schuldunfähig erklärt zu werden. Zwei der bekanntesten Fälle waren der als einer der »Hillside Stranglers« bekannt gewordene Serienmörder Kenneth Bianchi und der Serienvergewaltiger und Räuber Billy Milligan.

Bianchi war der Sohn einer New Yorker Prostituierten, die ihn zwei Wochen nach seiner Geburt zur Adoption freigab. Als er drei Monate alt war, wurde er von einem Ehepaar adoptiert. Ähnlich wie David Berkowitz (siehe S. 101 ff.) war er von klein auf ein schwieriges Kind, mit dem seine Adoptiveltern überfordert waren. Er log, hatte Wutanfälle und Probleme in der Schule. Als Erwachsener schlug er sich mit Gelegenheitsjobs und Diebstählen durch. Wie viele Serienmörder interessierte er sich für Berufe, bei denen Uniformen getragen werden. Deshalb suchte er sich immer wieder Arbeiten als Wachmann.

Im Alter von vierundzwanzig zog er nach Los Angeles und verbrachte immer mehr Zeit mit seinem einundvierzigjährigen Adoptivcousin Angelo Buono. Der war noch deutlich krimineller als Bianchi, hatte Vorstrafen unter anderem wegen Vergewaltigung und gewalttätiger Überfälle. Buono zwang Frauen zur Prostitution, indem er sie vergewaltigte und folterte. Er bot Bianchi an, in sein Geschäft als Zuhälter einzusteigen, was dieser dankend annahm. 1977 flohen zwei der Frauen, die Buono zur Prostitution zwang. Das machte ihn so wütend, dass er Bianchi vorschlug, gemeinsam auf Frauenjagd zu gehen.

Innerhalb von vier Monaten entführten Bianchi und Buono zehn Frauen und Mädchen, indem sie sich als Polizisten ausgaben. Sie vergewaltigten, folterten und töteten ihre Opfer. Die nackten Leichen hinterließen sie mit gespreizten Beinen und in vielen Fällen gut sichtbar. So viele brutale Morde in kürzester Zeit erregten großes Aufsehen. In Zeitungen, Rundfunk und Fernsehen wurde über den »Hillside Strangler« (deutsch: »Berghang-Würger«, we-

»Er konnte nur eins: lügen«, war das damals bekannteste Zitat über den einen der beiden »Hillside Stranglers«, Kenneth Alessio Bianchi. Durch sein freundliches Auftreten und gutes Aussehen täuschte er nicht nur seine Opfer. Er gab sich gern als Psychologe aus. Nach seiner Verhaftung versuchte er eindrucksvoll und tränenreich, eine mehrfache Persönlichkeits-Aufspaltung vorzutäuschen.

gen der hügeligen Lage der Stadt) berichtet. Die Polizei wusste, dass es zwei Täter waren, weil an den Leichen das Sperma von zwei Männern gefunden wurde. Diese Information wurde aber nicht an die Presse weitergegeben.

Bianchi wäre gerne selbst Polizist geworden. Deshalb suchte er Kontakt zu einigen Polizisten und erzählte ihnen, dass er sich für die aktuelle Mordserie interessierte. Er schaffte es sogar – ähnlich wie der Serienmörder Jack Unterweger (siehe S. 120 ff.) –, von den Polizeibeamten zu einer Rundfahrt im Streifenwagen mitgenommen zu werden. Als er davon Buono erzählte, bekam dieser einen Wutanfall. Er wollte nicht wegen des Leichtsinns seines Stiefcousins auffliegen. Daraufhin zog Bianchi nach Washington. Er suchte sich in altgewohnter Art eine Arbeit als Wachmann, diesmal für Häuser. Sein Verlangen danach, wieder Frauen zu vergewaltigen und zu töten, wuchs. Im Januar 1979 bot er zwei Studentinnen an, sich etwas dazuzuverdienen. Sie sollten ein Haus, dessen Alarmanlage angeblich kaputt war, bewachen. Als die Studentinnen ihn in dem Haus trafen, vergewaltigte und erdrosselte er sie auf die altbekannte Art. Eine der Studentinnen hatte ihrem Freund aber Bianchis Namen genannt und so konnte die Polizei ihn schnell überführen.

Den Ermittlern fiel auf, dass Bianchi erst vor Kurzem aus Los Angeles nach Washington gezogen war. Sie fanden in seinem Haus Beweismaterial, das ihn mit einigen der »Hillside Stranglers«-Morde in Verbindung brachte. Die Ermittler hatten bald genug Beweise zusammen, um Bianchi für fünf der »Hillside Stranglers«-Fälle anzuklagen.

Bianchi war klar, dass er überführt war. Er hatte einige Zeit vorher einen Film über eine Frau gesehen, die mehrere Persönlichkeiten hatte. So kam er auf die Idee, mithilfe dieser Störung zumindest eine mildere Strafe zu bekommen. Das Ganze fädelte er geschickt ein. Zuerst behauptete er seinem Verteidiger gegenüber, dass er größere Erinnerungslücken habe. Der Verteidiger bat einen Psychiater daraufhin, mit Bianchi zu reden und eine Erklärung für die auffälligen Erinnerungslücken zu suchen. Der Psychiater versuchte, Bianchi zu hypnotisieren. Der nutzte die Gelegenheit und tat so, als würde sein »böses Ich« zum Vorschein kommen. Der angeblich böse Persönlichkeitsanteil stellte sich als »Steve Walker« vor. Er sagte, dass er Frauen hasse und sie deshalb getötet hätte. Außerdem erklärte er, dass er die Morde zusammen mit seinem Stiefcousin Angelo Buono beging.

Drei Psychiater begutachteten Bianchi und waren sich uneinig, ob seine Geschichte stimmen konnte. Bianchi behauptete, dass Steve seit seiner Kindheit regelmäßig die Kontrolle in seinem Körper übernahm. Er beschrieb Steve als harten, grausamen und bösartigen Mann.

Der Psychiater Martin Orne glaubte ihm nicht. Deshalb sagte er Bianchi, dass Menschen mit multipler Persönlichkeitsstörung eigentlich mehr als zwei Persönlichkeiten in ihrem Körper haben. Darauf behauptete Bianchi plötzlich, dass es noch drei andere Persönlichkeiten in ihm gibt. Eine davon nannte er Billy. Der Psychiater kam zu dem Ergebnis, dass Bianchi seine Geschichte doch zu auffällig an das anpasste, was die Gutachter gerade hören wollten. Er erklärte seine Aussagen für unglaubwürdig.

Als Bianchi merkte, dass er mit der Geschichte nicht durchkommen würde, gab er zu, dass er sich die gespaltene Persönlichkeit nur ausgedacht hatte. Um der Todesstrafe zu entgehen, bot er an, gegen seinen Stiefcousin auszusagen. Das Verfahren zog sich zwei Jahre hin. Beide wurden schließlich zu lebenslangen Haftstrafen verurteilt.

Schuldunfähig wegen gespaltener Seele

Billy Milligan war der erste Mensch in den USA, dem ein Gericht glaubte, dass nicht er, sondern eine seiner abgespaltenen Persönlichkeiten eine Verbrechensserie begangen hatte. Deshalb wurde er für schuldunfähig erklärt und in eine Psychiatrie eingewiesen.

1955 kam er als Sohn von Dorothy Sands und John Morrison zur Welt. Er wurde William Stanley Morrison genannt und Billy gerufen. Dorothy war nach einer Scheidung von Ohio nach Miami gezogen. Dort lernte sie den bereits verheirateten John Morrison kennen. Morrison war Unterhaltungskünstler auf kleinen Bühnen. Sie zogen zusammen – wobei sich Morrison nicht scheiden ließ – und bekamen innerhalb von vier Jahren drei Kinder: Jim, William und Kathy.

John war schwer depressiv und alkoholabhängig. Er lieh sich größere Geldsummen und verspielte sie schnell wieder beim Glücksspiel. 1958 versuchte er sich mit einer Überdosis Schlaftabletten, die er mit Whisky herunterspülte, umzubringen. Dorothy fand ihn noch rechtzeitig und er kam in eine Psychiatrie. Einige Monate später starb er bei einem zweiten Selbstmordversuch. Billy war zu diesem Zeitpunkt vier Jahre alt.

Dorothy zog mit ihren Kindern zurück nach Ohio, wo sie ihren geschiedenen Exmann nochmals heiratete. Nach einem Jahr ließ sie sich wieder scheiden und begann eine Beziehung mit dem ebenfalls geschiedenen Chalmer Milligan. Die beiden heirateten 1963, als Billy, der nun den Nachnamen Milligan erhielt, acht Jahre alt war.

Später behauptete Billy Milligan, sein Stiefvater hätte ihn mehrfach sexuell missbraucht und angedroht, ihn bei lebendigem Leib zu begraben, wenn er es jemandem erzählen würde. Der Stiefvater, der Billys Aussagen noch miterlebte, bestritt das und wurde nie verurteilt. Billys Bruder deutete als Zeuge vor Gericht allerdings an, auch vom Stiefvater missbraucht worden zu sein. Billy sagte später, dass der sexuelle Missbrauch in ihm die Persönlichkeitsspaltung ausgelöst hätte.

Schon als Kind verhielt sich Billy Milligan auffällig. Er schwänzte die Schule, hatte Wutausbrüche und verfiel in Tagträume, während derer er nicht ansprechbar war. Wegen des auffälligen Verhaltens durfte er vorübergehend die Schule nicht mehr betreten. Seine Mutter und der Stiefvater brachten ihn daraufhin in eine Psychiatrie. Nach drei Monaten wurde er entlassen, weil er Wutausbrüche hatte und die Behandlung der anderen Patienten störte.

Mit siebzehn verließ er ohne Abschluss die Schule und ging zur Marine. Dort wurde er nach einem Monat entlassen, weil er sich nicht an die Regeln halten wollte. Kurz darauf wurden er und ein Freund von ihm zum ersten Mal wegen Vergewaltigung angezeigt. Zwei Frauen sagten, die beiden jungen Männer hätten sie mit dem Auto mitgenommen und vergewaltigt.

Milligan und sein Freund sahen die Geschichte anders. Sie behaupteten, die beiden Frauen hätten an der Straße gestanden und ihnen käuflichen Sex angeboten. Dazu wären sie gemeinsam weitergefahren. Milligan fühlte sich von den Frauen aber nicht körperlich erregt und konnte nicht mit ihnen schlafen. Deshalb wollte er auch nicht bezahlen. Die Frauen wären deshalb wütend geworden und hätten ihn wegen Vergewaltigung angezeigt.

Das Gericht glaubte den Frauen und schickte Milligan für sechs Monate in ein Jugendgefängnis. Außerdem wurden seine Personendaten samt Foto in ein Verzeichnis für Sexualstraftäter aufgenommen. Nach der Entlassung begann er als Wachmann für einen Drogen- und Waffenhändler zu arbeiten. Mit zwanzig überfiel er einen Laden, wurde verurteilt und kam für zwei Jahre ins Gefängnis.

Sechs Monate nach seiner Entlassung begann er eine Reihe von Vergewaltigungen auf dem Gelände der Ohio State University. Im Oktober 1977 bedrohte Milligan eine Studentin auf dem Universitätsparkplatz mit einer Waffe und zwang sie in ein Wäldchen. Dort vergewaltigte er sie. Acht und zwölf Tage später tat er dasselbe mit zwei anderen Studentinnen. Eine der Frauen erkannte sein Gesicht in dem Sexualstraftäterverzeichnis, das ihr die Polizei zur Durchsicht gab. Außerdem hatte Milligan seine Fingerabdrücke am Auto eines anderen Opfers hinterlassen.

Der Polizist, der Milligan bei der Verhaftung seine Rechte vorlas und ihn zur Wache fuhr, sagte später, der Verdächtige habe auf ihn gestört gewirkt. Dem Polizisten kam es vor, als würde er mit mehreren verschiedenen Personen sprechen und nicht mit einer. Wegen seines merkwürdigen Verhaltens wurde Milligan von mehreren Psychiatern untersucht. Dabei zeigte er verschiedene Persönlichkeiten, die sich auffällig voneinander unterschieden.

Unter den Persönlichkeiten, die in seinem Körper lebten, waren Frauen und Männer, Erwachsene und Kinder. Sie sprachen mit Sprachfärbungen, die in bestimmten Gegenden häufig sind und die normalerweise niemals zusammen bei einem Menschen oder in einer Gegend vorkommen. Eine der Frauen, die er vergewaltigt hatte, sagte beispielsweise aus, der Vergewaltiger habe wie ein Ausländer gesprochen.

Beeindruckend war auch, dass die verschiedenen Persönlichkeiten sehr unterschiedliche Fähigkeiten hatten. Einige konnten sehr gut malen, andere spielten unterschiedliche Instrumente, hatten Kenntnisse über Physik, Chemie und Elektronik oder konnten arabisch lesen und schreiben. Das alles war für jemanden mit Milligans schlechter Schulbildung erstaunlich. Eine seiner Persönlichkeiten war Rechtshänder, obwohl Milligan nachweislich Linkshänder war.

Jede der Persönlichkeiten hatte nicht nur unterschiedliche Fähigkeiten und Sprechweisen, sondern sie alle sahen auch sehr unterschiedlich aus und hatten unterschiedliche Erinnerungen und Lebensgeschichten. Milligan malte später viele der Persönlichkeiten während einer Therapie. Unter den insgesamt vierundzwanzig Menschen, die seinen Körper bewohnten, waren ein zweiundzwanzigjähriger, gebildeter Engländer; eine wütende, neunzehnjährige

Frau mit Bostoner Sprachfärbung; ein ängstlicher vierzehnjähriger Junge und ein dreijähriges englisches Mädchen.

Ein Psychiater bestätigte dem Gericht, dass nicht Billy Milligan sondern zwei seiner anderen Persönlichkeiten an den Vergewaltigungen beteiligt waren. Die Persönlichkeit eines dreiundzwanzigjährigen Jugoslawen namens Ragen habe das erste Opfer ausrauben wollen. Ragen sei ein krimineller und gewalttätiger Waffen- und Munitionsexperte, der Kontakte zu anderen Kriminellen pflegte. Als Ragen die erste Frau mit der Waffe bedrohte, habe die Persönlichkeit einer neunzehnjährigen lesbischen Frau namens Adalana die Handlung übernommen. Sie habe sich nach Nähe gesehnt und deshalb diese Frau und die anderen beiden Opfer einige Tage später vergewaltigt.

Die verschiedenen Persönlichkeiten von Milligan traten während der Verhandlung immer wieder auf, sodass auch die zunächst misstrauischen Staatsanwälte und der Richter die erstaunlichen Wandlungen miterlebten. Milligans Stimme, seine Aussprache, seine Körperhaltung, Bewegung und sein Gesichtsausdruck veränderten sich von Person zu Person nachhaltig.

Psychiater, Staatsanwälte und Richter waren sich schließlich einig, dass das beeindruckende Spektakel alle schauspielerischen Leistungen überstieg, die sie jemals im Gerichtssaal miterlebt hatten. Daher hielten sie Milligans Verhalten für einen wirklichen Ausdruck seiner seelischen Vorgänge. Milligan wurde für schuldunfähig erklärt und in ein psychiatrisches Krankenhaus eingewiesen. Er wurde zehn Jahre lang in verschiedenen psychiatrischen Einrichtungen behandelt.

In all den Jahren sprachen viele der Personen aus seinem Inneren immer wieder mit den behandelnden Therapeuten. Jede auftretende Person behielt ihre typischen Eigenschaften bei. Das spricht dafür, dass Milligan tatsächlich in diese Menschen gespalten war. Dass es jemandem gelingt, zehn Jahre lang so viele Rollen fehlerlos zu spielen, ist mehr als unwahrscheinlich. Die meisten Verbrecher, die psychische Auffälligkeiten vortäuschen, hören spätestens nach der Gerichtsverhandlung damit auf, weil es ihnen keine weiteren Vorteile bringt und auf Dauer auch zu anstrengend ist.

Während Milligans Therapie tauchte eine Persönlichkeit auf, die sich »der Lehrer« nannte. In ihm flossen die Fähigkeiten und Erinnerungen der anderen Persönlichkeiten zusammen. Mithilfe dieser Person lernte Milligan, sein Verhalten und sein Bewusstsein immer besser zu kontrollieren. 1988, nach fast elf Jahren Behandlung, trafen Psychiater die Entscheidung, dass Milligan inzwischen seine Persönlichkeiten in einer Person vereinigt hatte und keine Gefahr mehr darstellte. In den folgenden drei Jahren, die er auf Bewährung freigelassen wurde, beging er keine Straftaten. Soweit bekannt ist, wurde er nie wieder straffällig. Inzwischen lebt er an einem unbekannten Ort.

Dissoziative Identitätsstörung – auch vor deutschen Gerichten?

Im November 2000 tötete die damals zweiundzwanzigjährige Daniela K. mit ihrem Verlobten ihre Mutter und deren dritten Ehemann. Die beiden planten die Tat, kündigten einen Nachmittagsbesuch an, auf den sich Danielas Mutter freute. Im Haus des Ehepaars bereitete Daniela ein Getränk aus Wodka und Beruhigungsmitteln zu. Die Mutter und ihr Mann tranken es. Kurz darauf erstach Danielas Verlobter erst den Stiefvater, während Daniela diesen festhielt. Dann taten sie dasselbe auch mit der herbeigeeilten Mutter. Daniela stach ihrer Mutter noch in den Hals, bevor diese starb. Sie hinterließen die Wohnung so, dass es nach einem Einbruch aussah. Doch ein blutiger Fingerabdruck von Daniela blieb am Tatort zurück. Sie wurde wegen Mordes aus Habgier angeklagt. Der neue Mann ihrer Mutter war vermögend, seine Frau die Alleinerbin. Beim Ableben beider hätte Daniela alles erben sollen.

Ihre Anwältinnen bekamen drei Monate vor Prozessbeginn Post von Daniela. Ihre früheren Briefe waren sehr freundlich und höflich. Dieser Brief dagegen war aggressiv und enthielt Kraftausdrücke. Unterschrieben war er mit einem neuen Namen: Sabrina. Die Persönlichkeit »Sabrina« behauptete, die Morde begangen zu haben. Daniela hätte dies nicht gewollt. Sabrina sei voller Hass auf die Mutter gewesen, hätte sich von ihr nie geliebt gefühlt. Sie behauptete auch, als Kind vergewaltigt worden zu sein, wovon die Mutter gewusst hätte.

Daniela behauptete, sie hätte ihr anderes »Ich« erst mit siebzehn oder achtzehn Jahren bemerkt. Sabrina hätte alles geregelt und sei stark und selbstbewusst gewesen. Ganz anders als die eher unsichere und zurückhaltende Daniela. Die beiden Anwältinnen glaubten ihrer Mandantin und versuchten vor Gericht zu beweisen, dass sie wegen einer gespaltenen Persönlichkeit schuldunfähig sei. Daniela hatte drei Jahre vor der Tat eine Psychotherapie angefangen. Dabei hatte die Therapeutin vermutet, sie könnte an einer dissoziativen Identitätsstörung leiden. Außerdem fand die Polizei in Danielas Wohnung ein Buch über eine Schizophrene, in dem mehrmals der Name »Sabrina« eingetragen war.

Ein Psychiater und ein Psychologe untersuchten Daniela und kamen zu dem Ergebnis, dass sie zwar auffällig fantasievoll sei, aber nicht aus zwei gespaltenen Persönlichkeiten bestehe. Einiges an ihrem Fall sprach gegen die von den Anwältinnen ins Feld geführte Störung. Daniela behauptete, nur eine weitere Persönlichkeit zu haben, die ihr selbst in vielen Dingen ähnelte. In den allermeisten Fällen von dissoziativer Identitätsstörung zeigen die Betroffenen aber eine ganze Reihe von sehr unterschiedlichen Persönlichkeiten.

Die Erinnerungen von Daniela und Sabrina waren – bis auf die Tat – auffällig übereinstimmend. Daniela hatte im Gegensatz zu den meisten Menschen mit dieser Störung keine lange zurückgehende Geschichte von Erinnerungslücken. Es war auch ungewöhnlich, mit welcher Selbstverständlichkeit die »zwei Persönlichkeiten« alles übereinander wussten und sich als gegeben annahmen. In den meisten Fällen wird den Betroffenen erst während einer Therapie langsam bewusst, dass sie mehrere Personen in einem Körper sind.

Außerdem tauchte die »böse Sabrina« nur ein Mal während des Prozesses mit einem kurzen Wutausbruch auf, und zwar zum passenden Zeitpunkt, nämlich als Danielas Geschichte kaum jemand glaubte und ihr klar wurde, dass sie damit sehr wahrscheinlich nicht durchkommen würde. Das Gericht stimmte mit der Einschätzung der Gutachter überein und glaubte Danielas Geschichte von der gespaltenen Persönlichkeit nicht. Sie wurde zu lebenslanger Haft verurteilt.

Bis heute sind sich Psychologen und Psychiater uneinig, wie sie mit Menschen, die behaupten, an einer dissoziativen Identitätsstörung zu leiden, umgehen sollen. Die Störung wurde in den Siebzigerjahren in den USA durch Bücher und Filme über Betroffene bekannt. Genau in dieser Zeit stellten immer mehr Psychologen und Psychiater – vor allem in den USA – diese Störung bei einigen ihrer Patienten fest. Die Fachleute stritten darüber, ob immer mehr Patienten mit anderen Störungen so taten, als hätten sie mehrere Persönlichkeiten in ihrem Körper, oder ob die Ärzte und Psychologen erst in dieser Zeit lernten, die Störung zu erkennen.

Selbst der bekannte US-amerikanische forensische Psychiater und Kriminologe Park Dietz sagte uns auf der Jahrestagung der Amerikanischen Akademie der forensischen Wissenschaften (American Academy of Forensic Sciences, AAFS) zu dem Thema, dass er so wenig an das Vorhandensein der dissoziativen Identitätsstörung glaube wie an Engel. An Engel glauben seiner Aussage nach auch die meisten seiner Landsleute, obwohl sie nur Fantasiewesen sind.

Andererseits weisen einige Forschungsergebnisse darauf hin, dass die Gehirne von Menschen mit dissoziativer Persönlichkeitsstörung sehr wohl anders arbeiten als bei Menschen ohne diese Störung. In den Achtzigerjahren erforschte der Psychiater Frank Putnam die elektrischen Ströme im Gehirn von Menschen mit und ohne dissoziative Persönlichkeitsstörung. Dabei zeigten verschiedene Persönlichkeiten innerhalb eines Betroffenen so unterschiedliche Hirnströme, wie es sonst nur bei wirklich verschiedenen Personen mit verschiedenen Körpern und Gehirnen der Fall ist.

Um zu überprüfen, dass die Gehirnströme nicht durch bloße Vorstellungskraft der untersuchten Personen anders aussahen, wurden sie auch bei psychisch gesunden Menschen gemessen. Diese Versuchspersonen wurden mithilfe genauer Anweisungen dazu gebracht, sich ganz fest vorzustellen, eine andere Person mit anderen Eigenschaften und Erinnerungen zu sein. Es gelang ihnen trotz größter Mühen nicht, die Hirnströme mithilfe dieser Vorstellung entsprechend zu verändern. Das heißt, selbst wenn man es wirklich versucht, kann man sich eine solche Störung nicht derart einreden, dass dies in einer Gehirnmessung das Bild einer anderen Persönlichkeit erzeugen würde.

Auch bei Billy Milligan waren Jahre vorher derartige Messungen durchgeführt worden. Dabei hatte sich gezeigt, dass seine Hirnströme im Wachzustand so aussahen, als würde er schlafen. Das ist sonst nur bei kleinen Kindern zu beobachten. Bei der nächsten Messung zwei Wochen später waren Milligans Hirnströme für einen wachen Erwachsenen normal.

2003 untersuchten niederländische Forscher an dissoziativer Identitätsstörung leidende Frauen mithilfe eines Geräts, das anzeigt, welche Gehirnbereiche gerade genutzt werden (Positronen-Emissions-Tomograf, abgekürzt PET). Während die Betroffenen an das Gerät angeschlossen waren, wurden ihnen Geschichten vorgelesen, die von sehr belastenden Kindheitserlebnissen aus ihrem eigenen Leben handelten. Wenn die eine Persönlichkeit die Geschichte zu hören bekam, erinnerte sie sich daran, dass sie diese Geschichte selbst erlebt hatte, und Bereiche in ihrem Gehirn sprangen an, die für das Empfinden von Gefühlen zuständig sind.

Hatte eine andere Persönlichkeit gerade die Oberhand und las man derselben Frau dieselbe Geschichte vor, erinnerte sich diese Persönlichkeit nicht daran, dass es ihre eigene Geschichte war. In ihrem Gehirn sprangen entsprechend andere Bereiche an.

Die Forscher deuteten dieses Ergebnis so, dass die abgetrennte Persönlichkeit dazu dient, im Gehirn die Erinnerung an sehr schlimme Erlebnisse zu unterdrücken. Das passt zu der in allen bekannten Fällen gemachten Beobachtung, dass nur Menschen, denen als kleine Kinder schlimme Dinge wie sexueller Missbrauch widerfuhren, eine solche Störung entwickeln.

Es wird trotz der bisherigen Untersuchungen noch viele Jahre dauern, bis diese Störung gut genug erforscht sein wird, um sie sicher feststellen oder ausschließen zu können. Deshalb kann derzeit noch niemand entscheiden, ob ein Straftäter, der wie Billy Milligan über längere Zeit beeindruckend genau mehrere Persönlichkeiten in einem Körper darstellt, wirklich an einer dissoziativen Identitätsstörung leidet oder nicht.

KAPITEL 4
PÄDOPHILIE

Bisher haben wir über die Eigenschaften Narzissmus und Antisoziale Persönlichkeitsstörung gesprochen, weil sie bei gefährlichen Straftätern oft vorkommen. Sind diese Eigenschaften bei einer Person besonders stark ausgeprägt, so nennt man den Betreffenden einen Psychopathen.

Der weiter vorne ausführlich dargestellte Serienmörder Garavito ist ein Psychopath. Außerdem hat er zwei sexuell abweichende Neigungen, die die Art seiner Verbrechen erklären: sexueller Sadismus und Pädophilie.

Psychologen und Psychiater sehen die Pädophilie als »Störung der sexuellen Vorlieben« an. Ein Mensch ist pädophil, wenn er sich sein Leben lang hauptsächlich durch Kinder, die noch nicht die Pubertät erreicht haben, sexuell erregt fühlt. Außerdem muss der Betroffene darunter leiden oder seine diesbezüglichen Fantasien in die Tat umsetzen. Menschen, die besonders von pubertierenden Jungen und Mädchen – also im Alter von etwa zwölf bis sechzehn Jahren – sexuell erregt werden, nennen Fachleute hingegen »hebephil«. Umgangssprachlich wird das Wort »pädophil« allerdings für beide Störungen benutzt. Auch juristisch kann die Umsetzung von pädophilen und hebephilen Fantasien dieselben Konsequenzen haben.

Viele Menschen haben eine klare Meinung zu Pädophilen. Wenn man dann aber genauer nachfragt – was ich öfter tue, wenn mich jemand auf meine Arbeit in einer Therapiegruppe für Pädophile im Gefängnis anspricht –, dann stelle ich meistens fest, dass die Leute von dem Thema, zu dem sie eine krasse Meinung vertreten, eigentlich kaum etwas wissen. Sie »BILD-en sich ihre Meinung« zum Thema durch Klatschblätter, die gerne gegen Psychologen und Psychiater wettern, welche mit Straftätern arbeiten, und dabei Vorurteile und Hass in der Bevölkerung verstärken. Viele Menschen glauben beispielsweise, dass sich nur Personen mit pädophilen Fantasien an Kindern vergehen, dass diese Fantasien meistens Geschlechtsverkehr mit Kindern beinhalten, der mit körperlicher Gewalt durchgesetzt wird, und dass Frauen niemals Kinder sexuell missbrauchen. Mit diesen weit verbreiteten Fehlinformationen möchte ich an dieser Stelle aufräumen.

Manche pädophilen Menschen onanieren ein Leben lang zu entsprechenden Fantasien, ohne jemals auch nur ansatzweise ein Kind sexuell zu bedrängen. Diese Pädophilen sind sich im Klaren darüber, dass sie Kindern schaden würden, und entscheiden sich bewusst dafür, ihre Wünsche unter Kontrolle zu halten. Entsprechende anonyme Rückmeldungen haben Mark und ich nach Vorträgen, in denen wir auch Pädophilie thematisieren – manchmal anonym und manchmal auch in Gesprächen – erhalten. Einige sind sich ihrer Neigung zwar bewusst, lehnen sie aber aus persönlicher Überzeugung ab und schieben solche Gefühle direkt zur Seite, wenn diese aufkommen. Sie halten sich dann ein Leben lang von Kindern fern und finden sich damit ab, diesen Teil von sich auf Dauer mit sich selbst auszumachen. Weil solche Pädophilen in der Regel niemals irgendwo mit ihrer Neigung auffallen, ist ihre Anzahl unbekannt.

Dass es sie gibt, zeigte aber beispielsweise das Präventionsprojekt Dunkelfeld der Berliner Charité, das über seinen Werbespruch »Kein Täter werden« bekannt wurde. Männer mit pädophiler Neigung wurden deutschlandweit aufgefordert, sich anonym in Behandlung zu begeben. In dieser Behandlung sollten sie lernen, ihre sexuellen Fantasien dauerhaft zu kontrollieren und verantwortungsvoll damit umzugehen. Eine Flut an Interessenten meldete sich, denn solche Wünsche zu haben, macht auch den Betroffenen oft Angst, und sie haben absolut niemanden, an den sie sich wenden können.

Während meiner Arbeit mit verurteilten Pädophilen erfuhr ich, dass einige von ihnen irgendwann, nachdem sie sich ihrer Neigung bewusst geworden waren, Hilfsangebote im Internet gesucht oder sogar anonym Psychologen angerufen haben, all das ohne Erfolg. Teilweise wurden sie sogar harsch von Psychotherapeuten abgewiesen, mit Worten wie: »Mit so etwas möchte ich nichts zu tun haben.«

Bis heute gibt es nur wenige Anlaufstellen für pädophile Menschen. Das liegt vor allem an den fehlenden Finanzmitteln. Welcher Politiker würde es schon riskieren, sich für die anonymen

Therapieangebote für Pädophile einzusetzen, wenn er sich damit zur Zielscheibe anderer Politiker, Parteien und der Boulevardpresse machen würde? Niemand denkt daran, dass auch der eigene Bruder, der beste Freund, der Sohn oder Lebensgefährte solche Fantasien haben könnte und dass eine Neigung zu haben nicht dasselbe ist wie eine Handlung, die anderen Menschen tatsächlich schadet. Eine pädophile Neigung ist keinesfalls eine Entschuldigung für begangene Taten, denn jeder Pädophile hat die Wahl, sich gegen die Umsetzung der eigenen Fantasien zu entscheiden – wie auch jeder Mensch, der jähzornig ist, sich dagegen entscheiden kann, deshalb gewalttätig zu werden. Doch genauso, wie pädophile Menschen die Verantwortung dafür tragen, ihr Verhalten zu kontrollieren, liegt es in der Verantwortung der Gesellschaft, all denen, die lernen wollen, ihre Neigung für immer im Griff zu haben, Hilfsangebote zu schaffen. Denn würde es solche Angebote vermehrt geben, dann gäbe es nachweislich weniger Kindesmissbrauch.

Ebenso notwendig wäre ein besserer Schutz von Kindern überforderter Eltern, die ihre Kinder vernachlässigen oder körperlich misshandeln. Solche Kinder werden nämlich – ich komme noch darauf zurück – bevorzugt zu Opfern Pädophiler, weil sie sich nach Erwachsenen, die ihnen Zuwendung und positive Aufmerksamkeit bieten, sehnen. Das nutzen Täter, die Kinder missbrauchen, oft aus.

Da viele Täter selbst als Kinder vernachlässigt, misshandelt oder missbraucht wurden, würden Hilfsprogramme für Pädophile einerseits und überforderte Familien andererseits die Anzahl der späteren Täter senken. Das würde allerdings etwa eine Generation dauern. In dieser Zeit könnten umfassende Therapien Pädophiler (sowohl bereits straffällig gewordener als auch verstärkt solcher, die sich rechtzeitig Hilfe suchen) die Zahlen von Missbrauchstaten merklich senken. Darüber hinaus könnte ein verbesserter Schutz, eine stärkere Betreuung und gezielte Aufklärung über Kindesmissbrauch besonders Kinder aus Problemfamilien davor bewahren, Opfer und vielleicht später selbst Täter zu werden. Dieses Vorhaben wäre teuer und aufwendig, doch es würde sich lohnen. Mehr

Kinder hätten dann die Möglichkeit, sich psychisch und gefühlsmäßig gesund zu entwickeln, was die Wahrscheinlichkeit verringern würde, dass sie Eigenschaften wie fehlendes Einfühlungsvermögen oder schnell aufwallende Wut und Frustration ausbilden, die es wiederum wahrscheinlicher machen, dass jemand eine Straftat begeht. Viele Täter wären – wie man an den Beispielen in diesem Buch sehen kann – wahrscheinlich nicht zu Tätern geworden, wenn sie als Kinder nicht selbst Opfer schlimmer Lebensumstände gewesen wären.

Muss man pädophil sein, um sich an Kindern zu vergehen?

Viele Menschen denken, dass Kinder nur durch Männer, die Kinder sexuell anregend finden, missbraucht werden. Das stimmt aber nicht. Wer mit Kindern sexuelle Handlungen durchführt, ist nicht zwangsläufig pädophil.

Die meisten Menschen in unserem Kulturkreis wissen, dass es zwischen Heterosexuellen und Homosexuellen viele Ausprägungen dazwischen gibt, die vereinfacht ausgedrückt unter dem Wort bisexuell zusammengefasst werden. Genau so gibt es auch bei sexuellen Vorlieben, die auf das Alter bezogen sind, zwischen Menschen, die ausschließlich durch Kinder sexuell erregt werden, und solchen, die ausschließlich durch Erwachsene sexuell erregt werden, verschiedene Zwischenstufen.

Es gibt eine größere Gruppe von Missbrauchstätern, die schon von ihrer Pubertät an ausschließlich sexuelle Vorstellungen mit Kindern hatten, sich nur Kinder als Lebens- und Beziehungspartner vorstellen können und kaum bis gar keine romantischen oder sexuellen Gefühle für Erwachsene empfinden. Sie werden »Kernpädophile« genannt. Diese Menschen können zwar lernen, auch mit (jungen) Erwachsenen eine Sexualität aufzubauen, werden aber ihr Leben lang pädophile Wünsche haben, die sie in einer Therapie zu beherrschen lernen.

Eine andere große Gruppe hat sowohl für Erwachsene als auch für Kinder sexuelle und manchmal auch romantische Gefühle. Man nennt ihre sexuelle Neigung eine »pädophile Nebenströmung«. Diese Menschen lernen während einer auf ihre Neigung ausgerichteten Therapie, ihre Bedürfnisse nach Sex, Liebe, Zärtlichkeit, Nähe, Vertrauen und allem, was Menschen eben in Partnerschaften suchen, gezielt auf Erwachsene auszurichten. Gleichzeitig lernen sie, sexuelle Bedürfnisse gegenüber Kindern mit negativen Gefühlen zu verbinden und aktiv gegen solche sexuellen Bedürfnisse anzugehen (siehe S. 177, »Therapie im Knast ist kein Kuschelkurs«). Auf lange Sicht sollen diese Menschen in einer erwachsenen Partnerschaft sexuelle und gefühlsmäßige Befriedigung finden.

Eine dritte Gruppe besteht aus Menschen, die keine pädophile sexuelle Neigung haben. Sie werden grundsätzlich durch Erwachsene sexuell erregt und wünschen sich eigentlich auch einen erwachsenen Beziehungspartner. Allerdings haben sie starke Probleme damit, sich auf eine erwachsene Art mit Konflikten und Beziehungsproblemen auseinanderzusetzen. Manche schaffen es auch nicht, einen erwachsenen Partner zu finden, weil sie zu selbstunsicher sind. Diese Menschen sind vor der Tat meist irgendwie unzufrieden. Sie haben das Gefühl, nicht genug Liebe, Nähe, Sex oder Zuwendung bekommen zu können.

Vor der ersten Missbrauchstat haben sie vielleicht Streit mit ihrem erwachsenen Partner, eine länger andauernde Beziehungskrise, sind unglücklich verliebt oder wurden verlassen. Es frustriert sie, gerade keinen Partner zu haben oder nicht so viel Nähe und Bewunderung vom vorhandenen erwachsenen Partner zu bekommen, wie sie sich wünschen würden. In einer solchen Situation kann so ein Mensch mehr und mehr Nähe und Kontakt zu einem in seinem Haushalt oder der Nachbarschaft lebenden Kind suchen.

Das Kind gibt ihm die Bestätigung, die er so dringend braucht, kuschelt gerne und kritisiert ihn nicht. So wird die Zeit mit dem Kind als immer angenehmer empfunden, die Zeit mit anderen Erwachsenen als immer unangenehmer, weil er sich im Vergleich mit denen minderwertig fühlt. Das Kind wird zum Ersatz-Liebespartner. Der Täter kann seine sexuellen Bedürfnisse durch das Kind befriedigen. Außerdem kann er mit dem Kind jederzeit kuscheln, weil das Kind sich seinen Bedürfnissen anpasst, und er bekommt vom Kind auch noch positive Rückmeldungen, weil das Kind den Täter ja trotz des Missbrauchs noch lieb hat. Das Kind tut alles, wonach dem Täter gerade ist, und das genießt er sehr. Genau das hätte sich der Täter eigentlich von einem erwachsenen Partner gewünscht. Oft hat ein solcher Täter – weil er selbstunsicher ist – in einer erwachsenen Partnerschaft eher zurückgesteckt, sich angepasst und ist dabei zunehmend unzufrieden geworden. Umso reizvoller erscheint ihm deshalb das Kind, dem gegenüber er die Kontrolle zu haben meint. Er versteht dabei aber nicht, dass eine gesunde erwachsene Beziehung aus Geben *und* Nehmen besteht und niemals so einseitig auf die Bedürfnisse nur eines Partners ausgerichtet ist, wie er es gerne hätte und wie er es in für ihn unbefriedigenden erwachsenen Beziehungen bis dahin erlebt hat.

Im Gegensatz zu wirklich pädophil veranlagten Tätern reden sich diese Täter oft ein, ihr Opfer sei körperlich und/oder seelisch schon wesentlich reifer als andere Kinder seines Alters. Das nimmt der Täter als Entschuldigung für sich, weil er sich zur Beruhigung seines Gewissens einredet, das Kind könnte eine Liebesbeziehung wie ein Erwachsener führen, die Folgen seines Handelns wie ein Erwachsener einschätzen und sexuelle Handlungen wie ein Erwachsener positiv verarbeiten. Der Täter verzerrt in seiner Einschätzung den tatsächlichen Entwicklungsstand und die wirklichen Bedürfnisse des Kindes. Kinder sind kein »Erwachsenenersatz«. Sie können das auch gar nicht sein, weil sie ihre erwachsenen Bezugspersonen als Beschützer, Vertrauenspersonen und vor allem Vernunftspersonen wahrnehmen, an deren Entscheidungen und Regeln sie sich orientieren. Die Täter wollen aber oft von ihren kindlichen Opfern so unterstützt werden, wie sie es sich eigentlich von einem erwachsenen Partner gewünscht hätten. Sie erzählen den Opfern von ihren Sorgen und wollen eine erwachsene Art von Zuwendung, zu der Kinder noch nicht in der Lage sind. Sie haben noch nicht die dafür notwendigen gefühlsmäßigen und gedanklichen Fähigkeiten entwickelt. Natürlich versuchen die Kinder, die zu hohen Erwartungen des Erwachsenen zu erfüllen, sind dabei aber überfordert und entwickeln deshalb selbst psychische Probleme.

Eine solche Überforderung der Kinder kommt auch nach Trennungen vor, wenn die Eltern ihre Kinder zwar nicht sexuell missbrauchen, sie aber als Abladeplatz für ihre Beziehungsprobleme benutzen. Das Kind muss plötzlich nicht nur mit der schwierigen Familiensituation klarkommen, sondern auch noch die Stelle des fehlenden Erwachsenen einnehmen. Es hört sich die Probleme des Erwachsenen an und muss plötzlich Vater oder Mutter trösten und eine emotionale Unterstützung geben, die es eigentlich selbst bräuchte. Auch das kann bereits – ohne zusätzlichen sexuellen Missbrauch – psychische Probleme wie beispielsweise Zwangs- oder Angststörungen im weiteren Leben des Kindes verursachen. Denn das Gehirn des Menschen wehrt sich gegen Dinge, die es nicht oder noch nicht verarbeiten kann, indem es Störungen entwickelt. Weil Kinder noch viel weniger als Erwachsene Möglichkeiten besitzen, belastende Situationen und Probleme auf eine gesunde Art zu verarbeiten, ist die Wahrscheinlichkeit, dass sie nach schwierigen Erlebnissen irgendwann in ihrem Leben psychische Auffälligkeiten entwickeln, besonders groß.

Die Täter, die das Kind sowohl gefühlsmäßig als auch sexuell in die Rolle eines Erwachsenen drängen, überfordern es nicht nur, sondern reißen auch die Grenzen des Körpers, des Schamgefühls und der noch gar nicht entwickelten Sexualität des Kindes ein. Sie zerstören die Seele des Kindes, ohne es zu bemerken, weil sie nur sich selbst und ihre Wünsche und Bedürfnisse sehen. Immer wieder mal werden Extrembeispiele bekannt: Täter, die noch einen Schritt weiter gehen und das als Ersatzpartner gesehene Kind jahrelang einsperren, weil sie es vollkommen und endgültig für sich alleine haben wollen. Man denke an die Österreicher Josef Fritzl und Wolfgang Priklopil sowie an den hierzulande weniger bekannten US-Amerikaner Phillip Craig Garrido, (siehe Kapitel »Das ›Heranzüchten‹ einer Ehefrau«).

Therapie im Knast ist kein Kuschelkurs

Weil sich die allermeisten Menschen überhaupt nicht vorstellen können, wie die Therapie von Pädophilen im Gefängnis abläuft und was dabei auch in den Tätern passiert, möchte ich Ihnen hier einen kleinen Einblick in meine Arbeit im Therapeutenteam einer Missbrauchstätergruppe in einer sozialtherapeutischen Anstalt geben.

Am Anfang einer Therapie müssen die Täter überhaupt den Willen entwickeln, sich und ihr Verhalten zu verändern. Manche Täter haben diesen Willen bereits, wenn sie in die Therapie kommen. Andere wollen zwar etwas dafür tun, nicht wieder ins Gefängnis zu kommen, haben aber zunächst noch kein Gefühl dafür, wirkliches Unrecht begangen zu haben.

Deshalb wird den Tätern erst einmal klargemacht, warum Kindesmissbrauch den Opfern schadet, wie die Opfer den Missbrauch erleben und welche psychischen Probleme sie oft in ihrem späteren Leben dadurch entwickeln. Ihre Tat reden sich die Täter nämlich sehr oft schön und versuchen an dem Gedanken festzuhalten, den Kindern »eigentlich nicht wirklich zu schaden«. Die Täter wollen oft nicht wahrhaben, dass die Kinder gefühlsmäßig von ihnen abhängig sind und Angst davor haben, bestraft zu werden oder ihre Familie zu verlieren, wenn sie sich jemandem offenbaren. »Wenn das, was ich mache«, reden sie sich ein, »schlimm wäre, dann würde das Kind ja nicht immer wieder zu mir kommen, es würde sich mehr wehren.« Oder sie sagen sich: »Das Kind versteht ja gar nicht, dass mein Verhalten nicht normal ist, also leidet es auch nicht darunter.«

Derartige Verzerrungen der Wirklichkeit werden am Anfang einer Therapie angegangen. Sehr nützlich ist hierbei, dass die Täter nicht nur Einzelgespräche mit Psychotherapeuten führen, sondern auch regelmäßig eine Gruppentherapie besuchen. Manchmal denken die Täter am Anfang nämlich, »der Psychologe weiß ja gar nicht, wie das ist, der hat gut reden«. Doch wenn andere, die »im gleichen Boot« sitzen, einen im Gefängnis neu angekommenen Täter mit den Fehlern in seinem Denken kon-

frontieren und ihm von ihren Therapiefortschritten erzählen, dann kann der Neue sich nicht so leicht darauf ausruhen, dass die anderen seine Situation ja nicht verstehen könnten.

Wenn die Täter dann wirklich begreifen, was sie ihren Opfern angetan haben, motiviert sie das meist, solche Taten nie wieder begehen zu wollen. Manche Täter brechen zusammen, wenn sie das volle Ausmaß ihrer Taten und die Folgen für die Opfer erkennen, besonders, wenn es ihre eigenen Kinder waren oder sie positive Gefühle dem Opfer gegenüber hatten.

Manchmal zeigen sich Täter sogar während der Therapie im Gefängnis selbst für Taten an, die bis dahin unentdeckt geblieben sind. Sie wollen (was für eine erfolgreiche Therapie wichtig ist) wirklich alles, *was sie getan haben, in der Therapie verarbeiten und ihre Schuld – so weit irgend möglich – begleichen. Dafür nehmen sie in Kauf, dass sich ihre Haftstrafe verlängert.*

Wenn der Täter wirklich gewillt ist, gegen seine bisherigen Fantasien und Verhaltensweisen anzugehen, werden ihm verschiedene Methoden beigebracht, mit denen er einen Rückfall zu verhindern lernt. Er muss seine Taten und alle damit zusammenhängenden Gedanken, Gefühle und Lebensumstände ausführlich darstellen. Daraus wird eine »Delikt-Entscheidungskette« – auch »Tatkreislauf« genannt – gebildet, bei der er seine Taten und was vorher und danach in ihm vorging in einzelne Schritte zerlegt. Er hat vor dem Missbrauch verschiedene Entscheidungen getroffen, die am Ende zum Missbrauch führten. Das muss er verstehen lernen, um sich in Zukunft möglichst frühzeitig anders zu entscheiden.

Ein Beispiel für einen Tatablauf, den der Täter in der Therapie genau zu verstehen lernen würde, könnte folgender sein:

Der Täter erzählt, dass er vor der Tat Streit mit seinen in der Nähe lebenden Eltern hatte. Deswegen war er wütend, enttäuscht, fühlte sich ungeliebt und wertlos. Auf dem Heimweg in seine Wohnung traf er ein Kind aus der Nachbarschaft, das er vom Basketballverein, in dem er auch selbst spielte, kannte. Um mit den schlechten Gefühlen nach dem Streit nicht alleine zu Hause sitzen zu müssen, lud er das Kind zum Computerspielen ein. Während das Kind bei ihm Computer spielte, fühlte sich der Täter immer mehr sexuell erregt. Er beschloss, auf der Couch näher an das Kind heranzurücken und es mehr und mehr zu streicheln. Das verunsicherte Kind bewegte sich dabei nicht, weil es das merkwürdige Verhalten des Täters nicht verstand und verängstigt war. Das wollte der Täter aber nicht wahrhaben. Weil das Kind sich nicht rührte, fühle sich der Täter darin bestärkt, das Kind auch an seinen Geschlechtsteilen zu streicheln und es aufzufordern, dasselbe auch bei ihm zu machen, was das völlig verstörte Kind dann auch tat. Dieses Verhalten deutete der Täter wiederum zu seinen Gunsten so, dass das Kind diese Handlung scheinbar angenehm fand und freiwillig bei den sexuellen Handlungen mitmachte.

In sorgfältiger Kleinarbeit wird eine solche Situation auseinandergenommen und in der Therapiegruppe, in der auch andere Täter sind, besprochen. Alle Fehleinschätzungen und gedanklichen Verzerrungen des Täters werden dabei ebenso besprochen wie seine Gefühle, Bedürfnisse und seine Probleme mit anderen Menschen. Der Täter muss außerdem lernen, seine sexuellen Wünsche und Verhaltensweisen unter Kontrolle zu halten und wie ein trockener Alkoholiker genau einzuschätzen, welche Situationen ihn auch nur in die Nähe eines Rückfalls bringen könnten. Er muss lernen, wenn er eine pädophile Neigung hat, mit Kindern nicht mehr alleine zu sein und auch keinen – egal wie harmlosen – Körperkontakt mit ihnen einzugehen. Dazu gehört auch, dass der Täter sich nach der Haftentlassung keinesfalls eine Wohnung in der Nähe von Schulen, Kindergärten oder Ähnlichem suchen darf.

Aufkommende sexuelle Gefühle für Kinder lernt er schnell und bewusst wahrzunehmen und sie entsprechend schnell abzustellen. Ein Beispiel ist eine Übung, bei der sich der Betroffene etwas für ihn besonders Ekelerregendes (beispielsweise einen großen Haufen Hundekot) möglichst lebhaft vorstellen soll, sobald er sexuelle Erregung einem Kind gegenüber – sei es auch nur in

Gedanken – wahrnimmt. Er muss diese Erregung immer wieder mit möglichst großem Ekel verbinden, wodurch die Fantasien mit der Zeit seltener werden und er sie immer besser und schneller abschalten kann.

Viele Missbrauchstäter haben Probleme mit anderen erwachsenen Menschen, Streit oder Unzufriedenheit in Beziehungen können sie nur schwer aushalten. Oft sehen sie sich selbst negativ und können ihre Gefühle nicht gut steuern. All diese Probleme begünstigen ihre Entscheidung, Kinder zu missbrauchen. Deshalb werden auch diese Probleme in der Therapie behandelt. Sie lernen, sich besser auszudrücken, Erwachsenen gegenüber selbstsicherer zu sein, realistischere Erwartungen an Beziehungen zu haben, ihre Gefühle besser zu verstehen und zu beeinflussen und ein Bild von sich selbst mit Stärken und Schwächen zu entwickeln, das sie akzeptieren können.

Eine solche Therapie kann mehrere Jahre dauern, und sie ist alles andere als angenehm. Der Täter muss vor Therapeuten und vor der Therapiegruppe absolut offen über sein Leben und alles, was darin schiefgelaufen ist, was ihn verletzt, ärgerlich gemacht oder enttäuscht hat, reden. Er muss seine Taten völlig ungeschönt darstellen und sein Innenleben sowohl sich selbst als auch den Therapeuten und Gruppenteilnehmern gegenüber mit allen Schwächen, Problemen und Fehlern offenlegen.

So offen zu sein, fällt niemandem leicht. Für Missbrauchstäter, die ja meist sowieso unsicher sind und ein schlechtes Selbstwertgefühl haben, ist das alles extrem unangenehm und erfordert große Überwindung. Aber am Ende dieses langen und harten Therapieweges stehen oft Menschen, die ihre zweite Chance in der Gesellschaft nutzen und nie wieder rückfällig werden. Missbrauchstäter, die eine abgeschlossene Therapie hinter sich haben, werden in zweiundneunzig Prozent der Fälle nicht rückfällig. *Die übrigen acht Prozent sind auf jeden Fall acht Prozent zu viel. Doch Forschung und Verbesserung der Therapiemethoden gehen weiter, und die sehr guten Ergebnisse zeigen, dass Therapie von Missbrauchstätern notwendig und wirksam ist.*

Geschlechtsverkehr mit Kindern

Nicht alle Pädophilen, die sich irgendeine Form von Umsetzung ihrer sexuellen Neigung wünschen, wollen Geschlechtsverkehr mit Kindern durchführen. Es sind sogar die wenigsten von ihnen, die so weit gehen. Die Bandbreite der Handlungen, mit denen sie sich sexuelle Befriedigung verschaffen, ist groß. Einige von ihnen fühlen sich schon durch das Betrachten von Kindern, beispielsweise auf dem Schulhof, angeregt bis befriedigt. Andere beschaffen sich Kinderpornografie im Internet und glauben so, eine ausreichende Befriedigung zu erreichen. Sie reden sich oft ein, dass sie ja wenigstens keine Handlungen an Kindern durchführen, und blenden dabei aus, dass bei der Herstellung solcher Filme und Fotos Kinder missbraucht und somit schwer seelisch und teilweise auch körperlich verletzt werden.

Wieder anderen reicht das Anschauen von Kindern nicht aus, sie wollen den Körper des Kindes berühren oder von ihm berührt werden. Doch auch hier gibt es große Unterschiede bei dem, was sie genau tun. Einige streicheln das Kind angezogen, teilweise oder ganz ausgezogen, ohne dass sie die Geschlechtsteile des Kindes dabei anfassen oder an ihren eigenen Geschlechtsteilen angefasst werden wollen. Diejenigen, denen auch das nicht ausreicht, fühlen sich erst befriedigt, wenn sie das Kind an seinen Geschlechtsteilen anfassen und/oder den Oralverkehr am Kind vornehmen. Wieder andere wollen, dass das Kind auch an ihnen sexuelle Handlungen vornimmt und sie bis zum Samenerguss mit der Hand masturbiert oder den Oralverkehr an ihnen durchführt.

Pädophile haben also ganz unterschiedliche Vorlieben, auf welche Art sie ihre sexuelle Neigung ausleben wollen. Oft verharmlosen sie ihre Taten auch vor sich selbst, indem sie sich sagen, dass sie eben keinen Geschlechtsverkehr durchgeführt haben und alles andere ja »nicht so schlimm« sei. Die Täter wollen oft nicht wahrhaben, wie genau Kinder merken, wenn ihre persönlichen Grenzen überschritten werden, und welches Leid dieses Einreißen der körperlichen und gefühlsmäßigen Grenzen eines Kindes in dessen Seele hinterlässt.

Gewalt beim Missbrauch

Die meisten Pädophilen benutzen keine körperliche Gewalt, um Kinder zu sexuellen Handlungen zu drängen. Stattdessen sorgen sie dafür, dass die Kinder abhängig von ihnen werden. Oft suchen sie sich Kinder aus, die aus eher armen oder besonders belasteten Familien stammen. Diesen Kindern schenken sie Aufmerksamkeit, Zuwendung und viel Zeit. Erst nach und nach beginnen sie, die Kinder in immer sexuellerer Weise anzufassen. In den Kindern entsteht so der Eindruck, sexuelle Handlungen seien ein normaler Teil der sonstigen Zuwendung des Erwachsenen. Oft entwickeln sie die Angst, der Erwachsene könnte (scheinbar zu Recht) wütend werden, wenn sie bestimmte Dinge nicht mehr tun würden.

Der Pädophile blendet seinerseits meistens die schwere gefühlsmäßige Abhängigkeit des Kindes aus. Später während einer Therapie geben die Täter oft zu, dass sie sich selbst etwas vorgemacht haben, um sich nicht schuldig zu fühlen. Auch erzählen einige von ihnen, dass sie immer wieder Fälle von gewalttätigen Übergriffen auf Kinder, die in den Medien berichtet wurden, als Ausrede für sich genutzt haben. Sie sagten sich dann: »Ich benutze keine körperliche Gewalt; das, was ich mache, ist völlig harmlos im Vergleich zu solchen Taten.« Derartige Verzerrungen der Wirklichkeit werden in Therapien bearbeitet.

Oft werden die Täter von starken Gefühlen überschwemmt, wenn das Lügengebäude, das sie sich über Jahre aufgebaut hatten, in der Therapie zusammenbricht und sie sich des vollen Ausmaßes ihrer Schuld bewusst werden. Manche von ihnen zeigen sich daraufhin im Gefängnis für Missbrauchstaten an, die niemals aufgedeckt worden wären. Sie wollen diesen Abschnitt ihres Lebens komplett abschließen, ihre Strafe annehmen und als neue Menschen in die Gesellschaft zurückkehren. Solche Fälle, die ich selbst miterlebt habe, überzeugen mich von dem Sinn der Arbeit mit diesen Menschen.

Täterinnen

Die meisten Menschen glauben, dass nur Männer sexuelle Handlungen an Kindern durchführen. Inzwischen ist sicher: Es gibt auch Frauen, die eine stark ausgeprägte sexuelle Orientierung auf Kinder oder Jugendliche haben. Wie viele Frauen das insgesamt sind, ist bisher unbekannt. Das liegt daran, dass pädophile Taten durch Frauen wesentlich seltener angezeigt werden. Meist haben die Opfer die starke Befürchtung, niemand würde ihnen Glauben schenken. Außerdem kommt besonders bei männlichen Opfern die Angst hinzu, dass Freunde, denen sie sich anvertrauen, mit Spott oder verharmlosenden Bemerkungen die Taten ins Lächerliche ziehen oder gar positiv darstellen könnten.

Mir haben mehrfach Menschen von Fällen in ihrer Familie berichtet. Ein Betroffener erzählte beispielsweise, eine deutlich ältere Bekannte habe ihn, als er zwölf Jahre alt war, dazu gebracht, mit ihr sexuelle Handlungen durchzuführen. Er konnte dieses Erlebnis nicht richtig einordnen und es war ihm unangenehm. Als er sich schließlich einige Zeit später dazu durchrang, von diesem Vorfall seinen Freunden zu erzählen, wurde er von ihnen als »Glückspilz« dargestellt, er solle sich doch freuen, dass eine Frau ihn so früh entjungfert habe. Dieser Mann erzählte niemandem mehr von dem Erlebnis, da er davon ausging, dass keiner ihn in dieser Sache ernst nehmen würde.

Ein weiterer Grund dafür, dass Frauen deutlich seltener wegen sexuellen Missbrauchs angezeigt werden, ist der, dass viele weibliche Pädophile aus bisher noch nicht geklärten Gründen dazu neigen, deutlich jüngere Kinder zu missbrauchen als die meisten männlichen Pädophilen. Eine größere Gruppe von Missbrauchstäterinnen vergeht sich an Säuglingen und Kleinkindern. Diese Kinder sind zu klein, um vom Missbrauch zu berichten oder sich später wirklich daran zu erinnern. Sollten bruchstückhafte Erinnerungen an einen solchen Missbrauch durch eine Frau – meist aus der Familie – übrig bleiben, so können die Opfer oft nicht glauben, dass dies wirklich passiert ist, sie halten die Erinnerungsfetzen schlicht für Albträume.

Pädophilie bei Garavito

Luis Alfredo Garavito (S. 72 ff.) tötete ausschließlich minderjährige Jungen, die zwischen acht und zwölf Jahre alt waren. Dies ist, wie gesagt, das typische Alter, welches viele Menschen mit pädophiler Neigung anregend finden. Kommen die Kinder in die Pubertät, entwickeln Schamhaare und beginnen wie Jugendliche auszusehen, werden sie für Pädophile sexuell unattraktiv.

Offensichtlich fand Garavito nur Jungen vor der Pubertät – oder in sehr wenigen Einzelfällen solche, die jünger aussahen, als sie waren – sexuell interessant. Dazu passt auch seine Geschichte, dass er bereits in der Schule in einen männlichen Mitschüler verliebt war und es anregend fand, von diesem gekratzt zu werden. Er blieb den Rest seines Lebens sexuell ausgerichtet auf Jungen in dem Alter, in dem er und sein Mitschüler waren, als er zum ersten Mal sexuelle Erregung bei sich wahrnahm.

Obwohl er mit einer erwachsenen Frau zusammenlebte, war Garavito niemals an ihr oder anderen Frauen sexuell interessiert. Er erzählte Mark im Rückblick auf sein Leben, dass alle Frauen, mit denen er jemals näher zu tun hatte, nichtsexuelle Freundinnen oder Bekannte waren. Die einzigen Menschen, von denen er sich jemals erregt fühlte, waren kleine Jungen.

Dass er sich aber trotzdem eine Lebensgefährtin suchte, ist nicht so abwegig, wie es auf den ersten Blick erscheint. Es kommt bei pädophilen Tätern öfter vor, dass sie sich eine alleinerziehende Lebensgefährtin mit einem Kind suchen, welches ihrer sexuellen Ausrichtung entspricht. So haben sie relativ leichten Zugang zu dem Kind und erscheinen nach außen hin als normale Familienväter. Genau das tat Garavito, indem er mit der alleinerziehenden Mutter eines Jungen zusammenzog.

Manchmal haben solche pädophilen Täter auch Sex mit der Frau, mit der sie zusammenleben, ohne sich dadurch aber jemals wirklich so befriedigt zu fühlen wie beim Ausleben ihrer Neigung. Garavito musste sehr wahrscheinlich überhaupt nicht mit seiner Lebensgefährtin schlafen, denn in einem armen Land wie Kolumbien haben es alleinerziehende Mütter nicht leicht und sind froh, wenn ein Mann sich als Ernährer der Familie anbietet. Garavito versorgte die Frau und ihren Sohn jahrelang. Das war Grund genug für die Frau, keine weiteren Fragen zu stellen.

Da Garavito niemals sexuelle Kontakte mit erwachsenen Männern suchte, weil er wirklich ausschließlich auf Jungen vor der Pubertät ausgerichtet ist, lässt er sich als »Kernpädophiler« bezeichnen. In seinem Fall mischte sich die Kernpädophilie mit krankhaftem sexuellem Sadismus. Deswegen folterte und tötete er die Jungen, die er sexuell anziehend fand.

Krankhafte, sexuelle Sadisten foltern und töten grundsätzlich die Menschen, die ihrer sexuellen Ausrichtung entsprechen. Das bedeutet, ein männlicher krankhafter Sadist, der nicht pädophil ist und nur Frauen sexuell anziehend findet, würde auch nur Frauen oder Mädchen ab der Pubertät als Opfer auswählen. Beispiele hierfür sind Ted Bundy (siehe S. 94 ff.) oder Jack Unterweger (siehe S. 120 ff.).

Ein männlicher, nicht pädophiler, krankhafter Sadist, der nur Männer sexuell erregend findet, würde nur Männer oder männliche Jugendliche als Opfer auswählen. Beispiel hierfür ist der Serienmörder Jeffrey Dahmer (1960–1994), der mindestens siebzehn junge Männer zu Tode folterte.

KAPITEL 5

DAS »HERANZÜCHTEN« EINER EHEFRAU – WIE AUS KINDESMISSBRAUCH GEFANGENSCHAFT WIRD

Verbrechen sind aus psychologischer Sicht nie völlig einzigartig. Egal, wie einmalig sie aufgrund ihrer Grausamkeit erscheinen, fast immer hat sich eine ähnliche Tat irgendwann und irgendwo schon einmal ereignet. Das liegt daran, dass Menschen mit einem ähnlichen »Baukastensatz« von Eigenschaften auch in ihren Handlungen – hier: grauenvolle Verbrechen – ähnlich sind. So ist es auch mit Männern, die kleine Mädchen festhalten, sie sexuell missbrauchen, von ihnen erwarten, sie zu lieben, und sich so kleine Ehefrauen »heranzüchten«. Die Fälle von drei Männern, die voneinander nichts wussten und doch alle dasselbe taten, möchte ich hier vorstellen. Solche Täter gibt es in allen Kulturen. Auch dafür gebe ich Ihnen im Folgenden Beispiele. All diese Täter verbindet, dass sie im Kern völlig selbstunsichere, zu erwachsenen, gleichberechtigten Beziehungen unfähige Gefühlskrüppel sind. Sie verwechseln Liebe mit Kontrolle sowie Zuwendung mit Zwang, weil sie sich so gut wie gar nicht in andere Menschen einfühlen können und nur ihre eigenen Bedürfnisse im Blick haben.

Josef Fritzl

Fritzl wurde 1935 in Amstetten, Österreich, geboren. Das Unglück seiner Familie begann nicht mit seinen Taten, noch nicht einmal mit seiner Geburt, sondern schon mit der Zeugung seiner Mutter Maria. Fritzls Großvater war Anfang des 19. Jahrhunderts mit einer unfruchtbaren Frau verheiratet, wollte aber unbedingt Kinder haben. So zeugte er drei uneheliche Kinder, die er seiner Ehefrau als Adoptivkinder vorsetzte. Genau das tat sein Enkel Josef Fritzl Jahrzehnte später auch, indem er drei der mit seiner Tochter gezeugten Kinder mit seiner Ehefrau zusammen aufzog.

Fritzls Mutter, die von einer Magd ihres Vaters geboren wurde, wuchs so bei ihrem dominanten Vater und dessen Ehefrau auf. Die Ehefrau wagte es nicht, sich den Seitensprüngen ihres Mannes und der Rolle als Stiefmutter für seine dabei gezeugten Kinder zu widersetzen. Schon diese ziemlich kaputte Familienkonstellation hätte gereicht, um in Josef Fritzls Mutter Maria negative Gefühle und Einstellungen gegenüber Männern auszulösen. Schließlich war die Art, mit der ihr Vater seine Frau und seine Kinder behandelte, alles andere als liebevoll.

In ihrem frühen Erwachsenenleben erlebte Maria aber noch etwas, was man fast schon als »Ironie des Schicksals« betrachten könnte. Sie heiratete einen Mann, der unbedingt Kinder wollte, wurde aber nicht schwanger. Die Geschichte, welche sie schon aus ihrem Elternhaus kannte, weil die Umstände ihrer Zeugung und der Zeugung ihrer ebenfalls unehelichen Geschwister kein Geheimnis in ihrem Heimatdorf waren, wiederholte sich also auf tragische Weise. Ihr Mann verließ sie und suchte sich eine andere Frau, weil er meinte, Maria sei unfruchtbar.

Dieses Erlebnis dürfte die ohnehin schon gefühlsmäßig belastete Frau völlig zerstört haben. Sollte sie bis zu diesem Zeitpunkt noch einen Rest positiver Gefühle Männern gegenüber gehabt haben, so blieb durch diesen herben Rückschlag nur noch Verachtung für sie übrig, was sie ihren Sohn deutlich spüren ließ. Fritzls Gutachterin Heidi Kastner, eine erfahrene österreichische Gerichtspsychiaterin, kam zu dem Schluss, dass Marias »Männerbild« schon durch ihre Kindheit negativ belastet war. Das verschlimmerte sich nach dem Erlebnis, vom ersten Mann, dem sie positive Gefühle entgegengebracht hatte, verlassen zu werden.

Ihrem Exmann wollte sie unbedingt beweisen, dass sie doch fruchtbar war. Nur aus diesem Grund ließ sie sich von einem anderen Mann schwängern, für den sie nichts empfand. Das Ergebnis war die Geburt von Josef Fritzl, der sich selbst aufgrund dieser Geschichte als »Alibi-Kind« bezeichnet. Er hatte seine Aufgabe, die Fruchtbarkeit seiner Mutter unter Beweis zu stellen, durch seine Geburt erfüllt und war von da an uninteressant bis lästig für sie. Die Mutter trennte sich von Fritzls Vater, als Josef vier Jahre alt war. Der Vater starb als Soldat im Zweiten Weltkrieg. Maria versorgte ihren Sohn zwar notdürftig mit Nahrung und Kleidung, doch zeigte sie niemals Liebe, Zärtlichkeit, elterliche Fürsorge oder irgendeine andere Art von positivem Gefühl ihm gegenüber. Ihre Gleichgültigkeit ging so weit, dass sie eine sehr schmerzhafte Vorhautverengung, unter der Josef als Kleinkind litt, schlicht nicht beachtete. Nur, weil ihre Nachbarn sie dazu drängten, ihren Sohn endlich behandeln zu lassen, brachte sie den kleinen Josef schließlich zum Arzt. Den Müttern seiner Klassenkameraden fiel die Vernachlässigung des sehr dünnen Jungen auf, sodass sie ihren Kindern sogar Brote für ihn mitgaben. Doch Josef klagte nie über seine Mutter und sprach auch nie von seinem nicht vorhandenen Vater.

Auch der Rest seiner Kindheit war geprägt von gefühlsmäßiger Kälte, Einsamkeit, harter Disziplin und körperlichen Misshandlungen. Fritzl berichtete während der Haft über seine Mutter: »Sie prügelte und trat mich, bis ich am Boden lag und blutete. Ich hatte Angst vor ihr, schreckliche Angst vor ihrer Unberechenbarkeit, vor ihren Schlägen.« Niemand aus seiner Umgebung mischte sich in diese harten körperlichen Misshandlungen ein. In einer Zeit, in der Disziplin und körperliche Züchtigung von Kindern teils als gute Erziehungsmethoden angesehen wurden, galt es als selbstverständliches elterliches Recht, Kinder nach eigenem Ermessen auch sehr hart körperlich zu bestrafen.

Doch Josef Fritzls Erziehung war um einiges unangenehmer als die der meisten anderen Kinder in dieser Zeit. Seine Mutter ließ ihn nie irgendeine Form von Zuneigung spüren. Er erfuhr von ihr nur Regeln, Strenge und Bestrafung. Verschlimmert wurde dies noch dadurch, dass die Mutter ihm Freundschaften mit anderen Kindern verbot und er niemals ein Kind mit zu sich nach Hause bringen durfte. So blieb dem kleinen Josef nichts anderes übrig, als sich – wie es viele Kinder, die vernachlässigt und misshandelt werden, tun – zunehmend in sich selbst und seine Fantasiewelt zurückzuziehen.

Doch diese Fantasiewelt unterschied sich von der anderer Kinder deutlich. Er nannte es selbst »seine dunkle Seite«. Seine sadistischen Fantasien, in denen es ihn sexuell erregte, sich vorzustellen, Frauen zu erniedrigen und zu quälen, dürften sich – wie bei den meisten bösartigen Sadisten – schon in seiner frühen Jugend entwickelt haben. So sagte er zu seiner Gutachterin: »Ich bin zur Vergewaltigung geboren und habe mich für relativ lange Zeit zurückgehalten. Ich hätte wesentlich Schlimmeres tun können, als meine Tochter einzusperren.« Tatsächlich wurde Fritzl 1967 – da war er zweiunddreißig Jahre alt, verheiratet und bereits vierfacher Vater – für Exhibitionismus und die Vergewaltigung einer vierundzwanzigjährigen Frau, in deren Wohnung er eingebrochen war, zu achtzehn Monaten Gefängnis verurteilt. Diese Strafe schreckte ihn tatsächlich davon ab, sich weitere fremde Opfer zum Ausleben seiner gewalttätig-sexuellen Fantasien zu suchen.

Wie alle bösartigen Sadisten verwechselte er zeitlebens Liebe und Nähe mit Kontrolle, Macht und Gewalt. Noch im Gefängnis sprach Fritzl einem Reporter gegenüber von »Liebe«, die er für seine vierundzwanzig Jahre im Keller gefangen gehaltene Tochter und die mit ihr durch Vergewaltigungen gezeugten Kinder empfinde. In seinem Erleben ist dies auch kein Widerspruch, denn für ihn ist Liebe gleichbedeutend mit Unterdrückung und völligem Besitz der Menschen, die er zu lieben meint.

Seine Mutter lehnte ihn vehement ab, und so keimte in ihm der Wunsch auf, sich die Liebe, die er wollte, mit Gewalt zu nehmen. Das in seiner Kindheit entstandene Gefühl, seine Mutter könne und würde ihn jederzeit zurückweisen, trieb seine Fantasie an, einen Menschen im wörtlichen Sinne an sich zu ketten. Josef Fritzl zahlte übrigens seiner Mutter die Qualen seiner Kindheit Jahrzehnte später zurück: Als sie alt wurde, nahm er sie in das Haus auf, in dem er mit seiner Frau und seinen Kindern lebte. Er sperrte sie in einen fensterlosen Raum, in dem sie bis zu ihrem Tod 1980 alleine war. So wurde sie zu seiner ersten Gefangenen.

Fritzl selbst ist durch die Erlebnisse in seiner Kindheit auch in gewisser Weise ein Gefangener geworden, gefangen in seinem eigenen Kopf. Er schuf sich eine Welt, die nur oberflächliche Berührungspunkte mit der Wirklichkeit hatte. Wie in den *Matrix*-Filmen lebte er in einer künstlichen Welt, die er jederzeit betreten und verlassen konnte, um sich in der Wirklichkeit völlig unauffällig zu verhalten. Das machte es für ihn nur naheliegend, die Tochter, die er als seinen ganz persönlichen Besitz für immer kontrollieren wollte, in einen »Außenposten« seiner Fantasiewelt – nämlich seinen Keller – einzusperren. In dieser Welt hatte er die absolute Macht über Leben und Tod seiner Gefangenen und wusste, dass sie ihn nie verlassen würden, weil er ihnen die Wahl dazu gar nicht erst ließ. Seine in der Kindheit entwickelte Fähigkeit, zwischen der »normalen« und »seiner persönlichen« Welt hin- und herzuwechseln, erlaubte ihm, über vierundzwanzig Jahre unentdeckt zu bleiben. Die Gutachterin Dr. Kastner beschrieb das mit den Worten: »Sobald er aus dem Keller rausgegangen ist und die Tür zugemacht hat, war es (damit ist sein zweites Leben mit der Familie im Keller gemeint) weg. Er hat die Möglichkeit gehabt, sein Leben oben unbelastet vom Leben unten zu leben.«

Ob in seinem Kopf oder dem Keller, den er als Teil seiner »zweiten Welt« baute: Immer ging es darum, sich das mit Gewalt zu holen, was er in seiner Kindheit schmerzhaft vermisst hatte: dauerhafte, verlässliche Liebe. Nur, dass Fritzl unter Liebe »jemand anderen völlig besitzen« versteht und eben nicht eine Beziehung aus Geben und Nehmen.

Blinde Herzen

Für die meisten Menschen ist es selbstverständlich, sich in andere Menschen einfühlen zu können, Zuneigung anderer wahrzunehmen und wiederum Zuneigung zurückzugeben. Das scheint für gesunde Menschen so selbstverständlich zu sein wie das Sehen, Hören und Atmen. Doch ein gefühlsmäßig gesunder Mensch zu werden, gelingt nicht jedem. Die Hirnbereiche, die für die Ausbildung dieser Fähigkeiten verantwortlich sind, können regelrecht verkümmern, wenn Kinder besonders in früher Kindheit Dinge erleben, die sie nicht verarbeiten können.

Manche Kinder, die vernachlässigt, misshandelt oder sexuell missbraucht werden, erkranken später an einer Depression, bekommen panische Ängste, hassen sich selbst oder entwickeln andere Auffälligkeiten. Entweder fallen sie durch ihren schwierigen

Umgang mit anderen Menschen auf, werden beispielsweise sehr aggressiv und misstrauisch oder aber sehr selbstunsicher und unterwürfig. Oder sie entwickeln eine ungewöhnliche Art, sich selbst wahrzunehmen, beispielsweise als extrem überlegen und wichtig oder aber als völlig unterlegen und wertlos.

Oft haben diese Kinder auch Probleme damit, ihre Gefühle angemessen zu steuern; sie werden ungewöhnlich schnell tief traurig oder sehr wütend. Und einige wenige von ihnen werden, was auch Fritzl ist: gefühlsblinde, völlig selbstbezogene Sadisten. In Fritzls Kopf-Welt gibt es kein Mitgefühl und keine Einfühlung in andere Menschen, denn diese Gefühle hat er nie entwickeln können. Er kennt nur seine Bedürfnisse und deren sofortige Erfüllung. Trotzdem wusste er, dass sein Verhalten nach den Regeln der Gesellschaft falsch war und dass er selbst so nicht hätte behandelt werden wollen. Dennoch hat er sich frei dazu entschieden, so zu handeln.

Ein Mensch, der so extrem auf seine eigene Sichtweise und seine eigenen Bedürfnisse und Gefühle konzentriert ist, besitzt gar nicht die Fähigkeit, unter dem zu leiden, was er anderen antut. Weil er in seiner eigenen Sichtweise der Dinge feststeckt, hat er immer eine Erklärung für sein Verhalten. Seine Rechtfertigungen wirken auf Menschen, die eine normale Erlebniswelt haben, kalt und grausam. Das ist Menschen wie Josef Fritzl aber nicht bewusst, denn wer Gefühle wie Entsetzen oder Mitleid einfach nicht aus dem eigenen Erleben kennt, der kann auch nicht einschätzen, womit er diese bei anderen auslöst. Ein Beispiel dafür ist die Art, wie Fritzl die Vergewaltigungen seiner Tochter Elisabeth entschuldigt. Er beruft sich dabei auf seine Angst, Elisabeth nicht mehr alleine für sich haben zu können: »Ich habe ihr ja nur so viele Kinder gemacht, damit sie immer bei mir bleibt, weil sie ja als sechsfache Mutter für andere Männer nicht mehr attraktiv ist,« erklärte er der Gutachterin. Diese Aussage ist aus Fritzls Perspektive wahr und sachlich.

Gefangener der Vergangenheit

Es ist schon tragisch, dass Josef Fritzl sein Leben lang wirklich alles dafür tat, um seiner unschönen Vergangenheit zu entkommen, und ihm dies doch nie gelang. Denn in allem, was er tat, wurde er getrieben von den Gefühlen aus seiner Kindheit: der Angst davor, verlassen und nicht geliebt zu werden. Der Scham darüber, keinen Vater zu haben und arm zu sein. Der Hilflosigkeit, wenn seine Mutter ihn verprügelte. Der Wut und Einsamkeit und der Gier nach Macht über andere.

Fritzl schaffte es, dreiundsiebzig Jahre lang völlig unauffällig zwischen seinen Mitmenschen, Arbeitskollegen, Nachbarn und Bekannten zu leben, obwohl er zeitlebens ein Einzelgänger war, der – wie er selbst sagte – keine Freundschaften einging. Stattdessen konzentrierte er sich auf seinen Beruf und die dominante Rolle als Oberhaupt seiner Großfamilie. Gleichzeitig hegte er insgeheim Fantasien, die von grenzenloser Kontrolle über andere Menschen handelten. Dabei achtete er aber immer darauf, nach außen eine gutbürgerliche Fassade aufrechtzuerhalten und als erfolgreicher Mensch angesehen zu werden. Er wollte allen beweisen, dass er die armen, kaputten Familienverhältnisse, aus denen er stammte, hinter sich gelassen hatte. In seinem Erwachsenenleben sollte alles anders sein, als in seiner Kindheit. Dr. Kastner beschrieb dies so: »Er sorgte dafür, dass sich die demütigende, ohnmächtige Position seiner Kindheit nie mehr wiederholte. Dafür war er gewillt zu lernen. Er stürzte sich in Arbeit, las Bücher, nahm sich schon als Jugendlicher vor, ›etwas zu werden‹.«

1956, als Fritzl einundzwanzig Jahre alt war, heiratete er die damals knapp siebzehnjährige Rosemarie. Sein erklärtes Ziel war es, eine Familie mit vielen Kindern zu haben. Er selbst hatte sehr unter der Einsamkeit als Einzelkind gelitten und wollte deshalb immer eine große Familie gründen. Rosemarie, ein eher schüchternes und zurückhaltendes Mädchen, erschien ihm als geeignete Mutter für seine Familienplanung. Sie schenkte ihm zwei Söhne und fünf Töchter, die Fritzl allerdings mit derselben übertriebenen Strenge und Gewalt erzog, die er als Kind erlebt hatte. So wurden die

Kinder bei jeder Kleinigkeit – selbst beim falschen Halten des Bestecks – hart bestraft und durften niemals Widerworte geben. Nach außen sollten sie extrem wohlerzogene Vorzeigekinder sein.

Der schöne Schein

Um sich auch beruflich von seiner ärmlichen Herkunft abzugrenzen, machte Josef Fritzl erst eine Ausbildung zum Elektromechaniker und Elektrotechniker, arbeitete eine Weile als Elektriker für eine angesehene Firma und wurde schließlich Betriebsleiter einer Betonfirma. Diesen Job kündigte er 1971, um die Generalvertretung eines Betonrohrbau-Unternehmens zu übernehmen. Dort arbeitete er bis zu seiner Pensionierung 1995, ohne dass er jemals besonders aufgefallen wäre. Er war zwar für seinen übermäßigen Kontrolldrang bekannt – sowohl in seinem Beruf als auch in seiner Familie musste alles bis ins letzte Detail nach den von ihm aufgestellten strengen Regeln ablaufen. Doch dass er ein äußerst grausamer Straftäter war, das traute ihm niemand zu. Seine Arbeitskollegen beschrieben ihn später als »tüchtig, engagiert und sehr gescheit«, eine Arbeitskollegin gab an: »Seine Schuhe haben immer geglänzt, die Krawatte saß nie schief, er war immer wie aus dem Ei gepellt. Er sah aus wie ein Diplomat. Er war ein richtig fescher Kerl und der Schwarm aller Frauen im Betrieb.«

Neben seinem Beruf war er geschäftig, kaufte mehrere Immobilien und ließ seine Ehefrau eine Pension und ein Gasthaus führen. Mit seinen Immobiliengeschäften wurde er zum Millionär. Weil niemand außer ihm selbst vollen Einblick in seine finanziellen Aktivitäten hatte, konnte er mit dem heimlich erwirtschafteten Vermögen seine zweite Familie im Keller versorgen, ohne dass es jemandem auffiel.

Wie bei allen Vorhaben, die er sich in den Kopf setzte, war ihm auch bei der Mehrung seines Geldes jedes Mittel recht. 1982 wurde er verdächtigt, seinen eigenen Gasthof angezündet zu haben, um die Versicherung zu kassieren. Es konnte aber nie bewiesen werden. Die in seinem Berufsleben erworbenen Fähigkeiten nutzte

Fritzl, um das ausgeklügelte, zunächst fünfunddreißig Quadratmeter kleine Kellerverlies, das er später auf fünfundfünfzig Quadratmeter ausbaute, unbemerkt in seinem Haus zu errichten.

Fritzl erreichte also in seinem Erwachsenenleben alles, wovon er als Kind geträumt hatte: Er hatte eine angesehene berufliche Position und verdiente genug Geld, um mit seiner Großfamilie in angenehmen finanziellen Verhältnissen zu leben. Doch obwohl seine Frau und seine Kinder sich dem dominanten Familienoberhaupt stets unterordneten, war Fritzl nie zufrieden. Seine sexuellen, gewalttätigen Fantasien und vor allem seinen Wunsch, einen Menschen wirklich komplett zu besitzen, konnte er zunächst nicht ausleben. Das änderte sich, als er damit begann, seine Tochter Elisabeth als sexuell anziehend wahrzunehmen und seine sadistischen Fantasien besonders auf sie zu richten.

Vierundzwanzig Jahre unter der Erde

Für Fritzl bedeutet jemanden ganz zu besitzen, ihn zu erniedrigen und zu unterwerfen. Diesen Wunsch richtete er auf Elisabeth – das vierte seiner sieben ehelichen Kinder –, weil sie die Eigensinnigste war. Eines seiner anderen Kinder zu unterwerfen, die sich ihm ohnehin völlig unterordneten, war für ihn nicht besonders reizvoll. Denn wie bei allen bösartigen Sadisten wurde er von Erniedrigung und Unterwerfung nur angeregt, wenn sein Opfer diese Behandlung ausdrücklich ablehnte, das auch deutlich zeigte und sich dagegen wehrte.

Elisabeth war ihm in einigen Eigenschaften viel ähnlicher als seine anderen Kinder. Sie ließ sich nicht so leicht dominieren wie die anderen und hatte wie er einen starken Willen. Diesen Willen zu brechen und sie zu seiner persönlichen Sklavin zu machen, reizte Fritzl ganz besonders. Er beschrieb das der Gutachterin gegenüber mit den Worten: »Die war so stark wie ich, so stur wie ich, das war die größte Herausforderung. Je stärker das Opfer, desto größer der Sieg.«

Schon als sie elf Jahre alt war, begann Josef Fritzl Elisabeth sexuell zu missbrauchen. Doch das Mädchen wollte sich nicht zum Opfer machen lassen und plante, möglichst früh auszuziehen. Als Elisabeth sechzehn Jahre alt war, rannte sie mit einem Freund von zu Hause weg und versteckte sich in Wien. Dort wurde sie nach drei Wochen von der Polizei aufgegriffen und zu ihren Eltern zurückgebracht.

Etwa in dieser Zeit begann Fritzl damit, einen Teil seines Kellers zum Verlies umzubauen. Er machte es schalldicht, brachte eine massive, fünfhundert Kilogramm schwere Betontür mit einem elektrischen Zahlenschloss an, baute ein Waschbecken, ein Bett, einen Herd und einen Kühlschrank ein. Zwar bemerkte seine Familie, dass er Umbauten im Keller durchführte, doch niemand traute sich, ihm Fragen zu stellen. Der Keller war sein persönlicher Bereich, den nur er betreten durfte. Er rechtfertigte dies oberflächlich damit, dass er dort seine Geschäftsunterlagen aufbewahre. Natürlich wagte niemand, gegen diese Regel zu verstoßen oder sie zu hinterfragen.

Während ihr Vater ihr zukünftiges Gefängnis herrichtete, machte Elisabeth eine Ausbildung zur Kellnerin und bekam 1984 eine Stelle im nahegelegenen Linz angeboten. Fritzl musste nun schnell handeln, sonst wäre Elisabeth seinem Einfluss entkommen. Er lockte die damals Achtzehnjährige Ende August 1984 unter dem Vorwand, er brauche Hilfe beim Tragen einer Tür, in seine Kellerräume. Dort überwältigte er sie, betäubte sie mit Äther und sperrte sie in den Kellerbereich hinter der massiven Betontür ein. Die Tür selbst war durch ein Bücherregal getarnt. Die ersten Monate hielt er sie im Kellerraum an einer Hundeleine.

Elisabeth wurde von ihrer Mutter als vermisst gemeldet. Gefangen im Keller zwang Fritzl sie, einen Brief zu schreiben, der ihr Verschwinden erklären sollte. Fast einen Monat nachdem er sie eingesperrt hatte, behauptete er, diesen Brief von ihr erhalten zu haben, den er selbst vorher in Braunau abgeschickt hatte. Diesen Brief zeigte er seiner Familie und der Polizei, als Beweis dafür, dass Elisabeth erneut ausgerissen sei und sich vermutlich einer Sekte angeschlossen habe.

Etwa alle zwei Tage – anfangs sogar noch häufiger – ging Fritzl in den Keller, brachte Elisabeth Nahrung und andere Dinge, die sie brauchte, und vergewaltigte sie immer und immer wieder. In der Anklageschrift stand, dass die Häufigkeit der Vergewaltigungen nach einigen Jahren »auf alle zwei Tage zurückging«. Insgesamt vergewaltigte er seine Tochter etwa dreitausend Mal. Sie wurde während ihrer vierundzwanzigjährigen Gefangenschaft dabei sieben Mal schwanger.

1986, nach zwei Jahren Gefangenschaft, hatte sie eine Fehlgeburt. 1989 kam ihre Tochter Kerstin zur Welt, 1990 folgte der Sohn Stefan. 1992 wurde Lisa geboren. Fritzl beschloss, Lisa nach oben zu holen, als sie neun Monate alt war. Er inszenierte ihre Auffindung in einem Pappkarton vor seinem Haus. Dem Pappkarton lag ein weiterer erzwungener Brief von Elisabeth bei, in dem sie ihre Eltern bat, sich um das Kind zu kümmern.

Als Elisabeth im Februar 1994 ihre Tochter Monika zur Welt brachte, begann Fritzl den Keller auf insgesamt fünfundfünfzig Quadratmeter zu vergrößern. Das verbesserte die Lebensumstände aber nur geringfügig. Der Keller war mit einer Höhe von einem Meter vierundsiebzig bedrückend niedrig, es war stets feucht, eine Heizung gab es nicht und Luft drang hauptsächlich durch undichte Stellen im Mauerwerk ein. Mit drei kleinen Kindern in diesem Loch zu hausen war unerträglich, sodass auch Monika nach zehn Monaten im Keller nach oben geholt wurde. Um auch dieses Findelkind zu erklären, ließ sich Fritzl eine besonders geschickte Erklärung einfallen. Er zwang Elisabeth im Keller, auf ein Tonband zu sprechen, auf dem sie ihre Mutter Rosemarie darum bat, sich auch um dieses Kind zu kümmern. Fritzl rief seine Frau von auswärts an und spielte das Band ab. Rosemarie meldete dies der Polizei und erwähnte dabei auch, dass sie sich nicht erklären könne, wie Elisabeth ihre neue Geheimnummer habe erfahren können. Doch wie die meisten Frauen von übermäßig herrschsüchtigen, sadistischen Straftätern, war sie gewohnt, nicht nur ihrem Mann alles zu glauben und geradezu willenlos zu gehorchen. Deshalb schöpfte sie noch immer keinen Verdacht.

Im Mai 1996 bekam Elisabeth Zwillinge. Während der kleine Alexander überlebte, starb sein Zwillingsbruder Michael nach drei Tagen Todeskampf im Keller. Obwohl das Baby nach Luft rang und blau anlief, weigerte sich Josef Fritzl, es medizinisch versorgen zu lassen. Rückblickend erklärte er dies damit, dass er dachte, das Kind würde auch ohne Hilfe überleben. Das ist eine Rechtfertigung, die angesichts des körperlichen Zustandes des Kindes völlig unglaubwürdig ist, doch vermutlich hat Fritzl selbst in all den Jahren angefangen, seine eigenen Ausreden zu glauben. Die Babyleiche verbrannte er im Heizungsofen des Kellers und verstreute die Asche in seinem Garten.

Nach fünfzehn Monaten wurde der überlebende Zwilling Alexander nach oben geholt und wie seine Schwestern als von Elisabeth abgegebenes Kind ausgegeben, um das sich ihre Eltern angeblich kümmern sollten. Schließlich wurde Elisabeth 2002 ein letztes Mal schwanger und brachte ihren Sohn Felix zur Welt. Fritzl holte Felix nicht nach oben, weil seine inzwischen dreiundsechzigjährige Frau mit der Versorgung der drei bei ihnen lebenden Kinder voll ausgelastet war und seiner Meinung nach mit einem weiteren Kind überfordert gewesen wäre.

So vergingen weitere fünfeinhalb Jahre, in denen Fritzl mit Ehefrau Rosemarie und drei seiner Kinder – die gleichzeitig auch seine Enkel waren – oben in seinem Haus ein scheinbar normales Leben führte. Zwischendurch besuchte er alle paar Tage seine »zweite Familie«, also seine für ihn zur »zweiten Ehefrau« gewordene Tochter Elisabeth und die drei von Geburt an im Keller lebenden Kinder, in ihrer fünfundfünfzig Quadratmeter kleinen Welt, wo es weder Sonnenlicht noch frische Luft gab. Obwohl die Kinder mangels Sonne, Bewegung und angesichts der modrigen Luft oft krank waren, gewährte Fritzl ihnen keine medizinische Versorgung außer Aspirin und Hustensaft.

Mit seiner »Kellerfamilie« nahm er Mahlzeiten ein, die Elisabeth kochte, schaute Videokassetten an, brachte ihnen Geschenke mit und stellte ihnen zu Weihnachten sogar einen Tannenbaum ins Verlies. Elisabeth brachte er zuweilen sogar Blumen und hübsche

Kleidung mit, ganz so, als sei sie in seiner Fantasiewelt die von ihm geschätzte und geliebte Frau. Dann ließ er sie wieder tagelang ohne Strom oder Lebensmittel, wenn er über etwas verärgert war.

Er brachte seiner »Kellerfamilie« auch Fotos und Videos der »Familie oben«, ganz so, als könnte das das Leben, welches sie verpassten, alleine durch das Anschauen der Fotos ersetzen. In den Medien wurde berichtet, gerade das Zeigen des Lebens »oben« sei für die Familie »unten« der »Gipfel der Demütigung« gewesen. Doch Fritzl selbst hat dies sehr wahrscheinlich ganz anders wahrgenommen. In seiner Fantasiewelt im Keller gehörte es zu dem, was er als »Normalität« betrachtete, einfach dazu, der kleinen Familie vom Leben oben zu berichten. Vermutlich glaubte er sogar, dies sei eine »Nettigkeit«, die er ihnen entgegenbrachte. Elisabeth erklärte ihren Kindern, »oben« sei auf einem anderen Planeten. Das beschrieb Josef Fritzls Art, sein Leben in unterschiedliche Welten aufzuteilen, tatsächlich sehr treffend.

Da Elisabeth ihm nicht entfliehen konnte und ihr Überleben sowie das ihrer Kinder von ihm abhing, passte sie sich so weit notwendig seinen Wünschen an und verhielt sich wie eine »folgsame Ehefrau«. Sie täuschte weitestgehend die Normalität vor, die Fritzl sich in seiner Parallelwelt im Keller wünschte, um seine leicht auslösbaren Wutanfälle und die damit einhergehenden Bestrafungen so weit möglich zu vermeiden und besonders ihre Kinder vor ihm zu schützen.

Der Tyrann schimpfte, schlug, begrenzte ihre Lebensmittelvorräte und schaltete auch schon mal mehrere Tage lang den Strom im Keller aus, wenn er sich geärgert hatte. Die gottesähnliche Macht, die er dabei empfinden und voll ausleben konnte, dürfte ihn stark befriedigt haben. Josef Fritzl deutete trotz der offensichtlichen Notsituation seiner Tochter ihr entgegenkommendes Verhalten in seiner gefühlskalten Art so, dass sie im Grunde zufrieden war und sich in ihrer Rolle als »seine Ehefrau« offenbar mehr oder minder gut eingefunden hatte.

Mit ihr sprach er nach und nach weitestgehend offen und sah sie sogar als Vertrauensperson an. Die Gutachterin beschrieb dies so: »Dass die Beziehung zu der Tochter im Verlies die wohl vertrauensvollste im ganzen Leben des Herrn Fritzl gewesen sein dürfte, belegt das Faktum, dass er in völliger Verkennung der Dimension seines Verhaltens (...) offensichtlich davon ausging, dass seine Tochter auch im Falle eines Kontaktes mit der Außenwelt nichts unternehmen würde, um das Geschehene aufzudecken.«

Fritzl nahm also aufgrund seiner völligen Unfähigkeit, sich in die Gefühle anderer Menschen hineinzuversetzen, überhaupt nicht wahr, worauf das von ihm fälschlicherweise als vertrauensvoll wahrgenommene Verhältnis zu seiner Tochter in Wahrheit beruhte: Elisabeth wusste, dass sie und die Kinder ohne sein Wohlwollen in dem Kellerverlies sterben würden, was er ihr auch immer wieder klarmachte. Er behauptete unter anderem, dass er eine Vorrichtung in die Betontür eingebaut habe, die jedem, der versuchen würde, sie zu öffnen, einen tödlichen Stromschlag versetzen würde.

Die Vergewaltigungen von Elisabeth – bei denen er sie zur Verstärkung seiner sexuellen Erregung unter anderem fesselte, sie zwang, Szenen aus Pornofilmen nachzuahmen, und allerlei Sex-Utensilien an ihr ausprobierte – gingen all die Jahre auch in unmittelbarer Nähe ihrer Kinder weiter, als sei dies eben der normale Lauf der Dinge.

Für Fritzl waren seine »zwei Leben« völlig voneinander getrennt. Führte er das eine, so dachte er nicht an das andere. Insgesamt war die Situation für ihn sehr angenehm, denn mit der kleinen Familie im Keller, die ihn niemals verlassen würde, spürte er endlich nicht mehr die schrecklichen Gefühle aus der Zeit, als seine Mutter ihm als Kind deutlich gezeigt hatte, dass niemand ihn freiwillig lieben und bei ihm bleiben würde. Er schaffte es so wie gesagt, alles, was er sich je erträumt hatte, wahr zu machen: Wohlstand, beruflichen Erfolg, gleich zwei Großfamilien und vor allem einen Menschen, der sowohl seine extremen sexuellen wie auch gefühlsmäßigen Bedürfnisse notgedrungen erfüllte, ohne ihn jemals verlassen zu können.

Fritzl beschrieb seinem Anwalt gegenüber das, was er tat, mit den Worten: »Ich wusste dauernd, während der ganzen vierundzwanzig Jahre, dass das, was ich tat, nicht richtig war, dass ich verrückt sein muss, weil ich so etwas tue. Aber trotzdem konnte ich nicht raus aus meinem zweiten Leben. Wenn ich oben war, war ich ganz normal. Ich hab voll funktioniert, Geld gemacht, meine Familie gut versorgt, und ich hab bewusst nur an unten gedacht, wenn ich für meine Zweitfamilie Besorgungen zu erledigen hatte. Aber irgendwann ist das alles auch ganz selbstverständlich für mich geworden, wie eben, dass ich im Keller meines Hauses ein zweites Leben führte, dass ich dort eine zweite Frau und unsere gemeinsamen Kinder zu betreuen hatte.«

Jose Fritzl genoss in vollen Zügen, dass wirklich alle seine Bedürfnisse erfüllt wurden. Zwischenzeitlich war er derartig entspannt und geradezu sorglos in seinen beiden Leben, dass er sogar 1998 alleine einen vierwöchigen Urlaub in Thailand verbrachte. Später erzählten englische Urlaubsgäste der Boulevardpresse, Josef Fritzl hätte sich in Thailand mit minderjährigen Stricherjungs umgeben. Sicher ist, dass er während des Urlaubs ein Abendkleid und Reizwäsche für eine schlanke Frau kaufte, was seinem Begleiter auffiel. Da Fritzls Ehefrau nicht schlank war, was der Begleiter wusste, behauptete Fritzl, er habe eine schlanke Geliebte. Damit war das Thema für den Begleiter erledigt.

Seine Familie im Keller deckte Fritzl während seiner Urlaubszeit notdürftig mit Lebensmitteln ein. Er sagte ihnen, für den Fall, dass ihm etwas passieren würde, hätte er eine Vorrichtung in den Keller gebaut, durch die sie nach einiger Zeit vergast werden würden. Vor Gericht behauptete er, er habe in Wirklichkeit nicht vorgehabt, die Gefangenen im Falle seines Ablebens sterben zu lassen. So hätte er nicht eine Vergasungsvorrichtung, sondern ein Zeitschloss an der Betontür im Keller angebracht, das sich nach einer von ihm festgelegten Zeit geöffnet hätte, falls er nicht zurückgekehrt wäre. Ein solches Zeitschloss wurde allerdings ebenso wenig wie eine Vergasungsvorrichtung je gefunden. Josef Fritzl schien die Grausamkeit zu genießen, seinen Gefangenen das Gefühl zu vermitteln, sie würden sterben, falls ihm etwas zustoßen würde.

Fritzls Fantasiewelt brach zusammen, als seine neunzehnjährige Tochter und Enkelin Kerstin, die den Keller noch nie verlassen hatte, schwer erkrankte. Kerstin litt schon seit ihrer Kindheit unter epileptischen Anfällen. Fritzl brachte ihr krampflösende Mittel in den Keller, mehr Behandlung gönnte er ihr nicht. Kerstins Zustand verschlimmerte sich Anfang 2008 drastisch, die Krampfanfälle wurden häufiger, sie lag deswegen wochenlang im Bett.

Ihre Mutter Elisabeth wurde immer verzweifelter, hatte Angst, ein weiteres Kind im Keller sterben zu sehen. So drängte sie Josef Fritzl dazu, Kerstin ins Krankenhaus zu bringen. Selbst Josef Fritzl konnte nicht ausblenden, wie sehr sich Kerstins Zustand verschlechterte und dass sie in Lebensgefahr war. Ob er schließlich echte Sorge um das Leben seiner »Tochter-Enkelin« empfand oder doch eher befürchtete, im Falle ihres Todes könnte es schwierig werden, die Leiche einer erwachsenen Frau unauffällig verschwinden zu lassen, wird nie geklärt werden. Fritzl ließ sich jedenfalls von Elisabeth überzeugen.

Am frühen Morgen des 19. April 2008 öffnete er die massive Tür des Kellerverlieses und trug die bewusstlose Kerstin – mit Elisabeths Hilfe – die Kellertreppe hinauf. Sobald das Mädchen oben lag, drängte er Elisabeth in das Verlies zurück. Sie wehrte sich nicht, denn nicht nur ihr Leben, sondern auch das ihrer Kinder hing von Josef Fritzls Wohlwollen ab. Fritzl rief den Krankenwagen.

Den Ärzten bot sich ein verwirrendes Bild: Eine extrem blasse junge Frau wurde von einem Mann, der sich als ihr Großvater vorstellte, bewusstlos eingeliefert. Er sagte, seine Tochter sei seit Jahren verschwunden, wahrscheinlich bei einer Sekte, und habe nun seine schwerkranke Enkelin bei ihm vor die Tür gelegt. Anbei sei ein weiterer Brief seiner Tochter, in dem sie erneut schrieb, man solle nicht nach ihr suchen.

Die Identität des bewusstlosen Mädchens war nicht zu klären, sie war nirgendwo gemeldet. An welcher Krankheit sie litt, konnten die Ärzte nicht feststellen, weil es keine Informationen zu ihrer Krankengeschichte gab. Ihr Zustand verschlimmerte sich, sie fiel ins Koma. Der zuständige Arzt sah nur einen Weg, das Leben des Mädchens zu retten: Ihre Mutter musste ausfindig gemacht werden, damit die Ärzte die lebensnotwendigen Informationen zur Erkrankung des Mädchens erfragen und sie richtig behandeln konnten. Dieser Arzt verständigte das österreichische Fernsehen und die Zeitungen. Er rief die Mutter öffentlich auf, sich zu melden, da ihre Tochter ohne die notwendigen Informationen vermutlich sterben werde.

Elisabeth Fritzl sah diesen Aufruf in ihrem Keller am Bildschirm. Sie flehte Josef Fritzl an, sie ins Krankenhaus zu bringen, um die gemeinsame Tochter zu retten. Josef Fritzl gewährte ihr dies, dachte sich aber einen Plan aus, um trotzdem ungeschoren davonzukommen. Ob er wirklich daran glaubte, dass dieser Plan dauerhaft funktionieren würde, ist schwer zu sagen.

Genau eine Woche nach Kerstins Einlieferung ins Krankenhaus brachte Josef Fritzl Elisabeth und ihre beiden im Keller lebenden Söhne zum ersten Mal nach vierundzwanzig Jahren – für die Jungs das erste Mal in ihrem Leben – nach draußen. Er erklärte seiner Frau, Elisabeth und ihre Söhne seien der Sekte entkommen und endlich heimgekehrt. Zuvor bläute er den dreien ein, ihn nicht zu verraten, da er sie sonst alle töten würde. Weil er es gewohnt war, dass niemand es wagte, sich seinem Willen zu widersetzen, hatte er durchaus berechtigte Hoffnung, dass seine Einschüchterung auch in diesem Fall ausreichen würde.

Dem Krankenhauspersonal kam die ganze Geschichte von Anfang an komisch vor. Dass Josef Fritzl dann mit seiner ebenfalls unnatürlich blassen, seit vierundzwanzig Jahren vermissten Tochter plötzlich ins Krankenhaus spazierte, verstärkte die Zweifel an seiner Glaubwürdigkeit noch. Jemand vom Krankenhaus rief anonym die Polizei an und berichtete von der sehr seltsamen Geschichte und dem überraschenden Auftauchen der seit Jahren vermissten Elisabeth.

Die Polizei schaffte es, Josef Fritzl und Elisabeth abzufangen und auf der Wache getrennt zu befragen. Sie merkten schnell, dass die vor ihnen sitzende, seltsam blasse Frau sehr unruhig war. Nachdem sie ihr versicherten, dass sie und ihre Kinder vor dem Vater geschützt werden würden, machte Elisabeth Fritzl eine ausführliche Aussage. Die Polizisten waren fassungslos, für sie klang die Geschichte wie aus einem grausamen Horrorfilm.

Noch in derselben Nacht wurde Fritzl verhaftet. Elisabeth und ihre Kinder wurden in das Landesklinikum von Amstetten gebracht. Dort blieben sie acht Monate lang und wurden sowohl von Ärzten als auch von Psychologen betreut. Im Dezember 2008 verließ Elisabeth Fritzl gemeinsam mit ihren sechs Kindern das Krankenhaus. Sie nahmen eine neue Identität an und leben seither an einem unbekannten Ort in Österreich. Ihre Stärke, wegen der ihr Vater sie einst zu seinem Opfer erkoren hat, macht es ihr möglich, nach diesem unfassbaren Martyrium wieder ein selbstbestimmtes Leben zu führen.

Josef Fritzl sah nach seiner Verhaftung keinen seiner Angehörigen wieder. Für jemanden, der sich zwei Welten und zwei Familien erschaffen hat, weil er eigentlich immer nur Angst hatte, verlassen zu werden, wurde der ultimative Albtraum wahr: Beide Welten stürzten ein. Doch seine Fähigkeit, Dinge auszublenden, half ihm dabei, auch in dieser Situation aus der Wirklichkeit zu fliehen. Er wollte einfach nicht wahrhaben, dass keine seiner zwei Familien mehr etwas von ihm wissen will. Und was Josef Fritzl nicht wahrhaben will, das existiert für ihn nicht.

So redete er sich ein, Elisabeth habe nur gegen ihn ausgesagt, um ihre Kinder zu schützen, als die Behörden sie unter Druck setzten. In seinem Kopf hielt er an dem Glauben fest: »Eigentlich« hätte sie ihn nicht verraten wollen, »eigentlich« war sie schließlich seine zweite Frau, seine Vertraute. Josef Fritzl glaubte noch Ende 2010, als er einem Reporter, der sich ins Gefängnis eingeschlichen hatte, ein Interview gab, dass seine Familie »eigentlich« noch zu ihm halten würde.

Die Tatsache, dass die acht Briefe, die er Ehefrau Rosemarie aus dem Gefängnis geschrieben hatte, nie beantwortet wurden und er von keinem seiner dreizehn Kinder jemals Besuch bekam, erklärte er sich damit, dass die Gefängnisleitung seine Angehörigen daran hindern würde. Über seine Ehefrau sagte er während des Interviews: »Ich weiß, dass sie mich immer noch liebt. Mein Traum ist, dass ich es noch erlebe, hier lebendig rauszukommen. Ich würde später gerne meine Frau pflegen, weil sie mir immer die Treue gehalten hat.« Die Gerichtsgutachterin Dr. Kastner beschrieb seine völlige Verkennung der Wahrheit so: »Er hat die Neigung, sich die Wirklichkeit nach Belieben zurechtzuzimmern, wobei das Ergebnis dieser inneren Umformung von Herrn Fritzl als ›die Realität‹ angesehen wird.«

Zellen spielen in Josef Fritzls Leben eine wichtige Rolle. Als Kind entfloh er seiner bedrohlichen Umwelt, indem er sich eine Zelle in seinem Kopf schuf. Seiner geliebten und gleichzeitig verhassten Mutter bestimmte er eine Zelle als Lebensraum für ihre letzten Jahre. In einer Zelle unter der Erde baute er sich eine Welt auf, die nur der Erfüllung seiner Bedürfnisse diente. Aus der Zelle in seinem Kopf wurde auf fünfundfünfzig Quadratmetern Realität. Josef Fritzl sitzt nun wieder in einer kleinen Zelle. Doch die eigentliche Zelle, in der er sitzt, ist weiterhin in seinem Kopf. In dieser Zelle leben seine »zwei Ehefrauen«, seine dreizehn Kinder, und er wird von allen geliebt, so sehr, wie er es sich in seiner Kindheit immer gewünscht hat.

Wolfgang Priklopil

Die Geschichte des österreichischen Mädchens Natascha Kampusch, das acht Jahre in einem kleinen Keller gefangen gehalten wurde, ist weltweit ebenso bekannt geworden wie der Fall der Familie Fritzl. Sehr viel wurde über das Opfer und ihren Weg zurück ins Leben berichtet. Die Informationen über den Täter, der sich am Abend nach der Flucht des Mädchens das Leben nahm, sind verhältnismäßig rar. Deshalb ist die Erklärung dafür, wie sich sein Wunsch nach einer erzwungenen Lebensgefährtin entwickelte, nicht so offensichtlich zu finden wie im Fall des Josef Fritzl. Dennoch fallen einige Ähnlichkeiten zwischen Wolfgang Priklopil und Josef Fritzl auf.

Sowohl Priklopil als auch Fritzl hatten keine engen Freunde. Sie pflegten zwar langjährige, recht oberflächliche Kontakte zu männlichen Bekannten, ließen aber niemanden nah an sich heran. Weil sie stets höflich und hilfsbereit waren, traute ihnen niemand etwas Böses zu. Obwohl sie als Eigenbrötler galten, die nicht all zu viel über ihr Privatleben preisgaben, schätzte sie keiner ihrer Bekannten als gefährlich oder bösartig ein.

Ihre Mitarbeiter und Bekannten schilderten beide als fleißige, zuverlässige, immer ordentliche und pflichtbewusste Kollegen und Mitmenschen. In den großen Firmen, für die sie arbeiteten, waren sie angesehen, niemand hat etwas Schlechtes über sie gesagt. Ein langjähriger Bekannter und Geschäftspartner von Priklopil sagte über ihn: »Ich würde seine Persönlichkeit so beschreiben: Er wollte nie im Vordergrund stehen und hat sich nicht aufgedrängt. Er war sehr sparsam, aber nicht geizig. Er legte viel Wert auf Qualität. Er wollte lieber weniger besitzen, aber was er besaß, sollte von sehr guter Qualität sein.«

Fritzl und Priklopil protzten nicht, zeigten aber ihren selbst erarbeiteten Wohlstand ganz gerne. Bei Fritzl war das beispielsweise sein großes Haus und seine stets vorbildlich wirkende Großfamilie, die er problemlos versorgte und an Wochenenden hin und wieder gerne zum Essen ausführte.

Priklopil führte seinen teuren roten BMW vor, indem er mit überhöhter Geschwindigkeit durch seine kleine Wohnsiedlung raste oder ihn hingebungsvoll wusch, pflegte und an ihm herumbastelte. Außerdem gehörten ihm ein Mercedes und verschiedene andere Autos, die er aufbesserte und wieder verkaufte. Ein Bekannter sagte, dass der BMW sein »Heiligtum« gewesen sei.

Auch die Interessen von Fritzl und Priklopil ähnelten sich: Sie bauten und renovierten ganz alleine Häuser und Wohnungen und kannten sich mit elektrischen und technischen Basteleien sehr gut aus. Das wussten auch ihre Bekannten und Geschäftspartner. Von früher Jugend an blieben sie lieber für sich und widmeten sich ihren Schularbeiten und Interessen, anstatt wie andere Gleichaltrige feiern zu gehen oder sich Sportvereinen anzuschließen.

Es ist kein Zufall, dass Priklopil und Fritzl sich in all diesen Dingen ähneln. Diese Eigenschaften sind typisch für Menschen mit einer »zwanghaften Persönlichkeitsstörung«.

Zwanghafte Persönlichkeitsstörung

Zunächst möchte ich betonen, dass die allermeisten Menschen mit zwanghafter Persönlichkeitsstörung keine Verbrechen begehen. Ihr Leben ist für sie zwar oft anstrengend, weil sie so übertrieben hohe Erwartungen an sich und andere Menschen haben, dass sie fast nie zufrieden sind und sich auch leicht überarbeiten. Doch sie sind normalerweise nicht gefährlich. Ganz im Gegenteil haben sie oft so übertriebene Vorstellungen davon, wie sich »ein anständiger Mensch« – als den sie sich selbst auch sehen – zu verhalten hat, dass sie nicht einmal falsch parken würden – was sie bereits von den meisten anderen Menschen unterscheidet.

Bei Fritzl und Priklopil kamen aber noch mehr psychische Auffälligkeiten dazu. Wie ich schon am Fall des Serienmörders Garavito (siehe S. 72 ff.) gezeigt habe, kann man Verbrecher oft mithilfe eines Baukastens von Eigenschaften beschreiben. Würde die ein oder andere Eigenschaft wegfallen, so hätten die in diesem Buch beschriebenen Täter andere oder überhaupt keine Verbrechen begangen.

Priklopil und Fritzel hatten den unbändigen Wunsch, eine Frau ganz zu besitzen, völlig über sie zu bestimmen und dafür zu sorgen, dass diese Frau sie niemals verlassen kann. Beide hatten auch eine bösartige sexuell sadistische Neigung (siehe den Abschnitt »Sadistische Straftaten« ab S. 238). Es gehörte für sie dazu, die Frau, die sie als ihr Eigentum ansahen, zu quälen und zu erniedrigen. Das erzeugte in ihnen das Gefühl von Macht, Überlegenheit und völliger Kontrolle. Nur, wenn sie diese völlige Kontrolle über einen Menschen gespürt haben, fühlten sie sich wohl.

Wegen ihrer zwanghaften Persönlichkeitsstörung hatten sowohl Priklopil als auch Fritz die Fähigkeit entwickelt, ganz alleine ein geheimes Kellerverlies mit Strom, Wasser und Sicherheits-

anlage zu bauen. Nur dadurch waren sie auch in der Lage, jahrelang Einkäufe, Wäsche und Müllentsorgung für ihre Gefangenen so übermäßig genau zu regeln, dass niemandem etwas Ungewöhnliches auffiel.

Fritzl kaufte für seine Familie im Keller in verschiedenen Dorfsupermärkten ein und brachte die Einkäufe heimlich nachts in den Keller. Priklopil hatte im Vorraum des Kellerzimmerchens seiner Gefangenen einen Kühlschrank, in dem er ihre Lebensmittel aufbewahrte. Außerdem hatte er für ihre Abfälle eine eigene Mülltonne, die er niemals in seinem Hausmüll entsorgte, sondern mit dem Auto zu größeren Müllcontainern brachte. Nur mithilfe dieser übermäßigen Planung und Umsetzung gelang es, dass weder Fritzls Frau und seine noch im Haus lebenden anderen Kinder noch Priklopils Mutter, die häufig in seinem Haus zu Besuch war, etwas von den Kellergefangenen mitbekamen.

Ordnungswut im Alltag

Menschen mit zwanghafter Persönlichkeitsstörung zeigen viele Merkmale, die in Firmen und Behörden gerne gesehen werden. Ihre Arbeit ist diesen Menschen sehr wichtig. Was sie tun, wollen sie möglichst fehlerfrei machen. Dadurch brauchen sie manchmal länger als andere, weil sie nur zufrieden sind, wenn das Ergebnis ihrer Arbeit haargenau ihren Vorstellungen entspricht. Am liebsten haben sie es, wenn niemand ihnen in ihre Arbeit hineinredet und sie alles nach ihren übertrieben genauen Vorstellungen umsetzen können. Gerne suchen sie sich Berufe, die zu dieser Arbeitseinstellung passen. Am liebsten arbeiten sie nach klaren Regeln und stellen diese auch für andere auf. Sie verlieren sich förmlich in Arbeiten, bei denen sie nach vorgegebenen Plänen und Regeln Aufgaben erledigen können.

Sowohl Priklopil als auch Fritzl bastelten und bauten gerne, sowohl in ihrem Beruf als auch in ihrer freien Zeit. Am liebsten beschäftigten sie sich mit Bauplänen, technischen und elektrischen Geräten. In diesen Bereichen konnten sie ungehemmt ihre Regeln, Ordnung und Genauigkeit umsetzen.

Solche Menschen führen ihre Arbeiten – ob im Beruf oder zu Hause – am liebsten alleine aus. Sie treffen sich in ihrer Freizeit ungern mit anderen, gehen kaum feiern und schließen sich auch keinen Vereinen an. Das, was sie im Beruf machen, unterscheidet sich nicht wesentlich von dem, was sie zu Hause machen. Deshalb halten Bekannte sie oft für Arbeitstiere, die sich keine Freizeit gönnen. Dazu passend sind sie, selbst wenn sie einen guten Beruf und keine Geldsorgen haben, auffällig sparsam und bemüht, ihr Geld gewinnbringend anzulegen. Genau diese Besonderheiten zeigten sowohl Priklopil als auch Fritzl.

Einige Eigenschaften stören ihre Mitmenschen aber. Zwanghaft Persönlichkeitsgestörte haben nämlich strenge Vorstellungen davon, nach welchen Regeln sich »alle Menschen« verhallten sollten. Wenn sie können, setzen sie diese Regeln auch durch und nötigen andere, sich daran zu halten. Sie würden sich zwar nie trauen, etwas an ihren Vorgesetzten zu beanstanden. Doch Untergebene oder Kollegen, die rangmäßig unter ihnen stehen, ihre Nachbarn und Familienangehörigen werden von ihnen ermahnt, wenn sie gegen die Regeln des zwanghaft Persönlichkeitsgestörten verstoßen. An ihrer eigenen Meinung zweifeln diese Menschen nie und lassen sich auch auf keine Diskussion darüber ein.

Die Haushalte und Gärten von Priklopil und Fritzl waren dementsprechend immer sauber und ordentlich. Das passt zu ihren hohen Ansprüchen. Sowohl die Mutter von Priklopil als auch die Frau und die Kinder von Fritzl kümmerten sich um Haushalt, Garten und Essen ganz genau nach den übertriebenen Vorstellungen der herrischen Männer. Priklopil war es beispielsweise so wichtig, seinen Garten in Ordnung zu halten, dass er sich beim Gemeindeamt beschwerte, weil die Äste vom Grundstück seiner Nachbarn herüberwuchsen. Beide bestraften sowohl ihre Gefangenen im Keller als auch ihre nicht gefangenen Angehörigen, wenn diese auch nur geringfügig gegen eine der aufgestellten Regeln verstießen.

Über Wolfgang Priklopils Kinder- und Jugendzeit ist viel weniger bekannt als über die von Josef Fritzl. Das liegt vor allem daran, dass Fritzl nach seiner Verhaftung lange Gespräche mit einer Gutachterin führte. Priklopil konnte niemand mehr befragen, da er sich vor seiner Verhaftung selbst tötete.

Auf den ersten Blick hatte Priklopil eine geordnetere Kindheit als Josef Fritzl. Er war ein Einzelkind. Sein Vater Karl war Regionalvertreter für Branntwein, die Mutter Waltraud arbeitete als kaufmännische Angestellte, bevor sie ihren Sohn bekam. Nach der Geburt kümmerte sie sich nur noch um ihren Sohn und den Haushalt.

Die unauffällig wirkende Familie machte – wie damals üblich – Sommerurlaube in Italien. Wolfgang war ein mittelmäßiger, aber sehr braver Schüler. Seinen Eltern fiel bloß auf, dass er lieber zu Hause an Modellen bastelte oder puzzelte, als mit anderen Kindern zu spielen. Schenkt man dem Buch *Girl in the Cellar: The Natascha Kampusch Story* von Allan Hall und Michael Leidig Glauben, zeigte Wolfgang Priklopil aber spätestens seit seiner frühen Jugend einige Auffälligkeiten. So habe er jahrelang ins Bett genässt und Tiere gequält. Er schoss auf streunende Hunde oder verwundete Vögel und schaute zu, wie eine Katze diese dann langsam tötete. Man erfährt auch, dass Priklopil sich vor seinem strengen Vater gefürchtet und mit seiner Mutter gestritten hat, aber nur, wenn der Vater auf der Arbeit war. Dass ein Jugendlicher sich mit seiner Mutter streitet, ist natürlich nicht ungewöhnlich. Doch die Nachbarn wollen gehört haben, wie Priklopil seiner Mutter zuschrie, dass er nicht mehr ständig von ihr herumkommandiert werden wolle und dass er irgendwann das Sagen haben würde. Das ist ihm zwanzig Jahre später auch teilweise gelungen. Zwar hat er sich nie ganz von seiner Mutter loslösen können, doch dafür lebte er seine Fantasie, endlich mal das Sagen über einen anderen Menschen zu haben, mit der Gefangenschaft eines kleinen Mädchens aus.

Karl Priklopil soll viel Alkohol getrunken haben. Das fiel ihm unter anderem deswegen leicht, weil er von seiner Arbeit kostenlose Weinbrandproben mit nach Hause nehmen konnte. Deswegen hätte es öfter Ehestreit gegeben. Das scheint an seinem Sohn nicht spurlos vorübergegangen zu sein, denn Wolfgang trank nie Alkohol.

Karl habe mit seinem Sohn Fußball spielen und wandern wollen, sagten Bekannte der Familie später, aber der Junge sei eher zurückhaltend und an solch typisch männlichen Beschäftigungen nicht interessiert gewesen. Sicher war es nicht leicht für ihn gewesen, den Erwartungen des Vaters nicht zu genügen.

Wolfgang machte eine Lehre zum Nachrichtentechniker. Seine Noten waren in Ordnung, weshalb er anschließend als Schaltmechaniker eingestellt wurde. Auch jetzt hatte er nur so viel Kontakt zu den gleichaltrigen Jungen in der Firma, wie es unbedingt nötig war. Er soll nur ungern über Mädchen gesprochen und geäußert haben, dass diese ja »alle Nutten« seien. Dass er Frauen verachtete, soll er durch verschiedene Äußerungen und Handlungen gezeigt haben. So berichtete beispielsweise ein ehemaliger Arbeitskollege, dass er Autofahrerinnen, die von der Autobahn abbiegen wollten, mit seinem Auto daran gehindert hätte.

Der Keller, den Priklopil später in eine Gefängniszelle verwandelte, war ursprünglich ein Atomkriegsbunker. Sein Vater baute den Raum mit ihm zusammen zu einer Werkstatt um. 1986 starb Karl Priklopil plötzlich, da war sein Sohn vierundzwanzig Jahre alt. Er hatte Darmkrebs im Endstadium, der nicht entdeckt worden war. Nach dem Tod des Vaters kümmerte sich die Mutter noch viel stärker als zuvor um ihren Sohn, und zwar in einem Ausmaß, das für einen jungen Mann Mitte zwanzig deutlich unangemessen war. Obwohl Wolfgang Priklopil mittlerweile in einer kleinen Eigentumswohnung lebte, kochte seine Mutter täglich für ihn, wusch seine Wäsche und putzte seine Wohnung. Die meiste Zeit war sie bei ihm, so als würden sie weiterhin zusammenwohnen. Auch in den folgenden Jahren gelang es Priklopil nie, sich wirklich von seiner Mutter zu lösen. Erst zog er in ihr Haus zurück, lebte dort einige Zeit mit ihr zusammen, dann zog die Mutter in die kleine Eigentumswohnung. Trotzdem kam sie jedes Wochenende in sein Haus, putzte, machte Gartenarbeiten und kochte für die ganze Woche vor. Das änderte sich bis zu seinem Tod nicht.

Träume verwirklichen um jeden Preis

Priklopil lebte aber zumindest an den Werktagen alleine in dem Haus, zusammen mit zwei Katzen. Obwohl sie ihn insgesamt als nett und hilfsbereit beschrieben, hatten seine Nachbarn doch manches an ihm auszusetzen. Beim Kuchenessen im Garten schoss er mit einem Luftgewehr auf Vögel. Er parkte seinen auffälligen BMW oft so, dass die Nachbarn mit ihren Autos nicht vorbeifahren konnten, zeigte andererseits aber jeden an, der in seiner Straße falsch parkte. Priklopil lebte eben nach seinen ganz eigenen Regeln und sorgte so weit er konnte dafür, dass auch seine Nachbarn mit diesen leben mussten.

Als er etwa dreißig Jahre alt war, fing er damit an, den kleinen Luftschutzbunker in ein Gefängnis umzubauen. Er hatte bis dahin keine Geldsorgen, konnte im Beruf und in seiner Freizeit machen, was er wollte. Doch was nicht befriedigt wurde, war sein großes Bedürfnis nach Nähe und einer engen zwischenmenschlichen Beziehung.

Priklopils Einstellung und seine Gefühle gegenüber Frauen waren mit Sicherheit problematisch. Einerseits hatte sich seine Mutter ein Leben lang viel zu sehr an ihn geklammert und ihn nie ganz erwachsen werden lassen. Andererseits hatte er niemals eine angenehme und normale Nähe zu Mädchen und Frauen erlebt. Erfahrungen mit Verliebtheit, Zärtlichkeit und Sexualität, die Jugendliche normalerweise mit dem anderen Geschlecht machen, hatte er verpasst. Von Mädchen hielt er anscheinend nichts, er blieb lieber zu Hause und bastelte.

Seine Unsicherheit und die fehlenden Erfahrungen werden sich gegenseitig immer mehr aufgeschaukelt haben. Er war schließlich dreißig, hatte keinerlei Erfahrungen mit Frauen und lebte alleine in seinem Haus, weiter wie ein kleiner Junge versorgt von seiner Mutter. Dieser unbefriedigende Zustand hat in ihm vermutlich langsam die Fantasie entstehen lassen, wie es wäre, mit der perfekten Frau zusammenzuleben, einer Frau, die alle seine Wünsche erfüllen, immer für ihn da sein und nie einen anderen vor ihm gehabt haben sollte. Diese Frau würde ihn nicht ablehnen und auch niemals verlassen können.

Ich halte es nicht für völlig abwegig, dass seine Fantasie unter anderem an die Fernsehserie *Bezaubernde Jeannie* angelehnt war. Das war eine der drei von Natascha Kampusch erwähnten Fernsehserien, die er ihr in den ersten Jahren der Gefangenschaft auf Videokassetten in den Keller brachte. In dieser US-amerikanischen Serie aus den Sechzigerjahren findet ein Astronaut eine Flasche mit einem gut aussehenden weiblichen Flaschengeist. Die hübsche und nette Geisterdame muss demjenigen, der ihre Flasche öffnet, fortan dienen und ihn Meister nennen. Sie verliebt sich in ihren Meister, macht seinen Haushalt und versucht, ihn mit allen Mitteln glücklich zu machen. Das entspricht ziemlich genau dem, was Priklopil sich von seiner Gefangenen erträumte und ihr gegenüber auch mit Gewalt durchzusetzen versuchte.

Genau wie Fritzl war Priklopil es sein Leben lang gewohnt, seine kleine Welt um sich herum zu erschaffen. Er dehnte die Welt in seinem Kopf auf sein Haus aus. Das wurde mit vielen technischen Spielereien wie beispielsweise elektrischen Rollläden – damals der neueste Schrei – und einem selbst zusammengebauten Sicherheitssystem ausgestattet. Wie für Fritzl war für Priklopil das Ziel all seiner Handlungen die Verwirklichung seiner Träume. Es war für ihn absolut folgerichtig, sich zuerst das vollkommene Zuhause zu erschaffen und dann den Menschen, den er besitzen wollte, »heranzuzüchten«. Das beschrieb auch Natascha Kampusch in ihrer Biografie *3096 Tage*. Sie habe sich gefühlt wie Alice im Wunderland, schreibt sie. »Auch ich war unter der Erde gefangen«, in einer Welt, »in der alle Regeln, die ich kannte, außer Kraft gesetzt waren«. Sie habe inständig gehofft, sie würde irgendwann aufwachen wie Alice, »aber es war ja nicht mein Traum, sondern der des Täters. Und der schlief auch nicht, sondern hatte sein Leben der Verwirklichung einer grausamen Fantasie verschrieben, aus der es auch für ihn kein Entrinnen mehr gab.«

Die Art, mit der Wolfgang Priklopil das kleine Mädchen Natascha entführte und buchstäblich vom Erdboden verschlucken ließ, war sowohl für das Opfer als auch für ihre Familie albtraumhaft.

Wie der Erlkönig in Goethes Gedicht wollte Priklopil ein Kind, das er schön fand, um jeden Preis für sich rauben.

Am 2. März 1998 morgens um kurz vor halb acht zerrte der damals sechsunddreißigjährige Wolfgang Priklopil die zehnjährige Natascha in seinen weißen Kastenwagen. Nach fünfzehn Minuten Autofahrt brachte er das verängstigte Mädchen über den Hintereingang seines Hauses in die Garage. Dort befand sich – durch eine Holztruhe verdeckt – der Zugang zu einer Kellertreppe. An deren Ende wurde das Mädchen durch eine Panzertür geschoben, hinter der sich ein kleiner Vorraum und eine weitere Tür befanden. In dem dahinter liegenden, fünf Quadratmeter kleinen Raum verbrachte sie die ersten Monate ihrer Gefangenschaft. Dort befanden sich ein Hochbett, ein Schreibtisch, ein Schränkchen, ein kleiner Fernseher und Regale mit Kuscheltieren, Kinder- und Schulbüchern. Außerdem gab es eine Toilette und ein Waschbecken. Immerhin hatte Priklopil – im Gegensatz zu Fritzl – eine elektrische Belüftungsanlage eingebaut.

Im April 1998 befragte die Polizei alle siebenhundert Besitzer von weißen Kastenwagen, da ein Mädchen die Entführung beobachtet und das Auto beschrieben hatte. Weil er Bauschutt in seinem Auto und somit eine gute Begründung für dessen Benutzung hatte, wurde Wolfgang Priklopil nach der Polizeibefragung nicht weiter überprüft.

Ebenfalls im April 1998 rief ein Polizist, der damals als Diensthundeführer in Wien eingesetzt war, seine Kollegen im Wiener Sicherheitsbüro an. Er machte auf einen seiner Meinung nach verdächtigen Mann aufmerksam. Weil er nicht wollte, dass sein Name in dieser Sache genannt wurde, wurde der Polizist in der offiziellen Akte als anonymer Anrufer aufgeführt. Der Wortlaut seiner Aussage aus der Polizeiakte wurde vom grünen österreichischen Politiker Peter Pilz auf seiner Internetseite veröffentlicht. Er lautet:

»Betreffend der Fahndung nach dem weißen Kastenwagen mit dunklen Scheiben im Bezirk Gänserndorf in Bezug zur Abgängigkeit der KAMPUSCH Natascha gibt es in Straßhof/Nordbahn eine Person,

welche mit dem Verschwinden in Zusammenhang stehen könnte und auch in Besitz eines weißen Kastenwagens Marke Mercedes mit abgedunkelten Scheiben ist.

Dieser Mann sei ein sogenannter ›Eigenbrötler‹, welcher mit seiner Umwelt extreme Schwierigkeiten habe und Kontaktprobleme habe. Er soll gemeinsam mit seiner Mutter in Straßhof/Nordbahn, Heinestraße 60 (Einfamilienhaus) wohnen, welches jedoch elektronisch voll abgesichert sei. Auch soll der Mann eventuell Waffen zu Hause haben.

Vor dem Areal Heinestraße 60 würde öfters sein weißer Kastenwagen, Marke Mercedes, Kennzeichen unbekannt, mit seitlich und hinten total abgedunkelten Scheiben stehen. Dieser Mann sei früher bei der Firma Siemens als Nachrichtentechniker beschäftigt gewesen und könnte dies auch jetzt noch sein.

Eventuell lebt der Mann mit seiner betagten Mutter in diesem Haus und soll einen Hang zu ›Kindern‹ in Bezug auf seine Sexualität haben, ob er diesbezüglich bereits vorbestraft ist, ist unbekannt.

Der Namen des Mannes ist dem Anrufer unbekannt, er ist ihm nur aus der Nachbarschaft bekannt. Der Mann soll ca. 35 Jahre alt sein, blondes Haar haben und 175–180 cm groß sein und schlank sein. Nähere Angaben kann der anonyme Anrufer nicht machen.«

Aus bis heute nicht geklärten Gründen ging niemand diesem Hinweis nach.

Priklopil behandelte seine kleine Gefangene in der ersten Zeit noch wie ein Kind. Er las ihr Märchen vor und brachte ihr Bücher mit, die sie selbst lesen sollte. Manchmal spielte er mit ihr Gesellschaftsspiele, ließ sie Videokassetten schauen und gab ihr Lernaufgaben auf. Er ging dann rasch dazu über, sie in seinem Sinne zu lenken, und versuchte, ihre Vergangenheit so gut es ging auszulöschen. So durfte sie nicht von ihrer Familie sprechen und sollte sich nach einiger Zeit einen neuen Namen für sich aussuchen. Sie nannte sich »Bibiana«, was auch der Name einer katholischen Heiligen ist, die wegen ihres christlichen Glaubens gefangen genommen und zu Tode gefoltert wurde. Als Bibiana konnte sie leichter ertragen, das zu tun, was Priklopil verlangte. Er forderte sie auf, ihn »Gebieter« oder »Maestro« zu nennen. Wenn sie nicht tat, was er wollte, bestrafte er sie in den ersten Monaten, indem er das Licht löschte, sie nicht mehr fernsehen ließ oder ihr kein Essen brachte.

Nach einigen Monaten durfte sie mit ihm zusammen den Keller verlassen und in seinem Haus duschen. Ab dem Tag, als sie ihre Periode bekam, sah Priklopil sie als Frau an, die ihm nun entsprechend seinen Träumen dienen sollte. Dass sich sein Verhalten ihr gegenüber ab diesem Zeitpunkt änderte und er erst dann begann, sie nach und nach als Beziehungspartnerin zu behandeln, zeigt, dass er zwar keine pädophile Neigung hatte, sich aber an eine selbstbewusste erwachsene Frau als mögliche Partnerin nicht herantraute.

Er holte Natascha immer öfter unter seiner Aufsicht hoch ins Haus, damit sie kochte, die Wohnung säuberte und ihm beim Renovieren half. Sie sollte auch seinen Vorstellungen entsprechend sehr schlank sein, weshalb er ihr nur sehr wenig zu essen gab. Außerdem begann er damit, seine krankhaft sadistische Neigung an ihr auszulassen. Es bereitete ihm Vergnügen, sie körperlich schwer zu misshandeln und zu erniedrigen. Er sagte ihr immer wieder, dass er sie erschaffen habe und sie ihm deshalb gehöre. Die Fantasie, seine Traumfrau als Sklavin zu halten, lebte er voll aus. Gleichzeitig verhielt er sich immer mal wieder nett und fürsorglich. Auch darin war er Josef Fritzl ähnlich, der ebenfalls zwischen Grausamkeit und Zärtlichkeit hin- und herschwankte.

In der Wunschvorstellung dieser Männer sollten die Frauen in ihrem Besitz einfach alle Bedürfnisse gleichzeitig erfüllen: Dienerin, Helferin, Hausfrau, Sklavin, aber auch Freundin, Vertraute, Liebste und Partnerin. Wie verzweifelt sich Priklopil neben Macht und Kontrolle auch Zärtlichkeit und Nähe wünschte, wird an einer Gewohnheit deutlich, die Natascha Kampusch in ihrem Buch beschreibt. Er holte sie ab ihrem vierzehnten Lebensjahr in sein Bett, um mit ihr nachts zu kuscheln. Damit sie dabei nicht weglaufen konnte, fesselte er sie mit Kabelbinder an sich. Irgendwann erlaubte er ihr, ihn »Wolfgang« zu nennen.

Auch Priklopil war klar, dass sein mit aller Gewalt erschaffener Traum zerplatzen würde, wenn er sich eine Unachtsamkeit erlaubte. Damit sie erst gar nicht wagte, einen Fluchtversuch zu unternehmen, erzählte er Natascha, er habe an den Türen und Fenstern seines Hauses Sprengfallen eingebaut, die hochgehen würden, wenn sie versuchen würde, zu fliehen. Fritzl ging ja ähnlich vor, als er behauptete, wer an der Tür des Kellerverlieses herumspiele, würde einen tödlichen Stromschlag erleiden. Aber im Gegensatz zu Fritzl nahm Priklopil seine Gefangene nach einigen Jahren sogar kurzzeitig mit nach draußen. Das Mädchen hatte sich äußerlich so stark verändert, dass er nicht befürchten musste, jemand würde sie auf der Straße erkennen. Sie gingen gemeinsam einkaufen, spazieren und fuhren einmal sogar zu einem Skiausflug. Natascha musste mit ihm sogar eine Eigentumswohnung renovieren.

Sie hatte bei diesen kurzen Aufenthalten draußen aber keine Möglichkeit zu fliehen. Priklopil hatte ihr mehrfach angedroht, sie, ihre Eltern und jeden, den sie draußen um Hilfe bitten würde, zu töten. Warum sie so lange keinen Fluchtversuch unternahm, beschrieb sie der Polizei gegenüber mit den – völlig nachvollziehbaren – Worten: »Ich konnte mir keine fehlgeschlagenen Fluchtversuche leisten, ich hatte Angst, dass er mich für immer unten einsperrt oder noch schlechter behandelt.«

Während Priklopil sich immer sicherer fühlte und seine selbst erschaffene Lebenswelt mit der scheinbar perfekten Partnerin genoss, wunderten sich sowohl die Nachbarn als auch seine Mutter darüber, dass er keine Frau fand. In der Nachbarschaft wurde getuschelt, er sei wahrscheinlich schwul. Seine Mutter sagte später in einem Interview: »Ich habe ihn oft gefragt, warum er denn keine Freundinnen hätte. Da hat er immer forsch geantwortet: ›Mama, das geht dich nichts an!‹«

Am 23. August 2006, mehr als acht Jahre nach ihrer Entführung, gelang Natascha Kampusch die Flucht aus der völlig verrückten Lebenswelt des eigenbrötlerischen Nachrichtentechnikers. Sie saugte gerade sein Auto, als er einen Anruf bekam. Weil er wegen des Staubsaugerlärms den Anrufer nicht verstehen konnte, musste

Priklopil sich einige Meter von seiner Gefangenen entfernen. Ihr fiel dabei auf, dass er vergessen hatte, die Gartentür abzuschließen. Diese Möglichkeit zur Flucht nutzte sie und rannte zur Straße. Obwohl sie mehrere Menschen ansprach, half ihr niemand. Vielleicht dachten die Fußgänger, das stark verängstigte Mädchen sei betrunken oder drogenabhängig. Schließlich klingelte sie an der Tür einer alten Frau, die die Polizei rief.

Wolfgang Priklopil bemerkte die Flucht seiner Gefangenen schnell. Er suchte sie mit dem Auto, doch schnell war ihm klar, dass das wohl sinnlos war. Panisch rief er seinen langjährigen Geschäftspartner und engsten Bekannten Ernst H. an. Dieser schilderte in einer Pressekonferenz, was sich dann ereignete:

Am Nachmittag rief er mich mit folgenden Worten wieder an: »Ich bin im Donauzentrum bei der alten Post. Bitte hol' mich ab. Es ist ein Notfall. Bitte komm sofort.« Er hat sehr aufgeregt gewirkt, und ich habe daher nicht mehr weiter nachgefragt, sondern bin auf dem schnellsten Weg zum Donauzentrum gefahren. Als ich ankam, stieg er sofort ein und sagte, ich solle die Wagramerstraße stadteinwärts fahren. Er sagte: »Bitte fahr, reden wir später.« Wir fuhren also über die Wagramerstraße, über den Praterstern in die Dresdnerstraße in Wien 20. Dort fanden wir einen Parkplatz. Dann bat er mich, mein Handy abzuschalten, damit wir ungestört reden können.

Er erzählte mir, dass er soeben in angetrunkenem Zustand einer Polizeikontrolle davongerast wäre. Er war sehr aufgeregt und sagte einige Male: »Die nehmen mir den Führerschein weg. Ohne Auto ist es schlimm. Ich kann dann auch meine Mutter nicht mehr besuchen.« Ich habe versucht, ihn zu beruhigen. Ich wusste, dass Autos und damit der Führerschein sein »Heiligtum« sind. Da ich ihn schon lange kannte, hatte ich keinen Zweifel an dieser Begründung.

Er war aber sehr aufgeregt, was ich bei ihm noch nicht in der Form erlebt habe. Da er normalerweise keinen Alkohol trinkt, nahm ich an, dass das eine Folge des Trinkens war. Ich versuchte ihn zu beruhigen, indem wir vorwiegend über berufliche Dinge redeten. Wir führten dann ein langes Gespräch über seine Wohnung, die noch not-

wendigen Arbeiten, die Vermietungsmöglichkeiten und gingen die Renditeberechnung durch. Das alles beruhigte ihn dann tatsächlich wieder.

Ich versuchte ihn zu überzeugen, dass er sich stellen muss und dass er dann wahrscheinlich den Führerschein nur für einige Monate verlieren wird. Er versprach es und stieg in der Dresdnerstraße aus. Da ich ihn als korrekten Menschen kannte, hatte ich keinen Zweifel, dass er das auch tun würde.

Priklopil war allerdings nicht bereit, sich der Polizei zu stellen. Er hatte Natascha gesagt: »Lebend kriegen die mich nie.« Diese Aussage machte er wahr. Kurz vor einundzwanzig Uhr warf er sich zwischen den Stationen Wien-Nord und Traisengasse vor eine S-Bahn und starb. Der Bekannte, der ihn als Letzter gesprochen hatte, identifizierte die Leiche.

Gesichter des Bösen gibt es überall

Natascha Kampusch schrieb in ihrem Buch: »Die Gesellschaft braucht Täter wie Wolfgang Priklopil, um dem Bösen, das in ihr wohnt, ein Gesicht zu geben.« Fritzl und Priklopil sind nur die in Westeuropa bekanntesten Fälle von Männern, die sich aus jungen Mädchen ihre Traumfrauen heranzüchten wollten. Ähnliche Fälle sind auch aus den USA, Russland, Frankreich, Italien und Brasilien bekannt. Die erschreckende Wahrheit ist: Solche Täter gibt es überall, auch wenn niemand weiß, wie viele von ihnen zurzeit Menschen gefangen halten.

Phillip Craig Garrido

In den USA wurde erst 2009 der Fall von Jaycee Lee Dugard bekannt. Das Mädchen war im Alter von elf Jahren 1991 entführt worden, und zwar, wie auch Natascha Kampusch, auf dem Weg zur

Schule. Sie stand an der Bushaltestelle, von der aus sie ihr Zuhause sehen konnte. Ihr Stiefvater beobachtete sogar noch vom Fenster aus, wie ein Auto neben ihr anhielt und eine Frau sie hineinzerrte. Dennoch blieben die anschließenden Ermittlungen erfolglos.

Mit dieser Entführung erfüllte sich der damals vierzigjährige Phillip Craig Garrido seinen Traum von einer perfekten, jungen Partnerin. Er war zum Zeitpunkt der Entführung mit der sechsunddreißigjährigen Nancy Bocanegra verheiratet, die Jaycee ins Auto zerrte. Die beiden hatten sich kennengelernt, als Garrido im Gefängnis saß und Bocanegra ihren Onkel dort besuchte. Sie heirateten zehn Jahre vor Jaycees Entführung.

Bocanegra war sehr wahrscheinlich eine jener Frauen, die sich zu herrschsüchtigen und gewalttätigen Männern hingezogen fühlen. Diese Frauen fühlen sich außerstande, ihr Leben alleine zu bestimmen und in die Hand zu nehmen. Oft sind ihre späteren Partner ihren gewalttätigen Vätern ähnlich. Solche Frauen tun für die Männer, von denen sie oft schlecht behandelt werden, alles und sind regelrecht abhängig von ihnen. Deshalb ist es durchaus nachvollziehbar, warum Nancy Bocanegra bei der Entführung mitmachte und jahrelang mit ansah, wie ihr Mann sich ein junges Mädchen als zweite Ehefrau hielt.

Phillip Garrido war ein antisozialer Täter mit sexueller Vorliebe für jugendliche Mädchen. Er kam 1951 in Kalifornien zur Welt. Sein Vater sagte nach seiner Verhaftung aus, als Kind sei er normal gewesen. Als Jugendlicher habe er einen schweren Motorradunfall gehabt und angefangen Drogen zu nehmen. Eine Psychiaterin, die mit Garrido sprach, als er fünfundzwanzig Jahre alt war, schrieb über ihn, dass er schon in seiner Kindheit schwere Probleme mit seinen Eltern gehabt habe. Sicher ist, das Garrido seine sexuelle Vorliebe für junge Mädchen früh entwickelt hat. Als er einundzwanzig Jahre alt war, wurde er angezeigt, weil er eine Vierzehnjährige sexuell belästigt hatte. Das Mädchen wollte aber nicht vor Gericht aussagen, weshalb dieser Vorfall keine Folgen für ihn hatte.

Ein Jahr später brannte er mit seiner neunzehnjährigen Schulfreundin Christine Murphy durch. Kurz nachdem die beiden heimlich geheiratet hatten, begann er damit, sie zu schlagen. Murphy arbeitete, um beide durchzubringen, weil Garrido als Musiker nichts verdiente. Von ihrem Geld kaufte er sich Drogen, LSD und Marihuana. Weil sie nicht mit ihm und anderen Frauen zusammen Sex haben wollte, schlug er sie. Als Garrido seine Frau einmal mit einem anderen Mann zusammen sah, rastete er aus und versuchte, ihr mit einer Sicherheitsnadel die Augen zu verletzen. Von diesem Angriff hat die Frau bis heute eine Narbe im Gesicht. Garrido wollte sie um jeden Preis daran hindern, ihn zu verlassen, und zerrte sie – wie sein späteres Opfer – bei einem Streit in sein Auto, damit sie ihm nicht entkommen konnte.

Als er fünfundzwanzig Jahre alt war, entführte er die junge Katherine Callaway, schleppte sie in ein verlassenes Lagerhaus, wo er eine Matratze, Pornohefte, Drogen und Wein lagerte. Er zwang Callaway, Wein zu trinken, Marihuana zu rauchen und vergewaltigte sie über fünf Stunden immer wieder. Ein Polizist entdeckte die beiden und befreite die Frau. Garrido wurde verhaftet.

Seine Noch-Ehefrau Christine Murphy nutzte seine Verhaftung, um sich endgültig von ihm zu trennen. Im Laufe der Verhandlung gab Garrido zu, dass er öfter mit seinem Auto vor Schulen parkte und sich selbst befriedigte, während er sich kleine Mädchen ansah. In einem psychiatrischen Gutachten aus dem Prozess wurde er als Drogensüchtiger mit verschiedenen sexuellen Abweichungen beschrieben. Er wurde zu fünfundfünfzig Jahren Haft verurteilt.

Während der Haft heiratete Garrido seine spätere Komplizin Nancy Bocanegra. Schon nach elf Jahren – Garrido war siebenunddreißig Jahre alt – wurde er auf Bewährung entlassen. Mit seiner Frau und seiner an Demenz erkrankten Mutter zog er in ein Haus. Zunächst wurde er noch mit einem Ortungsgerät, das für ihn unablösbar um seinen Knöchel befestigt war, überwacht. Später stattete die Polizei ihm nur noch Kontrollbesuche ab.

Dennoch schaffte er es unbemerkt, die elfjährige Jaycee in sein Haus zu bringen. Einige Zeit darauf baute er einen Sichtschutz um seinen Garten. Er schwängerte seine Gefangene zwei Mal. Mit vierzehn und mit siebzehn brachte Jaycee jeweils eine Tochter zur Welt.

Sie musste behaupten, dass sie die Tochter von Garrido und seiner Ehefrau sei und die kleinen Mädchen ihre kleinen Schwestern wären. Die Mädchen glaubten also von klein an, in einer normalen Familie zu leben. Ihr Vater fuhr mit ihnen auch einkaufen und ließ sie sogar draußen spielen.

Garrido betrieb jetzt eine Druckerei, und als Jaycee alt genug war, zwang er sie, ihm in der Druckerei zu helfen. Sie durfte allerdings – wie Natascha Kampusch – niemals unbeaufsichtigt etwas tun. Jaycee und ihre Töchter lebten in einer Art Zeltlager im Garten hinter Garridos Haus. Ein ein Meter achtzig hoher, blickdichter Zaun und zahlreiche hohe Bäume verhinderten, dass jemand das Grundstück hätte einsehen können. Garrido hatte im Garten sogar Strom, Toiletten und Duschgelegenheiten eingerichtet.

2006 beschwerten sich Nachbarn von Garrido darüber, dass er sich immer auffälliger benehme und dass Kinder in seinem Garten wohnen würden. Ein Polizeibeamter sprach mit ihm daraufhin eine halbe Stunde an der Haustür, ohne sich das Grundstück anzusehen, und verwarnte ihn lediglich.

Mit der Zeit entwickelte er einen Wahn – also Vorstellungen, die nicht mehr mit der Wirklichkeit zu vereinbaren sind. Auf seiner Internetseite schrieb Garrido, er könne Geräusche mit seinen Gedanken steuern, vermutlich eine Folge seiner jahrelangen Drogensucht. 2009 behauptete Garrido, er habe mit Gottes Hilfe einen Weg gefunden, um Sexualverbrecher wie ihn selbst zu »heilen«. Seinen auf vier Seiten zusammengefassten Plan brachte er persönlich im Büro des FBI vorbei. Am selben Tag fuhr er zur nahegelegenen Universität, um eine öffentliche Veranstaltung zu diesem Thema anzumelden. Die für solche Veranstaltungen zuständige Angestellte der Universität fand Garrido merkwürdig. Sie bat ihn, seinen Namen und seine Anschrift zu hinterlassen und am nächsten Tag noch mal wiederzukommen. Von dem bevorstehenden Treffen mit dem seltsamen Mann erzählte sie einer ihr bekannten Polizistin. Diese überprüfte Garrido, fand heraus, dass er ein vorbestrafter Sexualstraftäter war, und entschied sich deshalb, am nächsten Tag dabei zu sein.

Zu dem Treffen brachte Garrido seine zwei kleinen Töchter mit. Die Polizistin fand, dass die Kinder ebenso wie der Mann merkwürdig wirkten. Sie veranlasste, dass zwei Bewährungshelfer ihn in seinem Haus festnahmen und dieses durchsuchten. Außer Garridos Frau Nancy und seiner alten Mutter entdeckten sie dort aber niemanden. Garrido behauptete, die kleinen Mädchen wären die Töchter von Verwandten, um die er sich manchmal kümmere. Die Bewährungshelfer ließen ihn daraufhin laufen, bestellten ihn aber für den nächsten Tag zu einem weiteren Gespräch, um seine Angaben zu überprüfen.

Zu diesem Gespräch erschien Garrido mit seiner Ehefrau, den beiden kleinen Mädchen und der entführten Jaycee, die er als »Alyssa« vorstellte. Die Mädchen nannten ihn »Papi«. Weil Garrido laut den Unterlagen kinderlos war, trennten die Bewährungshelfer nun Garrido von den Frauen und befragten alle einzeln.

Jaycee behauptete zunächst, Alyssa zu heißen, und gab an, die Mutter der Mädchen zu sein. Außerdem bat sie um einen Anwalt, ohne den sie keine weiteren Angaben machen wollte. Garrido behauptete währenddessen, die drei Mädchen wären die Töchter seines Bruders. Der habe sich scheiden lassen, seine Kinder bei ihm abgesetzt und sei an einen unbekannten Ort gezogen. Er verstrickte sich während der Befragung immer mehr in Widersprüche und gab schließlich zu, dass Alyssa in Wirklichkeit Jaycee heiße, er sie entführt, jahrelang gefangen gehalten und vergewaltigt habe.

Nach achtzehn Jahren Gefangenschaft wurde Jaycee Lee Dugard zu ihren Eltern zurückgebracht. Sie erhielt das Sorgerecht für ihre beiden Töchter. Phillip Garrido bildete sich – wie auch Josef Fritzl – noch im Gefängnis ein, dass Jaycee ihn liebte und sie eine glückliche Familie gewesen wären. Er sagte in einem Interview über das, was geschehen ist, »es ist eine herzerwärmende Geschichte«, und behauptete, er hätte sich durch die Geburt seiner Töchter zu einem neuen, liebevollen Menschen entwickelt.

Viktor Mokhov

Im Jahr 2000 entführte der damals achtundvierzigjährige Russe Viktor Mokhov zwei jugendliche Mädchen und hielt sie drei Jahre und acht Monate lang in einem Bunker in seiner Garage gefangen. Mokhov lebte in Skopin und war Metallarbeiter. Wie auch Priklopil und Fritzl galt er als vorbildlicher und hilfsbereiter Arbeiter. In den Siebzigerjahren war er drei Monate lang verheiratet. Danach lebte er zusammen mit seiner Mutter.

Er hielt die Mädchen in einer kaum vier Quadratmeter kleinen Kammer hinter mehreren abgeschlossenen Luken gefangen. In ihrer Gefängniszelle hatten sie zwei kleine Schlafgelegenheiten mit Bettwäsche, einen elektrischen Ofen, ein Heizgerät, einen Kassettenrekorder, einen kleinen Fernseher, Bücher, Papier und Stifte. Eines der Mädchen bemalte die Wand hinter ihrer Schlafpritsche mit einer lächelnden Sonne und Herzchen.

Später wurde bekannt, dass Mokhov schon 1999 zwei Wochen lang ein Mädchen gefangen gehalten und vergewaltigt hatte. Die Sechzehnjährige war mit ihrem Freund bei Mokhov zu Besuch gewesen. Der gab ihnen Alkohol und versuchte, das Mädchen zu verführen. Daraufhin verließ sie die Wohnung, Mokhov folgte ihr, schlug sie nieder und sperrte sie zwei Wochen ein, bis ihr die Flucht gelang. Das Mädchen erstattete aber nie Anzeige.

Im September 2000 wollten die vierzehnjährige Katya Mamontova und ihre siebzehnjährige Freundin Lena Samokhina spät abends von der Diskothek nach Hause gehen. Mokhov bot an, sie mit seinem Auto zu fahren. Er wurde von seiner fünfundzwanzigjährigen Kumpanin Yelena Badukina begleitet, die zu diesem Zeitpunkt kurze Haare trug und sich als junger Mann ausgab. Die beiden gaben den Mädchen Getränke, in denen Schlafmittel waren, und verfrachteten sie so in das vorbereitete Gefängnis.

Mokhov ging ähnlich vor wie Fritzl und Priklopil, um die Mädchen gefügig zu machte. Wenn sie versuchten, sich zu wehren, gab er ihnen vorübergehend kein Essen mehr, schaltete das Licht in ihrem Keller aus, schlug sie oder sprühte Tränengas in ihre Zelle. Immer, wenn sie seine Anweisungen befolgten, behandelte er sie besser. Mit der Zeit wurden sie fügsamer und er brachte ihnen einen Fernseher, Stifte, Papier und Bücher.

Lena wurde zwei Mal von ihm schwanger. Im November 2001 und im Juni 2003 brachte sie mit der Hilfe von Katya jeweils einen kleinen Jungen zur Welt. Den ersten nahm ihr Mokhov nach zwei Monaten weg, den zweiten nach vier Monaten. Beide Kinder setzte er vor Wohnblöcken aus. Den Mädchen sagte er, dass es ihm gefalle, sie zu schwängern, und dass sie ihm mindestens zehn Kinder schenken sollten.

Ab 2003 nahm Mokhov die Mädchen zu kurzen Spaziergängen mit nach draußen. Schließlich sollte Katya ihm dabei helfen, eine Schülerin zu verführen. Bei dieser Gelegenheit schenkte Katya dem Mädchen eine ihrer Musikkassetten und bat sie von Mokhov unbemerkt, diese der Polizei zu übergeben. Auf die Kassette hatte sie geschrieben: »Diese Person weiß, wo wir sind.« Daraufhin nahm die Polizei Mokhov fest, der bald darauf gestand und die Polizei zu den Mädchen führte.

Mokhov wurde wegen Entführung und Vergewaltigung Minderjähriger zu siebzehn Jahren Haft verurteilt, seine Kumpanin zu fünfzehn Jahren. Mokhovs Mutter, die mit ihm zusammengelebt hatte, bemerkte all die Jahre nichts.

Sklavin des Stiefvaters

Die Französin Lydia Gouardo war achtundzwanzig Jahre lang die Sklavin ihres Stiefvaters. Ihre Mutter starb bei der Geburt. Mit sieben verbot ihr Stiefvater ihr, weiter zur Schule zu gehen. Ein Jahr später missbrauchte er sie zum ersten Mal sexuell. Während ihrer fast dreißigjährigen Gefangenschaft in Coulommes, einem kleinen Pariser Vorort, brachte sie sechs Kinder zur Welt. Ihr Stiefvater wurde sogar als offizieller Kindsvater der Babys eingetragen.

Die Behörden des kleinen Ortes wussten, dass der Mann seine Stieftochter missbrauchte, misshandelte und immer wieder schwängerte, griffen aber nicht ein. Erst als der Stiefvater 1999 starb, endete die Qual der Frau. Sie zeigte ihre Stiefmutter wegen

Verheimlichung einer Straftat an. Bekannt wurde die Aussage des Bürgermeisters von Coulommes gegenüber einem Journalisten. »Ja, ich wusste es, das ganze Dorf wusste es. Aber beschmutzen Sie Coulommes nicht. Was die Leute untereinander treiben, hat uns nicht zu beschäftigen.«

Eigentum des Vaters

Der Fall einer vierunddreißigjährigen Frau aus Italien verlief ähnlich wie der von Lydia Gouardo aus Frankreich. Sie war eines von zehn Kindern einer armen Familie. Ihr Vater sah es als alt überlieferte Regel in der Familie an, dass die älteste Tochter sein Eigentum war. Deshalb musste sie ihn auch »Padre Padrone«, also »Vater und Herrscher« nennen.

Im Alter von neun Jahren missbrauchte er sie zum ersten Mal, drei Jahre später verbot er ihr, weiter zur Schule zu gehen. Obwohl sie noch schulpflichtig war, wurde nie nach ihr gesucht. Von da an durfte sie die Wohnung nur noch mit ihrem Vater zusammen verlassen und musste ihm bei Diebstählen helfen.

In der Wohnung hielt der Vater sie in einem fensterlosen Zimmer ohne elektrisches Licht gefangen. Immer wieder vergewaltigte er sie dort. Später erlaubte er ihrem sieben Jahre älteren Bruder, sie ebenfalls zu vergewaltigen. Obwohl Sozialarbeiter, Polizisten und Mitarbeiter der katholischen Gemeinde die Familie immer wieder aufsuchten, will niemand etwas von dem gefangen gehaltenen Mädchen bemerkt haben.

1994 schaffte sie es kurz, zu einem Onkel zu fliehen. Ihr Vater holte sie zurück und zwang sie, bei der Polizei zu behaupten, der Onkel würde sie missbrauchen. Ihr wurde nicht geglaubt und der Vater sperrte sie wieder ein. Im Oktober 2010 ging der Vater wegen eines Streits mit seinem Sohn – dem er vorher die Vergewaltigung seiner Schwester jahrelang erlaubt hatte – mit seiner Tochter zur Polizei und zwang sie, den Bruder wegen sexuellen Missbrauchs anzuzeigen.

Der Polizei kam die Sache nun doch seltsam vor, sie nahm sowohl den Vater als auch den Bruder fest. Dabei stellte sich heraus, dass der Bruder seine eigenen vier Töchter auch jahrelang missbraucht hatte.

Auch der Brasilianer José Agostinho Pereira machte seine beiden Töchter zu seinen Sklavinnen und erzwungenen Lebenspartnerinnen. Die jüngere Tochter missbrauchte er seit ihrem zwölften Lebensjahr. Als sie siebzehn war, sperrte er sie in einer Waldhütte ein. Dort lebte sie zwölf Jahre lang und bekam von ihrem Vater sieben Kinder.

Seine ältere Tochter missbrauchte Pereira ebenso, doch ihr gelang es zu fliehen, nachdem er sie zum ersten Mal geschwängert hatte. Auch dieser Täter sieht sich selbst – wie üblich bei Antisozialen – als Opfer der Umstände. Er sagte in einem Interview: »Es ist ein Verbrechen. Ich weiß, dass es ein Verbrechen ist. Aber sie hat es schließlich auch begangen, oder etwa nicht? Danach musste ich einfach weitermachen.«

Männer, die einerseits kein schlechtes Gewissen und kaum Einfühlungsvermögen besitzen und andererseits ein starkes Verlangen danach haben, eine oder mehrere Partnerinnen völlig zu besitzen und zu beherrschen, wird es immer und in jedem Land der Welt geben. Diese Täter werden immer wieder versuchen, sich Gefährtinnen nach ihren Wunschfantasien mit Gewalt zu erschaffen. Ihre Taten sind nur das grausame Abbild ihrer Bedürfnisse, die sie gewissenlos und um jeden Preis verwirklichen.

KAPITEL 6

WAS GEHT VOR IN VERGEWALTIGERN UND SEXUALMÖRDERN?

Sexueller Sadismus

Menschen, die dadurch besonders sexuell erregt werden, anderen Menschen Schmerzen zuzufügen oder sie zu erniedrigen, werden von Fachleuten »sexuelle Sadisten« genannt. Mit dem Wort Sadist ist also – im Gegensatz zum umgangssprachlichen Gebrauch – nicht jemand gemeint, der besonders bösartig anderen Menschen gegenüber auftritt. Der gemeine Chef beispielsweise, welcher seinen Mitarbeitern zu viele Aufträge gibt und zu Wutanfällen neigt, wenn sie diese nicht bewältigen können, ist also kein Sadist – auch wenn die Mitarbeiter ihn womöglich so nennen.

Den »sexuellen Sadismus« sehen Fachleute unter bestimmten Voraussetzungen als »Störung der sexuellen Vorlieben« an. Heutzutage bekommt jemand die Diagnose »Sadismus«, wenn er seit mindestens sechs Monaten immer wieder stark sexuell erregende Vorstellungen und Wünsche hat oder regelmäßig sexuelle Handlungen durchführt, in denen er andere Menschen körperlich oder gefühlsmäßig leiden lässt, sie erniedrigt oder verängstigt. Beispiele für Verhaltensweisen sexueller Sadisten sind Beschimpfung, Bedrohung, Fesselung, Anspucken oder Anpinkeln bis hin zu allen Arten von Schmerzzufügen, mithilfe derer sie sich sexuell erregen wollen.

Dass ein Mensch mindestens sechs Monate solche Vorstellungen, Wünsche oder Verhaltensweisen zeigen muss, bevor er als sexueller Sadist eingeordnet wird, wurde von den Fachleuten festgelegt, damit beispielsweise vorübergehendes Herumexperimentieren mit neuen sexuellen Spielarten bei einer Person von einer dauerhaften sexuellen Neigung unterschieden werden kann. Solche Fantasien zu haben oder solche Dinge in das Sexualleben einzubinden, ist aber nicht grundsätzlich krankhaft. Als psychische Störung werden sadistische Neigungen nur dann verstanden, wenn der Betroffene deutlich unter seinen Bedürfnissen leidet oder diese mit Menschen auslebt, die das nicht wollen oder dem nicht zustimmen können – wie zum Beispiel Kinder –, aber auch, wenn er wegen seiner Neigung immer wieder Probleme mit anderen Menschen, in seinem Beruf oder anderen wichtigen Lebensbereichen hat.

Die eigenen sexuellen Fantasien sind oft deshalb in hohem Maße angst- und schambesetzt, weil die Furcht groß ist, die Familie und der Freundeskreis, vielleicht sogar der Beziehungspartner des sexuellen Sadisten, könnten ihn als krank, abartig und pervers abstempeln. Es gibt genug Fälle, in denen Betroffene sehr unangenehme Reaktionen ihrer Angehörigen erleben. Auch die Angst vor Problemen im Beruf, würde diese Neigung bekannt werden, ist angesichts der jetzigen gesellschaftlichen Haltung zu Sadomasochisten nicht unbegründet. Die Probleme der Betroffenen sind heute vergleichbar mit denen, die Homosexuelle noch vor wenigen Jahrzehnten in Deutschland hatten und die bis heute nicht völlig ausgeräumt sind.

Kranker Sex?

Über hundert Jahre lang, um genau zu sein, seit der Veröffentlichung des Buches *Psychopathia sexualis* durch den deutschen Psychiater Richard von Krafft-Ebing im Jahr 1886, wurden alle ungewöhnlichen sexuellen Fantasien als grundsätzlich krankhaft angesehen. Krafft-Ebing stellte viele Fallbeispiele von Menschen mit ungewöhnlichen sexuellen Vorlieben in seinem Buch vor und ordnete sie als Erster Störungsgruppen zu, denen er eigene Namen gab. So erfand er die Bezeichnungen »Sadismus« und »Masochismus«.

Den Begriff Sadismus lehnte er an den sehr exzentrischen Adligen Marquis de Sade an, der mit seinen extremen pornografischen Schriften die zu seiner Zeit herrschende Sexualmoral, die Kirche, die gesellschaftlichen Umstände im Allgemeinen und alles, was ihm nicht in den Kram passte, anprangerte – eingebettet in Obszönitäten und drastische Schilderungen von Orgien. Weil de Sade wie kein anderer vor ihm in zahlreichen Schriften Schmerzzufügung, Erniedrigung und Sex beschrieb, benannte Krafft-Ebing diese sexuelle Vorliebe nach ihm.

Namensgeber von »Masochismus« war der Schriftsteller Leopold Ritter von Sacher-Masoch. Der beschrieb in seinem Roman *Venus im Pelz* die unglückliche Liebe eines Mannes zu einer sadistischen Frau. Obwohl die Hauptfigur des Romans offensichtlich das ist, was sich Krafft-Ebing unter einem Masochisten vorstellte, war Leopold von Sacher-Masoch alles andere als begeistert davon, mit seinem Nachnamen für eine neu entdeckte psychische Störung zu stehen. Er und seine Leser wollten nicht mit Krafft-Ebings Buch in Verbindung gebracht werden, doch die Proteste dagegen blieben erfolglos, es blieb bei dem Begriff »Masochismus«.

Das eigentlich als wissenschaftliches Fachbuch gedachte *Psychopathia sexualis* wurde zur großen Überraschung Krafft-Ebings ein Kassenschlager. Anscheinend war das bis heute bekannte Motto »Sex verkauft sich gut« Krafft-Ebing unbekannt. Umso beeindruckter war er von der einschlagenden Wirkung seines Werkes: Er wurde mit Zuschriften von Menschen mit ungewöhnlichen sexuellen Vorlieben überhäuft, die bis dahin dachten, sie wären die einzigen Personen auf der Welt mit solchen Bedürfnissen. Im Vorwort zur 11. Auflage schrieb Krafft-Ebing: »Der unerwartet große buchhändlerische Erfolg ist wohl der beste Beweis dafür, dass es auch unzählige Unglückliche gibt, die in dem sonst nur Männern der Wissenschaft gewidmeten Buche Aufklärung und Trost hinsichtlich rätselhafter Erscheinungen ihrer eigenen Vita sexualis (sprich: ihres eigenen Sexuallebens) suchen und finden.«

In den folgenden hundert Jahren veränderte sich die Welt schnell und extrem. Was gut und schlecht, richtig und falsch war, wurde komplett neu diskutiert. Plötzlich wurde öffentlich darüber geredet, in welchem Rahmen Menschen ihre Sexualität frei gestalten können, ohne dafür ins Gefängnis zu kommen – beispielsweise wurde Homosexualität in Deutschland erst ab 1969 Schritt für Schritt legalisiert – oder als psychisch krank eingestuft zu werden. Psychiater und Psychologen diskutierten, forschten und mussten ihre noch an Sigmund Freund angelehnte Vorstellung, dass jede

Form von Sexualität außer dem heterosexuellen Geschlechtsverkehr krankhaft sei, infrage stellen.

1994 einigten sich die Mitglieder der Amerikanischen Psychiatrischen Vereinigung schließlich darauf, die Merkmale der sexuellen Vorlieben »Sadismus« und »Masochismus« so zu verändern, dass sie nicht mehr automatisch als Störungen angesehen werden. Es wurde von nun an zwischen nichtkrankhaftem und krankhaftem Sadismus unterschieden.

Gesunde und kranke Sadisten

Der psychisch gesunde Sadist leidet – sofern er von seinem Umfeld nicht wegen seiner Neigung ausgegrenzt wird – nicht unter seiner sexuellen Neigung und fühlt sich durch sie auch nicht in seinem Leben beeinträchtigt. Seine Sexualität kann er grundsätzlich auch ohne sadistische Bestandteile (wie Erniedrigung oder Schmerzzufügung gegenüber dem Sexualpartner) ausleben. Gebraucht er sadistische Praktiken zur Ergänzung seiner Sexualität, dann nur in gegenseitigem Einverständnis mit einem Partner, der das auch angenehm findet (also einem Masochisten, der durch Erniedrigung und/oder Schmerzen erregt wird). Ein Sadist, der seine Neigung einvernehmlich auslebt, weder Leidensdruck verspürt noch Probleme im alltäglichen Leben dadurch erlebt und auch keine anderen psychischen Störungen hat, ist also nach heutigem Stand der Forschung psychisch gesund.

Menschen mit einer harmlosen sadistischen Neigung leben diese meist in einer Partnerschaft aus oder schließen sich sadomasochistischen Gruppen an. Sie sind psychologisch gesehen in vielem das Gegenteil von Straftätern, die krankhaften Sadismus ausleben.

Der wichtigste, weil am leichtesten erkennbare Unterschied liegt einfach in dem, was die Sadisten erregend finden: Menschen mit harmloser sadistischer Neigung finden es nur dann erregend, einen anderen Menschen zu erniedrigen oder ihm Schmerzen zuzufügen, wenn dieser das auch sexuell erregend findet und genießen kann. Videos, auf denen ein Mensch gegen seinen Willen wirklich gefoltert wird, würden harmlose Sadisten nicht nur nicht erregen, sondern sogar anwidern.

Die Erniedrigung und Schmerzzufügung leben harmlose Sadisten deshalb nur mit Menschen aus, die dies wirklich wollen. Vorher sprechen die Beteiligten über ihre Wünsche und der Masochist gibt die Regeln an, indem er sagt, was der Sadist mit ihm tun darf und was nicht. Er kann auch jederzeit eine Handlung mit einem vorher abgesprochenen Zeichen beenden. Der harmlose Sadist lebt seine Neigung also im Rahmen der Spielregeln aus, die der Masochist vorher festlegt. Dadurch weiß er, dass der andere die gemeinsamen Handlungen wirklich freiwillig erlebt und angenehm findet, woraus auch der Sadist seine sexuelle Befriedigung zieht.

Harmlose Sadisten leben ihre sexuellen Wünsche mit Menschen aus, die sie sympathisch finden, zu denen sie also eine gefühlsmäßige Bindung haben. In manchen Fällen ist diese Bindung Freundschaft, in anderen Liebe. Immer aber spielen dabei Achtung, Vertrauen und Respekt eine Rolle. Beide Seiten lassen sich gefühlsmäßig aufeinander ein.

Das Gegenteil ist bei kriminellen Sadisten der Fall: Gefühlsmäßige Nähe zu anderen Menschen können sie nur schlecht aushalten oder empfinden sie erst gar nicht. Sie wollen Macht, Kontrolle und Selbstbestätigung und fühlen ihrem Opfer gegenüber entweder nichts oder Verachtung und Hass. Ihr Opfer ist für sie nicht mehr als ein Mittel zur Bedürfnisbefriedigung.

Kriminelle, psychisch kranke Sadisten fühlen sich meist von Gewalt an sich angeregt. Oft finden sie gewalttätige Filme, Bilder oder Texte unterschiedlichster Art sexuell erregend. Es können beispielsweise Horror- oder Kriegsfilme sein, in denen Gewalt ohne irgendwelche sexuellen Darstellungen gezeigt wird. Ihnen kommt es auf die Brutalität, absolute Macht und Zerstörung an, die sie angenehm und anregend finden.

Im Gegensatz dazu finden harmlose Sadisten rohe Gewalt überhaupt nicht anregend. Das, was sie mit einem masochistischen Partner machen, läuft hauptsächlich im Kopf und Gefühl der Beteiligten ab und erfordert etwas, das kriminelle Sadisten gerade nicht haben – nämlich Einfühlungsvermögen. Einen Masochisten zu erniedrigen und ihm Schmerzen zuzufügen, empfinden harmlose Sadisten vor allem deshalb als anregend, weil dadurch besondere Hingabe und Offenheit zwischen den Beteiligten zum Ausdruck kommt und beide etwas sehr Persönliches und Angenehmes miteinander erleben. Was einvernehmliche Sadomasochisten miteinander machen ist also das Gegenteil von Gewalt, auch wenn es von außen ähnlich aussieht.

Psychisch kranke Sadisten werden oft von ihren gewalttätigen Fantasien beherrscht. Sie können – wie auch Menschen, die beispielsweise nach Alkohol, Drogen oder Glücksspiel süchtig sind – den Drang, ihre Fantasie auszuleben, auf Dauer nicht unterdrücken. Ein gutes Beispiel dafür ist der Serienmörder Jack Unterweger (siehe S. 120 ff.). Dieser war so sehr von seiner sadistischen Fantasie getrieben, dass er eine sehr auffällige Reihe von immer gleichen Morden in kürzester Zeit und immer in seiner unmittelbaren Nähe beging. Die Grenze zwischen Fantasie und Wirklichkeit verschwimmt bei diesen Tätern, ihre Gedanken kreisen immer stärker um Möglichkeiten, ihre Fantasien auszuleben, egal wie riskant das für sie selbst auch ist.

Psychisch gesunde Sadisten leben ihre sexuelle Neigung – wie andere Menschen auch – als einen Teil ihres Gesamtlebens aus. Dabei haben sie aber auch andere Interessen und Aktivitäten, die ihnen Spaß machen. Ihre Sexualität ist kein Zwang für sie, sondern ein angenehmer Bestandteil von vielen, die in ihrem Leben wichtig sind.

Ihnen ist die Grenze zwischen Fantasie und Wirklichkeit völlig klar (siehe Gewaltpornografie, S. 240 ff.). Deshalb achten sie beim Ausleben ihrer Neigung auch darauf, dass es ihrem Gegenüber bei allem, was sie tun, gut geht. Was sie tun ist also vernünftig und kontrolliert. Das genaue Gegenteil von dem, was kriminelle Sadisten wollen und tun.

Sadistische Straftaten

Es gibt allerdings auch den krankhaften und gefährlichen sexuellen Sadismus, der im Bereich der forensischen Psychologie und Psychiatrie eine große Rolle spielt. Im Gegensatz zur durch Fernsehen und Zeitungsberichte weit verbreiteten Meinung sind nämlich bei Weitem nicht alle oder auch nur die meisten Sexualverbrechen sadistisch motiviert. Auch andere Verbrecher, die mit sehr viel Gewalt vorgehen, wie beispielsweise bei sehr brutalen Raubüberfällen, sind oft nicht von Sadismus im sexuellen Sinne getrieben.

Überschriften in Boulevardmedien wie »Sadistischer Vergewaltiger schlägt wieder zu« verstärken die Missverständnisse darüber, was Sadismus eigentlich ist. Auch in Fachkreisen wird der Befund »sexueller Sadismus« bei Straftätern heftig diskutiert. Gutachter stellen nämlich immer öfter fest, dass von ihnen begutachtete Sexualstraftäter Sadisten seien. Das liegt aber nicht daran, dass es immer mehr straffällige Sadisten gibt, sondern daran, dass sich die Fachleute noch nicht ganz einig darüber sind, welche Merkmale genau ein Täter erfüllen muss, um als Sadist eingestuft zu werden. So heißt es, unter Sexualstraftätern hätten zwischen fünf Prozent und achtzig Prozent eine sadistische Sexualvorliebe. Je nachdem, welche Merkmale in einer Untersuchung also benutzt werden, werden mehr oder weniger Straftäter als Sadisten eingestuft.

Zurzeit orientieren sich die meisten forensischen Psychologen und Psychiater in dieser Frage an einer Liste von Merkmalen, die von den US-amerikanischen Psychologen Robert Prentky und Raymond Knight erarbeitet wurde. Ihr zufolge wird ein Straftäter als Sadist eingestuft, der Fantasien hat, die gleichzeitig aggressive und sexuelle Inhalte haben. Das könnte beispielsweise eine Fantasie sein, in der ein Opfer entführt, gefesselt und unter Schlägen vergewaltigt wird.

Der sadistische Täter fühlt sich stärker sexuell erregt, wenn das Opfer sich fürchtet oder Schmerzen hat. Auch, wenn er sexuellen Verkehr mit dem getöteten Opfer hat oder die erogenen Zonen der Leiche verstümmelt, wird ein Täter als Sadist eingestuft.

Ein sadistischer Täter könnte bei der Tat auch eine symbolische sadistische Handlung begehen, beispielsweise sein Opfer mehrmals anspucken, um es zu erniedrigen. Die extreme Ausprägung einer symbolischen sadistischen Handlung ist die Zurschaustellung der Leiche auf ganz besonders entwürdigende Art. In solchen Fällen wird die Leiche beispielsweise nackt mit gespreizten Beinen so hingelegt, dass derjenige, der sie findet, direkt ihre Vagina sieht, in die manchmal Gegenstände eingeführt sind. In einem Fall, den wir bei der Jahrestagung der American Academy of Forensic Sciences gesehen haben, wurde der Kopf des Opfers in ein Bücherregal gelegt, sodass die Person, die als Erste die Wohnung betreten würde, der toten Frau direkt in ihr entstelltes Gesicht schauen müsste. Mit einer solchen Zurschaustellung der Leiche erniedrigt der Täter das Opfer und schockiert gleichzeitig den Finder der Leiche, was ihm noch zusätzlich ein Gefühl von Macht gibt.

Einen sadistischen Täter kann man auch daran erkennen, dass die Gewalt, die er anwendet, ritualisiert wirkt, also so, als würde der Täter immer demselben Muster folgen. Ein Beispiel hierfür ist das Vorgehen des US-amerikanischen Serienmörders Dennis Rader, bekannt geworden als BTK-Killer.

Die Bezeichnung »BTK« gab er sich selbst in Briefen an Polizei und Medien. Es war die Abkürzung für die Worte »Bind, Torture, Kill«, »Fesseln, Foltern, Töten«, die treffende Beschreibung für sein ritualisiertes Vorgehen.

Er brachte seine Opfer unter dem Vorwand, ein flüchtiger Gefangener auf der Suche nach Geld und einem Auto zu sein, dazu, sich relativ widerstandsfrei von ihm fesseln zu lassen. Diese Fesselung war bereits Bestandteil seiner sexuellen Fantasie. Die gefesselten Opfer zog er teilweise aus und sagte ihnen dann, dass er sie töten werde. Diese psychische Folter gehörte ebenfalls zu dem Ritual, das seine sexuelle Erregung steigerte. Schließlich zog er ihnen eine

Plastiktüte über den Kopf und ließ sie ersticken, strangulierte sie mit einem Gegenstand, der gerade zur Verfügung stand, beispielsweise mit einem Strick, einem Gürtel, einer Strumpfhose, oder erwürgte sie mit seinen Händen.

Psychologen und Psychiater stufen einen Straftäter auch als Sadisten ein, wenn er bei seiner Tat Gewalt gegen die Geschlechtsteile oder Brüste seines Opfers ausübt (beispielsweise durch Schlagen, Schneiden, Beißen), dem Opfer Verbrennungen zufügt, mit dem bewusstlosen Opfer Sex hat, mit Gewalt und unter Schmerzen Gegenstände in die Vagina oder den Anus des Opfers einführt oder sein Opfer mit Urin oder Kot beschmutzt, um es zu erniedrigen.

Gewaltpornografie

Interessanterweise bastelte der als BTK-Killer berühmt gewordene Dennis Rader in seiner Jugend, als er weder über das Internet noch sonst irgendwie mit gewalttätiger Pornografie hätte in Berührung kommen können, sich sein pornografisches Material selbst. Er schnitt zum Beispiel Frauenfotos aus Zeitungen aus und malte auf die Bilder Fesseln oder andere erniedrigende oder quälende Utensilien, die ihn erregten. Er malte auch schon als Kind Bilder von Folterkammern und fand es erregend, sich selbst spielerisch zu fesseln. Später zog er sich Frauenkleidung an, setzte sich weibliche Perücken auf und legte sich leicht wieder entfernbare Fesseln an, wobei er sich per Selbstauslöser mit seiner Kamera fotografierte. Es gibt viele Berichte wie diese von Tätern, die zeigen, dass ihre Fantasien nicht nach dem Anschauen von Pornografie entstehen oder verstärkt werden. Sich solche Bilder oder Filme im Internet anzusehen spart ihnen höchstens die Arbeit, sich entsprechende Vorlagen zum Onanieren selbst zu basteln.

Dass Pornografie gewalttätigen Inhalts keine Verbrechen »verursacht« und keine verbrecherischen Fantasien »erzeugt«, dafür sprechen viele internationale Untersuchungen. Der Medienwissenschaftler, Journalist und Autor Arne Hoffmann schrieb dazu in seinem provokanten Artikel »Pamphlet zur Rettung von Gewaltpornos«:

»Es ist kein Zufall, dass in Japan, einem Land mit einer selbst für sadomasochistische Europäer schwer erträglichen Ästhetik erotisch codierter Schmerzen und Fesselungen, die Vergewaltigungsrate ein Zehntel der Rate in den puritanischen USA beträgt.

Im Jahr 1991 legte Professor Kutchinsky an der Kopenhagener Universität eine Studie vor, der zufolge in Dänemark, Schweden und Deutschland zwischen 1964 und 1984 die nichtsexuellen Gewaltverbrechen zwar um 300 Prozent gestiegen waren, nach einer leichteren Verfügbarkeit sexueller Materialien die Zahl der Sexualverbrechen aber zurückging. Dieser Effekt ließ sich nicht auf andere Faktoren wie geringere Berichterstattung oder weniger Sorgfalt bei der Polizei zurückführen.

Auch die sadomasochistische oder ›entwürdigende‹ Pornografie erzeugt keine Gewalt. Zu diesem Ergebnis kommt u.a. die umfassendste Auswertung (…) sozialwissenschaftlicher Daten in Marcia Pallys 1994 erschienenem Buch *Sex and Sensibility: Reflections in Forbidden Mirrors and the Will to Censor.*

Das FBI hat keinerlei Hinweise darauf entdeckt, dass Pornografie, ob gewalttätig oder nicht, zu Verbrechen führt. Die Datensammlung des Staates Michigan zu sexuellen Gewalttaten, die bis in die Fünfzigerjahre zurückgeht und siebzigtausend Fälle aufgezeichnet hat, konnte keinerlei Verbindung zwischen Pornografie und sexuellen Übergriffen feststellen.«

Der Betreiber einer US-amerikanischen Internetseite mit Geschichten und gemalten Bildern extremer Gewaltpornografie, die bis hin zu Tötungsfantasien reicht, schreibt darüber auf dieser Seite:

»Dies sind Fantasien, nichts weiter. Ich glaube nicht, dass du aufgrund des Lesens von Fantasiegeschichten oder des Betrachtens von Bildern zu einem mordenden Vergewaltiger wirst. Menschen haben keinen Einfluss auf die Ursprünge ihrer abweichenden Fantasien. Wenn du abweichende Fantasien hast, dann nicht deshalb, weil du dich dafür entschieden hättest, sie zu haben. Sie sind nicht deine Schuld!

Das entscheidende Merkmal von Mördern und Vergewaltigern ist nicht die Tatsache, dass sie gewalttätige Fantasien haben. Das entscheidende Merkmal ist, dass sie sich überhaupt nicht darum kümmern, was richtig und was falsch ist. Für diese Dinge haben sie kein Empfinden. Alle Menschen haben Gedanken, die, wenn sie umgesetzt würden, aus ihnen Monster machen würden. Dennoch sind Menschen keine Monster, weil ihre Handlungen von sehr viel mehr als gewalttätigen Gedanken bestimmt werden. Dasselbe gilt auch für Fantasien.

Wir (Menschen mit extrem gewalttätig-sexuellen Fantasien, die sich darüber einig sind, dass sie diese niemals in Wirklichkeit erleben wollen, Anm. L.B.) kennen den Unterschied zwischen Fantasie und Realität. Für uns können diese Fantasien ein lustvoller Traum sein. Wir sind uns aber sehr genau darüber im Klaren, wie sehr sich die Wirklichkeit von der Fantasie unterscheiden würde. Die wirkliche Umsetzung dieser Fantasien wäre kein Traum, sondern ein Albtraum.

Die Schuldgefühle, die durch die Vorurteile verursacht werden, welche die Gesellschaft an solche Fantasien knüpft, können aber negative Folgen haben. Diese Schuldgefühle können leicht Gefühle von Verbitterung und Wut auf die Gesellschaft hervorrufen, weil die Gesellschaft den Betroffenen dazu nötigt, sich schuldig zu fühlen (…).

Ich traue dir zu, zwischen Fantasie und Wirklichkeit unterscheiden zu können. Wenn du zu der Sorte Menschen gehörst, die diese Unterscheidung nicht schaffen, dann wirst du auf jeden Fall im Gefängnis landen, völlig unabhängig davon, ob du ungewöhnliche Fantasien hast, oder nicht.«

Im Vorfeld meiner Diplomarbeit über Sadomasochismus befragte ich unter anderem auch sehr viele Mitglieder von Internetforen, die zu der insgesamt eher kleinen Gruppe von Menschen gehören, die sexuelle Tötungsfantasien erregend finden. Ich schrieb offen, dass ich Psychologiestudentin sei und gerne mehr über sie und den Ursprung ihrer Fantasien erfahren würde. Bei den Chat-Gesprächen erfuhr ich, dass alle Betroffenen, mit denen ich chattete, ihre sexuellen Tötungsfantasien seit ihrer Kindheit, spätestens mit Pubertätsbeginn entwickelt hatten. Die meisten dieser Menschen waren zwischen dreißig und sechzig Jahre alt, sodass sie nach eigenen Angaben in ihrer Kindheit weder gewalttätige Pornografie noch sonstiges Gewaltmaterial gesehen hatten. Häufig begannen ihre Fantasien mit selbst erfundenen, oft kindlich-märchenhaften Geschichten, die sie aus Jugendbüchern oder Märchen in ihren Gedanken weitergesponnen haben. All diese Menschen, die aus sehr unterschiedlichen Ländern kamen, da es sich um internationale, englischsprachige Foren handelte, waren sich einig, dass sie ihre Fantasien (oft nach jahrelangen Schuldgefühlen und Selbstzweifeln) inzwischen als harmlosen Teil ihrer Persönlichkeit zu akzeptieren gelernt hatten, gerade weil sie wussten, dass sie keinerlei Interesse am Ausleben der Fantasien in der Wirklichkeit hatten. Dies wurde für mich einerseits durch die Beobachtung untermauert, dass in solchen Foren die selten auftretenden Besucher, die Interesse an einer Umsetzung ihrer Fantasien bekunden, sofort ausgeschlossen und als gefährliche Verrückte bezeichnet werden. Außerdem sprach ich auf der Jahrestagung der American Academy of Forensic Sciences (Amerikanische Gesellschaft für Gerichtswissenschaften) mit einem FBI-Ermittler, der entsprechende Internetgruppen in seinem Vortrag über einen Sexualmord erwähnt hatte. Er bestätigte, dass das FBI von derlei Internetseiten wisse, dass aber Verbrechen im Umfeld dieser Seiten eine absolute Seltenheit seien, wobei die Seitenbetreiber in diesen Ausnahmefällen stets bereitwillig mit dem FBI zusammengearbeitet hätten.

Sadismus bei Garavito

Garavito hat einen deutlich ausgeprägten krankhaften Sadismus. Die meiste Zeit seines Lebens verwendete er dafür, nach Opfern zu suchen, diese auf immer dieselbe Art zu quälen und zu töten und dann weiterzuziehen, um nicht erwischt zu werden. Neben dem Alkoholtrinken war das Ausleben seiner sadistischen Fantasien sein hauptsächlicher Lebensinhalt. Er sagte selbst, dass er sich mehrmals vornahm, keine Morde mehr zu begehen, doch die Sucht danach war zu stark.

Weil krankhafte Sadisten oft durch Gewalt an sich erregt werden, wundert es nicht, dass er angibt, am liebsten Horrorfilme gesehen zu haben. Er betonte im Gespräch mit Mark sogar, dass er alle Arten von besonders brutalen Horrorfilmen mochte, unabhängig davon, wer darin wie zu Tode kam. Er selbst brachte zwar nur Jungs auf eine ganz bestimmte Art um, weil das seine persönliche Zielfantasie war, doch angenehm und anregend konnte er auch jede andere Form von Gewaltdarstellung finden.

Seine Taten zeigen mehrere typische Merkmale bösartiger, sexueller Sadisten. Er missbrauchte die Jungen sexuell, bevor er sie tötete. Für ihn war also die Mischung aus sexuellen Handlungen und Gewalt besonders erregend. Manchmal entführte er mehrere befreundete Jungen gleichzeitig oder kurz hintereinander. Sein Ziel war es, dass er einen nach dem anderen langsam zu Tode foltern konnte, währen die anderen Jungen zusehen mussten. Das zeigt, dass ihn die Furcht, das Entsetzen und die Qualen seiner Opfer ganz besonders erregten.

Auch, dass Garavito die Genitalien der Jungen abschnitt, ist ein typisches Zeichen für krankhaften Sadismus. Außerdem legte er die Leichen auf immer dieselbe Weise zurecht, um sie noch im Tode besonders zu erniedrigen: In die Münder einiger der – vermutlich bei lebendigem Leib – abgetrennten Köpfe der Jungen platzierte er ihre abgeschnittenen Penisse.

Vergewaltiger

Der Gerichtspsychiater Norbert Leygraf von der Universität Essen vertritt die Meinung, dass nicht alleine von der Tathandlung – also beispielsweise der Vergewaltigung oder dem Mord während oder nach der Vergewaltigung – auf die dahinterstehenden Motive des Täters geschlossen werden kann. Deshalb sollte ein Täter nicht ohne die Berücksichtigung anderer Informationen – wie seiner Persönlichkeit, seines psychischen Zustandes, der Tatumstände und so weiter – als Sadist eingestuft werden. Dabei ist es entscheidend zu wissen und zu verstehen, dass es sowohl bei Sexualmördern als auch bei Vergewaltigern sehr unterschiedliche Gründe gibt, aus denen heraus sie ihre Taten begehen. Heute sind wir in der Lage, die unterschiedlichen Arten von Tätern nach ihren Tatmotiven und ihrer Persönlichkeit einzustufen.

Es gibt viele Gründe, weswegen Menschen zu Vergewaltigern oder Sexualmördern werden. Sowohl Vergewaltiger als auch Sexualmörder lassen sich in vier verschiedene Gruppen mit ganz unterschiedlichen Tatmotiven einteilen.

Die bereits erwähnten Forscher Knight und Prentky entwickelten eine Einteilung für Vergewaltiger. Sie stellten vier grundlegende Motive für Vergewaltigungen fest: Gelegenheit, Wut, Frauenhass und sexuelle Lust.

Auch Menschen, die aus sexuellen Gründen andere töten, lassen sich in vier Tätergruppen aufteilen. Der US-amerikanische Kriminalpsychologe Richard Walter und der Kriminologe Robert Keppel stellten fest, dass Sexualmörder ihre Taten begehen, weil sie entweder ihre Macht durchsetzen oder bestätigen wollen, weil sie ihre Wut herauslassen wollen oder weil sie vom Schmerz und Leid der Opfer sexuell besonders erregt werden.

Diese jeweils vier Arten von Vergewaltigern und Sexualmördern werde ich nun genauer beschreiben. Solche typischen Eigenschaften von bestimmten Tätern nutzen unter anderem auch Ermittler, Psychiater und Psychologen, um Täterprofile zu erstellen.

Gelegenheitsvergewaltiger

Die erste Gruppe von Vergewaltigern hat keine besonders ausgeprägten, auffälligen sexuellen Fantasien. Diese Männer vergewaltigen spontan, aus der Gelegenheit heraus. Sie haben oft keine gute Kontrolle über ihre Gefühle und wollen ihre Bedürfnisse direkt umsetzen, ohne dabei Rücksicht auf andere zu nehmen. Dazu kommt wenig Einfühlungsvermögen in andere Menschen. Es ist ihnen egal, ob sie anderen schaden oder sie in Gefahr bringen. Diese Eigenschaften von ihnen zeigen sich auch in anderen Lebensbereichen, so können sie lügen, betrügen, stehlen, einbrechen oder Raubüberfälle begehen, um auch ihre materiellen Bedürfnisse so schnell wie möglich zu befriedigen. Meistens wenden diese Vergewaltiger genau so viel Gewalt an, wie notwenig ist, um die von ihnen gewünschte sexuelle Handlung durchzuführen. Wenn das Opfer sich aber heftig wehrt, schrecken sie auch vor drastischer Gewaltanwendung nicht zurück.

Ein Beispiel für diesen Vergewaltigertyp wäre ein Mann, der seine angetrunkene Bekannte nach einem gemeinsamen Discobesuch heimfährt und den dabei die Lust überkommt, mit ihr zu schlafen. Will die Bekannte dies nicht, so würde er sie festhalten, ihren Widerstand ignorieren, den Geschlechtsverkehr durchführen und sie dann gehen lassen. Es kommt sogar vor, dass ein solcher Täter seine Tat für sich gar nicht als Vergewaltigung einordnet. Aufgrund seines fehlenden Einfühlungsvermögens könnte er sich beispielsweise zu seiner Entschuldigung einreden, das Opfer habe »den Sex eigentlich gewollt und sich nur geziert«.

Bei einem Fall von Mark, an dem ich mitgearbeitet habe, klagte ein wegen Betrugsdelikten mehrfach vorbestrafter Täter darüber, zu Unrecht auch noch wegen Vergewaltigung seiner früheren Ehefrau verurteilt worden zu sein. Nach Abgleich der Aktenlage mit den Aussagen des Mannes zeigte sich, dass es in diesem Fall tatsächlich zu einer solchen »Vergewaltigung aus Gelegenheit« gekommen sein könnte und der Mann möglicherweise diese Vergewaltigung gar nicht als solche wahrgenommen hat. Da in seiner Ehe der »Versöhnungssex nach dem Streit« häufig praktiziert wurde, handelte er bei der besagten Tat nach ebendiesem Muster. Dass seine Frau in diesem Fall aber deutlich dabei blieb, dieses Mal keinen Sex nach dem Streit zu wollen, ignorierte er. Ohne viel Einfühlungsvermögen und die sofortige Befriedigung seiner Bedürfnisse gewohnt (was sich auch in den seine ganze Biografie durchziehenden Straftaten zeigte), war es für ihn selbstverständlich, sich nach dem Streit durch Sex zu entspannen. Dass seine Frau sich diesmal dagegen zu wehren versuchte und deutlich sagte, dass sie keinen Sex wolle, spielte in seinem Erleben keine wichtige Rolle.

Wütende Vergewaltiger

Die zweite Gruppe von Vergewaltigern besteht aus Männern, die insgesamt mit ihrem Leben unzufrieden sind. Sie sind andauernd gereizt, ärgerlich und wütend. Genau wie die erste Gruppe können sie ihre Gefühle nicht gut kontrollieren und die Befriedigung ihrer Bedürfnisse nicht gut aufschieben. Das Motiv für die von ihnen begangene Vergewaltigung ist aber nicht hauptsächlich ihre sofortige sexuelle Befriedigung, sondern das gewalttätige Auslassen ihrer Wut an einem anderen Menschen.

Oft zeigt sich in ihrer Lebensgeschichte, dass sie auch Männern gegenüber immer wieder gewalttätig sind. Weil die Vergewaltigung für diese Männer ein Ventil für ihre Wut ist, wenden sie oft deutlich mehr Gewalt an, als zur Durchführung der sexuellen Handlung nötig wäre. Besonders, wenn sich das Opfer wehrt, können sie derartig ausrasten, dass sich ihre Gewalt bis zur Tötung steigern kann. Solche Täter werden in der Presse oft als »sadistisch« dargestellt, obwohl bei ihnen keine sexuelle Neigung zu Sadismus besteht. Sie werden nicht zusätzlich durch das Leid des Opfers sexuell erregt, sondern lassen »nur« der sie ständig umtreibenden Wut bei der Tat freien Lauf.

Vergewaltiger aus Frauenhass

Eine weitere Gruppe von Vergewaltigern empfindet für Frauen Wut, Hass, manchmal auch Rachegefühle. Oft kommen dazu negative, feindselige und abwertende Grundeinstellungen Frauen gegenüber, wie »die Weiber haben das verdient, die sind eh an allem schuld«. Ihr Ziel ist es, die ihnen zum Opfer gefallene Frau so stark wie möglich zu erniedrigen und sie extrem persönlich und körperlich zu verletzen. Dabei wenden sie verschiedene Formen von Gewalt an, beschimpfen, bespucken, schlagen und treten ihr Opfer. Manchmal töten sie es auch.

Die Wut und Aggression dieser Männer richtet sich ausschließlich gegen Frauen. Häufig nehmen sie ihre Lebenspartnerin als »stellvertretendes Opfer« für Frauen im Allgemeinen und verhalten sich außerhalb ihrer Partnerschaft völlig unauffällig. Es kann sein, dass Freunde und Bekannte sie weder als besonders aggressiv noch sonst irgendwie auffällig einstufen und ihnen Gewalthandlungen gegen Frauen gar nicht zutrauen würden. Obwohl bei den von ihnen begangenen Vergewaltigungen ihre sexuelle Befriedigung für sie durchaus eine Rolle spielt, werden sie meist nicht zusätzlich vom Leiden des Opfers erregt. Sie wollen, dass ihr Opfer leidet, um es »den verdammten Frauen heimzuzahlen«.

Solche Täter können auch »nur« Gewalt gegen Frauen anwenden, ohne sie zu vergewaltigen. Ein Beispiel hierfür wäre ein Mann, der ohne einleuchtendes Motiv eine Serie massiver und scheinbar spontaner Gewaltangriffe gegen ihm völlig fremde Frauen beginnt. Für Gutachter können sich solche Fälle als besonders kniffelig darstellen, weil diese Männer außerhalb der sich spontan entladenden Aggressionsausbrüche gegen Frauen keine Auffälligkeiten zeigen. Sie sind nicht antisozial und führen auf den ersten Blick ein derart normales Leben, dass ihre Taten ganz besonders unbegreiflich erscheinen. Der Gutachter kann dann zwar keine psychische Störung bei dem Täter feststellen, doch die massive Gewalt gegenüber dem oder den Opfern ist dennoch mit gesundem Menschenverstand nicht erklärbar. Hier stoßen die bisher vorhandenen Diagnosehandbücher für psychische Störungen an ihre Grenzen.

Ein Gutachter könnte einen solchen Täter einfach deshalb, weil er sich nach den bekannten Merkmalen zur Einordnung von Straftätern nicht eindeutig psychologisch einordnen lässt, als psychisch gesund oder im anderen Extremfall als sadistisch einstufen, obwohl keine dieser Einstufungen bei genauer Betrachtung zutrifft.

Vergewaltiger aus sexueller Lust

Die letzte Gruppe von Vergewaltigern ist getrieben von ihren sexuellen Fantasien. Diese Männer stellen sich oft schon lange vor der Tat Vergewaltigungen vor, während sie sich dabei selbst befriedigen. Irgendwann entsteht der Wunsch, diese als sehr erregend empfundenen Fantasien auch in der Wirklichkeit umzusetzen. Oft planen sie ihre Taten ausführlich, damit sie möglichst nah an das, was sie sich in ihren Fantasien vorgestellt haben, herankommen. Diese Tätergruppe lässt sich noch weiter unterteilen in jene mit sadistischen Fantasien und Bedürfnissen und jene ohne. Für sexuell sadistische Täter hängen sexuelle und gewalttätige Bedürfnisse so nah zusammen, dass sie oft schon durch gewalttätige Fantasien oder Materialien wie beispielsweise Horror- oder Kriegsvideos sexuell erregt werden. Hier darf man nicht dem Vorurteil aufsitzen, dass gewalttätige Materialien eine solche Neigung verursachen. Es ist vielmehr so, dass Menschen mit solchen Neigungen sich aktiv Materialien suchen, die ihren Fantasien entsprechen. Es sind Fälle bekannt (beispielsweise der bereits erwähnte BTK-Serienmörder Dennis Rader), in denen sadistische Sexualstraftäter, die ohne Fernsehen und Internet aufwuchsen, schon von früher Jugend an Bilder malten und Geschichten schrieben, in denen sie ihre zukünftigen Taten und teilweise noch wesentlich grausamere Fantasien darstellten. Die Fantasie wird also nicht durch bestimmte Medien verursacht, sondern Menschen mit speziellen Vorlieben suchen sich Medien aus, die zu diesen Vorlieben passen (siehe »Gewaltpornografie«, S. 240 ff.).

Die sadistischen Täter, die ihre Wirkung auf andere Menschen gut einschätzen können, setzen ihr Bedürfnis nach Erniedrigung und Macht über das Opfer eher in symbolischen Gesten um. Das Opfer in Angst zu versetzen oder ihm zu zeigen, wie ausgeliefert es ist, reicht ihnen oft schon zur Befriedigung ihrer sexuellen Wünsche aus. Sadistische Täter, die ihre Wirkung auf andere Menschen nicht einschätzen können, gehen dagegen besonders grausam und aggressiv vor. Sie setzen ihre gewalttätigen Fantasien möglichst detailgetreu um. Je bizarrer die Fantasie des Täters, umso bizarrer ist auch seine Tatausführung. Hat der Täter beispielsweise die Fantasie entwickelt, dass sein Opfer gelbe Gummistiefel tragen und auf eine Zitrone beißen soll, während er es gefesselt schlägt und vergewaltigt, so wird er alle nötigen Utensilien zur Umsetzung dieser Fantasie mitnehmen und sich einen Ort und Zeitpunkt überlegen, an dem er möglichst ungestört genau diese Fantasie so umsetzen kann. So hatte beispielsweise auch der Serientäter Jürgen Bartsch (vgl. Fallschilderung in *Mordspuren*) stets Kerzen dabei, um entführte Jungen im Kerzenlicht töten zu können.

Die nichtsadistischen Täter, die von ihren sexuellen Fantasien getrieben werden, haben oft verzerrte Vorstellungen bezüglich Frauen, Sexualität und dem, was Männlichkeit bedeutet und wie sie ihre eigene Männlichkeit definieren. Oft glauben sie, im sexuellen Bereich unfähig und »kein ganzer Mann« zu sein. Diese Mischung aus Selbstunsicherheit und klischeehaften Vorstellungen von Frauen und Männern bringt sie dazu, sich in eine unrealistische sexuelle Fantasiewelt (oft mit starkem Pornografiekonsum und häufiger Masturbation) zu flüchten, die sie irgendwann in der Wirklichkeit erleben wollen.

Sexualmörder

Angeber, die Macht durchsetzen wollen

Diese Täter sind oft junge Männer Anfang zwanzig. Ein typischer Täter dieser Gruppe will besonders männlich wirken. Er entspricht dem Klischee eines Proleten, der ein sportliches, getuntes Auto fährt und sich durch Kampfsport oder Bodybuilding als »harter Kerl« darstellen will. Als typischer Angeber braucht er besonders viel Zuspruch. Der Täter vergewaltigt sein Opfer spontan, aus einer Situation oder Laune heraus, in der er plötzlich Sex mit einer Frau haben will. Weil er kaum Einfühlungsvermögen hat und Frauen in seinem Weltbild seine sexuellen Wünsche zu erfüllen haben, vergewaltigt er das Opfer, manchmal auch mehrmals. Damit meint er, besondere Männlichkeit zu beweisen. Er will das Opfer beherrschen und die volle Kontrolle haben, um sich besonders mächtig und männlich zu fühlen. Dabei kann er sich derartig in seine Aggression hineinsteigern, dass er zum ultimativen Beweis seiner Macht das Opfer tötet.

Einzelgänger, die Bestätigung suchen

Ein Täter aus dieser Motivgruppe träumt auch von Macht, plant aber nicht, sein Opfer umzubringen. Seine Tat ist die Folge einer aus seiner Sicht missglückten Vergewaltigung. Er ist ein Einzelgänger, lebt eher zurückgezogen. Seine Vorstellungen von Männlichkeit und Sexualität sind unrealistisch, außerdem fühlt er sich minderwertig. Weil er keinen Partner für eine Liebesbeziehung findet, versucht er seine sexuellen Bedürfnisse mit Fantasien von Vergewaltigungen und durch Selbstbefriedigung vor Pornofilmen oder -zeitschriften auszuleben. Er fängt eventuell auch an, nachts durch die Gegend zu streifen und in Fenster zu schauen, um Frauen zu beobachten. Irgendwann reicht ihm das Beobachten nicht mehr aus und er stiehlt von Wäscheleinen oder aus Wohnungen, in die er einbricht, Gegenstände von Frauen wie Unterwäsche oder Schuhe. In seiner Fantasie stellt er sich vor, sein Opfer würde sich bei der Tat quasi verführen lassen und ihm die Bestätigung geben, »ein richtiger, mächtiger Mann« zu sein.

Weil er unsicher und von Selbstzweifeln zerfressen ist, sucht er sich ein Opfer, das möglichst um einige Jahre jünger als er selbst ist. Er späht es aus und greift es bei Nacht an. So fühlt er sich besonders sicher. Wenn das Opfer dann ganz anders als in seiner verblendeten Fantasie reagiert, nämlich beispielsweise mit Angst, Zurückhaltung oder Gegenwehr, dann fühlt sich der Täter noch minderwertiger als vorher, was eine ungeheuere Wut in ihm auslöst. Diese Wut lässt er an dem Opfer mit extremster Gewalt aus. Oft benutzt er viel mehr Gewalt, als zur Tötung nötig wäre, und verstümmelt sogar die Leiche des Opfers. Dadurch bestätigt er sich selbst, dass er ein »mächtiger Mann« ist, und kann so seine Minderwertigkeitsgefühle zumindest für einige Zeit ausblenden.

Wütende Mörder aus Rache

Täter dieser Gruppe sind oft Mitte bis Ende zwanzig. Ein solcher Täter ist in seinem privaten Umfeld bekannt für seine Gefühlsausbrüche und dafür, seine Interessen über die anderer zu setzen. Es ist wahrscheinlich, dass er schon früher gegen Frauen gewalttätig geworden ist. Wenn dann ein aktueller Streit mit einer ihm nahestehenden Frau – wie seiner Beziehungspartnerin oder seiner Mutter – entsteht, weiß er nicht, wohin mit der dabei empfundenen Wut. Er geht nach dem Streit weiter seiner alltäglichen Beschäftigung nach und begegnet dabei zufällig einer Frau, die ihn an seine Partnerin oder Mutter erinnert. Dabei steigt die Wut in ihm wieder hoch und er lässt an dieser Frau alle Aggressionen aus, die er eigentlich im ursprünglichen Konflikt empfunden hat. Deshalb wendet auch er ein extremes Ausmaß an Gewalt an, das eigentlich nicht zur Tötung seines Opfers nötig wäre. Weil die Tat auch in seiner Wahrnehmung sehr spontan passiert, hinterlässt er den Tatort ungeordnet.

Quälerei zur sexuellen Befriedigung

Diese Tätergruppe entspricht weitestgehend dem, was sich Menschen als klassischen Serienmörder vorstellen. Sie sind auch diejenigen, die am meisten in den Medien Beachtung finden und als Vorlagen für Romane und Filme dienen. Ein solcher Täter wird sexuell stark von der Angst und dem Leid seiner Opfer erregt. Er hat meist schon seit der Pubertät sexuell gewalttätige Fantasien, die er manchmal in Bildern oder Geschichten umsetzt. Dabei entwickelt er über die Jahre immer detailliertere Vorstellungen davon, was er mit seinen Opfern tun will, um dabei besonders starke sexuelle Erregung zu empfinden. Aus diesen Fantasien werden irgendwann genaue Pläne zur Umsetzung in der Wirklichkeit.

Hierfür überlegt sich der Täter, an welchem Ort er sein Opfer quälen und töten will und welche Dinge er sich beschaffen oder bauen muss, damit er seine Fantasien möglichst detailgetreu umsetzen kann. Dabei entwickelt er einen erschreckenden Einfallsreichtum, erfindet mitunter Folterwerkzeuge oder baut in extremen Fällen ganze Räume zu Folterkammern um. Ein in dieser Hinsicht bis heute einzigartiger Fall war der US-amerikanische Serienmörder »H. H.« Holmes.

Dr. Holmes' Burg des Schreckens – Amerikas erster bekannter Serienmörder

Herman Webster Mudgett, der seinen Namen später in Dr. Henry Howard Holmes ändern ließ, war zwar nicht der erste Serienmörder der USA, doch sein Fall war der erste, der große öffentliche Beachtung fand und in dem über Bundesstaaten hinweg eine lange Mordserie aufgedeckt wurde.

Der als Arzt und Apotheker arbeitende Holmes baute vor der Weltausstellung in Chicago 1893 ein großes Hotel, in dem er vorwiegend junge Frauen, aber auch einige Männer und Kinder, umbrachte. Der lupenreine Psychopath (siehe Kapitel »Antisoziale und Psychopathen«, S. 128 ff.) ging sein Leben lang kriminellen Aktivitäten nach. So fand er eine gewinnbringende Einnahmequel-

Der Serienmörder H. H. Holmes (Herman Webster Mudgett) gestaltete ein riesiges Haus gemäß seiner Folterfantasien um. Wie allen anderen Tätern sah man ihm nicht an, was in seinem Kopf vorging.

le für sich, indem er Leichen aus der Medizinfakultät, an der er studierte, stahl und zu diesen Toten Lebensversicherungen fälschte. Später erschlich er sich das Vertrauen des krebskranken Apothekers Dr. Holton und seiner Frau. Er überredete sie, ihm angesichts des bevorstehenden Todes des Mannes die Apotheke zu verkaufen. Dabei versprach er, dass Frau Holton ein lebenslanges Wohnrecht in dem Gebäude haben würde. Nach dem Krebstod von Dr. Holton tötete Holmes dessen Frau und erklärte den Nachbarn, sie sei nach Kalifornien gezogen.

Das Gebäude baute Holmes mithilfe ständig wechselnder Bauhelfer zu einem dreistöckigen, einen Häuserblock umspannenden Gebäude um, welches seine Nachbarn nur »die Burg« nannten. Während das Erdgeschoss des mächtigen Gebäudes Holmes' Apotheke und verschiedene Läden beherbergte, befand sich in den oberen zwei Etagen sein eigens für die Weltausstellung errichtetes Hotel. Es bestand aus mehr als einhundert, teilweise schallisolierten Zimmern mit zahlreichen Fallen für die darin gefangenen Gäste. Das Gebäude war, ähnlich wie in dem Film *Saw*, ein echtes Horrorlabyrinth.

Holmes tötete mit den unterschiedlichsten und bizarrsten Methoden. Das gesamte Haus war mit Falltüren und Geheimgängen versehen und hatte mehrere Folter- und Tötungsräume, die mit Säurebädern, Foltertischen, Einrichtungen zur Gaseinleitung und einem Krematorium ausgestattet waren. Seine Opfer waren weibliche Angestellte, die als Voraussetzung für eine Arbeit bei ihm eine Lebensversicherung auf seinen Namen abschließen mussten, weibliche, alleinstehende Hotelgäste und einige seiner Geliebten. Nebenbei war er auch noch parallel mit drei Frauen (die nichts voneinander wussten) verheiratet und hatte mit zwei seiner Ehefrauen jeweils ein Kind.

Dass Holmes hauptsächlich aus sexuellen Gründen mordete, kann man aus den extrem ausgeklügelten Folter- und Mordgeräten schließen, die er mit fast schon liebevoller Detailarbeit in seinem Haus einbaute. Besonders schien ihn der Erstickungstod von Frauen zu erregen, da es spezielle Zimmer gab, in denen seine Opfer qualvoll erstickten, während er von außen zusehen konnte. Er wollte nicht einfach töten, er wollte die Qualen seiner Opfer genießen. Diese Opfer waren nicht zufällig hauptsächlich Frauen. Holmes war offensichtlich ein heterosexuell veranlagter Sadist, das Töten von Männern erregte ihn nicht.

Der geschäftige Serienkiller machte auch noch mit seiner Tötungsfabrik Geld, indem er einige Leichen skelettierte und die Skelette an Universitäten verkaufte. Das fiel nicht auf, weil er aus seiner Studienzeit noch genug Leute an den Medizinfakultäten kannte, die seine Dienste als Leichenbeschaffer gerne in Anspruch nahmen.

Als die wirtschaftliche Situation in Chicago sich nach dem Ende der Weltausstellung deutlich verschlechterte, zog Holmes durch die USA und Kanada, wobei er weiter von Betrügereien lebte und unterwegs noch einige Menschen tötete. Pläne, ein weiteres Tötungshaus in Texas zu bauen, verwarf er bald, weil die Justizbehörden in Texas genauer arbeiteten als die in Chicago, sodass er das Risiko doch lieber nicht einging. Stattdessen versuchte er sich weiter als Versicherungsbetrüger und überredete seinen Geschäftspartner Benjamin Pitezel, dessen Tod vorzutäuschen und mit ihm und dessen Frau Carrie die Auszahlung der Lebensversicherung zu teilen. Der depressive und alkoholabhängige Pitezel und seine Frau, die gemeinsam fünf Kinder hatten, ließen sich auf das zwielichtige Vorhaben ein. Holmes tötete hierauf Benjamin Pitezel, erklärte dessen Frau, dieser verstecke sich in Südamerika, und lotste sie und ihre fünf Kinder durch die nördlichen USA und Kanada.

Es gelang ihm, dass die unglückliche Carrie ihre Spuren und die ihrer Kinder selbst mithilfe verschiedener Decknamen verwischte. Holmes überzeugte Carrie, es sei für die Vertuschung des begangenen Betruges besser, wenn er drei ihrer Kinder auf seiner Reise mitnehmen würde. Sie würde mit nur zwei Kindern weniger auffallen. So nahm er die fünfzehnjährige Alice, die zwölfjährige Nellie und den achtjährigen Howard mit sich, während er Carrie mittels Briefen und kurzer Treffen anwies, auf welcher Route sie reisen solle.

Unterwegs mietete er eine abgelegene Hütte, in der er den achtjährigen Howard erwürgte, seine Leiche zerteilte und in einem Ofen verbrannte. Eine Weile reiste er noch mit Alice und Nellie umher. Schließlich zwang er sie, nackt in einen großen Koffer zu klettern, den er verschloss. Es wurde vermutet, dass er die Mädchen zuvor sexuell missbrauchte, was aber nie bewiesen werden konnte. Dass er den Mord an den Mädchen sexuell erregend fand, lässt sich daraus ableiten, dass er sie in der von ihm besonders bevorzugten Art tötete: Er leitete über einen Gummischlauch Gas durch ein kleines Loch in den Koffer, sodass die Mädchen erstickten.

Zwischenzeitlich erfuhr der berüchtigte Bandit Hedgepeth, welcher kurzzeitig mit Holmes im Gefängnis gesessen hatte, aus der Zeitung vom Tod Benjamin Pitezels. Holmes hatte während ihres kurzen Zusammentreffens im Gefängnis mit seinem Plan, die Lebensversicherung von Pitezel zu kassieren, geprahlt und Hedgepeth um Unterstützung gebeten. Nun sah der Bandit seine Chance gekommen, sein Strafmaß zu verkürzen, indem er der Polizei Informationen zum Tod von Pitezel gab. Von Hedgepeths Anschuldigungen gegen Holmes erfuhr wiederum die Versicherungsgesellschaft, die für den Tod von Pitezel gezahlt hatte. Sie setzte die bekannte Detektivkanzlei Pinkerton auf Holmes an. Dieser wollte gerade mit seiner dritten Ehefrau das Land verlassen, als Detektive

Die Folterburg von H. H. Holmes: Erste Etage

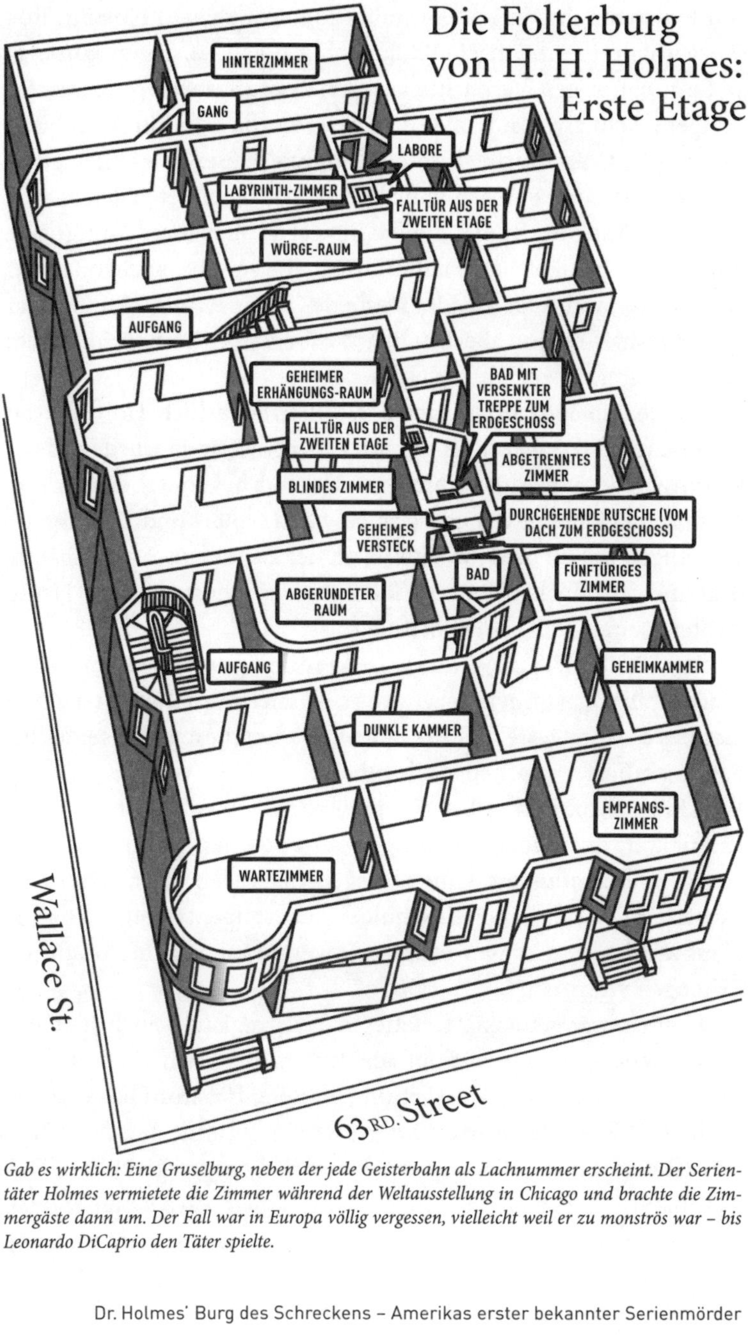

Gab es wirklich: Eine Gruselburg, neben der jede Geisterbahn als Lachnummer erscheint. Der Serientäter Holmes vermietete die Zimmer während der Weltausstellung in Chicago und brachte die Zimmergäste dann um. Der Fall war in Europa völlig vergessen, vielleicht weil er zu monströs war – bis Leonardo DiCaprio den Täter spielte.

von Pinkerton ihn am 17. November 1894 vor seinem Hotel in Boston verhafteten und nach Philadelphia brachten. Dort wurde er erst einmal wegen Verdachts auf Versicherungsbetrug festgesetzt.

Der Leichnam von Benjamin Pitezel wurde exhumiert. Anhand der Menge Chloroform in seinem Magen wiesen Gerichtsmediziner nach, dass er es nicht alleine hätte trinken können. Gleichzeitig wurde mithilfe der Briefe, die die Pitezel-Kinder ihrer Mutter von unterwegs geschrieben hatten, ihr Reiseweg nachvollzogen. Schließlich fand man die Überreste des toten Howard im Ofen eines Mietshauses und die Leichen der beiden Mädchen im Keller eines anderen Mietshauses verscharrt.

Am 19. Juli 1895 durchsuchte die Polizei endlich Holmes' seit zwei Jahren leerstehende »Burg« in Chicago. Erst da wurde das volle Ausmaß des von ihm verbreiteten Horrors bekannt. Berichte von zahllosen Leichenresten und grauenvollen Folter- und Tötungsvorrichtungen füllten bald die Titelseiten der Zeitungen. Das Gebäude brannte aus ungeklärten Gründen am 19. August 1895 ab. Heute steht an seiner Stelle eine Postfiliale.

Am 28. Oktober 1895 wurde der Prozess gegen Holmes wegen Mordes an Benjamin Pitezel eröffnet. Gleich zu Beginn feuerte Holmes die ihm gestellten Anwälte direkt und bestand in seiner für Psychopathen typischen Selbstüberschätzung (vgl. Ted Bundy, S. 94 ff.) darauf, sich selbst zu verteidigen. Obwohl Holmes es gewohnt war, mit seiner überzeugenden und charmanten Art Menschen zu beeinflussen, kam er gegen die vielen offensichtlichen Beweise nicht an. Seine Unschuldsbeteuerungen waren völlig unglaubwürdig, und er wurde am 2. November 1895 zum Tod durch Erhängen verurteilt.

Holmes war schockiert, hatte er doch geglaubt, auch hier mit seiner Redekunst seinen Kopf aus der Schlinge ziehen zu können. Während er auf seine Hinrichtung wartete, bot ihm der Verleger William Randolph Hearst eine große Geldsumme für die Veröffentlichung seiner selbst geschriebenen Lebensgeschichte an. Das war natürlich genau das Richtige für einen Psychopathen wie Holmes, denn egal wie schlecht die Lage auch ist, ein Angebot, schnell an Geld und Ruhm zu kommen, schlägt kein Psychopath aus. Da er bereits verurteilt war, hatte er nichts mehr zu verlieren, also nutzte er seine Chance, wenigstens weltberühmt zu sterben und gestand siebenundzwanzig Morde, wobei er behauptete, von Satan persönlich besessen gewesen zu sein – eine Ihnen schon gut bekannte Rechtfertigungsstrategie für Serienmörder. Um diese gut verkaufbare Besessenheitsgeschichte noch zu unterstreichen, ließ er sich einen teuflisch anmutenden Bart wachsen und damit auf der Titelseite seiner Lebensgeschichte ablichten.

Bei seiner Hinrichtung am 7. Mai 1896 wirkte Holmes Zeugenaussagen zufolge ruhig, gefasst und keineswegs ängstlich. Er nutzte seine letzten Worte, um seine Geständnisse alle zurückzunehmen und zu behaupten, er sei unschuldig, was vermutlich ein letzter, verzweifelter Versuch war, die Hinrichtung vielleicht doch noch aufzuschieben. Seinem letzten Wunsch entsprechend wurde sein Sarg mit Zement gefüllt. Der Sarg wurde wiederum in ein besonders großes Loch eingelassen, welches ebenfalls mit Zement gefüllt wurde. Dieser sehr exzentrisch wirkende Wunsch für seine letzte Ruhestätte hatte wohl damit zu tun, dass Holmes unter gar keinen Umständen einer Leichenschändung zum Opfer fallen wollte. Vermutlich war ihm das so wichtig, weil er selbst so viele Leichen geschändet hatte.

Wie viele Menschen Holmes in all den Jahren und an all den Orten, die er bereist hatte, zum Opfer fielen, konnte nie geklärt werden. Die Opferzahl schwankt zwischen dreißig und zweihundert.

Damit endet unser Ausflug in die Welt der U.S.-Serienmörder, und wir wenden uns wieder einigen Fällen aus Deutschland zu. Zunächst eine Schilderung mit persönlichen Eindrücken von Mark.

KAPITEL 7

MORD IM DACHSTUHL

Es ist ein stiller Wintertag, als ich zu Frau P. fahre. Von Hannover aus rappelt der Bummelzug an zugefrorenen Äckern vorbei. Es ist der erste wirklich kalte Tag dieses Winters. Die Bäume sind nur noch blattlose Skelette; sie geben den Blick frei auf weite, flache, leere Äcker. Nur ein paar braune Büsche kleben an den abgewirtschafteten Feldrändern. Die Bauern erhalten Geld dafür, diese verholzten Knäuel stehen zu lassen, sonst hätten sie die lästigen Pflanzen schon lange abgehackt.

Es wird immer ländlicher. Holzlattenzäune und Hasendraht grenzen jetzt einzelne Felder sauber voneinander ab. Alles hier ist öde und übersichtlich. Sogar die letzten vorbeigleitenden Bahnsteige sind menschenleer und von der Widerspiegelung der Sonne wie blank geschrubbt. Nur auf einem toten Nebengleis schlummern ein paar Güterwaggons vor sich hin. Sie sind, für die Bahn ganz unüblich, ebenfalls blitzeblank.

Endlich komme ich an. Am Ende des Sackbahnhofes steht Frau P. Sie ist eine energische, stämmige Frau mit blonder Dauerwelle. Man könnte meinen, dass sie auf dem pittoresken Bahnhöfchen, das jeden Sommer selbstbewusst mit üppigen Geranien-Rabatten verschönert wird, auf ihre Tochter wartet. Das würde passen, denn in dem kleinen Städtchen könnte die junge Frau gut bei ihren Eltern die Winterferien verbringen. Doch Frau P.s Tochter ist tot. Sie wurde erschlagen, erstochen und erhängt.

Als ihr Vater auf dem Dachstuhl des Hauses nach den Katzen sah, die dort an einem Giebel herumturnten, fand er seine Tochter. »Sie war eiskalt und ganz blau«, sagt er ohne sichtbare Regung. »Ich habe sie nicht aus dem Strick genommen, sondern bin sofort in die Firma gefahren, wo ein Telefon war. Dann kam die Polizei.« Doch das war nicht alles. Was an diesem bis dahin völlig normalen Tag begann, war einer der in die Wirklichkeit laufenden Albträume, die jeden Menschen um den Verstand bringen müssten.

Wie eine Familie mit dem Irrsinn eines ungelösten Mordes lebt, können Sie im Folgenden lesen. Sie werden schnell erkennen, dass in der Erzählung der Eltern alle Probleme der Ermittlungen deutlich zu erkennen sind: zu viele Spuren, zu viele Verdächtige. Doch anders als in den alten Krimis, in denen Nachdenken noch half, liegt die Sache hier anders. Wären die Spuren – Blut, Fasern, Haare, Fingerspuren – rechtzeitig gesichert worden, hätte man vielleicht nicht sofort den Täter ermittelt, aber zumindest sofort einige Personen sicher ausschließen können, die keine Spuren an dem an Spuren überreichen Tatort hinterlassen hatten.

Es lassen sich aus dem folgenden Interview auch weitere Fäden und Ermittlungsmöglichkeiten spinnen, beispielsweise zur Frage nach dem Motiv, die einen Kriminalbiologen nicht interessiert, dafür aber alle anderen Beteiligten. Am Ende des Textes werde ich dazu aus spurenkundlicher und psychologischer Sicht etwas sagen.

Lassen Sie aber zunächst die sehr eindringliche Schilderung der Eltern auf sich wirken. Denn darin ist nicht nur der vollkommenste Supergau nachgezeichnet, der eine Familie ereilen kann. Sie erkennen gleichzeitig, wie schwierig es ist, einen Fall zu bearbeiten, der auf einer festgefahrenen Grundannahme fußt – nämlich der, dass die Tochter von ihren Brüdern, ihrem Vater oder ihrer Mutter umgebracht worden sein muss. Hinzu kamen organisatorische Schwierigkeiten: Die Staatsanwaltschaft arbeitete mit grenzenloser Langsamkeit und Unlust, die Polizei wurde von internen Umgruppierungen gestört, und den erbosten Eltern hört schon lange niemand mehr zu. So kam es, dass der Fall bis heute nicht gelöst ist. Das ist deshalb so verrückt, weil alle Beteiligten noch leben und alle Spuren – wären sie denn eingesammelt worden – auch noch untersuchbar wären.

Am dramatischsten ist vielleicht, wie sich im Laufe der Jahre die Schlinge zuzieht – nur leider nicht um den oder die möglichen Verdächtigen, sondern um die Familie, die alles verloren hat, was sie besaß: Haus, Firma, ihre Tochter Melanie, Gesundheit und Seelenfrieden.

Vierzehn Jahre nach der Tat wurde erstmals ein Verdächtiger verhaftet. Er musste dann aber rasch wieder freigelassen werden, weil, so die Staatsanwaltschaft, die Ermittlungen doch noch nicht so weit waren, wie sie hätten sein müssen. Ob, wie oder gegen wen derzeit ermittelt wird, ist unbekannt. Aus diesem Grund habe ich auf Wunsch der Familie ausnahmsweise die Namen aller Beteiligten anonymisiert. Das Interview habe ich kurz vor der Freilassung des Verdächtigen aus der U-Haft geführt. Bitte wundern Sie sich nicht über die vielen Details – denn um die geht es ja …

Der Mord an unserer Tochter. Ein Interview mit den Eltern

Mutter: Derzeit sitzt ein Mann im Gefängnis, den sie kürzlich verhaftet haben. Das ist Melanies Exfreund gewesen. Mit dem war sie viereinhalb Jahre zusammen. Sie hat ihn Anfang 1994 kennengelernt, als wir umgezogen sind. Er war ein Jahr älter als sie und eigentlich immer bei ihr. Er war wie unser Sohn, wirklich, das kann ich nicht anders sagen.

Die beiden haben viel unternommen, waren viel mit der Clique unterwegs. Allerdings nur am Wochenende, da war Melanie sehr konsequent. Im Dorf ist ja auch sonst gar nichts. Ihre Freunde sind dann gekommen und haben Melanie abgeholt.

Ihr Exfreund ist gelernter Tischler. Die Firma musste ihn aber aus finanziellen Gründen entlassen. Dann hat er bei seinem Schwager gearbeitet und dann Zivildienst gemacht. Jetzt arbeitet er bei einer Autozulieferungsfirma.

Die beiden haben sich Ende April, Anfang Mai herum getrennt. Das fing im Jahr davor an. Da wollte sie sich schon einmal von ihm trennen, weil er anfing mit Klammern. Also ständig und am besten vierundzwanzig Stunden jede Minute zusammen, das wurde ihr zu viel. Er hat ihr überhaupt keinen Freiraum mehr gegeben, weiß der Teufel warum.

In der Woche hat er sie von der Arbeit abgeholt und nach Hause gebracht. Das wurde dann immer extremer, und dann ist das mal eskaliert, anderthalb Jahre vor ihrem Tod. Da haben sie sich aber auch wieder zusammengerauft, aber es lief wohl doch nicht mehr. Im April oder Anfang Mai 1995 hat sie dann gesagt: »Jetzt ist Schluss.«

Melanie hat uns gesagt, dass es so nicht mehr weiterging. Ich hab sie früh zur Arbeit gefahren, und da hat sie mir mal gesagt: »Mutti, der Thomas setzt mich so unter Druck.« Da fragte ich: »Inwiefern?« Sie antwortete: »Ja, wenn ich mich von ihm trenne, dann bringt er sich um.« Da sagte ich zu ihr: »Also wenn es schon so weit gekommen ist, dann trenn dich sofort. Das ist ja Erpressung, was er mit dir macht. Und wenn er sagt, dass er sich dann umbringt, wenn du dich von ihm trennst – so eine Beziehung taugt doch überhaupt nichts.«

Bei ihr hat man immer gemerkt, wenn sie etwas auf dem Herzen hatte, wenn sie etwas bedrückte. Das dauerte dann zwar immer, aber sie hat dann darüber gesprochen. Kurz nach diesem Gespräch hat sie sich dann von ihm getrennt.

Ärger gab es deswegen überhaupt nicht. Er ist sogar in unsere Firma gekommen. Ich saß dort, er hat sich an den Tisch gesetzt und mir gesagt: »Wir haben uns getrennt. Einvernehmlich.« Ich meinte dann: »Okay.« Das hat er öfters gemacht. Er ist auch danach, also auch nach der Trennung, noch oft zu uns gekommen. Manchmal war er auch bei Melanie, hat sie abgeholt, wenn sie mit der Clique unterwegs waren.

Sie hatte dann einen neuen Freund, in Anführungszeichen. Das hatte da gerade erst angefangen. Man hat es Thomas da aber nicht angemerkt, also er ging aus meiner damaligen Sicht normal damit um. Ich habe einmal zu ihm gesagt: »Viereinhalb, fast fünf Jahre Beziehung – einfach so weg …«, aber er hat immer gesagt: »Nee, es ist alles okay, alles prima, wir sehen uns ja am Wochenende und kommen gut miteinander klar.« Ja, und dann bin ich doch eines Besseren belehrt worden, dass es eben nicht so war.

Ihr neuer Freund war drei Jahre jünger als sie. Sie kannten sich von einem einwöchigen Cateringlehrgang, Partyherrichtung und so. Er hat zu der Zeit Bäcker gelernt.

Es wird ja immer noch behauptet, das Wochenende davor, also bevor sie gestorben ist, soll sie mit Thomas zusammen auf dem Lichterfest gewesen sein. Aber das konnte nicht bewiesen werden, und wir haben natürlich nicht gefragt: »Mit wem gehst du jetzt weg?« An dem Wochenende, bevor sie umkam, da war sie am

Sonnabend und Sonntag zu Hause. Wir waren allerdings nicht da, und ihr neuer Freund war bei sich zu Hause.

Melanie wollte zu ihm nach Dessau ziehen. Das hat seine Mutter behauptet. Aber die kannten sich keine zwei Wochen und da soll Melanie vorgehabt haben, die Lehre hinzuschmeißen und nach Dessau zu ziehen? Was ist das denn für ein Quatsch? Außerdem: Er war ja nicht mal auf der Beerdigung. Von wegen große Liebe … kommt nicht mal zur Beerdigung seiner Freundin. Wenn er wegen eines Schocks nicht gekommen wäre, wäre er der Einzige gewesen. Sonst waren nämlich alle da. Hunderte von Menschen. Ihn hat es auch danach nicht mehr interessiert. Also wenn einer meine Freundin umgebracht hätte, da wäre ich doch am Rumtelefonieren und würde mich irgendwie darum kümmern. Aber von ihm kam gar nichts.

Dann hab ich noch versucht, mit ihm Kontakt aufzunehmen, und dann hat mir seine Mutter eben gesagt, sie kenne sich da mit allem aus, sie wäre selber bei der Polizei, zwar nur beim Verwaltungsdienst, aber ich solle endlich ihren Sohn in Ruhe lassen. Da hab ich noch gesagt: »Da kann ja die Liebe nicht weit hin sein.«

Verdächtig war er offenbar nie. Es gab Zweifel, weil er hatte wohl auch montags frei, aber es konnte wohl hieb- und stichfest nachgewiesen werden, wo er war. Die Sache mit dem Montag ist wichtig. Melanie hatte Fleischereifachverkäuferin gelernt und im August ins dritte Lehrjahr gewechselt. Damit wechselte dann auch ihr freier Tag. Im zweiten Lehrjahr hatte sie den Mittwoch frei und da wechselte sie dann auf den Montag. Das wussten aber nur ganz wenige. Also nur ihre Arbeitskollegen und ein engerer Kreis wussten davon. So war sie eben an dem Montag zu Hause.

»Irgendetwas stimmte nicht«

Wir waren an diesem Montag wie immer arbeiten. Unser Sohn Stefan hat zwei Orte weiter gearbeitet und unser zweiter Sohn Klaus war mit mir in der Firma. Wir sind morgens um halb sieben aus dem Haus. Melanie habe ich schlafen gelassen, weil sie gerne ein bisschen länger geschlafen hat.

Unsere Söhne sind bis abends um fünf Uhr auf einer Baustelle gewesen und dann in die Firma gekommen. Klaus ist dann um halb sechs rum mit dem Fahrrad nach Hause gefahren. Dem hab ich gesagt, er soll Melanie Bescheid sagen, dass ich gleich komme, weil wir zusammen einkaufen gehen wollten.

Ich bin dann um sechs Uhr rum auch los. Dann kam ich nach Hause und er stand da und ich fragte: »Wo ist denn Melanie?«, und er sagte: »Die ist nicht da.« Da hab ich gesagt: »Das kann doch nicht sein. Sie wäre doch in der Firma vorbeigekommen und hätte Bescheid gesagt, wenn sie irgendwohin gewollt hätte. Tausendprozentig!« Aber da hab ich mir noch nicht groß etwas gedacht.

Ich sagte: »Also wir müssen ja jetzt einkaufen, dann fährst *du* halt mit.« Als wir um sieben rum nach dem Einkaufen heimkamen, war Melanie immer noch nicht da. Da sagte ich: »Hier ist doch was faul.« Klaus ist dann mit dem Fahrrad losgefahren. Ich hab meinen Mann abgeholt. So was hatte sie vorher wirklich noch nie gemacht.

Stefan kam dann um acht und ging nach oben, weil die ja beide ihre Zimmer oben hatten. Da rief er: »Mutti, komm mal hoch.« Da stand ihre Zimmertür offen. Ich bin ja vorher noch nicht oben gewesen, weil ich mir da noch nichts weiter gedacht habe. Da sind wir nur an die Türschwelle gegangen, da hatte sie hinter der Tür so einen Sessel, da lag sonst immer ihre Jacke drüber. Die war aber nicht da. Wir sind aber nicht reingegangen, wir haben nur flüchtig reingeguckt. Dann ist Stefan mit dem Moped losgefahren und hat sie gesucht. Ich hab gesagt: »Hier stimmt doch was nicht.« Wir haben die halbe Nacht gewartet, gemacht, getan. Und dann war sie in der Frühe immer noch nicht da.

Bei der Polizei haben wir nicht angerufen. Wir sind früh in die Firma, weil wir gedacht haben, vielleicht ist sie ja doch nach Dessau zu ihrem Freund gefahren, aber das wäre das erste Mal gewesen. Sie hätte uns doch mindestens einen Zettel hingelegt, wo sie draufgeschrieben hätte: »Ich bin da und da.«, Melanie hatte eh' kein Auto und wäre dann mit dem Zug gefahren – aber dann hätte ich sie zum Bahnhof fahren müssen.

Am nächsten Tag wollte ich dann schon zur Polizei gehen, weil ich dachte, dass hier was nicht stimmt. Also sind wir erstmal in die Firma, weil wir dort ein Telefon hatten, und dann habe ich als allererstes Thomas angerufen, zu Hause bei seiner Mutter. Die hat gesagt, dass er schon auf der Arbeit ist, und mir die Telefonnummer gegeben. Dann hab ich dort angerufen und ihn gefragt: »Wart ihr am Wochenende unterwegs? Weißt du, wo Melanie ist?« Er sagte: »Nee, weiß ich nicht, wir waren auch nirgendwo weg.« Nichts weiter.

Dann habe ich in Melanies Firma angerufen, weil wir immer noch im Kopf hatten, dass sie vielleicht doch in Dessau war und vielleicht von dort zur Arbeit gefahren ist. Sie war ja immer sehr konsequent, und Pünktlichkeit war ihr sehr wichtig. Dort hat man mir gesagt, dass Melanie nicht zur Arbeit gekommen ist. Ich hab gesagt: »Ihr ist was passiert, hier stimmt doch was nicht, so was hat sie noch nie gemacht.« Da hab ich dann die Polizei angerufen.

Dort bekam ich lapidar zur Antwort: »Na ja, Frau P., sie ist neunzehn Jahre alt, da kommt so was schon mal vor.« Ich sagte: »Nein, so was kommt bei uns nicht vor. Sie hätte uns wenigstens einen Zettel geschrieben.« Die sagten: »Wir werden dann mal einem Streifenwagen Bescheid sagen, dass der sich dann umguckt.« Das war morgens um halb acht rum.

Keiner von uns hatte Ruhe, irgendwas stimmte nicht, irgendwas war faul. Wir sind direkt zu Melanies Firma weitergefahren. Dort hab ich nochmal persönlich nachgefragt, aber Melanie hatte sich bei niemandem gemeldet. Dann sind wir zu einem Kollegen nach Hause, dem wir vorher an diesem Tag geholfen hatten. Er ging ins Bad, da klingelte sein Telefon und seine Tochter, die mit Melanie damals zur Schule gegangen ist, ging dran. Sie geht dann ins Bad, will ihren Vater holen und – ich weiß nicht warum, ich kann es bis heute nicht sagen – ich nehme den Hörer in die Hand und hab nur gefragt: »Was ist los?« Da war der ehemalige Schwiegersohn des Kollegen dran und er sagte nur: »Sie haben Melanie gefunden. Sie ist tot.« Es gab nur ein Rumms-Krach, und dann lag ich da mitten im Wohnzimmer.

Da kamen alle angehetzt. Ich habe von dort aus Thomas angerufen und ihm gesagt: »Thomas, sie haben Melanie gefunden, sie ist tot«, und habe aufgelegt. Das ist das, wo er heute widerspricht. Er behauptet, ich hätte ihm gesagt, wo sie liegt. Das habe ich ihm tausendprozentig nicht gesagt. Dann sind wir ins Auto und nach Hause gefahren.

Wo Melanie gefunden worden war, wusste ich. Das hatte er am Telefon erwähnt. Wir fahren also los, fahren dort oben hin. In dem Moment, wo ich aus dem Auto aussteige, hält Thomas mit seinem Auto neben uns. Das ist mir erst hinterher so aufgefallen. Dann sind wir dort rein, und die Bude war voller Polizei und ich wollte gleich die Treppe hoch. Da haben sie mich dann festgehalten und dann kam unser Sohn Stefan noch mit dem Moped. Ja, und dann ging es zu Hause los.

Das fiel mir ein paar Tage später ein: Warum stand Thomas auf einmal neben dir? Du hast es ihm doch nicht gesagt, wo es war. Das hab ich zigmal in Protokollen ausgesagt.

Die Polizisten standen unten an der Treppe und zwei oder drei – das weiß ich gar nicht mehr so genau – liefen und wuselten da oben herum wie die Kaputten. Ich dachte ja immer, das wird komplett zugemacht, das Teil, aber das war so … zwanzig Mann, einer wichtiger als der andere, da hätte nur noch die Würstchenbude gefehlt. Da hat es mir die Schuhe ausgezogen.

Vater: Wenn die Kinder die Holztreppe rauf- und runtergegangen sind, dann haben wir eigentlich immer Geräusche gehört. Sie wohnten ja oben, wir unten. Auch die Badezimmerrohre gingen durch das Wohnzimmer durch, von oben durch ’nen Schacht bis in den Keller zum Abfluss. Klar, wenn du da Fernsehen guckst und da lässt oben jemand das Wasser laufen oder zieht die Spülung, das hätte man dann ja immer gehört. Ich habe aber nichts gehört.

Als ich noch einmal den Anruf erhielt, dass Melanie nicht in der Firma ist, sagte ich mir: »Das kann nicht sein. Also entweder ist sie noch mit dem anderen Bus gekommen, also, die muss ja jetzt langsam mal wieder auftauchen.« Also gucke ich nochmal oben, ob sie da ist.

Ich bin also nochmal schnell nach Hause, das war ja nur ein Katzensprung, zwei Minuten von der Firma bis oben, wo wir gewohnt haben. Als ich hochkam, war nichts verändert, da waren nur die Katzen, die waren auf dem Speicher draußen. Und da haben die ja nix zu suchen. Das war mir unerklärlich – wie kommen die Katzen auf den Speicher? Damals hat Melanie ihren großen Kater gehabt und die Kinder hatten zu der Zeit noch eine kleine Katze mit angeschleppt. Die beiden Katzen hingen oben an der Dachluke. Bloß kamen sie da ja nicht hin. Da jaulten die Katzen rum und das war unnatürlich.

Der Leichenfund

Da haben also die Katzen gehangen, und da bin ich dann nochmal rein und bin da hoch. Ich musste durch den Partyraum, den wir da einrichten wollten, durch das Loch in der Wand durch, um eben die Katzen ranzuholen. Und wie ich da durch bin, da hab ich sie dann gesehen. Da lag sie dann da.

Blut habe ich überhaupt nicht realisiert oder überhaupt geguckt oder irgendwas. Ich bin da einfach nur hoch und Tür auf und bin da durch und bin dort hin, um die Katzen da wegzuholen. Klar, wenn ich weiß, dass da einer liegt, da gucke ich nach allem Möglichen, aber für mich war das ja vollkommen uninteressant. Da lag ja noch ein Teppich da oben. Ob der verschoben war oder nicht, da achtet kein Mensch drauf.

Es war schon hell da. Die Klappe, die ist ja immer offen gewesen, weil wir da oben zeitweise die Wäsche aufgehängt haben. Da haben wir zwei Wäscheleinen gehabt, da brauchten wir dann nicht auf den Hof gehen. Für die Jungs oder für Melanie war es ja kein Problem, die passten gut durch diese einen Meter mal einen Meter große Luke durch, dann haben die schnell da die Wäsche aufgehängt. Das war ja noch nicht alles fertig isoliert, deswegen war das noch nicht zugebaut. Solange das nicht zugebaut war, warum sollte man da nicht die Wäsche aufhängen. Es wurde ja für nichts anderes genutzt da oben.

Im Partyraum lagen auch noch Sachen vom Vorgänger drin, die wir noch nicht ganz entsorgt hatten. Da sollte mal ein Container kommen, da wollte ich erst alles sammeln, sonst wäre der Container in einer Nacht schon voll gewesen. Also hab ich beschlossen, dass wir alles durch die Luke schmeißen, wenn wir alles zusammen haben.

Von den Jugendlichen wussten etliche von diesem Raum, weil unser Sohn immer relativ kontaktfreudig war. Also bei uns liefen grundsätzlich nicht nur unsere drei Kinder, sondern oft sieben oder acht herum. Das war mir immer lieber. Wir haben oft gehört: »Ihr müsst ja einen Knall haben, die ganze Horde da …« Da sagte ich: »Mir ist es lieber, die sind hier, und ich weiß, was da abgeht, als dass ich da irgendwann mal zur Polizei gerufen werde.«

Ich bin dann jedenfalls gleich wieder runter in die Firma, weil da das Telefon war. Und dann hat ein Mitarbeiter gleich bei der Polizei angerufen, ich konnte ja nicht mehr. Der hat gleich angerufen und alles durchgegeben, was ich gesagt habe: Dass ich meine Tochter auf dem Dachboden gefunden habe, und dass sie wahrscheinlich tot ist. Mehr wusste keiner. Ich habe sie angefasst und sie war eiskalt … da war nix mehr … sie hatte einen Strick um den Hals.

Ich habe sie nur angefasst und geguckt: Kein Atem und nix mehr, eiskalt und vollkommen blau angelaufen und gefroren. Da bin ich dann gleich wieder runter, bin in die Firma, hab telefonieren lassen und hab mich gleich wieder ins Auto gesetzt und bin wieder hochgefahren, weil die sagten, sie kommen sofort, und da bin ich gleich wieder hoch und hab da einfach nur vor der Tür gesessen und hab dann gewartet, bis die kamen, nach etwa zehn Minuten.

Dann ist erst der eine und dann der andere hoch, dann haben sie telefoniert, dann kam das nächste Auto, dann sind die hoch und runter, alles Schutzpolizei. Ich weiß gar nicht, wann die Kripo gekommen ist.

Mutter: Die Kripo ist laut Aktenlage gegen halb zehn eingetroffen. Die Staatsanwaltschaft musste erst mittagessen. Die sind gegen ein Uhr eingetroffen. Ist 'ne Tatsache. Die Staatsanwältin hat versucht, den zuständigen Staatsanwalt zu erreichen. Aber er war gerade in der Mittagspause zum Mittagessen.

Vater: Wir haben dann vor der Tür gewartet, bis die Kripo kam, und dann sind wir in den Bus eingestiegen nach Osterweg. Das war ein Polizeibus. Wir mussten alles stehen und liegen lassen, durften keine eigenen Autos mitnehmen und gar nichts.

Dann haben die unsere Fingerabdrücke genommen. Und dann saßen wir in so einem Raum an so einem ellenlangen Tisch an der Wand. Sie haben unseren Hausarzt gerufen, wegen Beruhigung und so was. Dann wurden die ersten Vernehmungen gemacht, also Fragen gestellt und so. Um eins rum haben sie uns zurückgefahren, wir durften aber noch nicht mal mehr in die Straße zu unserem Haus rein. Unsere Autos wurden nach vorne gebracht und dann konnten wir sehen, wie wir klarkommen. Keiner hat gefragt, wohin oder wo bleibt ihr. Nix. Wir sind erst einmal wieder runter in die Firma, wo wir den ganzen Nachmittag waren, und sind dann zu einem Kollegen gefahren.

Ein komischer Zwischenfall

Die Kleidung, die wir anhatten, haben sie nicht mitgenommen, und wir konnten auch frei reden.

Thomas kam dann auch dahin. Dort ist er das erste Mal vernommen worden. Das ging wohl bis nach zehn Uhr. Da passierte dann ein komischer Zwischenfall. Das weiß ich noch, ich lag oben im Wohnzimmer auf der Couch, und da kam er hoch und fragte: »Kann ich mal telefonieren?« Da hab ich gesagt: »Klar, kannst du machen.« Ich lag da also so auf der Couch und da war so ein Tischchen, da hat er telefoniert. Da hat er dann – das geht mir heute nicht mehr aus dem Kopf – nur gesagt: »Pass auf, es ist alles okay.« Er war bis dahin total betrübt. Ich sage bis heute immer, er ist so wie Jekyll und Hyde, also das konnte der wahnsinnig gut. Innerhalb von Bruchteilen von Sekunden konnte der sein Wesen ändern. Und dann klang er richtig fröhlich und sagte: »Es hat alles wunderbar geklappt, es hat alles funktioniert«, und hat aufgelegt.

Wie wir hinterher herausgekriegt haben, hat er da mit seinem Schwager telefoniert. Er war total fröhlich, als ob nichts passiert wäre. Ich dachte sofort: Das kann doch nicht sein. Dazu hätte ich auch gern mal deine Frau gefragt, ob das tätertypisch ist. (Zeigt auf ein Foto.) Da ist er, auf der Beerdigung steht er zwischen uns. Warum macht man so was?

Ich habe da neulich so einen Bericht gelesen, es gibt ja Täter, die sich das dermaßen einreden können, dass sie dann wirklich glauben, dass sie es nicht waren. Oder er ist halt rotzfrech.

Bei der Beerdigung waren angeblich drei Mann von der Kripo dabei. Die waren da verteilt und haben sozusagen ihre Eindrücke gesammelt. Die haben uns aber nicht angesprochen oder so. Einige Bilder, die ein Freund von uns auf dem Friedhof gemacht hat, haben die später mitgenommen und da Personen raus vergrößert.

Egal wo du guckst, Thomas steht auf den Bildern immer in unserer Nähe. Ich kann mich an jede Minute der Beerdigung erinnern. Das ist ja etwas, was die mir auch noch ankreiden: mein minutiöses Gedächtnis. Da hab ich gesagt: »Tut mir leid.« Wir sind in die Kapelle reingegangen und da stand nun dieser weiße Sarg da. Und unser Sohn, der war damals sechzehn Jahre alt, geht auf diesen Sarg zu und dreht sich auf einmal um und rennt wieder raus. Da ging natürlich gleich richtig die Post ab.

Nachdem die Vernehmungen anfingen, war einer unserer Söhne fast jeden Tag da. Er war also von Anfang an informiert. Später kam er jede Woche und dann so alle zwei, drei Wochen mal, so nach dem Motto »Was gibt's Neues?«.

Wir hatten so einen Tisch mit Melanies Sachen drauf und auch mit Kerze und so, und da hab ich damals schon gesagt: Also so ein extremer Wechsel, das hab ich im Leben noch nie erlebt. Ich nenn' den nur noch Jekyll und Hyde.

Er kam ganz natürlich rein, alles wunderbar, alles prima. Er fragte: »Und wie sieht's aus, was machen die Ermittlungen?« Wir haben uns da nichts bei gedacht, wer denkt denn so was? Gut, da gab es Vermutungen, es passte vieles oder auch vieles nicht. Wie zum Beispiel: »Warum steht er auf den Fotos immer neben dir?« Eines Tages steht er an diesem Tisch und fängt an zu heulen, Rotz und Wasser. Dann geht er zum Fenster, dreht sich um und lacht drüber. Also so was Extremes hab ich in meinem Leben noch nicht erlebt, wie bei dem. Davor hatte er das überhaupt nicht. Diese Schwankungen kamen erst danach. Innerhalb von einem Jahr hat sich das wieder gegeben. Dann haben wir ihn nur noch auf der Straße getroffen.

Ich habe immer gesagt: »Also wenn das auch noch eintrifft, dass der das wirklich war … das hab ich ja von Anfang an gesagt.« Weil ja nun vieles irgendwo passte. Und dann hab ich ihn noch einmal an der Tankstelle getroffen. Ich steig' aus dem Auto, auf einmal kommt der aus der Tankstelle raus, nimmt mich in den Arm und ich denk: »Was ist denn jetzt los?« »Ach und wie geht's?«, fragt er. Da hab ich gesagt: »So, Ende, aus, Schluss, ich will keinen Kontakt mehr.« Irgendwas stimmt mit dem nicht. So verändern kann sich kein Mensch wie der. Der war normalerweise immer ein Ruhiger, so ein Zurückhaltender, Ruhiger. Das war zu extrem.

Er hat in den Jahren seine Art sowieso verändert, er wurde auch ziemlich aggressiv, er hat ein paar Schlägereien gehabt wegen Nichtigkeiten und so. Jetzt vor Kurzem, bevor sie ihn verhaftet haben, da hat ihn die Tochter meines Kollegen gesehen mit 'nem ziemlich lädierten Gesicht. Das passte überhaupt nicht zu ihm.

Meine Frau hat sich vorher schon von ihm abgewandt. Dann kam noch dazu, dass er vor drei oder vier Jahren geheiratet hat und die Heiratsannonce, die er dann da reingesetzt hat – da war sie ganz und gar fertig.

Mutter: Die Anzeige muss man lesen. Die kann man nämlich nicht beschreiben.

Vater: Lies mal die Annonce und dann sag mir mal, was du bei der Überschrift denkst? [Überschrift: »Plötzlich und unerwartet haben wir geheiratet.«] Ich dachte zuerst: Wer ist denn jetzt gestorben?

Mutter: Da ist mir gar nichts eingefallen. Wie krank muss man denn sein? Ich weiß noch: Irgendjemandem hab ich das erzählt, da sagt der: »Wieso, da ist doch nix dabei.« Da sagte ich: »Geht's noch?« Was daran normal sein soll, das möchte ich mal wissen. Ich hab anders geheiratet, nicht plötzlich und unerwartet. Wenn man nur den ersten Satz zeigt, was denkt man? Ja, Beerdigung. Und dann hab ich die Anzeige gezeigt. Da hab ich gesagt: »Jetzt könnt ihr alle von mir halten, was ihr wollt, das ist er.«

Er hat sie acht Jahre nach Melanies Tod geheiratet. Die Frau hab ich ein einziges Mal gesehen, letztes Jahr. Ich wollte rein in den Laden und die sind rausgekommen. So 'ne Schwarzhaarige, das totale Gegenteil von Melanie. Deswegen ist aus dem Haus gehen für mich mit 'nem Horrortrip verbunden. Er wohnt nur zwei Straßen weiter. Beim Einkaufen hier um die Ecke ist er mir ein Mal begegnet. Er ist raus und sie mit dem Kleinen auf dem Wagen und er kam, guckte nur und drehte sofort den Kopf weg. Es ist ein saublödes Gefühl, vor die Tür zu gehen, weil ich wirklich Angst habe. Das war auch bei seiner Verhaftung so. Wir wussten, die sollte kommen, aber wir wussten nicht, wann genau. Das war ein saublödes Gefühl. Und jetzt, nach seiner Freilassung, ist dieses Gefühl Wut, maßlose Wut. Wir waren so dicht dran und jetzt sind wir wieder ganz weit weg. Immer wieder diese Phase, ein langes Stück geradeaus, fast drei Monate ist alles okay und dann auf einmal kommt einer und haut alles wieder um.

Ich weiß wirklich nicht mehr, wie ich reagiere, ob ich wirklich noch die Nerven habe. Denn vierzehn Jahre, irgendwo ist Ende. Irgendwo kannst du nicht mehr. Der eine Richter sagt hü, der andere Richter sagt hott. Und dann kommt dieser scheißbeschissene Staatsanwalt und schmeißt noch ein Stöckel rein. Wo wir wirklich gedacht haben: »Jetzt müssen sie doch mal irgendwie reagieren und etwas für uns tun.«

Ein zähes Ringen

Das hier ist eine Bekannte. Sie hat sich am Geburtstag ihres ermordeten Kindes das Leben genommen. Sie war vorher unterwegs, da hat sie mir noch gemailt und alles. Ich kann ihre Handynummer nicht löschen – ich weiß selbst nicht, warum. Auch nicht ihre letzte E-Mail. Das ist unbegreiflich. Sie hat ein paar Tage vor dem ersten Todestag ihres Kindes sogar von der Justizministerin Nordrhein-Westfalens so ein Glückwunschding gekriegt. Der Täter ist überführt worden. Er hat lebenslänglich. Aber sie konnte nicht mehr.

Das war zu viel, da ging es ja juristisch immer weiter, das war nicht abgeschlossen. Sie hat immer wieder mit der Polizei gesprochen und alles versucht in Gang zu setzen und es hat irgendwo nicht funktioniert. Sie ist immer wieder gegen Wände gerasselt.

Ich bin auch krank, ich habe ja Krebs und zwei Wirbel kaputt. Unser Arzt sagt, dass die Sache mit Melanie hundertprozentig eine Mitursache ist. Das ist ja auch noch nicht abgeschlossen. Wir kämpfen seit vierzehn Jahren dafür, dass wir überhaupt als Opfer anerkannt werden. Wir würden dann eine Elternrente bekommen. Es hat über elf Jahre gedauert, bis sie es überhaupt anerkannt haben: Aber nur zu zehn Prozent, weil wir nicht in die Klinik gehen, weil wir uns nicht mit Antidepressiva zupumpen und weil wir eben halt diesen Elan zeigen. Mein Hausarzt ist Psychotherapeut. Bei ihm kann ich bestimmen, wann mir danach ist, über etwas zu reden, und er geht auch ganz anders damit um. Das ist für mich perfekt. Den hab ich seit neun Jahren. Er hat auch schon mehrere Gutachten geschrieben, die wurden alle abgeschmettert. Bei meinem Mann haben sie zehn Prozent anerkannt und bei mir dreißig Prozent.

Wir haben Bilder aus unserem Haus gesehen. Der Fotograf kam rein, weil die Tür unten offen stand. Der hat geschaut, ob da oben einer ist, und als er gesehen hat, dass da keiner ist, hat er die ganzen Fotos gemacht vom Küchenschrank und was alles auf dem Fußboden lag. Der hat die Mülleimer im Wohnzimmer ausgekippt, den Kamin zerlegt, die Seitenteile und Platten, alles abgebaut. Er kam am Ende und sagte: »Frau P., was haben die da oben gesucht? Die ganze Wohnung ist ein Schlachtfeld.« Wir waren ja damals noch im Umbau. Später haben sie es dann deklariert als: »So nen Saustall wie unseren haben sie noch nie gesehen.« Die haben auch bei Melanie im Zimmer den Mülleimer aufs Bett gekippt, mit Zigarettenkippen und allem.

Vater: Auf dem Bild sah man auch fünfzehn bis zwanzig Gummihandschuhe, die einfach über die Treppe bis draußen vor die Tür verteilt waren. Jeder hat sie abgezogen und einfach fallen lassen. Der ganze Schuhschrank oben war umgekippt. Die haben die Schuhe nicht herausgeräumt, die haben den Schrank einfach umgekippt, sodass alles herausgefallen ist. Die Schuhe lagen im Flur verteilt herum. Das sah aus, das kann man sich nicht vorstellen.

Mutter: Also nachdem die da die Fotos gemacht haben, ist mein Mann da hoch. Das werd ich nie vergessen. Da kommt er in die Firma und setzt sich an den Tisch. Und bevor mein Mann heult, da muss schon was passiert sein. Da saß er am Tisch und war nur noch am Heulen. Die (gemeint ist der Erkennungsdienst) haben alles kaputtgeschlagen und kaputtgemacht. Die haben das Ofenrohr rausgerissen und einfach in die Möbel reingehauen, mit dem ganzen Ruß und allem, was drinnen war.

Spuren verschwinden

Vater: Die haben sogar den Kühlschrank von der Wand abgerückt. Dabei ist die Tür aufgegangen und der ganze Inhalt ist da rausgefallen. Der Kühlschrank hat mitten in der Küche gelegen. Mit dem ganzen Essbaren und allem Drum und Dran. Da hab ich gesagt: »Diese Wohnung betreten wir nie wieder.« Es wurde auch ein Messer gefunden. Als wir das dann genauer kontrolliert haben, da haben wir festgestellt, dass es auf keinen Fall zu unserem Besteckkram dazugehörte. Wie ich schon sagte, oben in der Kammer waren noch Stühle und Klamotten vom Vorgänger. Da haben wir damals Glaswolle zerschnitten, und da lagen auch Messer rum. Dieses war vorne spitz und hinten geriffelt. Das Ganze war so richtig blutverschmiert.

Die haben auch noch 'nen Haken dort oben gefunden. Mit dem wurde Melanie nachweislich geschlagen, weil da DNA-Spuren dran waren. Die haben wirklich so lange rumgesucht und wie die Vandalen gehaust, um endlich was zu finden. Aus dem Zimmer von Melanie haben sie aber nix rausgenommen, aber von außen haben die alles zerlegt. Aus Melanies Zimmer haben sie noch nicht mal eine bei der Tat kaputtgegangene Glasschale mitgenommen.

Mutter: Die gesichteten Spuren sind dann nach und nach verschwunden. In Halberstadt hat mich mal einer von der Polizei nach einem Ring gefragt. Ob ich weiß, wo der ist. Da hab ich gesagt: »Ja hab ich etwa die Spuren gesichert?« Zu dem Ring hab ich noch gesagt: Melanie hat grundsätzlich keinen Goldschmuck getragen, sondern nur Silber.

Vater: Das ist denen ja erst anderthalb Jahre später aufgefallen, als die die Fotos vom Tatort kontrolliert haben. Von den Glasscherben haben sie auch erst später Teile mitgenommen, weil da Blutanhaftungen dran waren. Erst wollten sie die nicht mitnehmen und dann später doch, weil sie meinten, da wären wahrscheinlich doch Anhaftungen dran.

Mutter: Der gesuchte Ring ist jedenfalls verschwunden. Genau wie Melanies Fingernägel. Sie hat sich garantiert gewehrt, wenn sie dazu gekommen ist. Sie hat ja einen Schlag ins Gesicht gekriegt. Ob sie da noch in der Lage war, sich zu wehren, weiß ich nicht.

Vater: Fingernägel werden doch eigentlich bei jedem Mord untersucht. Das ist doch ganz wichtig.

Mutter: Die sind entweder auf dem Weg zum LKA oder beim LKA verschwunden. Die wollten intern ermitteln. Wir haben bis heute aber nie wieder von denen gehört. Das Seil, an dem sie hing, ist allerdings noch vorhanden. Der Ring gehörte Thomas. Er hat behauptet, er wäre mit Melanie verlobt gewesen. Melanie wollte das ja gar nicht, und sie hatte sich ja auch von ihm getrennt. Unser Sohn hat gesagt, dass Thomas den Ring dann an einer Kette hängen hatte. Wir nehmen an, dass er den Ring an dem Tag, wo das (der Mord) passiert ist, auf den Tisch gelegt hat. Das ist jetzt erst rausgekommen. Wir nehmen an, dass sie an dem Tag, wo er sie umgebracht hat, gesagt hat: »Lass mich endlich in Ruhe«, oder was weiß ich, wie es eskaliert ist, das wissen wir ja leider nicht. Dann hat er wohl den Ring dort hingelegt. Aber der Ring ist weg. Den haben sie verschlampt.

Vater: Der Mord soll ja in ihrem Zimmer angefangen haben. Aus dem Zimmer haben sie aber nichts mitgenommen. Das ist ja der Witz – unten zerlegen sie die ganze Bude, von unseren Jungs die Zimmer zerlegen sie alle, Flur und alles zerlegen sie … aber aus dem Zimmer, wo es passiert sein soll, da nehmen sie nichts mit.

Mutter: Mein Anwalt hat ja mal so ein Ding aufgesetzt, was damals schon alles für Fehler passiert sind, an Lichtschaltern keine

Fingerabdrücke genommen und so, mit der Begründung, das wäre Unsinn bei diesem Massenansturm, der bei uns angeblich war, jeder konnte rein- und rauslaufen und so weiter. Dazu kam, dass wir die einzigen Verdächtigen waren.

Vater: Zuerst haben die ja nur von Weitem geguckt und gedacht, es war Selbstmord. Und danach, als denen klar war, dass es Mord war, da hat der eine gesagt: »Passen Sie auf, ich bin seit fünfunddreißig Jahren im Dienst, mir machen Sie nicht das Blaue vom Himmel vor, ich weiß genau, dass das einer von Ihnen war.« Wir wurden als Beschuldigte vernommen.

Mutter: Ich wurde auch als Beschuldigte vorgeladen. Da hab ich bei der Polizei angerufen und gefragt, was dieser Quatsch soll. Ich denke, es gibt nur männliche DNA an meiner Tochter. Da hat er nur drauf geantwortet, er müsste mir Gelegenheit geben, mir einen Anwalt zu nehmen. Da hab ich gesagt: »Wissen Sie was, Sie Witzfigur, ich brauche keinen.« Ich bin dann ohne Anwalt, ganz allein, dahin gefahren. Der Polizist hat dann eigentlich immer dasselbe gefragt, also wie es da abgelaufen ist. Konkretes überhaupt nichts. Zum Beispiel fragte er nach dem Zeitablauf. Was an den Tagen Montag und Dienstag passiert ist. Da hat er mir ja mein minutiöses Gedächtnis vorgeworfen. Das könne man sich so gar nicht merken. Da hab ich gesagt: »Tut mir leid, dass es da oben (im Gedächtnis) eintätowiert ist, ist nun mal so.« Er hat eigentlich immer nur zum Verlauf der Tage gefragt. Auch was mit Melanies Jacke war, dass die nicht wie sonst über dem Sessel lag, sondern später in ihrem Rucksack gefunden wurde. Die hab ich ja heute noch, die haben sie mir an dem Termin ausgehändigt.

Es könnte auch sein, dass Thomas sich den Ring einfach zurückgeholt hat. Ich hab damals gefragt, ob ich Melanies Jacke wiederhaben kann und dann musste ich was unterschreiben und dann wurde sie mir ausgehändigt.

Vater: Die Reihenfolge der Beschuldigung fing so an: Erst Klaus, dann Stefan, dann war 'ne Weile Ruhe, dann kam Maria und dann kamen am selben Tag mein Kompagnon und ich.

Mutter: Klaus war da sechzehn Jahre alt, den haben sie dann mitgenommen. Da saß ich gerade im Büro, weil die im Betrieb weitere Vernehmungen machen wollten. Er wurde in Handschellen vom Betriebsgelände abgeführt. Sie haben ihn dann nach Halberstadt mitgenommen. Das war um 10:30 Uhr und abends um 21:30 Uhr haben sie ihn wiedergebracht. Er war im Verdacht, weil sie bei ihm im Zimmer so ein Stück von dem Strick gefunden haben. Die Kinder haben aber damals mit den losen Strickteilen einfach rumgespielt und sie dann in den Schrank geworfen. Sie haben ihn in Handschellen abgeführt, in die Zelle gesperrt und ohne Klamotten an der Heizung festgemacht. Stefan war auf der Arbeit, da hätten sie Amtshilfe beantragen müssen, das ist ja Niedersachsen. Klaus konnten sie mitnehmen, weil er in Sachsen-Anhalt wohnhaft war. Das war für ihn das Schlimmste, der ist richtig zusammengebrochen. Der hat gesagt: »Mutti, Thomas hat mich auf dem Friedhof in den Arm genommen und der Sarg meiner Schwester stand neben mir.«

Ein paar Wochen später wurden wir wieder vernommen. Ich komme von meiner Vernehmung runter, und da hörte ich nur rechts in diesem Zimmer ein Geplärre, ein Gebrülle. Ich denke: »Was ist denn da los?« Ich ohne Anklopfen in dieses Zimmer rein. Stefan war siebzehn. Er sagte: »Mutti, hilf mir.« Da hat der (Polizist) auf seinem Schreibtisch, das werde ich nie vergessen, hat er da Stefan Tatortbilder vor die Nase gelegt. Der hat zu Stefan gesagt, er soll doch gestehen, weil er siebzehn ist und eh nur zwei Jahre auf Bewährung kriegt, dann wäre er wieder draußen. Gegen den Polizisten hab ich dann ein Dienstaufsichtsverfahren beantragt. Mein Sohn saß neben mir und sagte immer wieder: »Mutti, hilf mir, Mutti, hilf mir.« Drei Tage hat der Junge geheult.

Ermittler und Medien

Vater: Nach der ganzen Geschichte kam der Ermittlungsleiter und hat gesagt: »Egal was passiert, einem von Ihnen beweisen wir, dass er den Mord begangen hat.« Das war ungefähr 2004/2005. Da kam der ganz alleine hierher. Da gab's 'nen Film, den hatte ich mit irgendjemandem gedreht, ich glaube mit RTL2. Und da war 'ne Aufnahme, da wurde Melanie richtig gezeigt, wie die da an diesem Seil halb sitzend hing. Da hat er sich mit mir hier rumgestritten. Und wenn hier in Zukunft überhaupt noch irgendwas erzählt wird, dann würde nur noch er das machen. Woher der Sender das Foto hatte, weiß keiner. Da hab ich das Band der Sendung geholt und an der Stelle gestoppt. Da sagte er, das wäre zusammengeschnitten, da hab ich gesagt: »Jetzt reicht's. Das ist doch aus Ihrem Polizeimaterial. Wie kommt denn ein Journalist an solche Bilder und tut die dann ins Fernsehen, wo 'ne Tote an 'nem Pfahl sitzt?« Bei der Gelegenheit hat er uns gesagt, dass er uns beweisen wird, dass einer von uns die Tat begangen hat. Damals, wo er hier saß. Die hatten ja auch niemals jemand anderen im Verdacht, außer meinen Kompagnon.

Mutter: Dafür hatten sie ein ganz blödes Motiv. Angeblich – mir hat's fast die Schuhe ausgezogen, ich dachte, ich wäre im Kaspertheater – angeblich hätten er und ich ein Verhältnis gehabt. Das soll Melanie rausgekriegt haben und deshalb hätten wir sie zusammen umgebracht. Das hat die Kripo gesagt, als ich da zur Vernehmung war. Da hab ich gesagt: »Was ist das denn für ein Quatsch! Bin ich jetzt im Kindergarten oder wo?«

Vater: Als sie an der Theorie hingen, dass meine Frau und mein Kompagnon ein Verhältnis haben, da haben sie eine große Abhöraktion hier gestartet. Die haben fast ein Jahr lang das Telefon abgehört. Das haben wir dann hinterher erfahren: Bei einer Vernehmung als Beschuldigter musste ich das unterschreiben, dass sie mir das mitgeteilt haben und dass die Bänder bei der Staatsanwaltschaft hinterlegt sind.

Mutter: Da hab ich noch gesagt: Für so 'ne Scheiße haben die Geld, aber wenn die 'ne Obduktion oder ein DNA-Gutachten machen sollen, da haben die mir gesagt: »Wir haben unser Möglichstes getan. Wenn Sie noch was anderes wollen, müssen Sie das privat bezahlen.« Immer hieß es, das Land Niedersachsen hat für solche Kapriolen kein Geld. Und das vom Staatsanwalt, der den Mord aufklären soll. Warum soll ich mit so jemandem noch ein Wort wechseln? Darauf sind die noch gekommen und haben einen Schlüssel von mir geholt, nach anderthalb Jahren. Dann sind sie nochmal in die Wohnung, um Beweismaterial einzusammeln. Uns ärgert am meisten, dass die Polizei den Hinweisen, die wir gegeben haben, nicht nachgegangen ist, dass sie die komplett ignoriert hat. Die leiten aus der Statistik ab, das muss ein Familiendrama gewesen sein, und für die gibt es nichts anderes. Das macht mich so verdammt wütend.

Vater: Einer der Polizisten hat zu mir gesagt, die Akten, die sich da in zwölf Jahren angesammelt haben, die sollte man durch den Schredder jagen, damit die ja keiner sieht. Es ist nichts gemacht worden, nur lächerlicher Kram, unsere Familiengeschichte zum Beispiel. Es ging um meine Mutter, die ich fünfunddreißig Jahre nicht gesehen habe, was die macht. Was hat denn bitte meine Mutter damit zu tun, wenn hier ein Mord passiert? Dafür hatten sie Geld, bis in die Zone reinzufahren und meine Eltern zu befragen. Fünfunddreißig Jahre haben die uns nicht gesehen, und da fahren die dorthin und machen eine alte, kranke Frau verrückt. Oder Marias Mutter, die wohnt über sechzig Kilometer entfernt von uns, was hat die denn damit zu tun?

Mutter: Meine Mutter konnte nie darüber reden und ist daran auch gestorben. Die ist zum Bäcker gegangen und plötzlich tot umgefallen. Vorher bekam sie einen Anruf, sie möge mit ihrer Tochter zur Vernehmung kommen. Die meinten damit aber meine Schwester, die mit meiner Mutter in einem Haus gewohnt hat. Meine Mutter hat aber gedacht, die würden mich meinen. Es hat denen dann gar nicht gefallen, dass ich dort zusammen mit meiner Mutter aufgetaucht bin. Ich hab darauf bestanden, dabei zu bleiben. Denn ich kannte den Gemütszustand meiner Mutter und dass sie nicht darüber reden konnte. Dann haben die gesagt: »Wir zeigen nur ein Bild!«, wohl weil ich vorher da angerufen hab und denen gesagt: »Müsst ihr die alte Dame nach so vielen Jahren damit quälen?« Da kamen zwei Kriminalbeamtinnen – aber was für Viecher, mit Haaren auf den Zähnen. Denen hab ich gesagt: »Ich bleibe dabei, meine Mutter bleibt hier nicht alleine.« Ich wusste, sie würde komplett daran zerbrechen.

Dann haben die da den Gipfel gebracht. Ich saß dort, meine

Mutter hier, dann haben die das echte Messer in der Tüte drin gehabt, mit Blutspuren und allem dran und haben das herumgedreht. Da hat es dann da drin geknallt. Ich hab gesagt: »Ihr seid doch krank, was soll denn das?« Die fragten, ob sie das Messer erkennt. Ich hab gedacht, meine Mutter stirbt da drin. Seit dem Tag hat sie endgültig gar nichts mehr darüber gesagt, nicht mal andeutungsweise. Überhaupt nichts mehr. Sie ist nur noch ein einziges Mal auf den Friedhof gegangen und dann nie wieder.

Angeblich wollten sie nur wissen, ob das Messer aus unserem Haushalt stammte. Aber wir waren da ja im Umbau und meine Mutter war zu der Zeit nie bei uns. Sie sagten, wenn ich mit dem Terror nicht aufhören würde, würden sie andere Schritte einleiten. Darauf hab ich gesagt, die können so viele Schritte einleiten, wie sie wollen. Aber das ist jetzt und hier beendet. Das war der Gipfel der Frechheit. Am Telefon haben sie zu meiner Mutter gesagt, sie zeigen ihr nur ein Bild.

Vater: Mit derselben Geschichte sind die in meinen Heimatort gefahren, wo ich fünfunddreißig Jahre nicht mehr war. Wieder mit dem Messer. Ob meine Familie wüsste, ob das Messer aus unserem Haushalt wäre. Das waren die hier ermittelnden Polizisten. Dafür hatten die das Geld.

Mutter: Die wollten einfach beweisen, dass das einer von uns war. Meine Schwägerin hat auch Blödsinn erzählt, dass bei uns Sodom und Gomorrha herrschten. Dabei war die nie bei uns.

Es gab einfach keine Motive. Einer meiner Söhne hatte ein Stück Seil im Schrank, also ein Teil vom Tatwerkzeug. Bei Stefan gab es eigentlich gar kein Motiv. Er war aber der Letzte, der sie gesehen hat: Am Abend vorher haben sie ja zusammen ferngesehen, das haben sie da oben ja oft zusammen gemacht. Da hat die Polizei gemeint, da wäre etwas im Streit eskaliert. Die Polizei meinte auch, ein Schamhaar vom Stefan in Melanies Bett gefunden zu haben. Wo ich dann erklärt habe, dass es 'ne ganz einfache Erklärung dafür gibt: Wenn Melanie manchmal am Wochenende nicht da war, dann hat Stefan mit seiner Freundin bei Melanie im Bett geschlafen, weil sie dort fernsehen konnten.

Ein Fall zerfällt samt der Beteiligten

Vater: Es hätte gute Spuren gegeben. Als ich in den Speicher ging, standen da oben an der Luke zum Beispiel zwei blaue Müllsäcke. Die musste ich wegräumen, um auf den Boden zu kommen. Die Luke haben nur meine Kinder und ich betreten, wenn ich da rumgebaut habe. Da standen also die Säcke und ich habe sie da so wieder hingestellt, wie sie da standen. Die Nächsten dort waren die Polizisten. Warum sind denn von der Partyraumtür und diesen Säcken keine Spuren genommen worden? Die Polizisten haben die Säcke einfach rausgetragen, weil sie dort den Platz brauchten. Ich hab das ja damals ausgesagt, dass die Säcke richtig vor das Loch vorgebaut waren, wo Melanie war. Also muss der Täter die angefasst haben. Die Tür muss er auch angefasst haben. Die Tür war ja geschlossen, ich habe sie ja aufgemacht. Der Täter muss die Haken von der Tür in die Hand genommen haben und die Tür so da hingestellt haben, dass sie zu aussieht. Nichts davon wurde untersucht: Die haben die Tür nur aufgeklappt und an die Seite gestellt. Die Müllsäcke haben sie neben die Stufen auf das Schuhregal der Kinder gestellt.

Mutter: Dann war da noch die Sache mit dem rosa Elefanten. Den hat Melanie bekommen, als sie ein Jahr alt war. Den hab ich heute noch. Ich bin ja damals noch kurz in ihr Zimmer und hab gesagt, was wir mitnehmen, und bin dann wieder raus. Das war so ein dreiviertel Jahr nach der Tat. Da war dieser rosa Elefant dabei. An diesem rosa Elefanten waren so dunkle Flecken. Dann hab ich die Polizei in Halberstadt angerufen und gesagt, dass da so dunkelbraune Flecken dran sind. Da haben die gesagt: »Ach das macht nichts, das brauchen wir nicht, das können Sie waschen.« Ich war so blöd, das dann auch zu tun. Die wollten eindeutig nichts machen. Das wäre mit mehr Arbeit und mehr Kosten verbunden gewesen.

Vater: Unser gepachtetes Haus betreten wir nicht mehr, die Firma auch nicht mehr. Wir sind seitdem so fertig, wir haben nie wieder dort gearbeitet. Wir könnten jetzt dorthin fahren, zur alten Firma, da hängt das große Schild, die Farbe ist schon abgeblättert, aber ein paar Namen kann man noch lesen. Die Tore und die gesamte Firma steht heute noch so, wie wir sie verlassen haben. Zwei oder drei Maschinen sind natürlich weg. Die Drehbank und der Kompressor und so. Aber der Kran und die ganzen Rolltore und Regale mit den Schrauben und was nicht alles, die Schläuche, das hängt alles noch. Das Dach ist nur eingekracht, nach zehn Jahren. Aber das Büro ist noch eingeräumt, Papiere liegen da noch rum. Wir haben die Firma zwei Jahre nach der Tat aufgelöst. Sind zur Bank hin und haben alles abgeglichen. Haben neu gekaufte Maschinen zurückgebracht und alles ganz ehrlich abgewickelt.

Ich konnte danach nicht mehr arbeiten und mein Kompagnon war nicht in der Lage, sich draußen um die Baustellen zu kümmern. Der war ja schon immer nur für Büroarbeit da, Kunden betreuen und Papierkram machen. Deshalb konnte keiner mehr die Aufträge machen. Von der Gemeinde wollte uns keiner mehr beauftragen. Die Gemeinde hatte damals noch einen Haufen Schulden bei uns. Damit sind wir alle im Grunde genommen gegen die Wand gefahren. Die ganzen Außenstände haben wir nie mehr gekriegt, weil die Firma aufgelöst wurde. Wir haben die ganzen Prozesse gewonnen. Da aber gleichzeitig unsere Firma liquidiert worden ist, brauchen die nicht zahlen. So haben wir über hunderttausend Mark in den Wind geschossen. Das ging bis 1999.

Ich war sehr krank und damals nicht richtig versichert. Durch die Selbstständigkeit hatte ich keine richtige Krankenversicherung. 1999 wurde ich dann so krank, ich konnte die OPs und alles gar nicht bezahlen. Was machst du da? Dann bin ich zum Kumpel hin, zu 'nem alten Geschäftsmann, der hatte 'ne Spedition. Der hat gesagt, das sei kein Problem, ich könnte bei ihm arbeiten. Dann war ich wieder gesetzlich krankenversichert. Ich konnte dann zum Arzt gehen und habe mich krankschreiben lassen. Aus diesem Krankenschein sind anderthalb Jahre geworden. Dann haben sie mich vollgepumpt, weil sie was weiß ich alles gefunden haben. Ich bin ein Schrotthaufen.

Mutter: Er ist Frührentner. Er nimmt ja Morphine, Opiate, Kortison, insgesamt neun verschiedene Medikamente und hatte auch einen Hinterwandinfarkt. Insgesamt bekommt er eine Rente von 720 Euro. Er hat vierzig Jahre gearbeitet und bekommt jetzt dafür 720 Euro. Er hat auch zu viel in sich hineingefressen und erst zwölf Jahre später zum ersten Mal darüber (über den Mord) gesprochen. Dass er so lange nichts dazu gesagt hat, haben ihm die Behörden vorgeworfen mit der Begründung, dass das ja alles nicht so schlimm sein kann, wenn er nicht darüber reden will und meint, er muss das selber für sich verpacken, und weder in eine Klinik oder so was gehen will noch Antidepressiva nimmt. Bei ihm sind ja nur zehn Prozent anerkannt und er hat das Schlimmste von uns allen durchgemacht (weil er die Leiche gefunden hat). Da interessiert auch nicht sein Herzinfarkt. So leicht kann man sich das machen.

Vater: Zwei Jahre, nachdem das passiert ist, habe ich keinen Zahn mehr im Mund gehabt. Ich konnte meine Zähne zuerst umklappen. Da hab ich noch Scherze drüber gemacht. Ich konnte die Zähne nach hinten klappen, dann sah es aus, als hätt' ich keine, und sie dann wieder zurückklappen, da standen sie wieder senkrecht.

Mutter: Wir nehmen an, das war psychisch bedingt. Die waren manchmal am nächsten Tag wieder fest.

Vater: Mal war die Reihe locker, mal die andere. Ich hatte aber dabei keine Zahnschmerzen und nix. Durch das viele Umkippen, besonders, wenn ich gegessen habe, wurden die dann so locker, dass ich sie irgendwann einfach rausnehmen konnte. Einen nach dem anderen in den Aschenbecher. Die letzten sechs hab ich dann ziehen lassen und wollte ein Gebiss benutzen. Nach drei Tagen hat das Gebiss nicht mehr gepasst, da hatte ich das Gefühl, der Kiefer kommt mir oben raus. Da war das Gesicht so geschwollen und aufgedunsen, dass das Gebiss wieder nicht passte. Dann bin ich dünner geworden, und deswegen hat nie ein Gebiss lange gepasst. Dann hab ich die weggelegt. Seit 1998 benutze ich kein Gebiss mehr. Ich kann alles auch ohne Gebiss essen, kann nur nicht abbeißen. Ich brauche nur ein Messer, dann geht es schon.

Mein Zahnarzt hat gesagt, das sei psychisch bedingt. Alles andere war gesund, das Zahnfleisch war gesund und ich hatte auch keine faulen Zähne oder Karies. Der Zahnarzt konnte sich das erst gar nicht erklären und hat mich dann gefragt, was ich so für Probleme habe, und da hab ich gesagt, dass ich über den Mord an meiner Tochter nicht hinwegkomme. Da sagte er, das sei psychisch bedingt und von den Schmerzmitteln, die ich genommen habe. Das Zahnfleisch sei von innen weich geworden. Die Ärzte sagen aber, es könne nicht bewiesen werden, dass das von der Psyche kommt.

Mutter: Wir haben echt vierzehn Jahre nur Scheiße erlebt. Ich hab schon letzte Woche gesagt, ich rechne auch damit, dass der Thomas nicht in den Knast kommt. Es braucht nur ein Richter sein, der eine soziale Ader hat und das mit der Familie und dem Kind berücksichtigt und schon ist der draußen. Genau das ist ja auch passiert. Das war der Gipfel. Jetzt hoffen wir verzweifelt, dass es zu dem Prozess kommt.

Vater: Ich bin inzwischen schon ganz ruhig. Es hat ja keinen Sinn mehr, sich aufzuregen. Ich sage meiner Frau, sie soll sich nicht zu viel Hoffnung machen.

Mutter: Aber als wir letzten Freitag den Anruf bekamen, dass der aus dem Knast rauskommt, da ist mein Mann ganz weiß angelaufen, ich hab gedacht, der bekommt jetzt noch einen Herzinfarkt.

Vater: Ich versuche, mich nicht mehr aufzuregen. Es hat ja keinen Sinn. Wir können nichts machen. Ich kann die Verantwortlichen nicht mal anrufen und denen sagen, was die für eine Scheiße gebaut haben. Denen sind ja auch die Hände gebunden. Wozu soll ich mich noch aufregen? Jetzt kann ich nur noch fernsehen und warten, bis das Telefon klingelt und die nächste Überraschung kommt. Mehr kann ich nicht mehr machen.

Früher habe ich mich noch darüber geärgert, dass unsere ganze Existenz dadurch kaputtgegangen ist. Es hätte doch alles anders kommen können. Unser Sohn Klaus hatte auch nur Nachteile dadurch. Der sollte ja meine Stelle später übernehmen. Wir haben ja nur für die Firma gearbeitet und alles da reingesteckt, was wir hatten. Bagger, LKWs und alles haben wir gekauft und später alles für 'nen Appel und ein Ei abgegeben.

Mutter: Klaus hat dann mit neunundzwanzig nochmal 'ne Lehre zum Altenpfleger gemacht. Mit neunzehn hat er geheiratet, jetzt hat er zwei Kinder und arbeitet als Altenpfleger. Stefan ist Vorarbeiter in einer Firma. Das läuft richtig gut. Wir sind stolz auf die beiden. Dabei hatte es Klaus nicht leicht. Als er in der Bundeswehr war, da war er schon verheiratet, ist er nach drei Monaten dort zusammengebrochen. Da hat er dann noch Zivildienst gemacht. Er konnte nicht mit den Gewehren arbeiten. Wenn die geknallt haben, ist er total durchgedreht. Er war nur noch am Heulen und am Zittern. Als Altenpfleger arbeitet er aber gerne, das hat er schon immer gerne gemacht.

Vater: Stefan ist schon fünfzehn Jahre in seiner Firma. Er kauft jetzt ein richtig schönes Haus.

Mutter: Er ist auch verheiratet und hat zwei Kinder und will, dass wir mit ihnen zusammen in das Haus ziehen. Damit wir hier auch endlich wegkommen und nicht mehr in der Nähe vom Thomas leben. Dem will ich nicht mehr über den Weg laufen. Ich weiß auch nicht, wie ich dann reagieren würde. Die Polizei hat sich eben festgebissen an der Theorie, dass es einer aus der Familie war … aber nicht etwa einer, der fast zur Familie gehörte.

Wenn Grundannahmen die Richtung vorgeben

Bevor wir zu einer psychologischen Sicht auf den Fall kommen, ein kurzes Wort zu der scheinbar völlig vermurksten Spurenlage. Die Polizisten hatten zwei schwere Handicaps. Das erste war, dass sie – erfahrungsgestützt und nicht völlig abwegig – davon ausgingen, dass es sich um eine Tat aus dem direkten Umfeld der Tochter handeln musste. Wie sich später herausstellte, war das aber eine gefährliche Annahme, weil beispielsweise auch ihr Lehrherr als möglicher Täter infrage kam. Der gehörte aber nicht zum festgelegten »nahen« Umfeld der Tochter.

Ein viel größeres Problem war, dass – anders als bei *CSI* – oft auch nicht genug gut ausgebildetes Personal, geschweige denn Geld und Material zur Verfügung stehen. Der Fall P. ereignete sich zudem in einem ehemaligen Grenzgebiet, wo die Menschen, auch die Polizisten, auf beiden Seiten noch erhebliche Berührungsschwierigkeiten hatten. Der rüde Ton gegen die Angehörigen, gemischt mit dem regional teils üblichen, von oben herab durchgeführten Untersuchungsstil am Tatort, bei dem in der Tat häufig kein Stein auf dem anderen stehen bleibt, haben den Willen der Angehörigen, mit der Polizei zusammenzuarbeiten, verständlicherweise auf Null gesenkt. Darüber waren die Beamten aber vielleicht gar nicht so unglücklich, denn sie ermittelten ja jahrelang – und vielleicht auch heute noch – gegen eben die Eltern und Geschwister der Toten.

Einiges, das Ihnen vielleicht die Zornesröte ins Gesicht treibt, ist hingegen leider ansatzweise aus Ersparnisgründen verständlich (wenngleich sehr unschön). Dass beispielsweise die beiden blauen Mülltüten vor dem Durchgang zur Leiche nicht auf Fingerabdrücke untersucht wurden, ist wirklich ärgerlich. Andererseits glaubten die Polizisten von der ersten Sekunde an, dass der Täter oder die Täterin aus der Familie stammen müsste. Daher suchten sie gar nicht erst nach Fingerabdrücken. Denn bei Morden innerhalb einer Familie, die eng zusammenlebt (und wo die Schwester sogar ihrem Bruder das Bett zur Verfügung stellt, wenn sie nicht zu Hause ist), sind Fingerspuren ohnehin nicht aussagekräftig. Jedes Familienmitglied kann überall seine Fingerabdrücke hinterlassen, ohne, dass das etwas mit der Tat zu tun hat.

Oft genug stimmt diese Ursprungsannahme – Mord innerhalb der Famile – natürlich nicht. Doch dann ist es zu spät: Die Fingerspuren sind dann meist schon von vielen Handschuhen und Händen oder vom Transport und den damit einhergehenden Berührungen der Oberflächen zerstört.

Es gäbe noch viele andere Spuren, beispielsweise DNA vom Seil, Fasern von der Bekleidung des Täters am Körper der Leiche oder die Form der Blutspuren, die hier weiterhelfen könnte. Doch leider ist vieles davon verloren gegangen. Das ist für Krimifans schwer vorstellbar, passiert aber in der Wirklichkeit öfter, als man meint. Wie oft mein Team und ich schon nach Originalfotos, Stricken von

Erhängten, Handschuhen von Tätern oder anderen Gegenständen erfolglos geforscht haben, weiß ich schon gar nicht mehr. In einem Fall fand ich sogar den blutigen Handschuh, mit dem vermutlich die Tat begangen wurde, Jahre nach den Ermittlungen am Tatort liegend. Doch auch hier muss man die andere Seite verstehen. Soll man von jedem Toten, auch von Freitoten (Selbstmördern), alle Kleidungsstücke und umgebenden Gegenstände aufbewahren? Wer soll das verwalten und bezahlen, wo gleichzeitig ganze Polizeieinheiten aufgelöst werden?

Der reverse CSI-Effekt

Dabei wäre die Aufbewahrung auch der Spuren von Freitoten wichtig. Denn hin und wieder ist ein Selbstmord keiner gewesen – doch das fällt erst später auf. Die kriminaltechnischen Spuren sind dann schon längst im Sondermüll verbrannt.

Es gibt aber viel mehr Freitode, als man es selbst als Kriminalbiologe ahnt. Mehr als eine Million Menschen töten sich weltweit jedes Jahr selbst, und besonders bei jungen Erwachsenen treten Freitode im Vergleich zu anderen Todesursachen häufig auf. Für einen Todesermittler ist ein Freitod also etwas geradezu Alltägliches. Wer also sollte all die Kleidungsstücke und Gegenstände dieser Toten aufbewahren? Schon bei einem eindeutigen Mord wird es schnell eng, sowohl im Büro der polizeilichen Sachbearbeiter als auch bei der Staatsanwaltschaft, die eigentlich riesige Lagerhallen unterhalten müsste, um den Spuren aus vielen Jahrzehnten Herr zu werden. Doch so ist es nicht. Es wird gehaushaltet. Fälle, die abgeschlossen sind, werden ausgemistet, manchmal auch ein wenig zu gründlich. Protokolle darüber gibt es fast nie, zumindest habe ich in Deutschland noch nie eines gesehen. Und was am meisten Platz benötigt – Kleidungsstücke – gelangt oft gar nicht erst in die Aufbewahrungslager, weil die einzelnen Spurenkundler sich »ihre« Spur vorher herausschneiden, mit Folien abziehen oder abfotografieren. Manchmal, wie im Fall P., kann es auch passieren, dass Freunde und Angehörige ihre eigenen Gegenstände oder Erinnerungsstücke an das Opfer einfach wieder zurückhaben wollen. Auch das ist verständlich, birgt aber dieselben Tücken. Was, wenn genau dieser Gegenstand später doch wichtig gewesen wäre?

Die genannten Schwierigkeiten wären alle nicht schlimm, wenn sich nicht hin und wieder falsche Grundannahmen in die Ermittlungen einschleichen würden – beispielsweise, dass nur ein sehr begrenzter Täterkreis schuldig sein kann, oder dass sich jemand selbst getötet haben muss. In diesen Fällen verschwinden Spuren, die niemand für wichtig halten »kann«.

Hinterher ist man immer schlauer. Doch postmortale Besserwisserei hilft niemandem. Vor allem bringt es die Spuren nicht zurück. Ich nenne das den »reversen CSI-Effekt«: Genau die Spuren, die im Krimi den Fall lösen würden, werden oft wegen falscher Grundannahmen gar nicht erst eingesammelt.

Die einzige dem Spurenschwund vorbeugende Technik wäre also, mit so wenig Annahmen wie möglich zu arbeiten. Doch das ist leicht gesagt – denn irgendeine Entscheidung muss man ja treffen. Beispiel: In einer Blutspur liegt eine Leiche. Wer soll sich ihr zuerst nähern? Der Rechtsmediziner, um die Verletzungen zu untersuchen? Das kann er oft im Institut für Rechtsmedizin besser. Der Fingerspurenkundler mit seinem Pinsel? Er könnte dabei in die Blutspur treten. Der Faserexperte, um die Kleidung zu untersuchen? Dabei könnte er Hautzellen auf seine Folien übertragen, die für DNA-Tests entscheidend wären. Sie sehen schon, irgendwer muss seinen Kopf hinhalten, sonst geht's gar nicht vorwärts.

Den Polizisten geht es ähnlich. Sie müssen irgendwo anfangen, das Knäuel aus Annahmen, Spuren, Beweisen, Aussagen und Erfahrungswerten aufzudröseln. Und das kann eben auch manchmal gründlich schiefgehen. Beispielsweise dann, wenn ein Täter aus einem vollkommen anderen Grund gehandelt hat als der, den sich irgendwer vorstellen kann. Und damit schließt sich der Kreis. Was im Fall P. wirklich schiefgegangen ist, war die falsche Grundannahme, dass es sich im nahen Familienkreis nicht lohnt, Spuren zu suchen, da dort eben jeder eine (gute) Ausrede für seine Spur haben kann. Doch was wäre, wenn – wie Vater P. es sehr gut ausgedrückt hat – der Täter *nicht* aus der Familie kommt, sondern jemand ist, der fast zur Familie gehört hat?

Und so ist der Fall versandet.

Die alles entscheidende Frage

Als ich diesen Fall immer wieder mit meinem Team besprach, erkannten wir nach einigen Monaten, dass hier vermutlich Hopfen und Malz verloren waren. Abgesehen von den spurenkundlichen und juristischen Verschleppungen drängte sich eine Frage auf, die vielleicht mehr als alles andere erklärt, warum die verdächtige Person nicht mehr unter Druck steht, aber auch nicht stärker unter Druck gesetzt wird. Diese Frage lautet: »Kann ein Mörder so kaltblütig sein, selbst eine Familie zu gründen und in Seelenruhe weiterzuleben, obwohl er den brutalen Mord an seiner Exfreundin nie gesühnt hat?«

Vorsicht: Wir führen hier natürlich nur als Gedankenspiel eine Grundannahme ein, die wir nicht prüfen können. Nämlich die, dass wir den Mörder kennen, er sich aber so lässig verhält, dass er stets allen Fängen entschlüpft. Da nicht nur seine Erbsubstanzspuren, sondern auch sein »Verhalten« Hinweise geben können, benötigten wir einen Psychologen, der sich mit Straftätern auskennt, sowie neue Forschungsergebnisse zur Frage, wie sich ein Mensch verhält, der seine Exfreundin umbringt. Zeit, meine Frau anzusprechen. Was sie uns BiologInnen nach einiger Zeit und Sichtung der Unterlagen meldete, erstaunte uns gewaltig.

Psychologie von Trennungen

Viele Menschen haben Angst vor dem »schwarzen Mann«, der aus einer dunklen Ecke plötzlich auftaucht und ihnen oder ihren Angehörigen etwas antut. In Wirklichkeit ist es aber unwahrscheinlich, von einem völlig Fremden getötet zu werden. Neunzig Prozent aller Morde werden von Menschen begangen, die ihre Opfer kennen. Ungefähr die Hälfte aller ermordeten Frauen wurde von ihren Liebes- oder Sexualpartnern während oder nach der Beziehung getötet. Ermordete Männer fallen sehr viel seltener, nämlich nur in ungefähr vier von hundert Mordfällen, ihren Liebes- oder Sexpartnerinnen zum Opfer.

Dies ist seit Jahrhunderten und in verschiedenen Kulturen immer gleich geblieben, wie der US-amerikanische Psychologe David Buss berichtet. Er hat auch eine Erklärung dafür, die aus Sicht der menschlichen Entwicklungsgeschichte Sinn ergibt – auch wenn sie für die Menschheit wenig schmeichelhaft ist.

Warum sich männliche Eifersucht durchgesetzt hat

Männer können sich nie sicher sein, ob die Kinder, die sie mit einer Frau zusammen aufziehen, wirklich von ihnen sind. Diese Tatsache war Menschen in allen Zeiten und Kulturen klar, woraus sich sogar gesellschaftliche und religiöse Regeln abgeleitet haben. Laut Talmud gelten nur Kinder jüdischer Mütter als Juden oder Menschen, die zum Judentum übertreten, unabhängig von ihren Eltern. Auch die Römer machten sich bezüglich der Treue ihrer Gattinnen nichts vor. Deshalb wurde die Vaterschaft im römischen Recht grundsätzlich als unsicher eingestuft. Ein Mann musste ein Kind in einer Beziehung grundsätzlich als sein eigenes anerkennen.

Vereinfacht ausgedrückt: Männer, die gutherzig und gutgläubig waren, zogen im Laufe der Jahrtausende Kinder auf, die nicht von ihnen waren. Ihre Erbanlagen haben sich deshalb weniger verbreitet. In der Entwicklungsgeschichte der Menschen haben sich stattdessen diejenigen Männer erfolgreicher fortgepflanzt, die ihre Frauen – egal mit welchen Mitteln – dazu brachten, keinen Sex mit anderen Männern zu haben.

Über rund zweihunderttausend Jahre entwickelte sich so bei Männern das oft mehr oder weniger bewusste, aber sehr tief sitzende Grundgefühl: »Meine Frau ist mein Eigentum«. In der ursprünglichen Fassung der zehn biblischen Gebote wird das auch ausgedrückt: »Du sollst nicht nach dem Haus Deines Nächsten verlangen. Du sollst nicht nach der Frau Deines Nächsten verlangen, nach seinem Sklaven oder seiner Sklavin, seinem Rind oder seinem Esel oder nach irgendetwas, das Deinem Nächsten gehört.«

Auch heute noch himmeln Frauen Männer – zumindest in vielen Filmen – an, die diese Haltung vertreten. Ein Beispiel dafür sind Patrick Swayzes berühmte Worte aus dem Film *Dirty Dancing*. Er sagt zum Vater seiner Liebsten: »Mein Baby gehört zu mir, ist das klar?«, und zieht mit ihr von dannen.

Wenn ich sie nicht haben kann, dann soll sie auch kein anderer haben

Es gibt zwei typische Gründe, aus denen Männer eine Frau, mit der sie eine Beziehung haben oder hatten, töten: Die Frau hat den Täter verlassen und eine sexuelle oder Liebesbeziehung mit einem anderen Mann angefangen. Oder der Täter glaubt – ob nur eingebildet oder berechtigt – von seiner Partnerin betrogen zu werden.

Zum Glück passieren in den meisten solcher Fälle keine Morde. Aber auch Männer, die ihre Frauen wegen der entsprechenden Liebesqualen nicht körperlich verletzen oder töten, haben oft vorübergehend Gewaltfantasien gegenüber der Expartnerin.

Das lässt sich aus Sicht der menschlichen Entwicklungsgeschichte damit erklären, dass es im Interesse der Männer liegt, sich einerseits nicht betrügen und somit fremde Kinder unterjubeln zu lassen. Ebenso unvorteilhaft ist es für die Fortpflanzung des Mannes aber auch, wenn er »sein Eigentum« einem Mitbewerber im Wettkampf um die Verbreitung der eigenen Erbanlagen überlässt. Mit der »Übernahme« seiner Frau durch einen anderen Mann kann sich der Verlassene nicht nur weniger gut fortpflanzen, weil er wieder Zeit und Kraft in das Werben um eine neue Partnerin stecken muss. Auch die Wahrscheinlichkeit des »Frauen-Diebes«, sich fortzupflanzen, verbessert sich in dem Augenblick, in dem er die begehrte Dame für sich gewonnen hat. Denn der Neue hat nun eine Fortpflanzungspartnerin, der Verlassene aber nicht.

Dazu passt, dass jüngere Frauen eher Opfer solcher Tötungen

aus Eifersucht werden als ältere. Biologistisch gesehen ist der Verlust einer jungen Partnerin an einen Mitbewerber für einen Mann mit größeren Kosten verbunden, als der Verlust einer älteren Frau. Die junge Frau hätte dem Mann nämlich noch viele Nachkommen schenken können.

Zwar ist diese Betrachtungsweise menschlicher Liebes- und Eifersuchtsgefühle weder romantisch noch besonders angenehm, doch sie erklärt sehr gut, welche – menschheitsgeschichtlich – uralten Gefühlsaufwallungen Männer überkommen, die ihre Partnerinnen im Liebeswahn töten. Oft steckt tatsächlich der Gedanke dahinter: »Wenn ich sie nicht mehr haben kann, dann muss ich wenigstens verhindern, dass ein anderer mit ihr glücklich wird (und sich fortpflanzt).«

Nebenbei bemerkt begründen Frauen Morde an ihrem männlichen Liebes- und Lebenspartner meist ganz anders. Sie töten ihren Gatten fast immer dann, wenn sie ihn »loswerden wollen« – also gerade nicht, weil er von dannen zieht, sondern, weil sie ihn verlassen will. Der Grund: Viele Frauen haben Angst davor, dass ein sowieso gewalttätiger Partner ihnen oder ihren Angehörigen etwas antut, wenn sie ihn verlassen. Sie töten ihn also vorbeugend, weil sie keinen anderen Ausweg aus der Beziehung sehen. Einige Gattentöterinnen befürchten auch einfach, nach einer Scheidung weniger Geld zur Verfügung zu haben, und ziehen das Witwendasein daher vor. Wenn Sie das nicht glauben, gehen Sie hin und wieder in Ihr örtliches Landgericht und schauen Sie sich die dortigen Verhandlungen an. Sie werden dieses Muster ganz deutlich erkennen.

Wie kommt es zur Tötung der Expartnerin?

Männer, die ihre Partnerinnen nach einer Trennung oder aus Eifersucht umbringen, fallen vor der Tat oft nicht besonders auf. Die meisten von ihnen hatten vorher keine Wutausbrüche und waren auch nicht gewalttätig. Nur ein kleiner Teil dieser Täter ist der typische »Macho«, der seine Partnerin schon in der Beziehung überheblich behandelt und von ihr verlangt, alles zu tun, was er will. Im

Gegenteil: Die meisten Täter sind eher zurückhaltende und selbstunsichere Menschen. Sie sind oft die »netten, hilfsbereiten Nachbarn«, fleißig und gut angepasst auf der Arbeit. Genau der Typ Mann, von dem hinterher jeder sagt: »Das hätte ich ihm niemals zugetraut.«

Ihre Partnerin wird für diese Männer zum wichtigsten Menschen auf der Welt. Sie wollen sich in ihrer Beziehung ganz sicher fühlen und sind bereit dazu, sehr viel für »die Frau ihres Lebens« zu tun. Die Vorstellung, ihre Beziehung zu verlieren, macht ihnen unerträgliche Angst. Sie versuchen zuerst mit Liebesbekundungen und Versprechungen, wenn das nicht hilft, auch mit Selbstmorddrohungen, die Partnerin dazu zu überreden, mit ihnen zusammenzubleiben.

Selbst bei der Trennung töten sie die Frau ihres Herzens oft nicht sofort. Sie hoffen, es handele sich nur um eine »Beziehungspause« und sie können die Frau zurückgewinnen. Erst, wenn ihre Expartnerin eine neue sexuelle oder Liebesbeziehung mit einem anderen Mann anfängt, wird den späteren Tätern klar, dass die Trennung endgültig ist. Und dann wird es brisant.

Sehr gefährlich sind dabei »letzte Aussprachen«. Der verlassene Mann überredet seine Ex zu einem letzten Treffen. Entweder um noch sachliche Dinge der Trennung zu besprechen oder um ihr noch etwas Wichtiges zu sagen. Manchmal hat der Mann dabei noch einen Funken Hoffnung, die Liebste zurückzuerobern. Selten plant er die Tötung der Frau bei diesem Treffen schon vorher, weil er die Lage als aussichtslos einschätzt.

Wenn die Expartnerin bei der Aussprache dabei bleibt, dass die Trennung endgültig ist oder sie sogar davon berichtet, mit einem neuen Mann inzwischen glücklich zu sein, dann ist das meist der Funke, der die Gefühle im Verlassenen zum Überkochen bringt. Die darauffolgenden Taten verlaufen dann voller Wut und Gewalt. Der Täter lässt im wahrsten Sinne des Wortes auf einen Schlag seine ganze Gekränktheit, Wut und Trauer raus. Meistens benutzt er dabei viel mehr Gewalt, als zur Tötung der Exfrau oder -freundin eigentlich nötig wäre.

Oft fühlen die Täter hinterher nur wenig Schuldgefühle. In ihrem Erleben war die Frau »selbst schuld«, weil sie ihnen doch nur eine weitere Möglichkeit zur Rettung der Beziehung hätte geben müssen. Die Täter empfinden es oft so, dass die Partnerin ihnen »eigentlich« sehr wehgetan hat und der tödliche Wutausbruch nur »eine gerechte Strafe« dafür war.

Was bedeutet das für den hier geschilderten Fall?

Auch wenn bis heute niemand für den Mord an Melanie verurteilt wurde, vieles an dieser Tat und dem, was die Eltern des Mädchens über ihren Exfreund sagen, würde zu den bekannten Merkmalen einer Tötung aus verschmähter Liebe passen. Dass er zwischen den Gefühlen Traurigkeit und Fröhlichkeit in merkwürdig wirkender Weise hin- und herschwankte, könnte zwar eine normale Trauerreaktion sein, denn Menschen gehen sehr unterschiedlich mit Trauer um und starke Gefühlsschwankungen kommen dabei durchaus vor. Ebenso könnte es aber auch ein Ausdruck der Gefühlszustände sein, die ihn kurz vor und kurz nach der Tat beherrschten. Solche Täter fühlen vor der Tat starke Verzweiflung und Wut, nach der Tat fühlen sie sich oft erleichtert. Sie können sich beispielsweise sagen: Die Frau, die mein Herz gebrochen hat, hat ihre gerechte Strafe bekommen.

Es ist auf jeden Fall vorstellbar, dass der Täter eine neue, glückliche Beziehung führt und unbeschwert eine Familie gründet. Je länger eine solche Tat zurückliegt, umso mehr verfestigt sich im Täter oft die Überzeugung, dass das Opfer eigentlich an dem, was passiert ist, selbst schuld war. Deshalb könnte ein solcher Täter unbelastet in der Nähe des Tatorts und sogar der Familie des Opfers leben. In seiner persönlichen Wahrnehmung war seine Tat entweder gerecht oder er trug aus seiner Sicht keine Schuld daran, weil er sich von der Expartnerin gefühlsmäßig zu verletzt fühlte. Deshalb kann ein solcher Täter problemlos mit dem Wissen um seine Tat weiterleben.

KAPITEL 8

MORD UNTER NACHBARN

Erich Sello (1852–1912) war Strafverteidiger und sammelte zeitlebens Fälle, in denen Unschuldige verurteilt und Schuldige nicht verurteilt wurden. Sein Buch Die Irrtümer der Strafjustiz und ihre Ursachen *von 1911 ist für mich bis heute ein nützliches Nachschlagewerk. (Abdruck mit Dank an die Familienstiftung Hofgärtner Hermann Sello, Potsdam / Hans-Joachim von Buchka.)*

Der folgende Fall ist einer der ganz wenigen, in denen entweder alles von der ersten Sekunde an schiefgegangen ist oder der Täter ein brillanter Lügner ist. Das Gericht hat sich für die zweite Variante entschieden. Eine mit dem Fall seit Langem befasste Person, die ihre Version hier für Sie schildert, sieht das ganz anders – und der Verurteilte natürlich auch.

Das Besondere an diesem Fall ist, dass es für den Täter absolut kein Motiv für den Mord gibt, wohl aber für einen anderen Nachbarn. Damit Sie die Geschichte aus der Sicht des Täters erfahren können, hat er sie mithilfe eines Bekannten für Sie aufgeschrieben. Die Beteiligten wollen anonym bleiben, weil der Verurteilte, mittlerweile ein älterer Mann, auf eine neue Verhandlung hofft. Allerdings sind Wiederaufnahmeverfahren immer sehr schwierig und haben selten Erfolg. Woran das liegt, weiß niemand. Denn unserer Erfahrung nach gibt es durchaus eine Menge Fehlurteile. Das erkennen wir immer dann, wenn wir – wie hier – Spuren noch einmal näher ansehen und sich eine ganz andere Lösung ergibt als vermutet.

Dass ein scheinbar eindeutiger Fall auf einen Schlag ganz anders aussehen kann, passiert gar nicht so selten. In den USA wurden deswegen seit 1973 schon 138 Menschen, die zum Tode verurteilt waren, wieder entlassen – also fast vier Menschen pro Jahr. Eine gewaltige Zahl, denn sie ist nur die Spitze des Eisberges. In den Fällen mit Todesstrafe bestand nicht der geringste Zweifel an der Schuld der Täter, und angesichts einer Tötung ermittelte die Polizei auch mit voller Kraft. Wie viele unschuldig Verurteilte gibt es also bei weniger schweren Taten, in denen weniger ermittelt wurde? Und, genauso unschön: Wie viele Täter haben ihr Leben in Freiheit verbracht, weil ein Unschuldiger für sie hinter Gittern saß oder gar hingerichtet wurde?

Das alles ist kein Fehler des angloamerikanischen Rechtssystems, das uns mit seinen oft völlig überforderten Laiengerichten sowie der großen Show mit Anwälten und Experten zu Recht fremd ist. Schon 1911 – ein Jahr vor seinem Tod – veröffentlichte der Jurist Erich Sello (s. Abb. links) Dutzende Fälle aus ganz Europa, in denen Todes- und lebenslängliche Strafen zu Unrecht ausgesprochen wurden. Das Problem falscher oder auch kaum prüfbarer Annahmen besteht in allen Lebensbereichen. Und natürlich schon immer auch vor Gericht.

Wenn es eine Instanz gäbe, an die sich ein deutscher Häftling wenden kann, um einen möglichen Irrtum aufzuklären oder zumindest darzustellen, wäre vieles einfacher. Doch diese Stelle gibt es nicht. Natürlich können sich viele von ihnen nicht gut ausdrücken oder beharren auf unwichtigen Details, die sie fürchterlich aufregen, juristisch aber völlig belanglos sind. Aber das ist kein Grund, ihnen nicht zuzuhören. Hinzu kommt, dass sie aus dem Gefängnis heraus schlecht selbst ermitteln können. Doch draußen ist niemand mehr zuständig. Das Urteil ist rechtskräftig und eine wahrheitsliebende, blinde Justitia gibt es bestenfalls im Trödelladen als Statue zu kaufen. Im Übrigen ist Justitia in der Tat hauptsächlich blind, erst recht, wenn die Fälle scheinbar aufgeklärt sind.

Anwälten geht es bei nachträglichen Nachforschungen meist nicht besser als ihren Klienten. Selbst der sehr engagierte und bekannte Jurist Erich Sello rannte dauernd gegen Mauern und wurde sogar von seinen Kollegen geleimt. Im Vorwort zu seinem Buch über Justizirrtümer berichtet er davon:

»Wie oft war alle Mühe vergeblich. Wie oft hat sich ferner die Spur, der ich folgte, als trügerisch erwiesen.

Um nur ein Beispiel anzuführen: In einem ernsten wissenschaftlichen Werk fand ich einen Fall erwähnt, in dem ein Angeklagter von den Geschworenen des Mordes schuldig gesprochen, später aber auf das Gutachten der Ärzte hin wegen Geisteskrankheit außer Verfolgung gesetzt worden sei. Erst nach langen Mühen gelang es mir, den Fall festzustellen und die Gerichtsakten einzusehen. Daraus ergab sich, dass der Angeklagte wegen Totschlags rechtskräftig zu mehreren Jahren Zuchthaus verurteilt und sein auf die Behauptung seiner Unzurechnungsfähigkeit gestützter Wiederaufnahmeantrag zurückgewiesen worden war. Er hat die Strafe ohne Unterbrechung bis jetzt verbüßt.

Endlich will ich nicht verschweigen, dass mir in nicht ganz wenigen Fällen die erbetene Auskunft teils ausdrücklich, teils stillschweigend verweigert worden ist. Die Gesamtsumme von Zeit, die ich auf solche negative Arbeit habe verwenden müssen, ist beklagenswert groß.«

Damit Sie sich ein Bild von diesen Schwierigkeiten machen können, folgt hier eine Schilderung aus der Sicht eines vielleicht unschuldig Verurteilten. Im Laufe der Lektüre werden Sie sehen, wie sich das Problem aufsplittert, verdichtet, verkompliziert und am Ende wieder ganz, ganz einfach wird. Der Unterschied zum Mord im Dachstuhl (s. S. 262 ff.) ist, dass diesmal nicht die Opfer sprechen, sondern der Häftling. Das Problem ist aber dasselbe: Es gibt niemanden mehr, der sich zuständig fühlt, und alle Spuren sind entweder verschwunden oder juristisch abgehakt.

Bitte wundern Sie sich nicht, wenn Sie am Ende nicht mehr wissen, was Sie glauben sollen: schuldig oder nicht schuldig. Das macht nichts, und darum geht es mir hier auch gar nicht. Tüfteln

Sie zunächst einfach mit, ob es einen Beweis oder eine Spur gibt, die so offensichtlich ist, dass sie schlicht übersehen wurde. Denn das ist mein Job als Sachverständiger: Irgendetwas »Handfestes« in all dem Schutt und Gerümpel eines langen Verfahrens zu erkennen. Glauben spielt in meiner Welt keine Rolle, und ein einzelner Sachbeweis ist oft mehr wert als jede Zeugenaussage. Doch manchmal hilft beides nichts, wie Sie gleich sehen werden …

Lebenslänglich verurteilt trotz fehlendem Motiv

Sehr geehrter Herr Dr. Benecke,
Sie hatten mich gefragt, ob ich für Ihr Buch etwas zum Fall M. beitragen könnte. Ich komme dieser Bitte gern nach, da ich Herrn M. persönlich kenne, mich mit ihm verbunden fühle, mich mit seinem Fall beschäftigt habe und selbst von seiner Unschuld überzeugt bin. Für mich ist es unbegreiflich, dass er seit fast acht Jahren für einen Mord, den er nicht begangen hat, im Gefängnis sitzt, während die wirklichen Mörder noch auf freiem Fuß sind. Ich sehe in der Verurteilung von Herrn M. einen empörenden und traurigen Fall von Justizirrtum, der unbedingt in einem neuen Verfahren hätte behandelt und aufgedeckt werden müssen.

Der Mord an Herbert Sch.

Am 19. März 2002 wurde der damals fünfundsiebzigjährige Herbert Sch. aus L. im südlichen Sachsen-Anhalt in seinem Wohnzimmer brutal ermordet. Er war mit Kabelbindern gefesselt und dann erschlagen und erstochen worden. Die vom Neffen gerufene Polizei fand die Leiche in Bauchlage liegend auf dem Sofa. Die Ermittler tappten zunächst im Dunkeln, bis durch entsprechende gerichtsmedizinische Untersuchungen klar war, dass zwei Finger des Ermordeten DNA-Primärspuren von Herrn M. in hoher Konzentration enthielten.

Herr M. und seine Lebensgefährtin, Frau W., waren die unmittelbaren Nachbarn von Herrn Sch. Herr M. war der Schwager von Herrn Sch. Seine mit Herrn Sch. verheiratete ältere Schwester war im Jahr 1994 verstorben. Beide waren als Flüchtlingskinder nach dem Krieg von Ostpreußen nach L. gekommen. Herrn M.'s Schwester blieb in diesem Ort und heiratete Herbert Sch., während der Bruder in den Westen ging und in Hamburg ansässig wurde. Dort heiratete er und hatte jahrelang eine gut bezahlte Stelle bei BP.

Die Ehe in Hamburg ging in die Brüche. Zu seiner Tochter, die aus dieser Ehe hervorging, und zu deren Tochter hat er aber bis heute ein sehr gutes und herzliches Verhältnis. Im Jahre 1989 wurde Herr M. in den vorzeitigen Ruhestand versetzt. Er bekam eine hohe Abfindung und monatlich eine gute Rente. Er tat sich mit einer früheren Klassenkameradin aus L. zusammen und siedelte sich in L. an. Er kaufte vom Ehepaar Sch. ein Teilgrundstück innerhalb ihres großen Grundstücks und baute darauf für sich und seine Lebensgefährtin ein Haus, das in den Neunzigerjahren fertig wurde. Von diesem Grundstück gab es einen direkten Zugang durch die Scheune zum Grundstück von Herrn Sch.

Aufgrund der DNA-Spuren wurde Herr M. am 2. Juli 2002 verhaftet. Nach neununddreißig Verhandlungstagen und über einem Jahr Haft wurde der Haftbefehl am 21. Oktober 2003 gegen ihn aufgehoben und er aus der Haft entlassen. Offensichtlich kam das Gericht bei der sich in die Länge ziehenden Verhandlung nicht weiter. Dann aber entschied der Vorsitzende Richter – und das sagte er öffentlich –: »Dann muss eben die DNA entscheiden.« Der DNA-Spezialist wurde ein zweites Mal gerufen, und offensichtlich wurde ihm mitgeteilt, dass Herr M. schwer verdächtig sei. Es ist anzunehmen, dass er nicht gefragt worden ist, ob die DNA-Spur den Mord erklären kann, sondern, wie die DNA-Spur unter der Voraussetzung, dass Herr M. den Mord begangen hat, zu erklären sei.

Hier sagte dann schließlich der Gutachter den Satz, den das Gericht hören wollte: Die DNA-Spur könne »in dem kraftvollen Aufstützen der Hand eines Täters auf die Finger des Opfers beim Zuziehen der Kabelbinder angesehen werden.« So zog sich die juristische Schlinge um Herrn M. zu. Er wurde erneut verhaftet und schließlich am 9. Januar 2004 zu einer lebenslangen Freiheitsstrafe verurteilt.

Revision, ein erster Wiederaufnahmeantrag und jüngst ein zweiter Wiederaufnahmeantrag (Nov. 2010) wurden allesamt abgelehnt. Nach fast acht Jahren Haft ist Herr M. inzwischen 74 Jahre alt; er hat zwei Herzinfarkte hinter sich, und auch seine Familie leidet massiv unter der unerträglichen Situation.

Das Alibi

Herr M. hat für die Tatzeit ein hundertprozentiges Alibi: Seine Lebensgefährtin hat unter Eid bestätigt, dass er den ganzen Abend am 19. März 2002 wegen Rückenschmerzen zu Hause war. Deswegen hatte er sogar den Männerchor abgesagt. Er war an dem Tag auch bei der Ärztin gewesen, die ihm Spritzen gegen die Rückenschmerzen verpasst hatte. Frau W. wurde nicht geglaubt, ihre Aussage, hieß es, sei eine Schutzbehauptung.

Die Version des Gerichtes

Glaubt man dem Gericht, hätten Frau W. und Herr M. gelogen, ja, Frau W. sogar einen Meineid geleistet. Herr M. hätte trotz seiner Rückenschmerzen an diesem Abend seine Lebensgefährtin verlassen, sich in die Wohnung von Herrn Sch. aufgemacht, wäre dabei durch die Scheune, die zwischen beiden Grundstücken liegt, gegangen, hätte die große Schiebetür zum Hof von Herrn Sch. geöffnet, wäre durch den Hof gelaufen, dann in seinen Flur eingedrungen, hätte die Flurtür zum Wohnungstreppenaufgang aufgebrochen, wäre die Treppe hoch zu dessen Wohnzimmer gegangen, hätte den bereits schlafenden Herrn Sch. mit einem Gegenstand, der nicht identifiziert und auch nicht gefunden werden konnte, erschlagen, ihn mit einem Messer, das auch nie aufgefunden worden ist, erstochen, ihn mit Kabelbindern, von denen nie welche bei Herrn M. gefunden worden sind, gefesselt, hätte dann, um einen Wohnungseinbruch vorzutäuschen, eine Schranktür und zwei Schubladen aufgerissen, wäre die Treppe wieder hinuntergerannt, hätte die Tür zur Straße aufgebrochen und wäre schließlich wieder nach Hause gegangen – ohne dabei irgendwelche Spuren zu hinterlassen. Von Tatwerkzeugen, Blutspritzern, blutverschmierter Kleidung, die sicherlich bei einer solchen Tat zu erwarten gewesen wären, findet sich nirgendwo eine Erwähnung.

Auch, ob Frau W. bei ihrem Lebensgefährten irgendwelche Spuren und Wesensveränderungen gemerkt haben könnte, war offensichtlich nie Thema. Nicht einmal bei der Suche nach einem Motiv war das Gericht erfolgreich. Es kommt wörtlich zu der Schlussfolgerung: »Warum der Angeklagte Herbert Sch. tötete, konnte letztlich nicht festgestellt werden.«

Ein ernst zu nehmender Tat-Rekonstruktionsversuch ist nicht unternommen worden. Z. B. wären folgende Fragen zu klären gewesen:

- Wäre Herr M. körperlich überhaupt in der Lage gewesen, Herrn Sch. auf diese bestialische Weise zu ermorden, gerade auch angesichts der Tatsache, dass Herr Sch. trotz seines hohen Alters ein sehr kräftiger Mann gewesen ist und bei einer solchen Tat Gegenwehr zu erwarten gewesen wäre. Dass das Gericht sich selbst bei dieser Frage nicht sicher war, zeigt die Differenz zwischen Anklageschrift und Urteil: In der Anklageschrift ist davon die Rede, dass das Opfer sich gewehrt hat, im Urteil wird gesagt, Herr Sch. habe schon geschlafen, als Herr M. ihn erschlagen hat.
- Wie kann es sein, dass es DNA-Spuren von Herrn M. an den Fingern des Opfers gab, nicht aber – trotz intensiver Untersuchung – an den Kabelbindern, mit denen Herr M. das Opfer gefesselt haben soll?
- Wie sind zwei Kothaufen auf dem Teppichboden des Tatortes zu erklären, und warum sind sie im Gerichtsurteil gar nicht mehr erwähnt?
- Was könnte es mit den Schuhabdrücken auf sich haben, die im Badezimmer gefunden wurden und die weder auf die Schuhe von Herrn Sch. noch auf die von Herrn M. passen?

💀 Was ist mit dem Haar mit fremder DNA, das am Körper des Opfers gefunden wurde?
💀 Gab es bei der Haustür, die aufgebrochen wurde, keinerlei Spuren und Fingerabdrücke?
💀 Wenn Herr M. der Täter gewesen wäre, der seine DNA-Spuren beim Opfer hinterlassen hat – warum wurde hier nicht weitergefragt, ob es Spuren von ihm auch anderswo gibt?

All diese Fragen sind nicht beantwortet beziehungsweise völlig ausgeblendet worden. Schon jetzt wird ein Vorgang deutlich, den Herr Benecke in seinen Büchern und Vorträgen immer wieder beschrieben hat: Von falschen Grundannahmen ausgehend werden objektiv feststellbare Spuren dazu benutzt, genau diese falschen Grundannahmen zu bestätigen. Und es geht noch weiter: Diese falschen Grundannahmen verleiten zu einer akribischen Suche nach weiteren angeblichen Tatsachen und Spuren, die – wenn gefunden oder konstruiert – dann ebenfalls in den Dienst der falschen Grundannahmen gestellt werden.

Hinweise für eine falsche Grundannahme

Für das Gericht steht fest: Herr M. ist der Mörder. Es hat aber außer der DNA keine Spuren, keine Tatwaffen und kein Motiv gefunden. Weil aber – was jeder Staatsanwalt bestätigen wird und auch höchstrichterlich so festgeschrieben ist – allein die DNA nicht ausreicht, um einen Mörder zu überführen, bringt es drei weitere angebliche Beweise, die es in den Dienst der Mordthese stellt:

1. Es behauptet und versucht zu belegen, dass das Verhältnis zwischen Herrn M. und Herrn Sch. zerrüttet gewesen sei.

2. Es meint beweisen zu können, dass nur Herr M. im Besitz dieser Kabelbinder mit dem betreffenden Emblem gewesen sein kann.

3. Eine Kombizange wurde in Herrn M.'s Werkstatt entdeckt, mit der die Kabelbinder, mit denen Herr Sch. gefesselt war, nachweislich abgeschnitten worden sind.

Alle drei angeblichen Indizien sind aber nicht haltbar: Sie lassen sich entweder widerlegen oder lassen für ihr Entstehen auch andere Erklärungen zu, wie ich hier zeigen werde.

Gute Nachbarn?

Um die These zu belegen, dass das Verhältnis zwischen Herrn M. und seinem Schwager zerrüttet gewesen sei, berücksichtigt das Gericht ganz bewusst nicht die Zeugen, die Herrn M. nahestanden, sondern ausschließlich Personen der näheren und ferneren Nachbarschaft, die sich offensichtlich gern am »Dorftratsch« beteiligt haben. Diese »konnten« gar nicht wissen, wie oft Herr M. und Herr Sch. sich gegenseitig gesehen und gesprochen haben, weil sie den Zugang von Herrn M.'s Grundstück durch die Scheune zu Herrn Sch.'s Grundstück gar nicht einsehen konnten.

Wenn Herr M. selbst sagt, er sei bei seinem Schwager ein und aus gegangen, dann »konnte« diese Aussage gar nicht von irgendwelchen Dorfbewohnern und damit auch nicht durch das Gericht widerlegt werden, da dies außer den beiden niemand sehen konnte. Außerdem musste selbst das Gericht zugeben, dass Herr M. (trotz der angeblichen Zerrüttung des Verhältnisses) seinem Schwager täglich die Zeitung gebracht hat.

Im zweiten Wiederaufnahmeantrag bestätigte die Enkelin von Herrn M., wie »gut« das Verhältnis zwischen Herrn M. und Herrn Sch. gewesen ist, und zitiert »Onkel Herbert«: »Das werde ich deinem Opa nie vergessen, was er alles für mich getan hat.« Man kann die Argumentation des Landgerichts Magdeburg in diesem Zusammenhang nur als abenteuerlich und durch nichts belegt bezeichnen, wenn es behauptet, dass Herr Sch. und Herr M. der Enkelin ihr gutes Verhältnis nur vorgespielt hätten.

Die Kabelbinder
Bezüglich der Kabelbinder sind Ermittler extra nach Hamburg gereist in die Firma, in der Herr M. bis zum Jahre 1989 – also dreizehn Jahre vorher – gearbeitet hatte. Sie ließen sich von Angestellten dieser Firma bestätigen, dass es diese Kabelbinder mit diesem bestimmten Emblem nur in dieser Firma gebe und dass demnach nur Herr M. solche Kabelbinder besessen haben könnte.

Herrn M.'s Erklärung, er habe (a) nie Kabelbinder besessen, und (b) die Aussagen über seinen Schwager – er soll öfters heimlich Besuch von einem früheren Kriegskameraden, der im Westen wohnte, gehabt haben, der ihm Elektromaterial mitgebracht hätte – wurden als Schutzbehauptungen gewertet.

Die Behauptung des Gerichtes ist aber bereits im ersten Wiederaufnahmeantrag widerlegt worden: Jahre nach dem Mord, als Herr M. bereits in Haft saß, wurden ebendiese Kabelbinder im Abfall des Friedhofs von L. entdeckt. Also kann es gar nicht stimmen, dass nur Herr M. diese besessen haben kann – abgesehen davon, dass er nach eigener Aussage nie welche besessen hat.

Werkzeugspuren
Es bleibt als Einziges die Merkwürdigkeit mit der Kombizange. Dass mit dieser einen Kombizange, die in Herrn M.'s Werkstatt gefunden wurde, eben die betreffenden Kabelbinder, mit denen Herr Sch. gefesselt war, abgeschnitten worden sind, ist in akribischer Untersuchung nachgewiesen worden. Wie ist diese Zange in Herrn M.'s Werkstatt gekommen? Ein genauer Nachweis wird sich hier nicht finden lassen, allerdings gibt es plausible Möglichkeiten:

- Herr Sch. und Herr M. haben sich oft Werkzeuge gegenseitig ausgetauscht, und sie hatten gerade Kabelbinder zum Binden von Friedhofsgestecken benutzt. Also kann es sehr wohl sein, dass Herr Sch. schon von Herrn M. geschnittene, also gekürzte, Kabelbinder im Haus hatte.
- Die Mörder konnten sich mit Leichtigkeit Zugang zum kaum gesicherten Grundstück von Herrn M. und in dessen Werkstatt ver-

schaffen. Sie konnten auch ohne Weiteres die Zange in Herrn M.'s Werkstatt deponieren.

Die für mich wahrscheinlichste Erklärung liegt in dem Hauptpunkt des ganzen Dramas: in dem traumatischen Schockerlebnis von Herrn M., das zwar nicht den Mord – aber darum geht es hier nicht –, jedoch die DNA-Spur nicht nur plausibel, sondern mit absoluter Sicherheit erklärt und welches das Verhalten von Herrn M. mit all seinen verhängnisvollen Folgen bestimmt hat, durch das sich dann wiederum das Gericht völlig in die Irre führen ließ. Darum wird es im Folgenden gehen.

Schock und DNA-Spur

Der Schlüssel für die DNA-Spur ist ein traumatisches Erlebnis von Herrn M. verbunden mit einer Schockreaktion: Leider kam dieses Erlebnis bei der Hauptverhandlung und sogar beim ersten Wiederaufnahmeverfahren niemals zur Sprache – was alleine dem damaligen Anwalt vorzuwerfen ist, der ihm nicht nur abgeraten, sondern ihn auch abgehalten hat, sein Erlebnis bei Gericht vorzutragen.

Worum ging es?

Herr M. wollte am 20. März 2002 wie jeden Abend seinem Schwager die Tageszeitung hinüberbringen. Er benutzt wie sonst auch den direkten Weg durch die Scheune. Als er das Scheunentor zum Hof seines Schwagers öffnet, wundert er sich zunächst, dass die Gardinen der Wohnzimmerfenster zugezogen sind. Das gibt es bei seinem Schwager, der ein Gewohnheitstier mit genau geregelten Tagesabläufen ist, sonst nie. Außerdem ist die Tür zu dem verglasten Fluranbau geschlossen und der Schlüssel steckt von innen. Ihm wird jetzt schon etwas mulmig, und er geht vor zum großen Torbogen, um nachzuschauen, ob das Auto seines Schwagers noch da steht. Es steht noch da. Also weiß er, dass sein Schwager zu Hause sein muss. Er holt sich den Schlüssel zur Waschküche aus dem alten Kuhstall, schließt die Waschküchentür auf, betritt die Waschküche und klettert dann – indem er sich einen Stuhl ans Fenster heranzieht – hinein in den Fluranbau und von dort in den Flur.

Nun sieht er, dass die Tür zum Treppenaufgang in die Wohnung aufgebrochen ist, sieht den Schirmständer umgeworfen und ruft tief beunruhigt laut: »Herbert!« Als er keine Antwort bekommt, geht er vor Aufregung schweißgebadet die Treppe hoch, kommt im oberen Flur an, sieht dort alle Türen offen stehen (Badezimmertür, Küchentür, Esszimmertür) und geht schließlich durchs Esszimmer ins Wohnzimmer.

Dort sieht er seinen Schwager in Seitenlage – mit dem Rücken zur Wand – auf dem Sofa in einer Blutlache liegen. Kopf und Oberkörper sind mit einem großen Kopfkissen abgedeckt. Vor dem Sofa liegen in Längsrichtung zum Sofa zwei Kothaufen im Abstand von dreißig bis vierzig Zentimeter nebeneinander. Daneben liegt eine Urinflasche, in der Urin enthalten ist. Dann sieht Herr M., dass sein Schwager an Händen und Füßen mit Kabelbindern gefesselt ist. Er sieht, dass er noch Strümpfe und Pantoffeln anhat. Die Wohnzimmereinrichtung ist völlig durcheinander. Schubladen stehen auf. Der Inhalt vieler Schubladen liegt herum.

In dem Augenblick, als er seinen Schwager so liegen sieht, weiß er noch nicht, ob dieser tot ist. Er fasst ihn also an und will sehen, ob es noch Lebenszeichen gibt. Wenn er noch gelebt hätte, hätte er mit Sicherheit Hilfe geholt. Nachdem er ihn aber mit seiner Hand an den Fingern angefasst hat, wird er sich bewusst, dass sein Schwager tot ist. Und er erinnert sich noch an den inneren Impuls: »Weg, nichts wie weg! Ich will mit dem Mord nichts zu tun haben.«

Und dann setzt die Erinnerung aus, etwa dreißig bis vierzig Minuten lang.

Herr M. kommt in der Scheune wieder zu klarem Bewusstsein. Er kann nicht einmal sagen, wie er dorthin gelangt ist: Ist er über den Hof gegangen oder wieder durch die Waschküche? Er weiß, dass er völlig sinnloserweise die Zeitung wieder mitgenommen hat. Oder war es doch nicht so sinnlos, weil er einen kurzen Moment gedacht hat: Die werden mich vielleicht verdächtigen, wenn sie die Zeitung von mir dort finden?

Könnte es vielleicht sogar sein, dass die Kombizange, die er als die seine identifiziert hat, noch am Tatort lag und er sie aus dem gleichen Grund mitgenommen hat? Das muss Spekulation bleiben. Was aber sicher ist: Er ist in der Scheune mit sich allein, er heult sich dort aus, er ist voller Traurigkeit, dass sein Schwager, mit dem er schon so lange verbunden ist, tot ist. Und gleichzeitig versucht er zu überlegen, was zu tun ist.

Der Impuls ist da, noch einmal hinüberzugehen. Er macht die Schiebetür zum Haus seines Schwagers langsam ein Stück auf und sieht durch den Spalt zu dem verglasten Fluranbau hinüber. Dort sind Leute. Er erkennt sie nicht. Er muss wohl vermuten, dass es die Polizei ist. Wie sind die denn hineingekommen? Erinnerungen kommen hoch: an Auseinandersetzungen, die sein Schwager mit bestimmten Personen aus dem Ort hatte. Da ging es auch um Geld und Schuldschein und die Verpflichtung, Geld zurückzuzahlen. Er fasst einen verhängnisvollen Entschluss: Keiner – nicht einmal seine Frau – soll erfahren, was er erlebt hat. Er will sich aus der Sache heraushalten.

Ein wirklich verhängnisvoller Entschluss. Hier wären Traumapsychologen zu befragen. Wie verhalten sich Menschen, wenn sie aus heiterem Himmel mit einem Schockerlebnis konfrontiert sind? Ich meine, logisch-konsistentes Verhalten kann man hier vergessen. Kleinste Gedanken- und Erinnerungssplitter können das weitere Verhalten bestimmen. Es muss eine Kombination von äußerster Lähmung – »ich kann eigentlich gar nichts tun, gar nichts klar entscheiden, kann mich nirgendwo mit dem Erlebten entlasten« – und absoluter Handlungsanforderung – »ich muss handeln, ich muss damit umgehen« – sein. Es ist eine Situation, die sich niemand im Voraus vorstellen kann. Und für einen Menschen, der nie mit der Justiz zu tun gehabt hat, der keine Krimis liest oder anschaut, der aber einen Sinn für harmonisches bürgerliches Leben hat, ist eine solche Situation schlicht unvorstellbar. Ich halte sein Handeln für menschlich nachvollziehbar. Man kann es mit dem Wort »Flucht« umschreiben. Es ist aber eine Flucht, die nicht gelingen kann. Denn Geist und Körper können wir nicht täuschen. Das Erlebte bricht sich auf irgendeine Weise Bahn. Auch bei Herrn M., wie folgendes Erlebnis zeigt.

Das alte Ehepaar

Es war etwa vier Wochen nach dem Mord. Herr M. ist mit seiner Frau vor dem Supermarkt des Dorfes dabei, die Einkäufe einzupacken. Dann fällt den beiden ein, dass sie noch Eier brauchen. Die wollen sie sich nicht im Supermarkt kaufen, sie haben eine bessere Quelle: das alte Ehepaar N., das in der Nachbarschaft wohnt und eigene Hühner hat. Es sind wirklich gute Freunde und herzensgute Menschen. So trennen sich Herr M. und seine Frau. Er geht Eier holen, während sie weiter einkauft. Einkaufen auf dem Dorf: das bedeutet auch: sich über das Neueste austauschen, ein bisschen mitmachen beim Dorfklatsch. Und das mit dem Mord ist ja noch ziemlich frisch. Klar geht es auch darum, als Herr M. mit dem Ehepaar N. zusammen ist. Was das wohl für Menschen sind, die so etwas Furchtbares tun! Und das in unserem Dorf! Freilich: Der Herbert, der hatte seine Macken. Aber das?

Die Eier sind abgezählt, das Ehepaar N. lässt sich weiter über den Mord aus. Da sagt Herr M. plötzlich: »Ich muss euch etwas erzählen. Aber versprecht mir: Ihr müsst es für euch behalten. Auch C. gegenüber bitte kein Wort! Stellt euch vor: Ich habe Herbert gefunden.« Frau N., inzwischen Witwe, kann sich noch fast fünf Jahre danach genau an die Szene erinnern:

»Es war vielleicht … ein paar Wochen vorher. Helmut hat wortwörtlich erzählt, wie er Herberten gefunden hat. Drüb'n hat er gesessen und hat uns des erzählt. Und da sagt Erwin, wie des nachher rauskam: Helmut soll's gewesen sin. – Wie kann der's gewesen sin, der Mann hat uns doch wortwörtlich erzählt, wie er Herberten gefunden hat, dass er kein Blutstropfen mehr in sich gehabt hat, schlohweiß ausgesehen hat und unten alles voll Blut gewesen war. Und da fragt er noch: Wie kann ein Mensch so bestialisch mit einem Menschen umgehen? Des hat er gesagt. Schade, dass mein Mann nicht mehr lebt …« Und dann erinnert sie sich noch an den Ausspruch ihres verstorbenen Mannes Erwin: »Das musste wahrscheinlich mal runter!«

Ja, Erwin N. hatte recht, jeder Traumatherapeut würde das bestätigen. Ein traumatisches Erlebnis lässt sich nicht auf Dauer verdrängen. Es nagt im Innern weiter, bestimmt den Gefühlshaushalt eines Menschen und sucht sich Bahn nach außen, und wenn es nur darum geht, das Erlebnis mal auszusprechen.

Vielleicht wäre die Sache damit für Herrn M. wirklich erledigt gewesen. Er hatte seine Gesprächspartner gefunden, mit denen er sein Geheimnis teilen konnte. Doch es kam anders.

Der Anwalt

Herr M. gerät irgendwann in das Fadenkreuz der Ermittler. Als er wegen der DNA-Spur am Finger der Leiche verhaftet wird, nimmt er sich den Anwalt, den er aus seinem Scheidungsverfahren kennt: einen Zivilverteidiger. Im Laufe des langen Prozesses werden Tochter und Schwiegersohn ihm raten, doch einen anderen Anwalt, wenigstens einen Strafverteidiger zu nehmen. Herr M. ignoriert diese Vorschläge, er vertraut seinem Anwalt.

Dieser Anwalt rät seinem Mandanten – und das hat er später eidesstattlich bestätigt –, in der Gerichtsverhandlung sein Erlebnis zu verschweigen. Ja, er hindert ihn sogar aktiv daran, das, was Herrn M. so belastet hatte, auszusprechen. Am einprägsamsten ist für Herrn M. die Aufforderung des Anwaltes: »Streichen Sie das Erlebnis aus Ihrem Gedächtnis!« Es ist eine katastrophal verantwortungslose Aufforderung – als ob ein Mensch traumatische Erlebnisse mal eben so vergessen könnte. Diese bleiben doch eine ständige innere Belastung, die oft in Albträumen ihren Ausdruck findet. Und es braucht viel innere Energie, der Umwelt gegenüber das belastende Erlebnis zu verschweigen und damit falsche Tatsachen vorzuspielen. Wenn diese Umwelt das Gericht ist, das über das Lebensschicksal eines Menschen entscheidet, dann ist die innere Anspannung noch größer.

Herrn M. wird zum Verhängnis, dass er so sehr seinem Anwalt vertraut, dass er nicht einmal im ersten Wiederaufnahmeverfahren sagt, was er wirklich erlebt hat. Es ist ein Verhalten, das für das Oberlandesgericht Naumburg logisch nicht nachvollziehbar ist: Er hätte doch gewusst, dass es um eine lebenslängliche Freiheitsstrafe geht, und daher von dem Leichenfund berichten müssen. So dient das unlogische Aussageverhalten von Herrn M. dem Gericht zur Begründung, den Wiederaufnahmeantrag letztinstanzlich abzulehnen. Und das, »obwohl« es – anders als die erste Instanz – seine neue Aussage als zulässiges Beweismittel anerkennt. Es ist eine »neue« Ablehnungsbegründung, auf die der neue Anwalt nur noch mit einer Verfassungsbeschwerde antworten konnte. Sie zeugt von absoluter Ignoranz im Umgang mit einem traumatischen Erlebnis.

Meiner Ansicht nach würde jeder Traumaforscher bestätigen, dass Verhaltensweisen nach einem traumatischen Erlebnis sich nicht logisch-rationalen Erwägungen erschließen, sondern dass die komplexe Situation des traumatischen Erlebnisses selbst und die Persönlichkeitsmerkmale des Betroffenen berücksichtigt werden müssen, wozu beispielsweise auch Autoritätsglauben gehören kann – hier: das Vertrauen darauf, dass die Personen, die man für Autoritäten hält, also auch ein Anwalt, schon das Richtige tun werden.

Schlussfolgerungen

Die Aufklärung des Verbrechens muss nachgeholt werden

Das Verbrechen ist entgegen der Behauptung des Gerichts nicht aufgeklärt. Es trifft hier zu, was Sie, sehr geehrter Herr Dr. Benecke, in Ihren Büchern und Vorträgen oft betont haben: Das Gericht ist von falschen Grundvoraussetzungen ausgegangen, indem es Herrn M. nicht als Zeuge, sondern als Beschuldigten vernommen hat, und indem es die DNA-Spur ausschließlich als Spur des Mörders an seinem Opfer gewertet hat.

Die neue Aussage von Herrn M. gibt eine andere und viel plausiblere Erklärung: Er hat die DNA-Spur als derjenige, der die Leiche gefunden hat und im Schock erstarrt war, bei ihm hinterlassen. Daraus ergibt sich, dass Herr M. erneut als Zeuge vernommen werden muss, damit er mit seinem fotografisch genauen Erinnerungsvermögen bei der eigentlichen Aufklärung des Mordes Hilfe leistet.

Sicherlich wäre es dabei sinnvoll, alle Tatortfotos zusammen mit Herrn M. erneut zu sichten und mit *ihm zusammen* auszuwerten.

Schon jetzt aber können folgende Aussagen und Vermutungen getroffen werden:

Nach den Aussagen von Herrn M. handelt es sich bei dem Verbrechen eindeutig um einen Raubmord. Herr M. weiß, dass Herr Sch. sehr viel Bargeld im Haus gehabt hatte und außerdem den gesamten wertvollen Schmuck seiner verstorbenen Schwester. Sowohl das Geld als auch der Schmuck einschließlich einer Blechbüchse, deren Aussehen Herr M. genau beschreiben kann, sind spurlos verschwunden.

Herr M. hat die Leiche und den Tatort anders vorgefunden als später die Polizei, von deren Auffindesituation er durch die Tatortfotos Kenntnis bekommen hat. Als Herr M. am Tatort war, sah er seinen toten Schwager in Seitenlage mit dem Rücken zur Wand und dem Gesicht in den Raum hinein auf dem Sofa liegen. Kopf und Oberkörper waren mit einem großen Kopfkissen abgedeckt.

Die Stehlampe am Kopfende war noch an. Einige der Möbel standen da, wo sie sonst nie gestanden hatten: Der Tisch, sonst exakt parallel zum Sofa ausgerichtet, stand schräg nach außen im 45-Grad-Winkel. Ein Sessel stand am Fenster, der andere schräg im Raum. Der dritte Sessel stand wie immer. Die Türen des Wohnzimmerschrankes waren aufgerissen und alle Schubladen herausgezogen, auf dem Fußboden lagen Gegenstände herum: mehrere Geldbörsen und Wäschestücke.

Als etwa vierzig Minuten später die Polizei am Tatort eintraf, fand sie den toten Herrn Sch. in Bauchlage liegen. Alle Möbel standen gerade, und die Kopfkissen auf dem Sofa waren in einer Linie aufgestellt. Nur zwei Schubladen aus dem Schrank waren herausgerissen und dreihundert D-Mark lagen herum.

Daraus kann geschlossen werden, dass Personen, die direkt oder indirekt etwas mit dem Verbrechen zu tun gehabt haben, sich genau zu dem Zeitpunkt in einem der Hinterzimmer des Hauses von Herrn Sch. aufgehalten haben, als Herr M. die Leiche aufgefunden hatte und nur noch unter Schock reagieren konnte. Diese Personen müssen während der Zeit, in der Herr M. sich in der Scheune aufhielt und langsam wieder zu Bewusstsein kam, den Tatort und die Lage der Leiche verändert haben. Nicht auszuschließen ist auch, dass ihnen bekannt war, dass Herr M. regelmäßig Herrn Sch. die Zeitung brachte, und deshalb bewusst Herrn M.'s Kommen abgepasst haben.

Hoffen auf Gerechtigkeit

Ich danke Ihnen, sehr geehrter Herr Dr. Benecke, dass Sie mir die Gelegenheit gegeben haben, Herrn M.'s Fall in Ihrem Buch darzustellen. Es bleibt zu hoffen, dass er endlich Gerechtigkeit erfährt und zu seiner Familie zurückkehren kann. Schließlich geht es auch um unseren Rechtsstaat als solchen. Das Vertrauen in diesen ist durch den Fall M. bei vielen Menschen schwer erschüttert worden. Es geht dabei nicht darum, die Unfehlbarkeit von Gerichten zu fordern, sondern um die Bereitschaft, bei eindeutigen und nachweisbaren Fehlern dem Einzelnen die Möglichkeit zu geben, sein Grundrecht auf Menschenwürde und Freizügigkeit erneut einzuklagen.

Dezember 2010
N. N.

Experimente

Damit endet die eindrucksvolle Schilderung aus Sicht des Verurteilten. Sie werden sich nun sicher fragen, warum Herr M., so ganz ohne Motiv und als guter Freund des Toten, seinen Nachbarn umgebracht haben soll.

Sie werden sich auch fragen, wer die Menschen gewesen sind, die er nach Entdeckung der Leiche gesehen haben will. Da das Verfahren derzeit läuft, kann das leider nicht verraten werden.

Es handelt sich aber unter anderem um eine Person aus dem Ort, die angeblich hohe Schulden beim Opfer hatte, die allerdings, wie der Verurteilte aussagt, sehr gut mit dem Opfer befreundet gewesen sei.

Damit stünde es eigentlich schon 1:0 für den Verurteilten, denn wenn beide Verdächtigen mit dem Opfer gut befreundet waren, sollte ja die Person »mit« Mordmotiv im Gefängnis sitzen und nicht die Person, die keinen ersichtlichen Grund hatte, den Nachbarn zu töten.

Das war aber dem Gericht egal. Wie Sie der Fallschilderung entnommen haben, entschieden stattdessen die DNA-Spuren. Und so kam ich ins Spiel.

Wir gingen im Labor nach unserer Lieblingsregel vor und schnitten gedanklich alles weg, was überflüssig oder für uns nicht bewertbar war. Das ist eine Abwandlung einer uralten Regel in den Wissenschaften, »Ockhams Rasiermesser« genannt; grob gesagt lautet sie: »Das Einfachste stimmt immer.« Bei diesem Gedankenjäten fiel uns auf, dass es in der Tat eine alles entscheidende Prüfung geben könnte – ob nämlich Herr M. die Leiche überhaupt berührt haben musste, um seine DNA-Spuren auf diese Art zu hinterlassen. Denn, noch einmal, die DNA war für das Gericht das alles entscheidende Indiz. Und das war etwas, das wir prüfen konnten.

Folgendes schien uns elegant zu sein: Was wäre, wenn die Erbsubstanz an den Fingern des Opfers nicht durch direkten Kontakt, sondern durch das »Zeitungslesen« übertragen worden wäre? Immerhin hatte das Opfer ja täglich die benutzten – und damit mit der DNA von Herrn M. zumindest an den Rändern reichlich bedeckten – Zeitungen gelesen.

Wir kauften uns also einen Stapel Zeitungen und legten los. Im ersten Durchgang testeten wir, ob sich überhaupt Erbsubstanz an Zeitungen befindet. Das wurde sofort spannend, denn an einer der Zeitungen im Stapel fanden wir massenhaft DNA, an den anderen überhaupt keine. Irgendwer – vielleicht der Kioskbesitzer – hatte eines der Blätter gelesen und wieder in den Stapel gelegt …

Im zweiten Schritt besorgten wir uns nagelneue, ungelesene Zeitungen direkt aus dem Lieferwagen. Nach einem vorher festgelegten Plan »lasen« wir nun Zeitungen, das heißt, wir blätterten sie verschieden lange durch. Dabei stellte sich zu unserer Überraschung heraus, dass sehr oft zwar DNA beim Lesen von den Fingern auf die Zeitung übertragen wird, aber nur, wenn die Hände ungewaschen sind. Also legten wir ein weiteres Experiment nach, in dem wir uns vor dem Zeitungslesen verschieden lang die Hände wuschen, mal nur mit Wasser, mal mit Seife, mal lang und mal kurz.

Bereits hier erkennen Sie, warum in den zwanzig Jahren, in denen ich meinen Beruf ausübe und versucht habe, Heerscharen von Studierenden dafür zu begeistern, nur drei Studentinnen jemals nachfolgen wollten. Es gibt wohl kaum etwas Langweiligeres, als sich tagelang die Hände nach einem bestimmten Plan zu waschen – beziehungsweise bewusst nicht zu waschen –, sich auf bestimmte Weisen am Kopf zu kratzen, die Finger zu lecken oder über das Gesicht zu streichen, dann die immer gleichen Zeitungen verschieden lang zu »lesen«, sie dann nach einem bestimmten Verfahren weiterzureichen, sie zuletzt mit Wattetupfern abzureiben, alles zu trocknen, genauestens zu beschriften und schließlich genetische Fingerabdrücke davon anzufertigen. Wenn Sie es doch spannend finden sollten, bedenken Sie, dass unsere Klienten kein Geld haben – weder Häftlinge noch die Polizei betreiben Wirtschaftsunternehmen. Falls Sie das alles nicht abschreckt, überlegen Sie, warum Sie einen anderen Beruf ausüben. Wir könnten Sie brauchen.

Doch zurück zum Experiment. Als wir die genetischen Fingerabdrücke näher ansahen, fiel uns etwas Merkwürdiges auf: Zwar hatte sich in mehreren Fällen meine Erbsubstanz über das Zeitungslesen auf die Finger unseres danach ebenfalls Zeitung lesenden »Opfers« (meine Kollegin) übertragen. Allerdings waren die *Mengen* sehr gering. Sollten also nur sehr geringe Mengen Erbsubstanz an den Fingern des Opfers vorgelegen haben, so wären diese vielleicht wirklich nur durch Zeitungslesen übertragen worden. Dann wäre es egal, wann, ob und wie lange Herr M. überhaupt in der

Wohnung gewesen war – das Vorliegen seiner DNA wäre problemlos bereits durchs Lesen erklärt.

Die Frage war also, wie viel DNA sich auf den Händen des Toten befand. War es sehr wenig, so könnte sie wirklich vom Zeitungslesen stammen. War es aber viel, so müsste Herr M. die Leiche angefasst haben. Warum, das hatte er ja selber erklärt: Um zu prüfen, ob sein Nachbar tot war. Nur hatte er das, auf Anraten seines ersten Anwaltes, ja nicht zugegeben. Stattdessen hatte er so getan, als ob er niemals in der Nähe der Leiche gewesen war. Es ging also auch darum, ob Herr M. sich endlich ein Herz fassen und einräumen würde, die Leiche selbst angefasst zu haben. Vor allem aber war völlig unklar, ob die Verteidigung im nächsten Schritt die Aussage, dass Herr M. in der Wohnung gewesen war, überhaupt einführen wollte.

Wie überrascht waren wir, als wir auf der Suche nach Angaben zu den DNA-Mengen an der Hand des Opfers die Akten durchwälzten. Denn dort stand, in den Worten des Gerichts, klipp und klar: »Eine Übertragung von DNA-Material ohne direkten Kontakt des Spurenverursachers mit einer weiteren Person ist durchaus möglich.« Wir staunten. Woher wusste das Gericht das? War bei der ersten Verhandlung etwa schon ein Sachverständiger eingeschaltet worden?

So war es tatsächlich: »Da im vorliegenden Fall Signalstärken von teilweise über 600 RFU erreicht wurden, bedeutet dies im Umkehrschluss, dass das ursprünglich vorliegende DNA-Material des Angeklagten in deutlich höherer Menge vorhanden gewesen sein muss, als es nach einem Sekundärtransfer der Fall gewesen wäre.« Mit anderen Worten: Das Gericht hatte dieselbe Frage, die wir im Experiment durch Zeitungslesen und Abreiben geprüft hatten, ebenfalls geprüft. Allerdings hatte es dafür keine Versuche durchgeführt, sondern einfach einen kriminalbiologischen Kollegen gefragt. Der hatte nachgedacht und war sich sicher, dass die Menge Erbsubstanz auf den Fingern der Leiche nur durch direktes Anfassen dorthin gelangt sein konnte.

Damit standen wir nach wochenlangem Herumprobieren wieder am Anfang. Denn erstens kann nichts, was ein deutsches Gericht bereits einmal angesehen hat, in einer neuen Verhandlung noch einmal verwendet werden. Das ist eine große Schwäche des Rechts, denn es bedeutet für uns in vielen Fällen, dass abweichende Ergebnisse aus unserem Labor mit der Begründung vom Richtertisch gewischt werden, dass »darüber bereits in der vorigen Verhandlung gesprochen worden ist«. Dass diese Ergebnisse, auch wenn es um dieselben Spuren geht, deutlich anders sind als in der vorigen Verhandlung, also durch Nachdenken »geprüft«, aber nie Versuche gemacht wurden, interessierte in meinem bisherigen Sachverständigendasein niemanden.

Der zweite Grund dafür, dass unsere Experimente zumindest für die Verteidigung keine Wirkung haben dürften, war, dass Herr M. nun auf jeden Fall alles darlegen musste – also auch, dass er am Tatort war, die Leiche dort gefunden und sie angefasst hatte. Doch diese Variante kannte anfangs niemand von uns. Wir standen deshalb zunächst vor einem Rätsel.

Spurenübertragung durch Berührung

Die Locard'sche Regel besagt, dass jeder Kontakt zwischen zwei Objekten, Menschen oder Tieren Spuren bedingt. Sie geht auf den früheren Direktor des französischen Polizeilabors in Lyon, Edmond Locard, zurück, der sie um 1910 formulierte. Die Regel ist nicht so leichtfüßig, wie sie sich anhört. Sie bedeutet, dass man einfach nur genug suchen muss, um die Spur eines Täters oder Verbrechens zu finden. Die manchmal gehörte, schulterzuckende Aussage, dass der Täter leider keine Spuren hinterlassen habe, ist also Quatsch.

Locard schrieb: »Überall dort, wo er (der Täter) geht, was er berührt, was er hinterlässt, auch unbewusst, all das dient als stummer Zeuge gegen ihn. Nicht nur seine Fingerabdrücke oder seine Fußabdrücke, auch seine Haare, die Fasern aus seiner Kleidung, das Glas, das er bricht, die Abdrücke der Werkzeuge, die er hinterlässt, die Kratzer, die er in die Farbe macht, das Blut oder

Sperma, das er hinterlässt oder an sich trägt. All dies und mehr sind stumme Zeugen gegen ihn.

Dieser Beweis vergisst niemals etwas. Er ist nicht durch die Spannung des Augenblicks verwirrt. Er ist nicht unkonzentriert, wie es menschliche Zeugen sind. Er ist ein sachlicher Beweis.

Physikalische Beweismittel können nicht falsch sein, sie können sich nicht verstellen, sie können nicht vollständig verschwinden. Nur menschliches Versagen, diese zu finden, zu studieren und zu verstehen, kann ihren Wert zunichtemachen.« Also: Wer suchet, der findet.

Auch im Fall »Mord unter Nachbarn« ging es um eine Art der Locard'schen Spuren-Übertragung: von einem Leser auf den nächsten Leser derselben Zeitung. Als ich mir die Fachliteratur ansah, stellte ich fest, dass wir nicht die Ersten waren, die diese Idee verfolgten. Schon 1997 hatten Kollegen festgestellt, dass sich DNA aus den klassischen Fingerabdrücken (den mit Tinte gefärbten, schwarzen Abdrücken der Fingerkuppe) gewinnen lässt. 1998 stellte sich heraus, dass zuvor berührte (getragene) Handtaschen, Werkzeuge und Kleidungsstücke durch Abreiben der Erbsubstanz den berührenden Personen zugeordnet werden können. Das funktionierte auch mit losen Hautzellen von einem Bett-Rahmen, nach Schlägen von der Haut des Geschlagenen und so weiter. Bis heute ist das Locard-Prinzip, so einfach es auch klingt, also ein guter Wegweiser durch Fälle, die verworren erscheinen: Lass diejenigen nachdenken, die das besser können, und suche stattdessen verwertbare Spuren.

Wer meine Bücher über Kriminalfälle liest, weiß, dass die Wirklichkeit – jedenfalls für meine KollegInnen und mich – spannender ist als jeder Roman. Der Fall M. ist ein gutes Beispiel dafür. Unsere Laboruntersuchungen hatten ja eigentlich nur bestätigt, was das Gericht von Anfang an angenommen hatte: Dass man beim Zeitungslesen sehr wohl (wenig) Erbsubstanz übertragen kann, dass aber angesichts der großen Menge DNA an den Leichenfingern

Herr M. das Opfer angefasst haben musste. Was zunächst aber niemand ahnen konnte, war, dass Herr M. genau das von Anfang an hatte sagen wollen. Sein Anwalt verbot es ihm – vermutlich aus taktischen Gründen. Er fürchtete wohl, dass sein Klient sich sonst zu sehr in Gefahr begäbe, unschuldig verurteilt zu werden.

Die Blase platzte, als ich eines Tages mit Herrn M. im Hochsicherheitsgefängnis saß. Wer noch nie im Knast war, kann sich das bizarre Gefälle zwischen der dortigen Alltäglichkeit und den von Außenstehenden als oft aufregend wahrgenommenen Abläufen gar nicht vorstellen. Hier saß ich beispielsweise zunächst einmal eine Viertelstunde lang unfreiwillig in einem Vorraum mit dem Koch der Anstalt zusammen. Das Zimmer bestand komplett aus Siebzigerjahresperrholz und laminierten Tischen. Der Koch feilschte mit dem ebenfalls anwesenden Großhändler um günstige Mehl- und Gemüse-Preise – und das alles hinter einer Mauer, die mit Nato-Klingendraht vielfach gesichert war. Aber so ist es im Gefängnis: bizarr, karg und einsam.

Im Besprechungsraum, der knastüblich nur aus nackten Wänden, einem Tisch und drei Stühlen bestand, ging ich mit Herrn M. seine Geschichte durch. Ich war auf der Suche nach prüfbaren Sachbeweisen, die nichts mit Zeugen, Glauben, Denken und Hoffen zu tun hatten. Völlig selbstverständlich erzählte mir Herr M. dabei sein schreckliches Erlebnis, den Leichenfund. Keine Silbe davon hatte aber jemals in den Akten gestanden! Vor allem Herrn M.s (neuem) Anwalt, der soeben eintrat, fiel bei dieser Schilderung die Kinnlade herunter: Davon hatte auch er noch nie gehört. Gleichwohl sollte er seinen Mandanten aus dem Knast pauken. War der Verurteilte wirklich so obrigkeitshörig, dass er wegen der Anweisung seines ersten Anwaltes auch seinem neuen Anwalt nicht erzählt hatte, was passiert war? War er wirklich noch so geschockt? Oder spielte hier der eine mit dem anderen? Nun endlich tat ich das, was ich eigentlich am wenigsten mag: auf der Suche nach charakterlichen Anmerkungen im Urteil stöbern.

Aus der Urteilsbegründung

Warum glaubt eigentlich niemand Herrn M.? Er hat einen Täter geliefert, der auch noch ein Motiv haben soll. Doch niemand ermittelt.

Ein Grund dafür ist vermutlich, dass sein einziges Alibi für die Nacht von seiner Lebensgefährtin stammt. Der aber glaubte man kein Wort: »Die Aussage der Zeugin in Bezug auf die Fertigung der Grabgestecke ist unglaubhaft. Über eigene Erinnerungen verfügte sie hierzu nicht. Die diesbezügliche Aussage der Zeugin war von der Tendenz geprägt, Nichtwissen und etwaige Erinnerungslücken mit Schlussfolgerungen und Mutmaßungen ausschließlich zugunsten des Angeklagten zu ergänzen, eigene Wahrnehmungen vermochte die Zeugin nicht zu schildern«, hieß es im Urteil. »Bei weiteren Nachfragen endeten die Angaben der Zeugin zu diesen wie weiteren Beweisfragen damit, dass sie jeweils angab, zum jeweiligen Zeitpunkt krank gewesen zu sein und deshalb nichts zu wissen.«

Auch, dass die Kabelbinder an der Leiche irgendwann von einem Besucher des nun Toten mitgebracht worden sein sollten, hielt das Gericht für unwahr. »Nur die Kabelbinder, die von BP stammten«, so das Urteil, »hätten das kleine Metallplättchen gehabt, welches der Zeuge bei Inaugenscheinnahme des Vergleichskabelbinders sowie der Tatkabelbinder als markantes Merkmal beschrieb. Von jemand anderem als dem Angeklagten habe er derartige Kabelbinder nicht erhalten. In der Werkhalle, zu der der Angeklagte Zugang hatte und in der sich ehedem sein Büro befand, wurden bei einer Nachsuche in einer Schublade drei solcher Kabelbinder aufgefunden, wie sie zur Fesselung von Herbert Sch. verwandt worden waren.«

Noch nicht einmal einen Raub lässt das Gericht gelten. Keineswegs sei die Wohnung durchsucht worden, sondern es soll geradezu Ordnung geherrscht haben: »Der Inhalt der Schränke, insbesondere der im Wohnzimmer (wo die Leiche lag), war geordnet.

Die Wäschestücke lagen ausgerichtet neben- und auf Kante übereinander, auch andere Schrankinhalte waren geordnet einsortiert. Typische Spuren, die auf ein Durchwühlen oder intensives Suchen nach Geld, Wertgegenständen oder Ähnlichem schließen lassen, waren nicht vorhanden. Die mit der Tatortuntersuchung befassten Zeugen (Polizisten) gaben an, dass sie einen derartig aufgeräumten Tatort einer vermeintlichen Einbruchs-/Raubstraftat in ihrer beruflichen Laufbahn noch nicht vorgefunden hätten. Selbst das geöffnete 2-flüglige Schrankteil sowie die geöffneten Schubladen wiesen keine Spuren einer Suche auf, die darin befindlichen Gegenstände waren geordnet.

Des Weiteren spricht gegen ein Raubdelikt oder die Handlung eines bei der Tat entdeckten Einbrechers die Massivität der Verletzungshandlungen, die mit unbedingtem Tötungswillen durchgeführt wurden: Gegen den schlafenden Herrn Sch. wurden vier wuchtige Schläge auf den Kopf geführt und zwei gezielte Stiche in die linke Halsseite mit einem etwa einundzwanzig Zentimeter langen Messer gesetzt. Spuren eines Kampfes fanden sich im gesamten Wohngebäude nicht.«

Das passt nun wirklich nicht mit der Darstellung des Häftlings zusammen. Er hatte gesagt, die Wohnungseinrichtung sei »völlig durcheinander« gewesen. Nun ist das allerdings eine sehr relative Einschätzung. Ein Student in einer WG wird vielleicht eine andere Auffassung von Ordnung haben als ein akribischer Briefmarkenkenner in seinem Sammelschrank. Und könnte es nicht sein, dass der Täter ganz gezielt nach etwas suchte? Niemand hatte ja davon gesprochen, dass es ein *zufälliger* Einbrecher war. Stattdessen lautet die Version des Verurteilten, dass eine ihm bekannte Person, die er auch am Tatort gesehen haben will, nur *einen ganz bestimmten* Gegenstand entwenden wollte. Wenn das so ist, ist es überhaupt nicht verwunderlich, dass er nicht weitersuchte: Der Gegenstand befand sich nämlich in genau der Schrankwand, die auch tatsächlich offen stand – und er ist auch tatsächlich verschwunden.

Zuletzt soll auch nicht stimmen, dass Herr M. und der Tote sich mochten: »In den letzten drei Jahren vor dem Tode von Herbert Sch. verschlechterte sich das Verhältnis zwischen dem Angeklagten und Herbert Sch. gravierend«, so das Gericht. »Sie sprachen kaum miteinander und gratulierten sich nicht mehr zum Geburtstag. In der Öffentlichkeit erwähnte Herbert Sch. seinen Schwager so gut wie gar nicht, er behandelte ihn fast wie einen Fremden.«

Sogar das Fehlen jeden Motivs hebelt das Gericht aus. Der Angeklagte sei »sehr erbost« darüber gewesen, dass sein Schwager das Grundstück nicht ihm, sondern seinem Neffen übertragen hatte, und »verlangte von Herbert Sch. die Rückgängigmachung der Grundstücksübertragung. Bei einem dieser Gespräche äußerte der Angeklagte gegenüber Herbert Sch. auch Drohungen, unter anderem dergestalt, dass er ihm ›die Jacke vollhaue‹. Auch bei anderen Gesprächen kam es zu Drohungen des Angeklagten gegenüber Herbert Sch.; Einzelheiten konnten insoweit nicht mehr festgestellt werden. Der Angeklagte wurde immer fordernder.«

Ob das alles stimmt oder nicht, werden wir – wenn überhaupt – nur dann erfahren, wenn der von Herrn M. verdächtige Mann eines Tages seine Sicht erzählt. Von Herrn M. kann die Person nach seiner Auffassung nicht angezeigt werden, weil das Verfahren abgeschlossen und der Täter ermittelt ist. So beißt sich das Ganze in den Schwanz.

Weder Experimente noch Nachdenken noch Zeugenaussagen helfen hier also weiter. Die Erbsubstanz an der Leiche stammt von Herrn M., doch das räumt er auch ein. Er will sich mit seinem Schwager gut verstanden haben, andere sagen, dass er ihm »die Jacke vollhauen« wollte. Das Gericht meint, die beiden hätten sich seit Langem nicht gesehen, Herr M. gibt an, dass er durch die Scheune jederzeit zu seinem Schwager gelangen konnte und ihm auch täglich die ausgelesene Zeitung gebracht hat. Die Zange stammt aus Herrn M.s Bastelecke, könnte dort aber auch von anderen Personen benutzt worden sein, da sie leicht zugänglich war. Die Kabelbinder stammen aus der alten Firma von Herrn M., der aber ist überzeugt, dass die damalige Lieferung so alt und brüchig sein müsste, dass sie zerbröselt wäre. Und so geht es hin und her.

Doch wie steht es mit Hinweisen aus einer ganz anderen Wissenschaft, der Psychologie? Denn der Bekannte des Verurteilten, der den Fallbericht aufgeschrieben hat, spricht ja von traumabedingtem Verhalten beim Verurteilten. Gibt es so etwas? Und hilft es, den Fall zu lösen?

Glaubwürdigkeit und Glaubhaftigkeit

Viele verurteilte Straftäter sagen nicht nur, dass sie zu Unrecht im Gefängnis gelandet sind, sondern sie glauben auch fest daran. Entweder wollen sie die ihnen vorgeworfene Tat nicht begangen haben, oder sie haben eine Erklärung dafür, warum das, was passiert ist, »eigentlich« nicht ihre Schuld war. In wenigen Fällen stimmt das alles, und der Häftling ist wirklich unschuldig. Viel öfter zeigen aber Straftäter mit einer antisozialen Persönlichkeitsstörung dieses Verhalten (vgl. auch *»Die Sprache antisozialer Verbrecher«, S. 131 f.**). Weil solche Straftäter im tiefsten Inneren das Gefühl haben, Opfer der Umstände geworden zu sein und ihre Strafe nicht zu verdienen, können sie das auch sehr überzeugend anderen Menschen gegenüber vertreten. Besonders Seelsorger, die ihren Job machen, weil sie an das Gute im Menschen glauben, können oft nicht fassen, dass Menschen sich derartig dreist rausreden oder schlicht lügen.*

Erinnerungslücken

Grundsätzlich ist es für psychologische und psychiatrische Gutachter schwierig zu beurteilen, was dahintersteckt, wenn ein Tatverdächtiger behauptet, sich an Zeitabschnitte vor, während oder nach einer Straftat nicht zu erinnern. Es gibt keine sichere Vorgehensweise, mit der sich überprüfen lässt, ob Erinnerungslücken wirklich bestehen oder ob eine Person diese nur vorgibt.

Der Gutachter baut die berichtete Erinnerungslücke in alle anderen Informationen ein, die er von dem Befragten bekommt, und entscheidet dann, ob er die ganze Geschichte für glaubhaft hält oder nicht. Dabei erfragt er beispielsweise, ob der (vermeint-

liche oder sichere) Täter kurz vor der Tat Drogen oder Alkohol zu sich genommen hat, ob er vorher schon straffällig geworden ist, ob er irgendwann wegen psychischer Probleme behandelt wurde und vieles mehr.

Es gibt Merkmale, anhand derer Psychologen und Psychiater mit einer rechtspsychologischen Zusatzausbildung einschätzen, wie glaubwürdig ihnen eine Person erscheint und wie glaubhaft ihre Aussage ist. Diese beiden Dinge können miteinander übereinstimmen, müssen das aber nicht. Es kann beispielsweise sein, dass eine vorbestrafte und drogensüchtige Person, die als eher unglaubwürdig eingestuft wird, völlig glaubhaft ein Verbrechen beschreibt, das sie gesehen hat. Andererseits kann eine zunächst glaubwürdig wirkende Person, die bis dahin ein unauffälliges Leben führte und als vorbildlich, ehrlich und aufrichtig galt, über eine Straftat, die sie vertuschen will, eine wenig glaubhafte Geschichte erzählen.

Woran erkennt ein Gutachter, ob jemand lügt?

Manchmal helfen Sachbeweise bei der Beurteilung einer Tat nicht weiter. Wie im Fall des Wettermoderators Jörg Kachelmann kann es sein, dass handfeste Spuren keine entscheidenden Erkenntnisse bringen. Wenn alle überprüfbaren Fakten unstrittig sind, dann verwendet das Gericht oft die Aussage des Glaubhaftigkeitsgutachters. Im Kachelmann-Fall ist es genau so. Dass die beiden Beteiligten Geschlechtsverkehr hatten und das vermeintliche Opfer leichte Verletzungen am Körper, ist nicht strittig. Das klärt aber überhaupt nicht, was genau passiert ist und wer die Verletzungen verursacht hat.

In solchen Fällen schätzt der Gutachter zuerst ein, ob der Untersuchte allgemein eher dazu neigt, wahre Aussagen zu machen, oder nicht. Eine Person, die eher unterdurchschnittlich intelligent ist, hat es beispielsweise schwerer, sich eine ausgeklügelte Lügengeschichte auszudenken, als eine sehr intelligente Person. Manche Menschen lassen sich von Natur aus leicht von anderen beeinflussen und etwas einreden. Einige wollen es bei ihren

Aussagen vor Gericht ihrem Partner oder ihrer Familie recht machen oder gehören einer Sekte an, der sie gehorchen. Solche Menschen werden als eher unglaubwürdig eingestuft. Es gibt auch psychisch kranke Menschen wie Schizophrene, die das, was sie erleben, vorübergehend nicht richtig einschätzen. Auch sie sind deshalb weniger glaubwürdig. Wenn jemand viele Vorstrafen hat, drogen- oder alkoholabhängig ist oder oft lügt, schmälert das seine Glaubwürdigkeit ebenfalls.

Das ist aber nur ein Teil dessen, was bei der Beurteilung, ob jemand lügt oder nicht, wichtig ist. Der Gutachter prüft zudem, ob der Zeuge oder Tatverdächtige einen guten Grund hätte, zu lügen, und ob das, was er erzählt, überhaupt Sinn ergibt und so passiert sein kann. Ob der Gutachter den Befragten für glaubwürdig hält oder nicht, er prüft auf jeden Fall anhand festgelegter Merkmale, ob der Bericht eher ausgedacht oder wirklich erlebt klingt. Aus diesem Grund lässt er den Befragten möglichst frei von der Tat, um die es geht, erzählen.

Ist die Geschichte zu gestanzt und erinnert beispielsweise an die Inhaltsangabe eines Romans, dann spricht das eher dagegen, dass er diese auch selbst erlebt hat. Auch wenn der Befragte die Geschichte nicht bei mehreren Gelegenheiten immer gleich schlüssig erzählt oder wenn er innerhalb der Geschichte nicht in der Zeit hin und her springen kann, macht das seine Aussage verdächtig.

Wenn ein Befragter eine Geschichte aber mit vielen Einzelheiten erzählt, im Ablauf hin und her springt und bei verschiedenen Gelegenheiten dieselben Sachverhalte mit unterschiedlichen Sätzen und Worten beschreibt, dann hat er eher wirklich erlebt, was er erzählt. Glaubhaft ist es auch, wenn der Befragte eigene Gefühle – auch eigene Zweifel, Unsicherheit oder Schuldgefühle – erwähnt, ungewöhnliche Einzelheiten nennt (beispielsweise, dass ein Fenster im Raum geklemmt hat) und Kleinigkeiten, die er bei der ersten Befragung nicht erwähnt hat, bei der nächsten Befragung einbaut.

Kann Herr M. unschuldig sein?

Es gibt bisher kein Glaubhaftigkeitsgutachten über die Aussagen von Herrn M., deshalb wissen wir nicht, ob seine Aussage glaubhaft ist. Sie zeigt allerdings einige Merkmale, die für eine wirklich selbst erlebte Geschichte sprechen:

Herr M. beschreibt Einzelheiten, wie die zugezogenen Gardinen im Wohnzimmer seines Schwagers. Auch seine Gefühle erwähnte er an mehreren Stellen und die körperliche Reaktion darauf, also starkes Schwitzen. Sein Verhalten beschreibt er als nicht überlegt oder sachlich, sondern als verwirrt und überrascht. Das alles sind Details, die nicht einer gestanzten Geschichte entsprechen, sondern durchaus aus echtem Erleben stammen können.

Dass seine Erinnerung beim näheren Befühlen der blutigen Leiche seines Schwagers aussetzte, ist zumindest nicht auszuschließen. Herr M. hat eigentlich keinen Grund, den Gedächtnisausfall an dieser Stelle der Geschichte vorzutäuschen. Auch dass er die Personen, die er aus einiger Entfernung in der Wohnung des Schwagers sah, zuerst für Polizisten hielt, ist eine lebhafte Einzelheit, deren Beschreibung ihm keinen Vorteil bringt.

Dass sich auf rechtlicher Seite dennoch nichts tut und der Mann weiter im Gefängnis bleibt, liegt an etwas ganz anderem: Der Fall ist aus Sicht der Gerichte sauber abgeschlossen. Es ist einfach niemand, der ihm helfen könnte, für rechtliche Zweifel zuständig. Daher versandet das Ganze – mit etwas Pech, bis der Häftling stirbt.

Ob ihm in der Zwischenzeit ein Psychologe oder ein Seelsorger glauben, spielt keine Rolle. Alles, was bei früheren Verhandlungen schon im Entferntesten bedacht wurde, kann kein zweites Mal vorgebracht werden. Noch nicht einmal die Zeugenaussage, dass der Häftling den wahren Täter gesehen haben will. Aus der Sicht der blinden Justitia ist so eine Anzeige unmöglich – der echte Täter sitzt ja schließlich längst in Haft.

KAPITEL 9

NEKROPHILIE: LUST AN LEICHEN

Nekrophilie ist eine sehr seltene Erscheinung. Für die meisten Menschen ist die Lust an Leichen sicher das Abseitigste, was sie sich überhaupt vorstellen können. Doch wer schon einmal mit tiefreligiösen Menschen über ihre Gespräche mit Gott oder mit Esoterikern über unbekannte Wellen und feinstoffliche Erfahrungen gesprochen hat, erlebt durchaus gleichrangig seltsame Vorstellungswelten.

Es gibt ganz unterschiedliche Arten der Nekrophilie. Vor allem im angloamerikanischen Raum zählt man dazu auch Morde, in deren Verlauf die Täter sexuelle Handlungen an den Leichen begehen oder sie mit Lust zerstückeln. Davon vollkommen verschieden sind Menschen, die Zugang zu Leichen haben – etwa in einem Altenheim oder einem Krankenhaus-Kühlraum zur Lagerung der Verstorbenen –, diese sexuell anziehend finden, aber keiner Fliege etwas zuleide tun würden, also auch niemanden töten würden. Zuletzt gibt es Menschen, die zwar sehr gerne töten, aber eigentlich kein Interesse an Sex mit den Leichen haben. Manchmal benutzen sie die Leichen aber trotzdem als Sexobjekte.

Ich [MB] bin mit dem Thema nur deswegen in Berührung gekommen, weil ich für eine indische Fachzeitschrift einmal die merkwürdige Frage beantworten musste, ob es wirklich gesetzlich oder sittlich verboten sei, mit der herausgetrennten Vagina einer anonymen Leiche, die also niemandem bekannt ist und daher auch keine Angehörigen hat, Sex zu haben. Die Frage lautete genauer gesagt, ob es einen Unterschied machen würde, wenn die Leiche bekannt wäre, beispielsweise, wenn es sich um die tote Marilyn Monroe handeln würde. Warum ausgerechnet ich diese Frage beantworten sollte und es gerade Marilyn Monroe sein musste, habe ich nie erfahren. Die Antwort können Sie, wenn Sie derartige Denkübungen mögen, in meinem Buch *Warum man Spaghetti nicht durch zwei teilen kann / Warum Tätowierte mehr Sex haben* (unterschiedlicher Titel, selber Inhalt) nachlesen. Sie lautet kurz gefasst: Nekrophilie ist gesetzlich manchmal strafbar, aber nicht immer. Aus höherer Sicht – beispielsweise der Ethik oder Philosophie – kann Nekrophilie, wenn die Leiche wirklich anonym ist, technisch gesehen durchaus erlaubt sein. Bei Marilyn Monroes Leiche – und den meisten anderen – sieht die Sache aber anders aus, eben weil sie bekannt sind und die Verwandten auch noch ein Wörtchen mitzureden haben.

Bevor Sie jetzt einen Brief an den Verlag schreiben: Ja, ich wundere mich manchmal selbst über meine Kollegen. Nein, ich interessiere mich nicht für Sex mit Leichen. Nein, die meisten meiner KollegInnen auch nicht.

Damit kommen wir zum ersten Fall, in dem Handlungen an Toten eine Rolle spielen. Beschrieben und eingeleitet wird die Besonderheit der Taten von Petra Klages. Sie ist Pädagogin, Kriminologin und hat einen sehr langen und intensiven Briefwechsel mit einem Serientäter geführt. Wir danken ihr nicht nur dafür, dass sie uns erlaubt hat, umfangreich zitiert zu werden, sondern auch dafür, dass sie dieses anstrengende, aber sehr aufschlussreiche Unterfangen auf sich genommen hat (Petra Klages, *»Brieffreundschaft« mit einem Serienmörder,* Verlag Kirchschlager 2010). Den Namen des Täters hat sie auf seinen Wunsch hin anonymisiert, er heißt also in Wirklichkeit nicht Axel F..

Petra Klages: Serienmord an Frauen und Tieren

»Die tödlichen sadistischen Foltermethoden, die Axel F. an Frauen verübte, hatte er im Vorfeld an Hunderten von Tieren erprobt.

Mit ungefähr acht bis neun Jahren tötete er das erste Tier und entdeckte während der Tötungshandlung seine positiven Gefühle, während er die Eingeweide betastete. Infolgedessen begann er, Kaninchen in der Nachbarschaft zu stehlen, oder er kaufte sie sich von seinem Taschengeld. Im Laufe der Jahre bis zu seiner Verhaftung quälte und ermordete er ungefähr tausend dieser Tiere, wobei er seine sadistischen Praktiken ausbaute, mit Skalpellen und vielfältigen Fesselungswerkzeugen arbeitete und den Kaninchen, wie auch anderen Tieren, teilweise über Stunden Schnittwunden zufügte, Zigaretten auf ihnen ausdrückte oder in sie einführte und sie penetrierte, bevor er sie sterben ließ. Erst später, nachdem er einen Jagdschein erlangt hatte, folterte und tötete er Schafe, Rinder und Pferde. Auch Rehe und anderes Wild, das er während der Jagd erlegte, blieben nicht von seiner Lust zu quälen verschont.

Ungefähr ab seinem vierzehnten oder fünfzehnten Lebensjahr beging Axel neben benannten Tierquälereien und Tötungen mehrfache Leichenschändungen. Er war dominiert von dem Wunsch, Macht über die Verstorbenen und Lebenden auszuüben und die Menschen zu schockieren. Die physische und psychische Gewalt, die Vernachlässigung durch die Familie, seine isolierte Position in der Welt und der ständige sexuelle Missbrauch, dem er ausgesetzt war, hatten ihn geprägt.

Die Anzahl der Leichenschändungen, die primär auf seinen nekrophilen Neigungen basierten, kann nicht mit Genauigkeit bestimmt werden. Es konnten ihm jedoch eindeutig sieben Taten nachgewiesen werden, wovon hier zwei der Schändungen erwähnt werden sollen, um den Leserinnen und Lesern einen Einblick in das Geschehen zu bieten:

Am 10. November 1982 drang Axel in die Leichenhalle des Friedhofs im beschaulich und verschlafen wirkenden Langwedel ein. Die psychische Situation des Jugendlichen war an diesem Abend aufgrund jüngster erschütternder Ereignisse ausgesprochen angespannt. Zudem hatte er Drogen konsumiert und kam von einem Termin mit einem Freier, den er nur mithilfe von Drogen hatte ertragen können, da dieser ihm während der sexuellen Misshandlungen zahlreiche Verletzungen zufügte und weit mehr als brutal mit ihm umging.

In dieser Nacht schritt er vermutlich zu seiner erstmaligen Leichenschändung; seine bittere Enttäuschung, der Betrug, der ihm widerfahren war, und die gewalttätigen Grausamkeiten, denen er lange ausgesetzt war, benötigten jetzt ein wehr- und willenloses, ein totes Ventil, eine andere Art von Opfer als bisher.

Mit einem nicht identifizierten scharfen Gegenstand durchtrennte er an der Leiche der Martha Fenzke die Bauchdecke im Beckenbereich durch einen präzise geführten Schnitt und entnahm dann die Eingeweide der kürzlich Verstorbenen. Obwohl es sich um einen toten und somit bereits erkalteten Körper handelte, fand er Gefallen daran, die Eingeweide eines Menschen zu betasten und die fremdartige Anatomie auf diese Weise zu erkunden. Bislang hatte er ähnliche Handlungen ausschließlich an teilweise noch lebenden und warmen Tierkörpern ausgeführt, wobei sich irgendwann der Gedanke festsetzte, das gleiche grausame Prozedere an Menschen durchführen zu wollen.

Am liebsten wäre ihm jedoch ein ›frisches‹, noch warmes Opfer gewesen und nicht ein bereits verstorbener Mensch, der in einem erkalteten Stadium vor ihm lag. Doch dieses war für Axel noch ferne Zukunftsmusik, ein sehnlicher Wunsch, den in die Realität umzusetzen noch Jahre dauern würde. In der Herzgegend der verstorbenen Frau F. manipulierte er mit einem Besen und durchbohrte dieses. Im Anschluss an diese Handlungen platzierte er die Verstorbene in degradierender und schockierender Art und Weise in dem Raum. Die Eingeweide wurden separat in der Leichenhalle drapiert. Seine Vorgehensweise machte trotz seines jugendlichen Alters sadistisch orientierte, sexuelle Motivationen deutlich.

Neben dem Leichnam der Martha Fenzke befand sich auch die Leiche des Karsten Chladek. Aufgestauter Zorn, Frustration und purer Sadismus fanden nun ein neues Ziel, dem er sich unmittelbar nach der ersten Schändung zuwandte. Seine grausame Aufmerksamkeit widmete er zunächst der Augenpartie des Toten. Das linke Auge drückte er aus der Höhle heraus, danach manipulierte er an dem Geschlechtsteil des Verstorbenen und öffnete schließlich den Hodensack. Hierbei ließ er es nicht bewenden. Im Anschluss nahm er eine dicke abgebrochene Leiste und stieß diese vom Hodensack in den After.

Die beiden Leichenschändungen hatten ihren zeitweiligen Zweck erfüllt und den von Axel erhofften positiven Effekt im Moment der Tat erbracht. Zusätzlich bereitete ihm die Vorstellung, wie Angehörige und weitere Trauernde die so von ihm zugerichteten Leichname entdecken würden, eine besondere Freude. Er fühlte sich machtvoll und stark.

Knapp einen Monat nach den eben beschriebenen Schändungen brach er erneut in dieselbe Leichenhalle ein und schnitt der Leiche der Waltraud Fischer mit einem mitgeführten und dafür bestimmten, besonders stabilen und scharfen Messer den Kopf ab. Diesen legte er anschließend außerhalb des Gebäudes vor dem Einstiegsfenster auf dem Boden ab. Unter- und oberhalb der linken Brust fügte er der Leiche zahlreiche Schnitt- und Stichverletzungen unterschiedlicher Tiefe zu. Den kopflosen Leichnam brachte er in der Kapelle in eine sitzende Haltung, um ihn so den eintreffenden Trauernden zu präsentieren. Auch hier erregte ihn die Vorstellung der schockierenden Wirkung seiner Taten noch lange nach dem Akt der Schändung.

Spätestens im Jahr 1995 begann Axel F., Großtiere wie Rinder und Pferde zu töten, weil der Wunsch, Eingeweide zu spüren und zu fühlen, erneut und stärker als zuvor in ihm auftrat. Er war fast schon besessen von dem Gedanken, mit seinem ganzen Körper in einen noch warmen Leib voller Eingeweide einzutauchen. Zwangsläufig musste er also seine Tierquälereien und Tötungen auf größere Tiere auszuweiten.

Während dieser grausamen Taten zielte seine Fantasie zu der Zeit bereits in erster Linie auf das Töten und Ausweiden von Frauen ab. Da dieses Ziel jedoch nicht ohne erhebliches eigenes Risiko zu erreichen war, beging er die Taten an den Großtieren vorwiegend als Ersatzbefriedigung. Wenn sein Verlangen nach dem Fühlen von Eingeweiden in ihm derart intensiv wurde, dass er glaubte, ihm nachgeben zu müssen, plante er dementsprechend seine Taten, kundschaftete akribisch und vorsichtig die ländliche Umgebung aus, um sowohl ein leichtes wie auch schnelles und möglichst risikoloses Opfer zu finden.

Zusätzlich zu seinen sadistischen Akten an Tieren verübte Axel Hunderte von Diebstahlsdelikten, die jedoch erst nach seiner Festnahme wegen der Tötungsdelikte bekannt wurden. Hier handelte es sich meist um Einbrüche in Schrebergärten oder Wohnungen, die Axel beging, um seine Finanzen »aufzustocken«.

Axel F. wurde für vier Morde verurteilt, jedoch wird vermutet, dass er mindestens zehn weitere Morde an Frauen verübt hat.«

Soweit Petra Klages' Schilderung der Taten. Wie Sie sehen, verläuft die Grenze zwischen der Lust am Töten und der Lust an den Toten manchmal recht schwammig. Um dies trennscharf darzustellen – denn es wird im psychologischen Teil noch wichtig –, folgt hier die Schilderung einer nekrophilen Tat aus der Sicht des Täters. Sie werden sehen, dass die sexuellen Handlungen an der Leiche keineswegs geplant waren. Auch wenn das gruselig ist, macht genau diese Einzelheit aus spurenkundlicher, ermittlungstechnischer, rechtlicher und, wie gesagt, psychologischer Sicht einen großen Unterschied.

Selbstbericht eines nekrophilen Täters

Im Folgenden lesen Sie die Schilderung einer nekrophilen Tat. Der Täter hat sie in einem Brief beschrieben. Der Text ist nichts für schwache Nerven. Sie können diesen Abschnitt überspringen – wir nehmen später zwar Bezug darauf, unsere späteren Erläuterungen sind aber auch dann verständlich, wenn Sie die folgende Passage auslassen.

Ich füge diesen Text, einen Briefauszug, hier deswegen ein, weil Sie darin drei der für meine Arbeit wichtigsten Regeln erkennen können. Erstens: keine Annahmen machen, zweitens: genau hinsehen, auch wenn es gruselig ist, und drittens: auf die Details achten. Denn wie Sie erkennen können, ist der Täter keineswegs ein klassischer Nekrophiler. Das macht vor Gericht und vor allem für die psychologische Begutachtung einen himmelweiten Unterschied. Beachten Sie, dass der Täter eigentlich kein sexuelles Interesse an der Leiche – sondern nur am Töten der Person – hat und seine Planung der Tat auch nicht von nekrophilen Ideen bestimmt wurde. Hier also sein Brief:

»Also nahm ich mir vor, beim letzten Stopp wie ›gewohnt‹ den Schlüssel abzuziehen und dann ihr gegenüber vorzutäuschen, ihn ›verloren‹ zu haben.

Wenn ich es richtig eingeschätzt habe, würde sie dann so arglos sein, dass sie mir das glauben würde, und mir beim Suchen des ›verlorenen‹ Schlüssels helfen. Dann könnte ich es schaffen, ›zufällig‹ hinter sie zu kommen, und wäre dann in der Lage, auf sie schießen zu können, ohne dass sie davon auch nur etwas ahnen könnte, bevor es zu spät ist. Also lud ich die Waffe durch, zog das Holster wieder an die Seite, vorher hatte ich es in den Rücken geschoben, um zu verhindern, dass sie evtl. beim Ein- oder Aussteigen sieht, dass ich eine Waffe dabeihabe, und dann wartete ich.

Marianne kam zurück, und obwohl der Laden ziemlich voll war, war in ›gefährlicher‹ Nähe niemand zu sehen. Als sie wieder im Wagen war, fragte ich sie, in der Absicht, möglichst jeden evtl. noch aufkeimenden Zweifel zu zerstreuen, noch mal nach der letzten Wegstrecke und bat sie, sie mir auf der Karte zu zeigen. Jedoch war das im Grunde eh sinnlos, da nur der von mir ins Auge gefasste Weg sinnvoll war. Jedenfalls stand fest, dass der Parkplatz kommt, und ich war mir ziemlich sicher, dass sie es seltsam finden würde, wenn ich auf ihm nochmals anhalten würde. Es kam dann genauso, wie ich es mir ausgedacht hatte.

Der Parkplatz war nicht nur leer, sondern auch noch so ›gut‹ gelegen, dass ich von ihm aus ringsherum freie Sicht hatte, also ausschließen konnte, gehört und zugleich auch noch gesehen zu werden. Ich stellte den Wagen so ab, dass ein kleines Gebüsch knapp dahinter lag, sodass ich sie hinter den Wagen locken konnte, was nochmals zusätzliche ›Sicherheit‹ gab, da so jeder, der ggf. und evtl. von vorne hätte kommen können, von meinen Scheinwerfern geblendet gewesen wäre und nach hinten dieses Gebüsch ein wenig Deckung bot. Dann zog ich meine ›Show‹ ab, ging, sodass sie mich nicht aus den Augen verlor, etwas vom Wagen weg, tat so als ob, nahm aber statt-

dessen die Sicherung heraus. Dann ging ich zum Wagen, setzte mich hinters Lenkrad und tat dann erschrocken, weil ich ›irgendwie‹ den Schlüssel verloren haben muss.

Ich stieg wieder aus und tat so, als suchte ich ihn, hielt dabei aber die Umgebung genau im Blick. Noch bevor ich sie fragen konnte, stieg Marianne mit einer kleinen Lampe in der Hand aus, um mir beim Suchen zu helfen. Genau darauf hatte ich gewartet. Immer noch ›suchend‹ schob ich mich in ihren Rücken, sah mich gebeugt noch mal genau um, hob dann die Waffe, zielte aus vielleicht 1,5 m auf ihren Hinterkopf und schoss.

Hochgefühle gab es keine

Anders als ich es erwartete (und bislang von geschossenen Tieren kannte), brach sie nicht sofort zusammen, sondern drehte sich noch halb zu mir, sah die noch immer auf sie gerichtete Waffe, begriff wohl noch, was ich ihr gerade angetan hatte, und konnte noch »Oh no!« sagen, bevor sie dann zusammensackte. Dass sie dazu noch in der Lage war, empfand ich (in dem Augenblick noch) nicht als erschreckend. Vielmehr war ich ›nur‹ überrascht und überlegte nur, ob ich nicht getroffen hätte und nochmals auf sie feuern müsste, ärgerte mich sogar darüber, dass ein weiterer Schuss die Gefahr, doch noch gehört zu werden, erhöhen würde, doch als sie dann zusammenbrach, machte sich sofort wieder die ›Nüchternheit‹ breit, die auch zuvor schon da war.

Weder war dieser Augenblick von irgendwelchen wie auch immer gearteten emotionalen Hochgefühlen oder sonstigem Schnickschnack behaftet, wie es in Büchern oder/und Filmen so oft und verklärt dargestellt wird, noch gab es da irgendwelche (All-)Machtgefühle oder ein wie auch immer geartetes Triumphieren, wie es Psychiater (o. ä.) immer so gerne hinzudichten. Nichts davon war da. Außer für rein pragmatische Überlegungen, was nun zu tun ist, gab es da nichts. Daher finde ich (sorry) es immer etwas arg ›albern‹, wenn anerkannte oder selbst ernannte Fachleute von irgendwelchen besonderen Empfindungen reden, die man als Mörder im Augenblick des Mordes angeblich haben soll. Mag ja sein, dass es so was gibt, aber bei mir gab es dergleichen weder bei Mariannes Ermordung noch bei einem der späteren Verbrechen.

Klar, ich war danach aufgewühlt, aber (zunächst) ›nur‹, weil es jetzt kein Zurück mehr gab und sich eine gewisse Furcht vor einer Entdeckung breitmachte. Wohl diese Furcht brachte (wie ich annehme) einen gewissen Adrenalinschub mit sich, der wohl auch mit dafür sorgte, dass ich nach dem Öffnen des Kofferraumes ihren Leichnam fast mühelos anheben und im Wagen ablegen konnte. Es galt da nur, möglichst schnell vom Tatort und somit eben doch von ggf. und evtl. denkbaren Zeugen wegzukommen. Das war in dem Moment derart drängend, dass ich mich nicht einmal versicherte, ob ich Marianne tödlich getroffen habe.

Erst als ich ein Stück weit gefahren war, schoss mir der Gedanke durch den Sinn, dass sie ja evtl. doch nur bewusstlos sein könnte und sie dann ja evtl. noch mal zu sich kommen könnte. Das wäre nun aus 2 Gründen etwas, das ich nicht wollte. 1. weil dann ja ggf. die Gefahr bestand, dass evtl. ein hinter mir fahrender Wagen sie sehen könnte, und 2. (was mir mit Sicherheit kein ›Fachmann‹ glaubt, weil … passt ja nicht) weil ich nicht wollte, dass sie im Falle einer eben nicht tödlichen Verletzung unnötige Qualen erleidet. Daher hielt ich bei der nächsten sich bietenden Gelegenheit kurz an und vergewisserte mich, dass sie nicht mehr lebte. Erst danach war ich wieder in der Lage, weiter meiner eigentlichen Absicht nachzugehen bzw. mich auch nur gedanklich weiter damit zu befassen.

Nun war auch wieder die, nennen wir es mal ›trockene Nüchternheit‹ meiner Gedanken da. Demzufolge hieß es nun erst mal weit weg vom eigentlichen Tatort, denn u. U., ggf. und vielleicht hat ja doch jemand den Schuss gehört und die Polizei angerufen. Wenn auch gering, so war mir dieses Risiko schon zu hoch. Also runter von der Bahn und in der Gegenrichtung wieder drauf und so schnell wie es ging weg, ohne dabei jedoch Risiko zu laufen, in eine Radarfalle zu tappen. Dabei darauf achtend, keinen von hinten kommenden Wagen so dicht herankommen zu lassen, dass mein Kennzeichen erkannt werden könnte, und dabei selbst immer genug Abstand zum

Vordermann halten. Vereinfacht wurde mir das dadurch, dass wegen der späten/frühen Stunde kaum Betrieb war.

Nachdem ich an diese eher ungewöhnliche Fahrweise gewöhnt war, mich darauf also nicht mehr so sehr konzentrieren musste, fiel mir ein, dass es wohl noch einige Zeit dauern würde, bis ich meinem Empfinden nach ›sicher‹ war, und in dieser Zeit die Leiche von Marianne (die für mich zu dem Zeitpunkt noch nicht als Person empfunden wurde) so weit auskühlen würde, dass sie für mich nicht mehr interessant wäre. Daher hielt ich nochmals kurz an, um einen Teil der Rückbank umzuklappen, damit auch im Kofferraum die Luft der Heizung zirkulieren konnte.

Dann suchte ich noch auf der Karte eine Ausfahrt, die in eine augenscheinlich abgelegene Gegend führen würde, aber noch in der Nähe von Hannover liegend, um da dann zu tun, was ja meine eigentliche Absicht war. Wenn die Gegend um die Abfahrt so wenig bebaut wäre, wie es den Anschein hatte, wollte ich mich noch möglichst weit von der Bahn entfernen, um mögliche Rückschlüsse zur Bahn zu verringern. Auch dachte ich, dass auf dem flachen Land bessere Fluchtmöglichkeiten bestünden, falls ›dabei‹ irgendetwas Unvorhersehbares geschehen würde.

Also fuhr ich mit voll aufgedrehter Heizung wieder los und kam dann ohne weitere Zwischenfälle bei der ausgewählten Abfahrt an. Wie erhofft war die Gegend weit und breit unbebaut, und ich fuhr noch einige Zeit herum, um eine geeignete Stelle zu finden. Über mehrere kleine Straßen und Feldwege kam ich dann zu einer Stelle, die mir passte. Zur nächstgelegenen Straße war sie durch einige Bäume abgeschirmt und zur anderen Seite hatte ich freie Sicht, da die Stelle etwas erhöht war, ich das Gelände also perfekt einsehen konnte.

Hinzu kam, dass ich von dort aus hätte in zwei Richtungen fliehen können, falls dies nötig geworden wäre. Den Wagen stellte ich so ab, dass ich, ohne wenden zu müssen, jeden der 2 Wege hätte nehmen können und die Bäume, quasi als Deckung, im Rücken hatte. Dann nahm ich noch die Sicherung heraus, um zu vermeiden, dass die Kofferraumbeleuchtung hätte gesehen werden können, und stieg aus. Da (noch) mit der Absicht, den noch warmen Körper zu öffnen und möglichst lange die Eingeweide fühlen zu können. Noch immer mit dem Gedanken im Kopf, jederzeit möglichst schnell flüchten zu können, beschloss ich zunächst, alles, an dem evtl. Spuren von mir sein könnten, noch im Wagen zu entfernen, sprich ihren Leichnam so zu entkleiden, dass mir noch jederzeit die Möglichkeit blieb, einfach den Deckel zuschlagen zu können, um schnell abhauen zu können.

Der Plan ändert sich

So wie sie lag, war das bei Jacke und Hemd noch recht einfach und ich tat es, ohne dass es irgendeine Wirkung auf mich hatte. Um ihr aber die Jeans auszuziehen, musste ich sie entweder halb aus dem Wagen heben, was mir da (noch) zu gefährlich erschien, sodass ich mich dann entschloss, die Jeans nicht auf ›normale‹ Art zu entfernen, sondern sie von oben bis unten mit dem Pappmesser aufzutrennen, was ich dann auch tat.

Der erste Schnitt ließ sich noch relativ einfach machen, da sie auf der linken Seite lag. Um aber auch die andere Seite der Hose auftrennen zu können, musste ich sie so umdrehen, dass ihre Unterschenkel aus dem Wagen hingen und sie mir zugewandt war. Dass diese neue Position ihres Leichnams auf mich eine unerwartete Reaktion hervorrief, nämlich, dass sie mich erregte, merkte ich schon beim Auftrennen der anderen Seite der Jeans, schob es da aber noch auf die Vorfreude, auf das, was ich eigentlich vorhatte. Als ich dann aber die Hose nicht einfach wegziehen konnte, weil ihr Gewicht darauf lag, und ich sie daher am Unterleib fassen und anheben musste, schlug meine Erregung voll durch.

Zwar war Marianne noch immer keine Person in meiner Wahrnehmung, wohl aber ein fast nackter und warmer Frauenkörper, der in einer geradezu ›einladenden‹ Art vor mir lag.

Mit einem Mal waren meine vorherigen Absichten unwichtig bzw. konnten noch warten und der größte Teil der Vorsicht war auch dahin. Vom ›Verstand‹ her war mir zwar klar, dass ich 100 % mir zuzuordnende Spuren hinterlassen würde, wenn ich mich jetzt an ihr vergehen würde, schob diese Bedenken aber mit der ›Begründung‹ beiseite, dass man ihre Leiche ja weitab meines Wohnortes finden würde und meine DNA ja eh nirgends gespeichert sei. Auch, so dachte ich, würde es ja nicht so lange dauern, dass sie dabei völlig auskühlt, sodass ich sie danach auch noch ›nutzen‹ könnte. Und würde gerade dann jemand kommen, würde derjenige wohl an ein ›Liebespaar‹ denken und weiterfahren. Warum also diese sich ›anbietende‹ Chance verschwenden, dachte ich.

Mit wenigen Schnitten hatte ich sie dann entkleidet und zog sie etwas höher, um in sie eindringen zu können. Das klappte aber nicht so, wie es mir vorgestellt hatte, da sie zurückrutschte und ihre Beine im Weg waren. Statt nun aufzugeben, fing ich an, den Wagen nach brauchbaren Dingen zu durchwühlen, um sie in der von mir gewünschten Position fixieren zu können. Mit Spannriemen, die ich sonst dazu nutzte, schweres Material für die Arbeit im Wagen zu befestigen oder ab und an mal ein Kaninchen in einer gewünschten Position zu halten (die Dinger hatte ich bei Marianne nämlich nicht ›zielgerichtet‹ dabei), band ich ihre Beine so hoch, dass sie so lag, wie ich es haben wollte. Dann verging ich mich zweimal an ihrem Leichnam, vaginal und anal, bis zum Höhepunkt.

Als ich damit fertig war, hatte ich das Gefühl, schon zu lange an diesem Ort zu sein, und wollte an ihr Inneres an einem anderen Ort gelangen. Ich löste die Gurte und stieß sie wieder in den Wagen, klappte die zweite Seite der Rückbank so weit um, wie es ging (ihr Rucksack war im Weg), schloss den Kofferraum und fuhr los. Erst mal in Richtung Hamburg, nun jedoch, ohne mir auf der Karte nochmals einen geeignet erscheinenden Fleck zu suchen. Je näher ich Hamburg kam und je ›früher‹ es wurde (die Sonne ging fast auf), desto weniger blieb von der anfänglichen ›Nüchternheit‹ übrig und auch von der ehemals drängenden Absicht, ihre Eingeweide fühlen zu können, war immer weniger da.

Verunglückte Vertuschung

Dafür wurde der Gedanke, ihre Identität so weit wie möglich verschleiern zu müssen, immer drängender. Auch musste ich irgendwie an das Geschoss kommen, denn das müsste noch in ihrem Kopf sein, da mir keine Austrittswunde bei ihr aufgefallen war. Ich meine (bin mir aber nicht ganz sicher), dass ich zwischendurch schon mal anhielt und ihr die Hände abtrennte und diese in Folienbeutel verpackte, da mir die Säcke, die ich für die Kaninchen bei mir hatte, nicht stabil genug erschienen.

Ich meine, schon bei diesem Stopp bereitete ich aus der Folie noch einen etwas größeren Sack vor, in dem ich dann ihren Kopf verpacken wollte, um dann später an das Geschoss zu kommen und eine Identifizierung zu erschweren. Ihn abtrennen wollte ich aber erst da, wo ich ihre Leiche endgültig ablegen würde, da ich befürchtete, dass dabei zu viel Blut in den Kofferraum gelangen könnte.

Ich fuhr weiter und sah, schon recht nahe an Hamburg, einen Weg von der Bahn abgehen, der aber keine reguläre Ausfahrt war. Nach einem Blick in den Rückspiegel, es war kein Scheinwerfer hinter mir zu sehen, setzte ich zurück und bog in diesen Weg ab. Nach nur wenigen Metern kam eine Unterführung, die mir als Ablageort geeignet erschien, und ich hielt an. Nichts zu hören und niemand zu sehen, der Ort schien mir ›ideal‹. Also stieg ich aus und nahm den Leichnam heraus.

Dann trennte ich ihr, wie ich es mir vorgenommen hatte, den Kopf ab und verpackte ihn im Wagen. Beim Anblick ihres Torsos kam noch mal der Wunsch auf, ihn zu öffnen und so eben doch noch Inneres fühlen zu können. Ich wechselte die Klinge im Messer und fing an, an ihrem Leib herumzuschneiden, doch die sonst (bei Tieren) übliche Erregung kam nicht mehr auf, sodass ich bald damit aufhörte. Ich ging wieder zum Wagen, zog ihre Schuhe aus (die ich am Ablageort anzog, um keine eigenen Spuren zu hinterlassen) und fuhr ab.

Ich nahm mir vor, noch einen mir bekannten, ruhigen Parkplatz anzufahren, an dem ich dann mit einem Hammer, den ich dort zufällig fand (der Platz war eine wilde Müllkippe und mit Bauschutt übersät), ihren Kopf zertrümmerte, um so an das Geschoss zu gelangen. Ihre Fingerkuppen zerschlug ich da auch, um sicherzugehen, dass keine Fingerabdrücke genommen werden könnten, falls man die Hände doch finden sollte. Dann verpackte ich die Körperteile wieder sicher und verstaute sie im Wagen, dass man sie nicht sehen konnte.

Inzwischen war es schon früh und bald müsste ich ganz ›normal‹ zur Arbeit gehen, damit eben auch da nichts auffällt. So fuhr ich nach Hause, wechselte die Kleidung, da ich befürchtete, dass an der, die ich nachts trug, ein ›seltsamer‹ Geruch und/oder ggf. von mir übersehene Blutspuren sein könnten. Ich meine (bin mir da aber auch nicht ganz sicher), auf dem Weg zur Arbeit noch an eine diensthabende Apotheke gefahren zu sein, um da Koffeintabs zu kaufen, um tagsüber in der Fa. nicht wegen des fehlenden Schlafes aufzufallen. Ansonsten verbrachte ich einen ›normalen‹ Arbeitstag. Dachte dabei kaum an das, was ich in der Nacht zuvor getan hatte, und erst am Abend befasste ich mich wieder damit, als ich ihre Hände in eine Stofftasche verpackte und diese in Bremen von einer Brücke in die Weser warf.

Ihr Kopf blieb noch im Wagen, da ich ihn vor der ›Entsorgung‹ noch so weit zerkleinern wollte, dass auch ein zufälliges Auffinden den imaginären Finder an Splitter von Tierknochen, aber nicht an den Kopf eines Menschen denken lassen würde. Das aber konnte ich nicht bei meiner Oma im Keller erledigen, sodass ich mir vornahm, das in Dörverden zu erledigen. In Dörverden war damals das sich noch im Ausbau befindende Haus meiner ›Eltern‹, die mich für das kommende Wochenende darum gebeten hatten, noch Material dorthin zu fahren. Sie selbst wollten aber nicht hinkommen, sodass feststand, dass ich alleine dort wäre.

Warum, weiß ich bis heute nicht, aber statt am nächsten Tag alleine loszufahren, nahm ich auf diese Fahrt die Claudia, meine da schon Ex-(Ex-)Freundin, mit und zerkleinerte den Kopf, während die nichts ahnende Claudia für eine Zeit spazieren gegangen war. Ob ich ihr da oder später etwas über das, was ich der Marianne angetan hatte, gesagt habe, das weiß ich einfach nicht mehr. Selbst wo genau ich die Reste des Kopfes losgeworden bin, kann ich heute nicht mehr sagen, weil ich es einfach nicht mehr weiß. Generell ist die Zeit direkt nach diesem Wochenende ziemlich lückenhaft. Was davon nun verdrängt war und was nicht, vermag ich nicht zu sagen.

Das Gewissen meldet sich

Fakt ist aber, dass sich, nun aber um ein Vielfaches verstärkt, dasselbe Aufflackern von Gewissen (oder dessen Resten) breitmachte. Mir wurde klar, was ich getan bzw. Marianne angetan hatte, und irgendwie auch klar, dass das erst der Anfang sein würde, wenn ich jetzt keinen sicheren Riegel finden würde, mit dem ich verhindern kann, dass es so weitergeht, wie es nun absehbar war. Nur … wie? Wie das bewerkstelligen und auch wie das abwürgen, was zwischendurch immer wieder hochkam?

Denn auch wenn ich mir da sicher war, einen weiteren und dann wohl noch schlimmeren Mord durch mich verhindern zu wollen, so war es auch so, dass eben jenes pervertierte Denken und Fühlen immer wieder aufkam.

Auch hatte ich nicht den nötigen ›Mut‹ oder eher die Konsequenz im Handeln, um zur Polizei zu gehen und mich zu stellen.«

Nekrophilie: Interview mit Petra Klages

Mark Benecke: *Wie halten Sie es aus, mit einem nekrophilen, sadistischen Serienmörder Briefe zu schreiben? Haben Sie da keine Albträume? Oder falls doch: welche?*

Petra Klages: *Da es zu meinen »üblichen« Arbeiten gehört, neben Interviews mit unterschiedlich motivierten Tätern wie Mördern, Kannibalen, Pädosexuellen und Serienmördern, auch Briefe zu schreiben, habe ich keine Albträume. Schriftliche Nachrichten bieten den Tätern in der Regel die Möglichkeit, ihre Handlungen, die Lebens- und Täterkarriere – häufig auch ihre eigenen Opfererfahrungen – ausgiebig, gründlich und auch unpersönlich distanziert zu reflektieren. Extreme Opfererfahrungen gehören ja meist zur Biografie von Intensivtätern. In persönlichen Gesprächen wirken andere Faktoren, es schwingen auch oft Irritationen mit, das erschwert eine distanzierte und auch möglichst objektive Herangehensweise. Schriftliche Daten sind generell besser auswertbar, eine Kombination aus persönlichen Interviews und Korrespondenz ist eigentlich ideal.*

M.B.: *War Ihnen von Anfang an klar, dass der Täter nekrophile Handlungen begangen hat?*

P.K.: *Ich informiere mich generell möglichst umfassend über die Täter, mit denen ich arbeite. Dementsprechend war ich selbstverständlich über die sadistischen, sodomistischen und nekrophilen Handlungen im Bilde. Einige Details – insbesondere zu den Opfererlebnissen des Täters in der Kindheit – waren mir zu Beginn des schriftlichen und persönlichen Kontaktes nicht bekannt. Die detaillierten Schilderungen seiner Opfererfahrungen haben viele der späteren Tatabläufe von Axel F. nicht nur vor dem Hintergrund der »Reinszenierung von Traumata« transparenter und nachvollziehbarer gemacht. Nachvollziehbarer natürlich vom wissenschaftlichen Standpunkt aus, auf der persönlichen Ebene ist es immer wieder erschreckend, von derartigen Ereignissen zu hören, sie mehr oder weniger direkt und ungefiltert zu erfahren. Es ist mir allerdings bewusst, dass Derartiges zur menschlichen Realität gehört und keinesfalls ausgeblendet werden darf. Das passiert viel zu häufig und verhindert angemessene Interventionen – auch auf der Ebene familiärer, therapeutischer und strafrechtlicher Interventionen. Viele Details sind in der Regel auch nicht bekannt oder verfügbar.*

Das Forscherinteresse ist ab dem Zeitpunkt der Inhaftierung der Täter häufig relativ eingeschränkt oder unterliegt institutionellen Reglementierungen, die gründliche Analysen immer wieder erheblich erschweren und zum Teil sogar unmöglich machen. Das öffentliche Interesse ist sehr widersprüchlich. Es spiegelt sich hauptsächlich in Talkshows, die in der Regel nicht viel über den Serienmörder aussagen: Meist reden Menschen über den Täter, die ihn gar nicht kennen, häufig wird dann natürlich am Täter und den kriminellen Handlungen vorbeigeredet. Um die Hintergründe geht es meist nicht – oder nur sehr oberflächlich.

M.B.: *Empfinden Sie die nekrophilen Handlungen schlimmer als andere Elemente der Taten? Oder weniger schlimm? Wie bewerten Sie die nekrophilen Anteile der Taten für sich und für den Täter?*

P.K.: *Schlimm sind alle Taten – ohne Zweifel. Ich denke nicht, dass man da überhaupt von »mehr oder weniger schlimm« sprechen kann. Der Täter hat – simpel formuliert – mit seinen nekrophilen Taten Traumata der Kindheit und Jugend kompensiert, hat sich schlicht am »leblosen Objekt« – mehr waren die Verstorbenen für ihn nicht – ausagiert und früh seinen fortschreitenden Sadismus gezeigt.*

Während dieser Zeit quälte er schon lange wehrlose Kleintiere, verstorbene Menschen waren noch wehrloser und eigentlich – da es sich um Menschen handelte – weit eher sein Zielobjekt. Seine Frustration, seine Traumata bezogen sich auf Menschen – nicht auf Tiere. Tragisch ist es, dass er die Praktiken, die er an lebenden Tieren und postmortal am Menschen anwendete, später prämortal verübte – also am lebenden Menschen. Sein Sadismus war kurz vor seiner Verhaftung ja kaum noch zu überbieten.

Meine Schwerpunkte mit Axel F. lagen und liegen – unsere Arbeit ist nicht beendet – in anderen Bereichen, zum Beispiel in der Frage nach dem »Warum«. Die nekrophilen Taten werden zwar analysiert – aber eben nur unter anderem. Im Vorfeld der nekrophilen Taten verübte Axel F. ja bereits massivste Tierquälereien und praktizierte auch sodomistische Akte. Katastrophal geradezu, dass das Umfeld auf diese extremen Signale überhaupt nicht reagiert hat. Das ist leider auch keine Seltenheit. Möglicherweise wäre seine Täterkarriere noch – wenigstens teilweise – zu stoppen gewesen. Tierquälerei wird leider immer wieder bagatellisiert und als präpubertäres Probierverhalten fehlinterpretiert. Das ist eine gefährliche Sache!

Munro und Thrusfield haben darauf hingewiesen, dass Tatmuster an Tieren und Kindern gleich sind, Gebhard stellte bereits 1965 fest, dass 33 Prozent der Täter, die Kinder und Jugendliche sexuell missbrauchen, ebenfalls sodomistische Grausamkeiten verübten. Überproportional häufig quälen, missbrauchen und töten spätere Serienmörder in der Kindheit oder Jugend Tiere. Es ist unverständlich, warum dieser Aspekt so oft – in der Familienarbeit, in präventiven Bereichen und auch bei Ermittlungsarbei-

ten – ignoriert wird. Bei Bundy war das bekannt, bei Dahmer, Berkowitz, bei Kroll, Kürten, Großmann, Denke, Henry Lee Lucas, Gust, Rieken und unglaublich vielen anderen Tätern. In diesem Zusammenhang werde ich auch immer wieder auf Frank Gust angesprochen (der »Rhein-Ruhr-Ripper« brach schon als Jugendlicher in Leichenschauhäuser ein und tötete zwischen 1994 und 1998 vier Frauen, M.B.). Natürlich kenne ich Frank Gust, an ihn denkt man ja gleich bei Tierquälerei und Nekrophilie, ich arbeite mit ihm. Bei ihm treffen auch alle genannten Aspekte zu: die dysfunktionale Familie (er ist ebenfalls schwer sexuell missbraucht worden); er verübte früh und extrem grausame Tierquälereien; nekrophile Handlungen – die auch häufig in das Repertoire sadistischer Serienmörder gehören – waren ebenfalls Delikte, die er beging, bevor er dazu überging, Menschen zu töten. Bei ihm waren die Tatmuster an Tieren und Menschen auch fast identisch. Im Buch »Brieffreundschaft« mit einem Serienmörder *schildere ich ganz ähnliche Phänomene.*

Wenn ich mich mit Biografien von sexuell motivierten Serienmördern auseinandersetze, habe ich manchmal den Eindruck, es ist immer wieder die gleiche Geschichte, die Parallelen sind erschreckend, als würde es sich um eineiige Zwillinge handeln.

Da die Handlungsmuster an Tieren und Menschen ähnlich und teilweise sogar identisch sind, könnte Täterverhalten bereits im Vorfeld der ersten Handlungen an Menschen studiert werden. Unter Umständen wäre es möglich, den Täter weit eher – also bevor er Menschen vergewaltigt oder getötet hat, zu ermitteln und in Gewahrsam zu nehmen. Noch idealer wäre es natürlich, wenn ein Kind durch andere Dinge auffällig wird – zum Beispiel durch Diebstahlsdelikte, Verhaltensauffälligkeiten usw. Wenn dann frühzeitig die richtigen Interventionen erfolgen – was leider zu selten der Fall ist –, könnten vielleicht einige spätere und vermutlich sehr schwere kriminelle Delikte verhindert werden. Leider steht da häufig die Mentalität des Wegschauens im Wege.

Die Tierquälereien, die furchtbaren sadistischen und sodomistischen Akte und nekrophile Handlungen sind Ausdruck hochgradig problematischer Faktoren und Prozesse, die auf Axel F. einwirkten. Sie machen auch klar, dass sich eine Persönlichkeitsstörung manifestierte. Die Bindungsstörung und die sexuelle Präferenzstörung liegen ja auf der Hand. Die pathologische Familienatmosphäre kann unter anderem als Katalysator für diese und viele andere kriminelle Handlungen bezeichnet werden. Die an ihm begangenen Missbrauchsakte durch zum Teil hochgradig sadistisch orientierte Pädosexuelle waren sicher maßgeblich daran beteiligt, dass er eine schwere Persönlichkeitsstörung und destruktive Sexualstruktur entwickelte. Das ist ja bedauerlicherweise kein seltenes Phänomen bei sexuell motivierten Serienmördern, von denen es einige in Deutschland gibt. Der Umfang der Grausamkeiten ist den wenigsten bekannt. Die sadistische Ausprägung von Axel F. – der stellvertretend für viele Serienmörder stehen kann – ist zwar erschreckend, aber nicht so selten, wie viele denken.

M.B.: *Würden Sie die Handlungen Ihres nekrophilen Täters für sozial erklärlich oder nachvollziehbar halten?*

P.K.: *Seine Handlungen sind in der Tat nachvollziehbar, die Entwicklung seiner Persönlichkeitsstörung, des dysfunktionalen Bindungserlebens und seiner pathologischen Sexualstruktur sind logisch schlüssig. Der Verlauf ähnelt den Lebensläufen zahlreicher anderer Serienmörder. Viele nachvollziehbare Parallelen sind vorhanden, so werden Entwicklungsverläufe von Opfer- und Täterkarrieren klarer: Schwieriges soziales Umfeld, eine pathologische Familienstruktur, das Kind fällt in jungen Jahren oder in der Adoleszenz wegen Tierquälereien und ggf. Tiertötungen auf. »Ideal« für solche Entwicklungen ist eine ausgesprochen ignorante Umwelt – und die hatte er. Im Prinzip zeigt dieses Extrembeispiel nur, was unter bestimmten Bedingungen vielen von uns passieren könnte. Hätte ich ähnliche Dinge erlebt bzw. erlitten, hätte ich sicherlich ebenfalls eine schwere Störung entwickelt, würde mich vermutlich wenigstens stationär psychotherapeutisch behandeln lassen müssen – wobei eine »Heilung« sicherlich unmöglich wäre – höchstens eine Linderung. Wahrscheinlicher* *wäre es aber, dass ich ebenfalls in irgendeiner Form – und das nicht als Kleinkriminelle – straffällig geworden wäre. Ich denke, die meisten Menschen, die das erlebt hätten, was Axel F. erlebte, wären wenigstens psychisch schwer krank geworden, viele wären vielleicht »nur« Serienvergewaltiger geworden oder »normale« Mörder. Die Wahrscheinlichkeit einer kriminellen Entwicklung wäre einfach unglaublich hoch – für die meisten Menschen unter derartigen Bedingungen. Er unterscheidet sich da nicht von anderen Menschen. Diese Entwicklungsverläufe sind – wenn man sie genau betrachtet – durchaus zu erklären.*

Um die Dinge nachvollziehen zu können, bedarf es immer einer ausgiebigen, sehr zeitaufwendigen Analyse. Ich verbringe sicherlich Hunderte von Stunden nur mit einem einzigen Fall. Es gibt zwei aktuell inhaftierte Täter in Deutschland (von denen ich weiß, sicher gibt es weit mehr), die ganz ähnliche Lebenskarrieren aufweisen, auch die Tathandlungen weisen große Parallelen auf – nicht »nur« was nekrophile Muster, sondern auch tierquälerische Elemente und den Sadismus gegenüber menschlichen, lebenden Opfer betrifft. Bei fast allen Tätern zieht sich das pathologische Familiengefüge destruktiv durch die Lebensgeschichte. Die Täter haben bis heute nicht nur die familiären Interaktionen nicht adäquat aufgearbeitet, viele idealisieren die Mutter und hassen den Vater – sicherlich nicht völlig zu Unrecht. Sie haben maßgeblichen Anteil an der Entwicklung, manchmal sind die Eltern auch diejenigen, die die Kinder quälen, sexuell missbrauchen und vermieten.

M.B.: *Wie und warum endete der Briefwechsel?*

P.K.: *Warum sollte der Kontakt enden? Neben der Korrespondenz finden nach wie vor persönliche Termine statt. Unsere Arbeit ist nicht beendet. Ich beschäftige mich mit mehreren Tätern – generell sehr intensiv –, der Kontakt sollte idealerweise möglichst über Jahre stattfinden. Viele Aspekte müssen ausgelotet und auch qualitativ erforscht werden. Eine bestimmte Vertrauensbasis ist in allen zwischenmenschlichen Interaktionen notwendig, bei dieser Arbeit ist sie allerdings umso wichtiger.*

Ohne dass Vertrauen besteht, wird man nichts oder viel zu wenig über den Täter und seine kriminellen Handlungen erfahren, keine Hintergründe aufdecken bzw. erforschen können usw.

Klar ist, dass ebenfalls grundsätzlich eine Distanz bestehen muss – da ist kein Widerspruch vorhanden. Vertrauen braucht Zeit, gründliche Analysen sowieso und immer eine angemessene Distanz. Das funktioniert auch in anderen zwischenmenschlichen Interaktionen so – nicht nur in der Täterarbeit.

M.B.: *Wie werten Sie die Aussage der Mutter des Täters, sie habe die Briefe und Mitteilungen ihres Sohnes einfach nicht mehr ausgehalten und daher jeden Kontakt mit ihm abgebrochen?*

P.K.: *Häufig sind es gerade die Mütter, die sich »mitschuldig« fühlen. Manchmal sind sie das auch – nicht umsonst findet sich ja eine pathologische Familienstruktur in der Kindheit fast aller späteren Täter. Die Mutter spielt da eine große Rolle – der Vater häufig ebenfalls. Sicherlich ist das als ein »Schutzmechanismus« der Mutter zu werten, vermutlich spielen da auch noch andere Aspekte eine Rolle.*

M.B.: *Welche zum Beispiel?*

P.K.: *Der Täter hat während seines Gefängnisaufenthalts sehr viel Zeit, alles Revue passieren zu lassen. Das heißt, dass er nicht nur über seine Straftaten, sondern meist auch über seine Kindheit und Jugend, über die Ursachen seines Handelns, seine Entwicklung und eventuelle »Mitschuldige« nachdenkt. Klar gibt es dann mal retrospektive Verzerrungen in seiner Erinnerung – keine Frage. Gänzlich falsch sind die Erinnerungen aber sicherlich nicht.*

Die Eltern der Täter widmen sich logischerweise nicht derart akribisch ihrer Vergangenheit oder der Vergangenheitsbewältigung. Das Interesse an einer »Mitverantwortung« oder sogar »Mitschuld« der Mutter oder des Vaters ist verständlicherweise nicht vorhanden. In den Medien werden die Täter als furchtbare »Monster« dargestellt. Es gibt bestimmt keine Mutter, die Wert darauf legt, mit der »monströsen« Entwicklung ihres Kindes in Verbindung gebracht zu werden … Die Eltern setzen sich also oft – nicht immer – auf einer verhältnismäßig oberflächlichen Ebene mit den Geschehnissen auseinander und versuchen, die Entwicklung des Kriminellen als verhältnismäßig unauffällig und sogar positiv darzustellen – bis zu einem bestimmten Punkt natürlich. An ihrem eigenen Verhalten entdecken sie nur sehr selten Defizite, und wenn, dann sind es minimale Fehler gewesen … sagen sie. Auf den Prüfstand werden die Aussagen der Eltern nicht gestellt – warum auch, sie haben die Morde nicht begangen, ein Schuldiger reicht, jedenfalls der allgemeinen Öffentlichkeit.

Eine Hypothese: Wenn Ihr Sohn – okay, Sie sind vielleicht eine Ausnahme – derartige Delikte verübt hätte, würden Sie sich nicht auch als »superguten Vater« darstellen, der von absolut gar nichts eine Ahnung hatte und sich wirklich immer ganz besonders vorbildlich und ach so liebevoll um das Kind gekümmert hat? Wenn Sie Ihren Sohn immer wieder halb zu Tode geprügelt hätten, Ihre Frau regelmäßig vor ihm vergewaltigt und der Nachbar Ihren Sohn an Pädosexuelle vermietet hätte und Sie darüber Bescheid gewusst hätten – würden Sie das heute bestimmt niemandem erzählen – nicht einen Bruchteil davon. Warum? Das liegt auf der Hand. Sie wären vielleicht Star in so mancher Talkshow, könnten nebenbei noch etwas Geld mit der Geschichte Ihres »so unverhofft« missratenen Sohnes verdienen und würden darstellen, wie toll Sie eigentlich gewesen sind! Und die meisten würden es auch noch glauben. Ich vermute, damit ist Ihre Frage beantwortet.

M.B.: *Hand aufs Herz – warum interessiert Sie eigentlich dieses schreckliche Thema so?*

P.K.: *Es hört sich vielleicht pathetisch an: Weil es unglaublich viele Opfer von Gewalt gibt und die Ursachen nach wie vor nicht genügend geklärt sind. Deshalb betreibe ich Ursachenforschung. Es gibt schlicht zu wenig qualitative Untersuchungen. Prävention ist in Anbetracht unterschiedlicher und vielfältiger Defizite – denken Sie nur mal an die unglaublich langen Wartezeiten für einen Therapieplatz für ein verhaltensauffälliges Kind – nur* *unzureichend möglich. Es ist wichtig, nach dem »Warum« zu fragen und die Antworten auszuwerten, um sie dann sinnvoll präventiv einsetzen zu können. Häufig mangelt es bei den Untersuchungen der Täter nicht nur an Antworten, sondern schon an Fragen.*

Ein echter Nekrophiler

Nekrophilie kommt außerordentlich selten vor, viel seltener als die meisten anderen seelischen und sexuellen Abweichungen. Aus den vergangenen fünfzig Jahren sind nur etwa zehn tödliche Fälle in den deutschsprachigen Gebieten Europas bekannt. Dabei gibt es viele Gründe dafür, warum sich Menschen Leichen in einer Form nähern, die kaum begreiflich ist.

Der vorige Abschnitt handelte beispielsweise von einem Nekrophilen, der echte menschliche Nähe durch das Betasten von Organen ersetzt hatte, zuerst von Tieren, dann von Menschen. Ein anderer Fall, den die rechtsmedizinischen Kollegen Edwin Ehrlich, Markus Rothschild, Frank Pluisch und Volkmar Schneide beschrieben haben, zeigt, dass die Hinwendung zu Leichen sehr unterschiedliche Gründe und Ausprägungen haben kann. Ein jüngerer Mann suchte dabei über fünfzehn Jahre hinweg Friedhöfe und Leichenhallen auf. In einem Fall benutzte er ein dort herumliegendes Skalpell, um an den Leichen Schnitte zu verüben, alle übrigen Taten beging er mithilfe eines Klappmessers. Kurios war dabei, dass er auf dem Heimweg von seiner Psychotherapie stets an einem Friedhof vorbeikam. Auf diesem beging er die meisten seiner nekrophilen Taten. »Die Erregung überwältigte mich einfach«, erklärte er.

Der Unterschied zu den Taten von Axel F. ist, dass dieser Täter überhaupt keinen Spaß daran hatte, Menschen Schmerzen zuzufügen. Er interessierte sich wirklich nur für die Leichen. In einem Fall öffnete er das frische Grab einer alten Frau, brachte sie im Grab in eine sitzende Haltung und schnitt ihre Haut dann mit seinem Taschenmesser in Form eines T-Shirts ab. Die Leichenhaut zog er sich über und befriedigte sich dann selbst. Falls Sie sich hier an den Film *Das Schweigen der Lämmer* erinnert fühlen, dann liegen sie richtig – es handelt sich um eine außerordentlich nah verwandte Fantasiewelt.

Wenn möglich, schlief der junge Mann auch neben den Leichen. Im Notfall stahl er einfach Zubehör aus den Aufbahrungsräumen. Wenn es ihm gelang, Leichenhaut abzuschneiden, die aber an seinem Körper nicht hielt, verwendete er die Unterwäsche der Toten, um die Haut an sich selbst festzudrücken. Die Häutungen sind äußerst sauber durchgeführt, und in keinem Fall kam es, wie bei Axel F., zu Ausweidungen. Die Leichen sehen vollkommen anders aus, eben wie entkleidet. Der Täter beachtete regelrecht Schnittmuster, in einem Fall entfernte er beispielsweise die Hautbereiche, die von einem Badeanzug bedeckt wären.

Die obigen Beschreibungen zeigen eindrucksvoll, wie verschieden die Fantasien und Interessen der Täter sind. Zeit, sich einmal mit der psychologischen Seite zu beschäftigen und zu fragen, wie eine derart eigentümliche Wunschwelt in einem Menschen heranreifen kann.

Was hat man von Sex mit einer Leiche?

Der schon erwähnte Psychiater Richard von Krafft-Ebing beschrieb Nekrophilie, also die sexuelle Lust an Leichen, bereits vor über hundert Jahren in seinem Überraschungs-Bestseller Psychopathia sexualis. *Er nahm an, dass Nekrophile einfach eine besondere seltsame Art von sexuellen Sadisten sind. Damit lag er auch aus moderner psychologischer Sicht nicht grundsätzlich falsch, denn es gibt krankhafte Sadisten wie den von Petra Klages befragten Serienmörder Axel F. (siehe Bericht von Petra Klages: »Serienmord an Frauen und Tieren«, S. 335 ff.) die es erregend finden, an den von ihnen getöteten Menschen – oder Tieren – sexuelle Handlungen zu begehen.*

Erniedrigung und Macht über den Tod hinaus
Diese bösartigen Sadisten (vgl. 6. Kapitel) erregen sich daran, andere zu quälen, zu erniedrigen und völlige Macht und Kontrolle über ihr Opfer auszuüben. Manche dieser straffälligen Sadisten spüren die völlige Macht, indem sie das Leben ihres Opfers möglichst langsam und qualvoll beenden. Einige von ihnen wollen ihr Opfer aber noch über seinen Tod hinaus beherrschen und erniedrigen. Deshalb führen sie sexuelle Handlungen an der selbst getöteten Leiche durch und legen sie in einigen Fällen zusätzlich noch in einer möglichst entwürdigenden Haltung ab.

Allerdings sind weitaus nicht alle bösartigen sexuellen Sadisten nekrophil. Für manche von ihnen hört die Lust da auf, wo das Opfer nichts mehr empfindet. Deshalb ist die Leiche für sie uninteressant. Umgekehrt haben auch weitaus nicht alle Nekrophilen eine sexuelle sadistische Neigung. Damit übereinstimmend hat der indische Rechtsmediziner Anil Aggrawal zehn verschiedene Gruppen von Nekrophilen beschrieben, die aus sehr unterschiedlichen Gründen Sex mit Leichen haben.

Ich will doch nur spielen
Einige Menschen finden es sexuell anregend, mit einem lebenden Partner Sex zu haben, der dabei so tut, als sei er tot. Sie fänden eine echte Leiche aber alles andere als erregend. Ihnen ist klar, dass diese Vorstellung ein sexuelles Rollenspiel ist, dass sie in Wirklichkeit aber keine sexuelle Lust einer Leiche gegenüber empfinden würden. Ihre genaue Trennung zwischen Fantasie und Wirklichkeit ist dieselbe wie bei der Gruppe von Menschen, die sich beim Sex vorstellen, ihre Partner schwer zu verletzen oder sogar zu töten, dies in Wirklichkeit aber abstoßend fänden *(siehe S. 240 ff., »Gewaltpornografie«).*

Unsterbliche Liebe
Es gibt auch Nekrophile, die einfach nicht damit zurechtkommen, dass ihr Liebespartner gestorben ist. Sie behalten deshalb einen Körperteil des Geliebten und lassen ihn austrocknen. So können

sie einen Teil des verlorenen Menschen immer bei sich haben und sich von diesem auch sexuell erregt fühlen. Diese Nekrophilen finden alle Leichenteile, die nicht ursprünglich zu ihrem Geliebten gehörten, überhaupt nicht erregend.

Diese romantischen *Nekrophilen können leicht mit sogenannten* fetischistischen *Nekrophilen verwechselt werden, die ebenfalls einen oder mehrere Körperteile von Toten austrocknen und zu Hause aufbewahren.*

Eine Leiche und die Summe ihrer Teile

Für fetischistische Nekrophile ist der tote Körperteil einfach ein Gegenstand, mit dem sie sich sexuell erregen, während sie sich selbst befriedigen. Ihnen ist aber völlig egal, wer der Tote war, dem der Körperteil gehörte. Grundsätzlich gibt es kaum einen Gegenstand, der nicht zu einem Fetisch werden kann. Besonders häufige Fetische sind Füße (in den meisten Fällen lebend), Damenschuhe, Frauenunterwäsche, Uniformen, Dinge aus Lack, Latex, Leder oder Gummi. Es können aber auch Windeln, Luftballons, Zigaretten, Autowracks und jede andere unbelebte Sache sein. Wie es kommt, dass eine bestimmte Person gerade diesen oder jenen Gegenstand sexuell erregend findet, ist bis heute nicht geklärt. Dennoch lässt sich psychologisch erklären, warum bestimmte Fetische deutlich öfter vorkommen als andere.

Fetische sind besonders oft Dinge, die eine angenehme körperliche Empfindung herstellen oder noch entfernt nachvollziehbar mit sexuellen Situationen oder Rollenspielen zusammenhängen:

Lack, Leder und Gummi können sich beispielsweise besonders angenehm auf der Haut anfühlen und gleichzeitig sehr gut für körperbetonte Kleidungsstücke verwendet werden. Unterwäsche ist das persönlichste und sexuell aufgeladenste Kleidungsstück.

Hübsche Frauenschuhe und Füße wurden in allen Zeiten und in verschiedensten Kulturen mit Lust und Erotik in Verbindung gebracht – beispielsweise galten in China sehr kleine Frauenfüße als besonders sexuell erregend. Uniformen stehen für Kraft und

Beherrschung. So kann im Grunde für jeden Fetisch irgendeine nachvollziehbare Erklärung gefunden werden, warum ein Mensch gerade ihn mit sexuellen Gefühlen verbindet.

Nekrophile Fetischisten empfinden also in etwa das für einen abgetrennten Körperteil, den sie manchmal auch getrocknet aufbewahren, was viele andere Fetischisten für einen schönen Damenschuh oder Menschen mit weiter verbreiteten sexuellen Neigungen für einen schönen Po oder wohl gerundete Brüste empfinden. Die meisten Menschen wünschen sich aber mehr als den – lebenden oder toten – Po oder die Brust ihres Partners. Das ist der entscheidende Unterschied zwischen jeder Art von Fetischisten und Nichtfetischisten: Fetischisten finden einen bestimmten Körperteil oder Gegenstand besonders anregend, Nichtfetischisten empfinden das Gesamtbild als sexuell erregend.

Stufen in die Leichenkammer

Alle anderen Nekrophilen unterscheiden sich nach der Meinung unseres Kollegen Aggrawal darin, ob, wie oft und auf welche Weise sie eine Leiche anfassen müssen, um sich dadurch sexuell befriedigt zu fühlen. So gibt es Nekrophile, denen es zur sexuellen Befriedigung ausreicht, sich Sex mit Leichen vorzustellen. Sie besuchen Friedhöfe und Bestattungsunternehmen und befriedigen sich – falls sich die Gelegenheit dazu bietet – in der Anwesenheit von Leichen selbst.

Eine nekrophile Frau mit genau dieser Vorliebe begegnete mir vor einigen Jahren in einem Internetforum, als ich auf der Suche nach möglichen Themen für meine Diplomarbeit war. Wie auch viele andere Forenmitglieder war sie sehr nett und offen zu mir, nachdem ich mich ehrlicherweise als Psychologiestudentin vorgestellt hatte, die sich für die Entstehung ungewöhnlicher sexueller Fantasien interessiert und auf diesem Gebiet forschen möchte. Damals machte ich zum ersten Mal eine Erfahrung, die mir in den folgenden Jahren immer wieder begegnete: Menschen mit abweichenden sexuellen Fantasien fragen sich fast alle irgendwann, warum sie diese Fantasien haben. Das ist auch der Grund, warum ich sowohl in den entsprechenden Internetforen als auch in persönlichen Gesprächen in den allermeisten Fällen sehr ausführliche, vertrauensvolle Auskünfte zu allen von mir gestellten Fragen erhielt.

Die nekrophile Frau war eine Mittvierzigerin aus den USA, mit der ich mehrmals über das Internet Kontakt hatte. Seit ihrer Jugendzeit empfindet diese Frau sexuelle Erregung dabei, wenn sie Bilder von hübsch aufgebahrten weiblichen Leichen sieht oder sich diese vorstellt. Wie diese nekrophile Vorliebe bei ihr geweckt wurde, fand ich sehr interessant: Eine Mitschülerin von ihr, mit der sie aber nicht befreundet war, starb mit siebzehn an Krebs. Zu ihrer Beerdigung kam die ganze Klasse. Die Frau beschrieb, dass sie einerseits traurig war, obwohl sie mit dem Mädchen keinen näheren Kontakt gehabt hatte. Andererseits sei sie von ihrem Anblick, wie hübsch und friedlich sie in ihrem offenen Sarg lag, bezaubert gewesen. Es habe sie an das Märchen von Schneewittchen erinnert, die in einem Glassarg liegt, bis der Prinz sie mit einem Kuss wieder zum Leben erweckt.

Von diesem Tag an stellte sich die Frau in ihren sexuellen Fantasien vor, dass sie neben einer solch hübschen Leiche stehen und sie streicheln könnte oder dass sie selbst als hübsche Leiche in einem Sarg liegt, während jemand anders sie bewundert und streichelt.

Diese Frau tauschte sich, als ich sie kennenlernte, mit anderen Nekrophilen in Internetforen aus. Die Menschen dort schreiben über ihre erotischen Fantasien, malen Bilder oder schicken sich Fotos, die ihre Vorlieben abbilden. In der Regel sind auf den Fotos immer wieder dieselben eindeutig lebendigen Modelle zu sehen, die sich eigens zu diesem Zweck als Leichen ablichten lassen.

Die Frau, die mir von der Entstehung ihrer nekrophilen Neigung erzählte, hat jedenfalls nie wieder eine wirkliche Leiche gesehen. Ihr reichten die Bilder und Geschichten, die sie mit anderen Gleichgesinnten teilte, um sich sexuell befriedigt zu fühlen.

Nekrophile, denen es nicht reicht, sich Leichen vorzustellen oder sich in deren Nähe selbst zu befriedigen, wollen besonders oft die Brüste und Geschlechtsteile einer wirklich vor ihnen liegenden Leiche anfassen. Das reicht ihnen oft, um einen sexuellen Höhepunkt zu erreichen. Einige Nekrophile, die aus meiner Sicht auch eine deutlich ausgeprägte sadistische sexuelle Neigung haben, fühlen sich nur dann befriedigt, wenn sie Gewalt auf die Leiche ausüben, beispielsweise auf sie einstechen.

Andere Nekrophile haben zwar am liebsten Sex mit Lebenden, doch wenn sich die Gelegenheit bietet, befriedigen sie sich auch an Toten. Zu dieser Gruppe gehören beispielsweise Nekrophile, die einem Beruf nachgehen, bei dem sie ungestörten Zugang zu Leichen haben. Doch – entgegen allgemeiner Vorurteile – gilt das nur für sehr wenige Angehörige solcher Berufsgruppen.

Dann gibt es die Nekrophilen, die hauptsächlich mit Leichen Sex haben wollen, obwohl sie auch in der Lage sind, mit Lebenden sexuell zu verkehren. Gefährlich wird es dann, wenn ihnen die Gelegenheiten auf Friedhöfen, in Leichenhallen und Bestattungsunternehmen nicht ausreichen. Es gibt Fälle, in denen Nekrophile mit mehr oder frischeren Leichen in sexuellen Kontakt treten wollen. Die – neben den nekrophilen Sadisten – einzig wirklich gefährlichen Nekrophilen sind nämlich jene Menschen, denen jedes Mittel recht ist, um an Leichen zu kommen. Sie können zwar auch Sex mit Lebenden haben, doch das befriedigt sie bei Weitem nicht so sehr, wie sexuelle Betätigungen mit Leichen. Manche von ihnen schrecken nicht davor zurück, Menschen zu töten, nur um anschließend mit deren Leichen Sex haben zu können.

Ein solcher gefährlicher Nekrophiler wird in dem deutschen Spielfilm Lieben *von Rouven Blankenfeld aus dem Jahr 2006 dargestellt. Darin tötet der einsame Boris immer wieder junge Mädchen, nur um sich anschließend an ihren Leichen zu vergehen. Die Mutter eines seiner Opfer begegnet ihm auf der Suche nach ihrer Tochter. Beide verlieben sich ineinander, doch Boris kann den Drang danach, seine nekrophile Neigung auszuleben, nicht dauerhaft unterdrücken. Die Mutter seines Opfers, die ihn inzwischen sehr liebt, kommt schließlich hinter sein Geheimnis und tötet sich selbst, weil sie aus Liebe den Mörder ihrer Tochter nicht töten kann.*

Es gibt auch Nekrophile, die ausschließlich mit Leichen Sex haben und überhaupt keine sexuellen Gefühle für Lebende entwickeln. Sie kommen am seltensten vor.

Warum werden Menschen nekrophil?

Da die allermeisten nekrophilen Menschen niemals mit einer Straftat auffallen, gibt es bisher nur wenige Untersuchungen über sie. Deshalb ist bisher noch nicht sicher geklärt, warum Menschen diese Neigung entwickeln. Ich habe bereits erklärt, dass einige sadistische Sexualmörder sexuelle Handlungen mit ihren Opfern durchführen, um sie noch mehr zu kontrollieren und zu erniedrigen. Einen sehr ähnlichen sadistischen Antrieb haben auch Nekrophile, die Leichen einfach zerstückeln oder in erniedrigenden Stellungen für andere sichtbar hinterlassen. Manche Menschen benutzen eine romantische Ausprägung von Nekrophilie als Teil ihrer Trauer um einen geliebten Menschen. Doch warum finden Menschen, die keine sadistischen sexuellen Wünsche haben und auch um niemanden trauern, Sex mit Leichen – egal ob nur vorgestellt oder auch durchgeführt – erregend?

Die US-amerikanischen Psychiater Jonathan Rosman und Phillip Resnick befragten 1989 nekrophile Menschen dazu, was sie zu ihren Fantasien und Handlungen antreibt. Dabei fanden sie heraus, dass viele von ihnen ein schlechtes Selbstwertgefühl haben. Sie haben Angst, ein möglicher lebender Partner könnte sie zurückweisen. Einige haben das auch schon erlebt. Daraus entwickeln sie den Wunsch, einen Sexualpartner zu haben, der sie nicht ablehnen und ihnen nicht wehtun kann. Dafür eignet sich eine Leiche sehr gut.

Manche von ihnen wollen sich auch einfach nicht mehr einsam fühlen, oder sie bilden sich ein, dass sie wenigstens in einem Bereich ihres Lebens Macht ausleben können, wenn auch nur über eine Leiche.

Die beiden Psychiater halten es aber auch für denkbar, dass einige Nekrophile ursprünglich starke Angst vor dem Tod hatten. Diese Angst bewältigten sie, indem sie angenehme sexuelle Gefühle mit dem Tod verbanden.

Aber auch Menschen mit völlig normalem Selbstwertgefühl und sogar normalen Liebesbeziehungen entwickeln manchmal nekrophile Fantasien. In einigen Fällen – wie dem der mir bekannten Frau – können die ansonsten psychisch völlig unauffälligen Nekrophilen sich daran erinnern, dass ihre Fantasie mit dem Anblick einer bestimmten Leiche anfing. Es gibt aber auch genügend Beispiele von Menschen, die sich an kein solch einschneidendes Ereignis erinnern können und keine Ahnung haben, woher ihre Fantasien kommen.

Krafft-Ebing beschrieb die Nekrophilie als »scheußlichste Art der sexuellen Befriedigung«. Diese Einschätzung wiegt schwer, denn der Psychiater war der damals anerkannteste und weltweit führende Sammler aller Arten sexueller Abweichungen. Besonders fürchtete Krafft-Ebing, dass Nekrophile »nicht« verrückt sein könnten. Wären sie nachweislich irre, könnte man das bizarre Verhalten viel klarer vom Guten und Richtigen abgrenzen. Doch das gelang nicht recht.

So kommt es, dass Nekrophilie eine der am wenigsten erforschten sexuellen Abweichungen ist. Die Anzahl der wissenschaftlichen Veröffentlichungen dazu ist verschwindend gering, und kein Psychologe beschäftigt sich gern mit dieser nach Krafft-Ebing »gräulichen Verirrung«, die – wohl auch von den meisten Betroffenen – als Auswuchs einer »krankhaften und entschieden perversen Sinnlichkeit« angesehen wird. Folge ist aber natürlich auch, dass Menschen, die darunter leiden, solche Fantasien zu haben, kaum Hilfe finden. Unsere Einstellung dazu kennen Sie ja schon: Es wäre besser, früh mit seltsamen Menschen zu sprechen, denn das würde manche Tat verhindern. Woher wir das wissen? Von den Tätern. Sie erzählen uns genau das. Dazu noch einmal der von Petra Klages befragte Serienmörder, der in der Tat versuchte, seinen Drang zu stoppen (allerdings nicht aus Menschenliebe, sondern weil er das Gefängnis so fürchtete):

»Da tickten immer wieder die (Trug-)Bilder vom Knast durch, die ich davon damals aus der Glotze kannte. Das wollte ich auch irgendwie nicht. Und auch wieder doch … ach, da war damals wirklich alles restlos durcheinander. (…)

Mit halbwegs klarem Kopf klinkte ich mich in die Telefonleitung eines Nachbarn ein (Paranoia lässt grüßen, von wegen Anrufrückverfolgung …) und rief so einige Psychoheinis an, deren Nummern ich aus dem Telefonbuch holte. Entweder die Herren waren gar nicht an die Strippe zu bekommen oder ich bekam schon nach meiner ersten Frage (wie weit es mit deren Schweigepflicht geht) zu hören, dass ich doch erst mal vorbeikommen solle, weil sie am Telefon keine Auskünfte geben.

Etliche Versuche, dann war das Thema für mich durch.«

Natürlich trägt niemand die Schuld dafür, dass der Täter nicht eben doch in eine therapeutische Praxis ging. Man erkennt aber an der Schilderung, dass viele seelisch schwer veränderte Menschen durchaus Beratung wünschen, sie aber nicht erhalten. Besonders für Nekrophile ist das ein großes Problem – denn wenn sich selbst die zuständigen Spezialisten vor ihnen gruseln, wer bleibt dann noch übrig, um ihnen zu helfen oder sie zu stoppen?

KAPITEL 10
ÜBERSINNLICHE ERMITTLUNGEN

Zuletzt noch etwas weniger Düsteres: die Antwort auf die Frage, ob Tote sich Lebenden mitteilen können. Das entsprechende Experiment dazu habe ich als Mitglied des Wissenschaftsrates der »Gesellschaft zur wissenschaftlichen Erforschung von Parawissenschaften« (GWUP) im Jahr 2010 gemacht. Den etwas ungewöhnlichen Test möchte ich Ihnen nicht vorenthalten, damit Sie sich auch hier so nah es geht in unsere Denk- und Arbeitswelt hineinfühlen können. Denn wir testen jeden Tag Dinge, die auf den ersten Blick unsinnig erscheinen. Ob es sich dabei um ein paranormales Medium handelt, eine Frau, die die Urne ihres Gatten auf unserem Labortisch auskippt oder um einen Rocker, der einen Widersacher abknallt, macht für uns keinen Unterschied. Wir finden alles gleich seltsam, aber auch gleich spannend.

Immer mal werden wir gefragt, ob wir bei Kriminalfällen »Medien« einsetzen, also Menschen mit übersinnlichen Fähigkeiten. Es scheint Romane oder Filmserien zu geben, in denen übersinnliche Ermittlungsmethoden eine Rolle spielen. So kommt es wohl zu den Nachfragen, obwohl ein forensisches Labor ja grundsätzlich nur dem greifbaren Sachbeweis und gerade nicht den unbeschreibbaren Kräften und Wahrnehmungen zugewandt ist. Nichtstoffliche Dinge können wir eigentlich nicht prüfen, denn es gibt sie ja eben nicht. Erfahrene Kriminalpolizisten, die ich darauf anspreche, reagieren meist mit Kopfschütteln. Bestenfalls erinnern sie sich mal an »irgendeinen« Fall, in dem das »vielleicht« versucht worden ist, aber natürlich niemals bei ihnen. Niemand konnte jemals einen konkreten Namen oder Fall beisteuern. Ich hatte das Ganze daher zuletzt ins Reich der Märchen verwiesen.

Ein Medium meldet sich

Im Oktober 2010 ergab sich dann endlich eine Chance. Ein Medium (übersinnlich) bot mir an, einen kriminalistischen Test durchzuführen, und zwar in der krassest möglichen Variante, nämlich bei Tötungsdelikten. Die Frau schrieb:

»Ich bin Medium und sehe in Visionen zu Tode gekommene Menschen, überwiegend Morde an Kindern. Meine Frage an Sie: Ist es aus Ihrer Sicht möglich, meine Visionen in Kriminalfälle zu integrieren beziehungsweise zu verwerten? Wie das zum Beispiel in den USA schon länger praktiziert wird. Zum Ende möchte ich noch betonen, dass ich keinerlei finanzielles Interesse habe.

In den vielen Fällen ist es so, dass ich folgende Dinge »sehen« kann: Die Todesursache bzw. Verletzungen, Umstände/Situationen, die kurz vor dem Tod waren (z.B. Streit/Sexualverbrechen/Entführung), Gegend oder Landschaft, wo sich eine Leiche befindet (allerdings meist ohne Ortsnamen), Aussehen des/der Täter(s) und Hinweise auf dessen Umfeld, wie Familie, Arbeit/Fahrzeug. Dies sind im Groben die Dinge, die ich meist wahrnehme. Es sind mal mehr, mal weniger Hinweise, das kann ich nicht beeinflussen.«

Ich teilte der Schreiberin mit, dass ich angesichts des entstehenden Aufwandes eine Veröffentlichung der Ergebnisse einplanen müsse. Das sagte sie erfreut und wiederholt zu. Leider zog sie aber, nachdem ich ihr später ganz respektvoll die Ergebnisse mitgeteilt hatte, vollkommen unerwartet ihr Einverständnis zurück. Daher kann ich den Namen der (zuvor sehr entspannten) Schreiberin nun nicht mehr nennen. Ich finde das schade, denn ich bewundere nach wie vor den Mut und die Offenheit der wirklich netten Person.

Doch zurück um Test. »Ich sende Ihnen Farbfotos von Tatorten zu«, schrieb ich ihr. »Auf den Bildern werden Sie die Leichen nicht oder nur teils sehen, sondern wenn überhaupt nur Spuren wie Blut. Sie sagen mir dann nach Möglichkeit etwas zum Ort (wo ist das?), Jahr (wann geschah das?), zur Jahreszeit (wann geschah das?), zur Art des Verbrechens (was ist da passiert?), zur Art der (im Bild nicht erkennbaren) Verletzungen und etwas zum Täter/zur Täterin. Wäre das eine für Sie akzeptable Möglichkeit?«

Das war es, und so konnte es losgehen.

Das Medium erbat sich allerdings eine gewisse Zeit, um übersinnliche Informationen zu den Kriminalfällen wahrzunehmen, und sie wollte das in Ruhe zu Hause machen. »Das müsste sonst ein langes Treffen werden«, meldete sie, »da ich die Visionen nicht immer auf Abruf bekomme, sondern manchmal auch ein, zwei Tage beziehungsweise ein, zwei Nächte vergehen können. Es kommt auch vor, dass zusätzliche Wahrnehmungen noch einige Tage später folgen. Dazu kommt, dass ich in einer schlecht angebundenen Region lebe und Agoraphobie habe.«

Techniken aus dem Jenseits

Das war alles kein Problem. Neugierig war ich natürlich darauf, wie das Medium ihre Erkenntnisse aus dem Jenseits gewinnt. Sie schrieb mir dazu:

»Die Spiritualität begleitet mich schon seit meiner Kindheit. Meine Visionen, Eingebungen und Botschaften aus der geistigen Welt, Engelskontakte und Jenseitskontakte haben sich seit meiner Kindheit immer mehr verfeinert. Ebenso die Wahrnehmung verschiedenster Naturwesen. Am Anfang meiner ›Arbeit‹ ist das Bild einer vermissten oder verstorbenen Person. Möglich ist auch ein Bild vom Tatort oder aus der Umgebung des Vermissten oder Verstorbenen. Der nächste Schritt ist das sogenannte Reinspüren. Es bedeutet, dass ich mich in Gedanken mit der Seele des Vermissten oder Verstorbenen verbinde. Das beinhaltet ein sehr intensives Betrachten des Bildes, das ich auch für einige Minuten in die Hand nehme. Dieses wiederhole ich einige Male im Abstand von einigen Stunden, sodass eine Verbindung aufgebaut werden kann. Jeder Mensch, auch ein verstorbener, besteht aus Energie. Diese Energie ist die Seele, in der alles Vergangene gespeichert ist. Diese Energien sind ›Erlebnisse‹ des Vermissten oder Verstorbenen, die ich in Form von Hinweisen wie Bil-

dern, Symbolen, Gefühlen, Geräuschen und Träumen wahrnehmen, sehen, hören und spüren kann.«

Nun kann man an das Jenseits glauben oder nicht. Die entscheidende Frage ist natürlich, wie zuverlässig die Hinweise aus einer Welt sind, die wir weder kennen noch durchschauen. Doch auch hier beruhigte mich das Medium:

»Die genannten Hinweise treffen ›immer‹ auf den jeweiligen Vermissten oder Verstorbenen zu«, schrieb sie zu meiner Erleichterung. »Oder sie beschreiben die Umgebung und das Umfeld, mit dem der Vermisste oder Verstorbene kurz vor der Tat zu tun hatte. Deshalb kann ich auch die Umstände vor oder während einer Tat erkennen. Auch wenn es oft nicht sofort ersichtlich ist, würde sich doch direkt am Tatort vieles leichter erklären lassen, da hier die energetische Verbindung stärker ist und der Austausch mit den Ermittlern sehr wichtig wäre, denn so könnte man speziell auf diese Hinweise achten. Ich als Medium bin also einfach gesagt die Botschafterin zwischen den Vermissten oder Verstorbenen und einer Vertrauensperson, die diese Hinweise an die jeweiligen Behörden weitergibt.«

Diese klare Ansage lässt sich gut prüfen. Das Medium gibt ganz klar an, dass ihre seherischen Angaben direkt – räumlich oder zeitlich – im Umfeld der Tat anzusiedeln sind. Jedes Geschehen im Nahfeld einer Tat ist aber natürlich eine sehr interessante Ermittlungshilfe. Denn für das Ermittlerteam ist nicht nur die spätere Beweiskraft vor Gericht wichtig, sondern auch kleine Hinweise, die den Fall erst einmal ins Rollen bringen. Am Anfang helfen oft schon kleinste Ansatzpunkte, um an der richtigen Stelle nach einer Spur zu suchen (Blut, Haare, Zettel) oder die richtige Person zur richtigen Zeit anzusprechen (Zeugen). Die ›übersinnlichen‹ Tipps könnten helfen, solche Ansatzpunkte zu finden.

Fünf Fälle: Wahrheit und Vision

Fall 1: Die tote Mutter

Den ersten Fall habe ich herausgesucht, weil er mich schon lange beschäftigt. Wegen Mordes an ihrer Mutter war die Tochter einer alten Frau verurteilt worden. Die Täterin soll nach einem Kaffeeplausch mit ihrer Mutter in ihrem ehemaligen Kinderzimmer übernachtet haben. Nachts soll sie ihre Mutter dann auf einer Schlafcouch mit Dutzenden von Stichen getötet haben. Im Bild, das ich dem Medium sendete, ist die Couch mit dem riesigen Blutfleck zu sehen. Das Bild machte ich mehr als fünf Jahre nach der Tat. Die verurteilte Frau bestreitet die Tat bis heute.

Auffällig war am Tatort, dass jemand aufgeräumt hatte. Die blutigen Decken waren von der Polizei eingesammelt worden, aber es stand auch ein frisches Kissen mit Hotelkniff in der Ecke des Sofas. Auch die Fernbedienungen für den Fernseher lagen wie zum weite-

Schlaf-Sofa (Fall 1), auf dem die alte Frau erstochen wurde. Decken wurden von der Polizei entfernt, das Kissen von einer unbekannten Person umgestellt.

Bei einer Tat-Nachstellung vor Ort versuchten wir, die Dutzende von Messerstiche nachzustellen. Es war fast unmöglich, die echte Plumeaudecke zu durchstechen. Warum aber hatte dieser brutale, völlig entfesselte Gewaltakt im Jenseits keinerlei Eindruck hinterlassen?

ren Gebrauch ordentlich parallel auf einem Beistelltischchen, auf dem ansonsten alles umgekippt war, und so weiter. In einem Satz: Es war verdächtig ordentlich für eine Tat, bei der jemand mit Dutzenden von Messerstichen getötet wurde.

Ob die verurteilte Frau wirklich die Täterin ist, weiß ich nicht. Viele Tatumstände sind nie untersucht worden, und wir fanden Jahre später zudem mehrere vermutlich tatbezogene Gegenstände am Tatort, von denen das Gericht nie etwas erfahren hat (beispielsweise einen befleckten Handschuh). Ich war also wirklich sehr gespannt, was das Medium berichten würde.

Wenige Tage später kam die Antwort:

»Bei diesem Bild würde ich nicht von einem geplanten Verbrechen ausgehen«, schrieb die Frau, nachdem sie sich alles auf dem Foto genau angesehen hatte. »Ländliche Umgebung des Hauses, viel Grün (Schrebergärten o. Ä. in der Nähe). Der Tote: männlich zw. 50–70 Jahre alt, normale Statur, graue kurze Haare und unrasiert, Brille mit dunklem robustem Gestell, grau-blaues langärmeliges Hemd. Der Tote hat wahrscheinlich alleine gelebt und blieb nach seinem Tod einige Zeit unentdeckt. Kurz vor seinem Tod hat ein Streitgespräch mit einer jüngeren männlichen Person aus dem näheren Umfeld stattgefunden. Daraus wurde ein handfester Streit, in dem es um Geld ging und der Tote in Richtung Sofa geschubst wurde. So entstand an der linken Kopfseite eine blutende Wunde (evtl. von der Wand). Allerdings kann ich diese Wunde nicht als Todesursache orten. Ich denke, dass der Mann an einer natürlichen, aber plötzlichen Todesursache verstarb, da ich hier keinen Täter ›sehe‹. Der Tod dürfte mindestens zehn Jahre zurückliegen.«

Ich war verblüfft. Bei »dem« Toten handelte sich nämlich um eine Frau, nicht einen Mann. Die Leiche wurde morgens, nachweislich schon wenige Stunden nach Todeseintritt, in dem sonst von ihr allein bewohnten Haus gefunden, sie war also gerade nicht einige Zeit unentdeckt geblieben. Doch selbst, wenn man die wenigen Stunden als »einige Zeit« gelten lassen möchte: Die Todesursache war alles andere als »natürlich« – es war eine Tötung mit Dutzenden von Messerstichen.

Zwei Dinge stimmten allerdings: Der Fall lag in der Tat schon etwa zehn Jahre zurück, und auf der Rückseite des Hauses liegt ein kleiner Ziergarten.

Fall 2: O. J. Simpson

Als zweiten Fall suchte ich etwas heraus, das in einem anderen Land spielte, aber zugleich ein recht bekannter Fall war. Sollte es sich bei unserem Medium um einen Fan von echten Kriminalfällen (oder meiner Bücher) handeln, würde die Beschreibung diesmal vielleicht etwas genauer ausfallen. Der frühere US-Footballstar O. J. Simpson war angeklagt worden, im Juni 1994 seine Exehefrau getötet zu haben. Er wurde zivilrechtlich verurteilt, kam im Strafverfahren aber wegen prozesstechnischer Tricksereien frei (Näheres siehe M. Benecke, *Mordmethoden*). Aus spurenkundlicher Sicht ist Simpson eindeutig der Täter, unter anderem, weil sich bei ihm zu Hause Blut der verstorbenen Frau an einem seiner Socken fand.

Ich schickte dem Medium ein Bild, in dem der Weg zum Haus der Toten, komplett mit Blutspuren bedeckt, und am Ende des Weges die Leiche zu sehen ist. Die Antwort:

»Bei diesem Bild würde ich von einer Affekttat ausgehen. Die ›Totenseele‹ ist sehr unruhig und empfindet eine Sache in Bezug auf ihren Tod als nicht abgeschlossen! Diese Tat dürfte mindestens fünf Jahre zurückliegen. Ich habe ›feinstofflich‹ starke plötzliche Schmerzen im Oberbauch gespürt, mit Ausstrahlung in den Rücken/Nierenbereich, linksseitig stärker, sodass ich in diesem Bereich von starken Verletzungen ausgehe. Auch im Kopfbereich müsste eine Verletzung durch einen Aufprall vorhanden sein. Außerdem wurde mehrfach an den Haaren gezogen. Es dürfte ein Kampf stattgefunden haben, wobei die jetzt Tote mehrfach versuchte zu entkommen/Hilfe zu holen. ›Gesehen‹ habe ich einen Mann, zwischen dreißig und vierzig Jahre alt, schlank. Er hat dunkle kurze Haare, dunkle Augen und einen Schnäuzer. Schwarze Lederjacke und schwarze Lederschuhe. Dieser Mann hat meiner Meinung nach diese Tat verübt. Er dürfte auch schon früher Verhaltensauffälligkeiten gezeigt haben!

Die beiden Personen haben sich nach meinem Empfinden gut gekannt. Kurz vor dem Tod hat sich die Verstorbene mit den Themen Erbschaft und Beziehung ganz intensiv auseinandergesetzt. In Verbindung mit der Toten/dem Täter stehen: Ein mittelgroßer

Fundort der Leiche in Fall 2: O. J. Simpsons Exfrau.

braun-weißer Hund (Boxer-Optik), die Zahl 8 und ein weißes Motorboot.«

Hier stimmte schon einiges, aber vieles eben leider auch gar nicht. Die schwerste Verletzung des Opfers war beispielsweise, dass ihr der Täter die Vorderseite des Halses durchtrennt hatte. Der Täter trug keinen Schnäuzer, aber Lederschuhe, die ihn auch später überführten, weil sein Schuhabdruck auf dem Rücken der Leiche gefunden wurde. Er war deutlich über vierzig Jahre alt. Die dunkle Hautfarbe fiel ebenfalls nicht auf.

Andere Details stimmten hingegen: Die Tat lag über fünf Jahre zurück, der Täter kannte das Opfer gut, und er hatte auch schon früher Gewalttätigkeiten gegen Frauen verübt. Und: Es hat sich um eine Affekttat gehandelt. Doch auch diesmal lag in den Erkenntnissen des Mediums nichts polizeilich Verwertbares. Sowohl das Alter als auch das Aussehen des Täters waren teils falsch beschrieben, Tatablauf und die schweren Verletzungen ungenau bis gar nicht erkannt und, am verblüffendsten, die Tötung eines zweiten Opfers, das nicht im Bild zu sehen war, schien sich dem Medium nicht erschlossen zu haben.

Ich staunte. Konnte es daran liegen, dass meine Fälle einfach nicht einmalig genug waren, sodass es zu Verwechslungen kam? Oder benötigte sie doch Nahaufnahmen der Leichen? All das wollte ich zugunsten des Mediums prüfen und suchte also einen besonders bizarren Fall heraus, bei dem das Gesicht des Toten gut zu erkennen war.

Fall 3: Vampir-»Enterdigung«

Bei diesem merkwürdigen Fall war ein an Krebs verstorbener, alter Mann im Januar 2004 – gut zwei Wochen nach seiner Beerdigung – in einem rumänischen Dorf von Dorfbewohnern samt Sarg ausgebuddelt worden (Näheres siehe M. Benecke, *Mordspuren*). Sie schnitten ihm das Herz heraus, verbrannten es und nahmen die Asche in Getränke gerührt zu sich. Mein Foto für das Medium zeigte den Kopf der Leiche am Tag nach der Enterdigung.

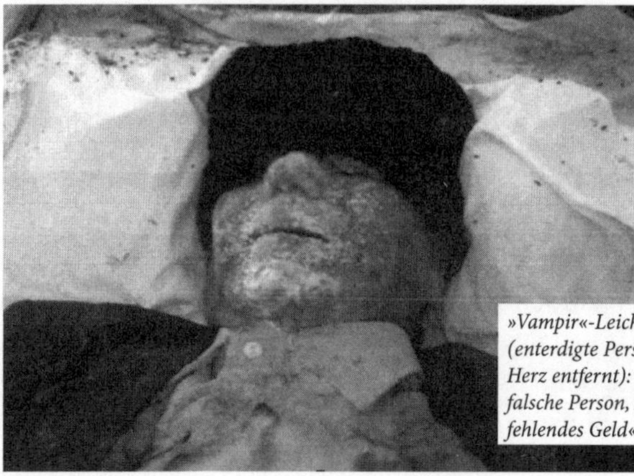

»Vampir«-Leiche in Fall 3 (enterdigte Person, Herz entfernt): »Luftnot, falsche Person, Kälte, fehlendes Geld«.

Zunächst waren die Informationen des Mediums vage: »›Falsche‹ Person, Luftnot, fehlendes Geld, Kälte«, meldete sie sehr knapp. Auf Nachfrage ließ sie Näheres verlauten. Es sollten Probleme mit der Atmung vorgelegen haben, die auch den Tod bewirkt haben (Ersticken), der Mann soll kurze Zeit im Wasser gelegen haben oder Wasser soll in der Nähe gewesen sein, und – besonders wichtig für Ermittlungen – andere Menschen sollen nicht beteiligt gewesen sein. Alles sei »friedlich« gewesen, höchstens könnte der Mann unter falscher Identität gelebt haben. Alkohol und Obdachlosigkeit waren zwei weitere Stichpunkte, die sich dem Medium aus der Jenseitswelt erschlossen.

Nun zweifelte ich an meinem Verstand. Die Identität der Person war allen Beteiligten gut bekannt, weil es sich um den Dorflehrer handelte. Er hatte aus deutscher Sicht sicher wenig Geld zur Verfügung, für dortige Verhältnisse verdiente er aber ganz normal. Dass niemand etwas mit seinem Tod zu tun hatte, stimmt durchaus, allerdings hatten mehrere Menschen etwas mit seiner Enterdigung zu tun. Zugunsten des Mediums kann man annehmen, dass sich nach dem Tode der Leiche Zugefügtes nicht in der Seelenwelt widerspiegelt.

Mit der Kälte lag das Medium richtig, denn es war tiefster Winter gewesen. Der Tote hatte aber nicht im Wasser gelegen, und obdachlos war er auch nicht. So gesehen also trotz einiger interessanter Angaben keine für Ermittlungen brauchbaren Treffer.

Aber hätten nicht die bizarren Umstände, die Enterdigung, das Herausschneiden mehrerer Organe und so weiter in der Vision einen Widerhall finden müssen? Auch die Angaben etwa zur Kälte hätten beispielsweise bei genauerer Beschreibung der Quelle (Schnee? Tiefkühltruhe? Winter? gefrorener Boden?) für die Ermittlung spannend sein können. Aber es kamen keine genaueren Angaben.

Um es dem Medium sehr leicht zu machen, wählte ich als Nächstes Blutspuren von einem Fall aus, in dem die Gefühle während der Tötung ganz sicher übergekocht waren. Hier würde sich – angesichts des wirklich schrecklichen Todes des Opfers – sicher irgendetwas spüren lassen, wenn es denn etwas zu spüren gäbe.

Fall 4: Ungelöster Blutspuren-Mord

Der Fall war die bis heute unaufgeklärte Tötung eines Mannes, der in Köln in seiner Wohnung mit zahlreichen Messerstichen getötet wurde. Das Opfer starb dort, wo es angegriffen wurde, nämlich im heimischen Wohn-/Schlafzimmer. Auf dem Foto ist eine beim Kampf umgestürzte Auflagefläche eines Stuhles zu sehen (also die Unterseite), auf die das austretende Blut spritzte. Wir hatten damals die vage Vermutung, dass ein Stricher, den der Mann zu sich nach Hause genommen haben könnte, der Täter gewesen sein könnte, da es zu sexuellen Handlungen gekommen war.

Zu meiner Freude konnte das Medium recht deutliche Mitteilungen zum Fall machen:

»Ein Mann im weißen Overall öffnete die Tür. Sie sagt zu einer weiteren Person: ›Wir haben neun Wochen gebraucht‹, duckt sich und geht in den Raum. Womöglich liegt dieser in einem Kellerbereich.

Es dürfte sich um ein größeres Gebäude, aber etwas abgelegen, handeln. In dem Gebäude ist die Energie von vielen Menschen zu

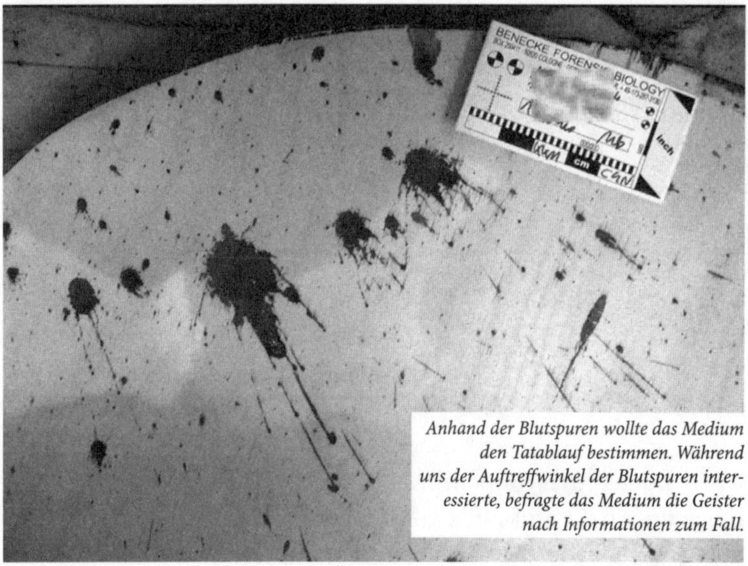

Anhand der Blutspuren wollte das Medium den Tatablauf bestimmen. Während uns der Auftreffwinkel der Blutspuren interessierte, befragte das Medium die Geister nach Informationen zum Fall.

spüren. Daher ist es auch möglich, dass mehrere Personen von der Tat betroffen sind, was für mich aber nicht weiter ersichtlich ist. Es herrscht eine extrem aggressive Energie, was bei mir in den meisten Fällen für eine geplante Rachetat steht. Bei dieser Energieform ist auch ein sexueller Hintergrund möglich. Meiner Meinung nach könnte bei dieser von mir gefühlten negativen Energieform das/die Opfer vorher auch Täter gewesen sein.

Zu dem Ereignis in Verbindung steht: ›Vermont‹ und die Uhrzeit ›5 Uhr‹ morgens. Personen, die in Verbindung mit der Tat stehen, sind ein älterer kleiner Mann (zwischen 60 und 70 Jahre), mit grauen Haaren und längerem grauem Vollbart, und eine 30 bis 40 Jahre alte schlanke Frau mit langen welligen dunklen Haaren. Die Personen in allen meinen Beschreibungen könnte ich mit geeignetem Programm auch genau ›phantomzeichnen‹, da sich einige mir ganz deutlich zeigen.«

Erneut staunte ich. Denn das Gebäude, in dem die Tat stattfand, ist alles andere als abgelegen: Es handelt sich um eine Mietwohnung in der Innenstadt Kölns, die auch nicht wie angegeben im

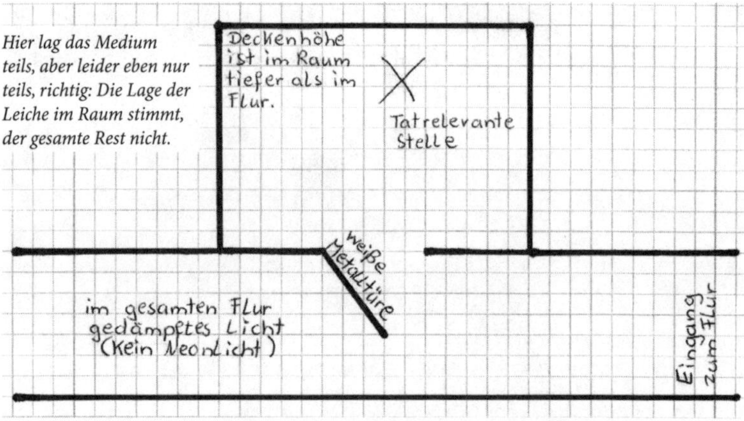

Hier lag das Medium teils, aber leider eben nur teils, richtig: Die Lage der Leiche im Raum stimmt, der gesamte Rest nicht.

Keller oder Erdgeschoss liegt. Ein Racheakt wäre vorstellbar, allerdings im Affekt und nicht von mehreren Personen geplant. Auch die Menschen, die das Medium beschreibt, sind bei den bisherigen Ermittlungen nicht bekannt geworden. Das ist kein Wunder, da wir die Täter ja nicht kennen. Aber auch das Opfer, das im Bild nicht zu sehen war, ähnelt keiner der Beschreibungen auch nur ansatzweise. Die Beteiligung von Frauen erscheint nach bisherigem Stand unwahrscheinlich. Ein Overall wurde nicht gefunden. Die Tötungszeit ist unbekannt, könnte aber durchaus fünf Uhr morgens sein. Soweit also einige halbwegs richtige, wenngleich sehr ungenaue Hinweise.

Die Skizze der Räume ist falsch. Die Lage der Leiche im Raum ist zwar in etwa korrekt eingezeichnet, aber nur, wenn man die falschen Angaben zur Tür auf die reale Tür bezieht und die falschen Angaben zum Aufbau des Flures und der Zimmerproportionen ganz weglässt.

So kommt es, dass auch hier keine für die Ermittlung brauchbaren Hinweise vorliegen. Allerdings lieferte das Medium wie angekündigt eine Täterskizze, die natürlich eine an der Tat beteiligte Person darstellen könnte. Doch leider zerschlug sich auch diese Hoffnung. Denn im folgenden Fall sah und zeichnete unser Medium einen Täter, obwohl es gar keine Tat gab.

Fall 5: Die tote Zigarettenschachtel

Hier handelt sich einfach um eine Zigarettenschachtel, die auf einer Straße in Bottrop, einer kleineren Stadt im Ruhrgebiet, im Rinnstein lag. Im betreffenden Stadtviertel haben in den letzten Jahren keine schweren Delikte (Raub, Tötungen) stattgefunden.

Das Medium teilte mit, dass es bei der Tat »um käufliche Dinge, nicht erfüllte Absprachen, Streitgespräche und Aggression« ging. »Feinstofflich habe ich eine weibliche Opferenergie wahrgenommen«, schrieb das Medium. »Da ich zu dieser Person aber keine weiteren Angaben bekommen habe, bedeutet das für mich, dass das Geschehnis wahrscheinlich nicht länger als ein Jahr her ist und die Seele sich noch in einer Art Übergangsstadium befindet. Es kann aber auch manchmal vorkommen, dass die Seelen keinerlei Angaben über sich machen möchten.

Das Gebiet habe ich auf der Zeichnung versucht darzustellen. Was feinstofflich für mich stark zu spüren war und was hier noch in Zusammenhang steht: Übelkeit, Brechreiz, Luftnot (was womöglich für Ersticken oder Strangulieren stehen könnte), Zucker-

Blindprobe (Nullkontrolle; »Fall« 5): Kein Fall, sondern nur eine Zigarettenschachtel am Straßenrand. Vom Medium dennoch als Tatort wahrgenommen.

Angebliches Aussehen des Täters in einem Fall, der gar keiner war: Es gab keine Tat.

würfel, die Farbe Grün und Abend/Nachtzeit. Ein Pkw-Viertürer war hier beteiligt, der parkend an der Stelle (siehe Zeichnung) stand. Der Fahrer, der mit dem Geschehnis hier in Verbindung steht (siehe Zeichnung), ist ca. 35–45 Jahre alt, hat eine gedrungene Statur, glattes lichtes braunes Haar, ein rundes Gesicht und ein Brillengestell aus Metall. Der Mann könnte noch im Elternhaus leben und einen Beruf in Richtung Vertreter ausüben (jedenfalls dürfte er meinem Empfinden nach viel unterwegs sein).«

All diese Angaben sind vorstellbar und könnten stimmen. Das Dumme ist nur, dass es kein Opfer und keine Tat gab. Auch der Container auf der Skizze existiert nicht. Die eingezeichneten Schienen befinden sich ebenfalls nicht am Fundort, ebenso kein Bahnhäuschen. Dort stehen stattdessen Mietshäuser. Zugunsten des Mediums muss man feststellen, dass es etwa zweihundert Meter entfernt eine Eisenbahnbrücke gibt, auf der die Schienen aber anders, nämlich um neunzig Grad verdreht, verlaufen. Die eingezeichneten Bäume existieren nicht, auch dort steht stattdessen eine Hausreihe. Straßenbäume gibt es aber.

Das größte Problem ist hier, dass das Medium einen falschen positiven Treffer erzielt, der die Polizei natürlich in den Wahnsinn treiben würde. Selbst wenn man erneut annehmen würde, dass die

Mitteilungen aus der Geisterwelt nicht supergenau sind, dann sollte sich doch zumindest ergeben, dass keine Tat stattgefunden hat, um die Polizei nicht in die Irre zu führen. Denn genau dazu soll und will das Medium ja beitragen: Zum Erkennen von Spuren, die den Fall klären – und nicht zum Entdecken von »Spuren«, die nachweislich nichts mit einem Fall zu tun haben.

Polizeiarbeit und Jenseitsforschung

Wie sieht es allgemein mit dem Willen der Kriminalpolizei aus, sich paranormale, feinstoffliche und generell esoterische Vorstellungen anzuhören? Denn zumindest dienstlich, so ist meine Erfahrung, zweifeln alle Ermittler an Medien und Jenseitsgeflüster. Das ist offenbar schon lange so. Allerdings trieb es die KollegInnen auch lange um. Bereits in den ersten Ausgaben des *Archiv für Kriminologie*, der ältesten noch bestehenden Fachzeitschrift zum Thema, wird das Thema ausführlich besprochen, und das war ab 1898!

Etwa fünfzig Jahre lang beäugten die Ermittler und Juristen damals die esoterische Sache, dann verschwanden die Artikel über Medien und PSI-Erscheinungen zumindest aus den kriminalistischen Fachzeitschriften. Es hatte sich mit der Zeit herausgestellt, dass die betreffenden SeherInnen fast immer neben der Spur liefen. So schrieb schon 1911 einer der Pioniere der Parapsychologie und Psychotherapie, Albert Freiherr von Schrenck-Notzing, dass es sich »bei den meisten Medien um hysterische, hystero-hypnotische oder somnambule Vorgänge« handle. »Die scheinbare Steigerung der geistigen Funktion (unbewusste Mehrleistung) erklärt sich durch Aufhebung der Hemmungen des Wachzustandes.« Dass die Medien seltsam drauf sind, wäre noch egal oder sogar praktisch gewesen. Aber ihre Hinweise hatten immer ins Leere geführt. Und das war das Problem.

Wie Treffer entstehen

Mich interessierte trotz allem das Vorgehen des Mediums, da die Frau ja aufrichtig an ihre Berufung glaubte und wirklich keinen Pfennig Geld verlangte. Vielleicht ließ sich ja doch etwas aus ihrem Verfahren lernen?

Die übliche Technik bei den Bühnenshows von Mental-Magieren ist, dass sie ihr Gegenüber sehr geschickt und mit viel Menschenkenntnis ausfragen. Das ist als »Cold Reading« bekannt, und sicher kennen auch Sie jemanden, beispielsweise einen alten Kneipenwirt, der diese Technik beherrscht. Man muss dabei auf die Kleidung, die Körperhaltung, das Blinzeln der Augen und vieles mehr achten, was unsere Seherin mangels Gegenüber (ich habe sie nie getroffen) nicht konnte. Ihr lagen nur die Farbfotos vor.

Der zweite Trick sind sogenannte Barnum-Aussagen. Benannt sind sie nach dem Zirkusgründer Phineas Taylor Barnum, der alle möglichen Darbietungen im Programm hatte und dazu ein riesiges Kuriositätenkabinett besaß, das jedem etwas bieten konnte (»a little something for everybody«). Genauso geschmeidig funktionieren auch Barnum-Aussagen: Man bleibt mit seinen Aussagen an der Oberfläche, die für alle Menschen gilt, gibt dem Gegenüber aber den Eindruck, etwas ganz tiefgreifend Persönliches zu sagen. Sie kennen das aus Zeitungshoroskopen, die Sie ja beliebig austauschen können, und die trotzdem noch immer stimmen. Probieren Sie es auf der Arbeit aus, indem Sie Ihren KollegInnen einfach das »falsche« Horoskop vorlesen. Sie werden verblüfft sein: Die scheinbar präzisen Aussagen passen auch auf jedes andere »Sternzeichen«. Doch solche Barnum-Allgemeinplätze wären bei unseren fünf mehr oder weniger kriminellen Fällen viel zu auffällig und auch viel zu leicht total falsch gewesen. Es ging ja um das Aussehen von Tätern mit oder ohne Bart, die Art von tödlichen Verletzungen und so weiter. Dererlei sehr genaue Dinge lassen sich nicht wie

»Glück« in der Liebe oder »Erfolg« bei der Arbeit dahinschlampen, sodass sie fast immer passen.

Auch eine andere Methode wendete unser Medium nicht an: Es forschte nicht nach. Andernfalls hätte die Frau einige der ihr vorgelegten Fälle vielleicht knacken oder zumindest deutlich genauer beschreiben können. Dass sie nicht durch Googeln oder Literaturstudien pfuschte, ehrt sie. Es zeigt auch, dass das Medium sich wirklich auf ihre Eingebungen und sonst nichts verlassen hat. Unbewusst hat sie sich aber doch selbst getäuscht. Denn ihre Schlussfolgerungen waren öfters durch bloße Bildbetrachtung nachvollziehbar. Dazu einige Beispiele:

Im ersten Fall hing in altmodischer Umgebung das Bild einer älteren Frau an der Wand. Auf dem Sitzpolster befand sich ein nicht identifizierbarer, bräunlicher Fleck. Die (falsche) Schlussfolgerung, dass ein alter Mann in seiner Wohnung gesessen hatte, und dass seine Frau – als Bild an der Wand – schon früher gestorben war, lag nicht fern. Stimmt ja auch: Wer hängt sich schon sein eigenes Bild übers Bett? Unser Opfer tat es. Dass zudem von der Spurensicherung alle Decken vom Sofa entfernt worden waren und dann irgendjemand aufgeräumt, dabei aber das Blut nicht entfernt hatte, war ebenfalls eine harte Nuss. Dass das Medium glaubte, dass in dieser – leider nur auf dem Bild – ordentlichen Umgebung ein friedlicher Tod statt des in Wahrheit sehr gewalttätigen Geschehens mit Dutzenden von Messerstichen vorgelegen habe, ist durchaus erklärlich. Leider lag das Medium damit aber vollkommen falsch.

Auch in Fall 2 lässt sich einiges aus dem Tatortbild mit der toten Exfrau O. J. Simpsons ableiten. Dass beispielsweise viel Bewegung, etwa durch einen Fluchtversuch oder Kampf, stattgefunden hat, erschließt sich aus der weiträumigen Verteilung des Blutes. Die ganze Umgebung erscheint recht edel und gehoben (Vorgarten mit schicken Pflänzchen) und wie in einem Urlaub im Süden – so kommt man leicht (allerdings schon wieder falsch) auf ein Motorboot als Freizeitgerät.

Der (korrekte) Hinweis auf große Kälte im Vampirfall ist ebenfalls aus dem Foto ableitbar und verständlich. Der Tote hat nämlich eine dicke Mütze auf und sieht aus wie mit Frost überzogen. Dass die weißen Sprengsel um seinen Mund aber weder Eis noch ausgehustetes Material (Atemnot), sondern einfach Schimmelpilze sind, kann man sich schon weniger denken, wenn man noch nicht mit solchen Leichen zu tun hatte. Und doch war es in diesem Fall so.

Am meisten rätselte ich, warum das Medium meinte, unser Blutspurenfall habe in einem Keller stattgefunden. Doch auch für diese Ableitung gibt es eine Denkmöglichkeit: Das Foto erscheint in gelblich-fahlem Licht, wie es früher durch funzelige Glühbirnen in manchen Kellern herrschte. Weil ich das Bild damals analog fotografiert hatte und die Farbkorrektur im Labor seinerzeit noch nicht ohne Weiteres auf Taglichtstimmung schaltete, konnte beim Medium leicht die Vermutung entstehen, dass der Mord in einem Keller geschehen war. Doch das stimmte nicht.

Kein visionäres Vermögen

Dieses ratend-vorantastende Vorgehen erklärt auch, warum das Medium nach eigener Aussage am echten Tatort mehr wahrnehmen würde als aus den Bildern oder Bildausschnitten: Dort würden ja wirklich viel mehr Informationen vorliegen, die sich sinnvoll verknüpfen ließen. Dass das Medium aber im »Fall« der toten Zigarettenschachtel einen Tatbeteiligten sah und diesen auch zeichnerisch darstellen konnte, wo es keine Tat gab, beweist ihr Unvermögen, wirklich zu helfen. Dasselbe gilt im Fall 1 für die Fehlbeschreibung der toten Person beim Muttermord (angeblicher Mann statt in Wahrheit toter Frau) sowie im Fall 2 (O. J. Simpson) für das Übersehen der Hauptverletzung (Halsschnitt) und des zweiten Toten. Auch bizarre Umstände wie die »Enterdigung« und das Verbrennen des Herzens im Fall des »Vampirs« hätten aus Ermittlungssicht einen Niederschlag in Visionen finden müssen, um hilfreich zu sein, denn das Ausgraben der Leiche war das Verbrechen, nicht deren natürlicher Tod.

Bild des Toten in Fall 1 nach Vision des Mediums – getötet wurde in Wirklichkeit eine Frau.

Am interessantesten wären noch die Treffer bezüglich der Eisenbahnschienen im Zigarettenschachtelfall, die es ja zumindest in der Nähe des Fundortes der Schachtel gibt, sowie zur ungefähren Lage des Toten beim Kölner Blutspurenfall gewesen. Solche Glückstreffer sind zumindest anerkennenswert und erklären, warum sich Außenstehende vielleicht eine nutzbare Einsatzmöglichkeit für Medien erhoffen.

Da sich aber vorab überhaupt nicht klären lässt, welche der Hinweise des Mediums korrekt sind, erleichtern übersinnlich gewonnene Angaben die Ermittlungen nicht, sondern erschweren sie. Natürlich könnte die Zigarettenschachtel in Fall 5 aus einem Auto stammen, das früher oder später einmal in ein Verbrechen verwickelt war oder sein wird. Der bis zur Widerlegung nächstliegende Schluss ist aber, dass die Seele nach dem Tod eines Menschen nicht existiert beziehungsweise nicht als Energie vorliegt, die etwas kriminalistisch Verwertbares mitteilen kann.

Psychologisches zu Medien oder: Warum macht das Medium einen Test mit, obwohl es schon oft gemerkt haben muss, dass seine Vorhersagen nicht stimmen?

Die Visionen, die das Medium immer wieder zu erhalten meint, klingen dramatisch und aufregend. Sie sagt, dass grauenvolle Bilder von Verbrechen immer wieder auf sie einströmen, dass sie übernatürliche Wesen wahrnimmt und eine Botschafterin ist, die Informationen aus der Geisterwelt in die Welt der Lebenden übermittelt.

Menschen, die solche Geschichten erzählen und tatsächlich auch daran glauben, können dadurch ihr Selbstwertgefühl aufbessern. Oft haben sie im Leben Probleme gehabt, wegen derer sie daran zweifelten, ein wertvoller Mensch zu sein. Sie wurden von Eltern und Gleichaltrigen kaum beachtet oder sogar niedergemacht. Häufig mussten diese Menschen schon als Kinder immer nur funktionieren und Leistung erbringen, sich beispielsweise um Geschwister kümmern und viel im Haushalt helfen oder immer gut in der Schule und im Ballettunterricht sein. Sie haben daher das Gefühl entwickelt, als Personen unwichtig zu sein und für andere uninteressant, es sei denn, sie »verdienen« sich die Aufmerksamkeit durch ihr Verhalten. Weil diese Menschen in ihrer Kindheit meist wenig Zuwendung bekommen haben, hat sich in ihnen der Eindruck verfestigt, kein Mensch würde auf Dauer um ihrer selbst willen zu ihnen stehen. Deshalb haben sie Verhaltensweisen entwickelt, mit denen sie die Aufmerksamkeit anderer Menschen auf sich lenken können. Wenn sie andere an sich binden und von ihnen beachtet werden wollen, meinen diese Personen, dafür eine oft theaterreife Show bieten zu müssen. Gelingt es ihnen, dass andere Menschen ihnen dafür Beachtung schenken und sie für etwas ganz Besonderes halten, fühlen sie sich vorübergehend wohl.

Viele dieser Menschen fallen schon dadurch auf, dass sie sich auffallend kleiden. Zahlreiche Frauen mit diesen Verhaltensweisen betonen ihre weiblichen Reize durch auffällig hübsche Kleidung, starkes Schminken und eine sehr gepflegte Frisur.

Wichtiger als ihr Aussehen ist aber, dass sie stets – aus ihrer Sicht – dramatische, aufregende Dinge zu erzählen haben. Entweder berichten sie von ihren einzigartigen Fähigkeiten und Erlebnissen oder – falls das nicht genug Aufmerksamkeit erzeugt – sie klagen über schlimme Erkrankungen, die sie ständig quälen und einschränken.

Beides zusammen – also sowohl besondere Fähigkeiten und Erlebnisse als auch belastende Erkrankungen – bietet solchen Menschen doppelt die Möglichkeit, die Zuwendung und Aufmerksamkeit des Zuhörers oder Lesers zu erreichen. Nach meiner Erfahrung als Psychologin klagen solche Menschen häufig über immer wiederkehrende Schmerzen – beispielsweise Kopf- oder Rückenschmerzen –, oder sie haben Probleme mit dem Kreislauf, dem Magen oder leiden an Angststörungen wie Panikattacken.

Unser Medium litt laut eigener Aussage an einer großen Furcht davor, vor die Tür zu gehen (Agoraphobie). Besonders beängstigend finden die meisten Betroffenen mit dieser seelischen Besonderheit Menschenmassen, Geschäfte und große Plätze. Meist trauen sie sich früher oder später kaum oder gar nicht mehr ohne Begleitung vor die Tür. Tun sie es dennoch, erleben sie Panik, bei denen ihr Herz rast, sie ein Beklemmungsgefühl in der Brust spüren, stark schwitzen und glauben, zu ersticken oder an einem Herzinfarkt zu sterben.

Nur ein Teil der Menschen, die unter der Furcht vor Orten und Plätzen leiden, haben gleichzeitig auch noch das übertriebene Bedürfnis nach Aufmerksamkeit. Doch im Fall unseres Mediums passt die angeblich übernatürliche Fähigkeit der Dame, wegen derer sie sich scheinbar selbstlos geradezu als Vermittlerin zwischen den Welten anbieten muss, *sehr gut zu der von ihr selbst berichteten Erkrankung.*

Menschen, die von sich selbst ehrlich überzeugt sind, Auserwählte mit besonderen, übersinnlichen Fähigkeiten zu sein, lassen sich nicht von einem schiefgelaufenen Test von ihrem Glauben abbringen. Ich habe kürzlich sogar bei einer öffentlichen

Diskussion zu der völlig unsinnigen Behauptung, Menschen könnten sich nur von Licht ernähren, miterlebt, wie eine chinesische Vertreterin dieser Lebensweise zuerst in einem Nebensatz zugab, dass sie sich keineswegs nur von Licht, sondern auch von Obst und Gemüse ernähre. Diese Dame weigerte sich trotzdem bei genauerem Nachfragen von Mark, dazu klar Stellung zu nehmen. Sie erzählte stattdessen alles Mögliche – nur die Frage, was sie pro Woche an Lebensmitteln auf normalem Wege zu sich nimmt, beantwortete sie um keinen Preis. Der Grund: Die Frau ist fest davon überzeugt, sie ernähre sich »fast« ausschließlich beziehungsweise »hauptsächlich« von Licht – und das reicht ihr, um ihre Überzeugung zu behalten.

Menschen, die mithilfe abergläubischer Überzeugungen versuchen, etwas Besonderes zu sein, ziehen einen so starken (meist seelischen, manchmal auch finanziellen) Gewinn für sich daraus, dass weder Vernunft noch prüfbare Gegenbeweise sie von ihrem Glauben abbringen können.

KAPITEL 11

ZUM SCHLUSS: MORD, LUST UND MORDLUST

In der *Frankfurter Rundschau* erscheint alle paar Wochen eine Kolumne, die intern »Mord der Woche« heißt, auch wenn es nicht immer um Tötungen geht. Ich habe Ihnen einige Texte aus dieser Serie herausgesucht, weil ich dort gezwungen bin, sehr knapp auf den Punkt zu kommen. Den Fall Josef Fritzl hat meine Frau in diesem Buch bereits ausführlich beschrieben (vgl. S. 188 ff.), den Fall der zwei getöteten Kinder in Bodenfelde kennen Sie wahrscheinlich aus der Presse; es folgen zwei Fälle, die zwar von der Öffentlichkeit kaum wahrgenommen worden sind, die nichtsdestotrotz sehr spannend waren. Zuletzt dann noch ein Text, in dem wir das Verfahren gegen einen total uneinsichtigen, durchaus freundlichen Pädophilen und einen als Kind sexuell missbrauchten Serienmörder schildern. Er entstand unter wesentlicher Mitwirkung von Lydia (als Vorwort für ein Buch von Petra Klages). Mit dem darin enthaltenen Blickwinkel darauf, dass Täter oft auch gleichzeitig Opfer sind, soll dieses Buch enden. Ich hoffe, dass wir Sie davon überzeugen können, dass bei Kriminalfällen, anders als in den meisten Krimis, letztlich alle Opfer sind: die Toten, die Leidenden, die Familien, die Täter, die Freunde. Die einzige Methode, Verbrechen zu besiegen, ist, sie zu verstehen und ihnen dadurch vorzubeugen. Davon bin ich nach zwanzig Jahren Arbeit in Sachen Mord und Totschlag zunehmend überzeugt.

Kolumne 1: Mordlust

Als Biologe, der als Kind am liebsten mit dem Chemiebaukasten gespielt hat, stolperte ich vor Gericht zu Beginn meiner Sachverständigentätigkeit des Öfteren herum: Dass nicht jedes Umbringen gleich ein Mord sein sollte, wunderte mich; ebenso die Tatsache, dass eine »Tötung auf Verlangen« meist eine fette Haftstrafe nach sich zog.

Warum, fragte ich mich, landet einer im Bau, nur weil er jemanden getötet hat, der erstens unbedingt umgebracht werden wollte, und das zweitens per Video und schriftlich lange Zeit festgelegt hat? Warum ist es dann aber umgekehrt straffrei, wenn ein Freund dem anderen, der an einer schweren, unerträglichen Erkrankung leidet, den Giftbecher bereitet und reicht?

Die JuristInnen unter Ihnen raufen sich bereits die Haare. »Das ist doch alles im Gesetz und seinen Kommentaren festgelegt!«, sagen Sie sich, und wenn Sie aus Köln stammen, ergänzen Sie sogar noch ein alles hinfortwischendes »Watt soll der Quatsch?«. Prima – denn jetzt wirbeln wir das Ganze einmal durch.

Im winzigen Kaff Bodenfelde wurden zwei Kinder getötet, allerdings aus Mordlust. »Allerdings«? Ja, denn beim Verschwinden der Kinder hatte jeder sofort an einen sexuellen Grund für die Taten gedacht, nicht aber an Spaß am Töten. Warum eigentlich? Es gibt doch so viele Gründe und Arten, zu töten: aus Habgier, mit Heimtücke, grausam, gemeingefährlich, um eine andere Tat zu verdecken und so weiter.

Schwirrt es schon in Ihrem Kopf? In meinem auch. Und das war erst der Anfang. Es gibt ja noch Doppel-, Meuchel-, Serien-, Tyrannen- und Völkermorde, Massenmorde, politische Morde und Selbstmordattentate.

Warum um alles in der Welt ist es also so erleichternd (»wenigstens kein Sexualdelikt!«) und gleichzeitig so grauenvoll, dass der Bodenfelder Täter aus Mordlust tötete, wo doch auch sonst allerorten gemeuchelt, hingerichtet und niedergestreckt wird?

Das liegt eben daran, dass die kristalline Mordlust für niemanden nachvollziehbar ist, der nicht alle Schrauben locker hat. Denn jeder kennt Gier oder Neid, sexuelle Wünsche, Wut, Faulheit und all die übrigen Hauptlaster, um die sich die Religionen drehen. Tötungen, die wegen dieser »Sünden« begangen werden, nehmen wir zwar nicht hin, können sie aber zumindest entfernt nachvollziehen. Irgendwie haben Sie auch etwas mit uns zu tun. Daher hassen wir die Täter auch so.

Bei der Mordlust sieht es anders aus. Für sie gibt es keinen noch so entfernten Grund mehr, keinen Halt, der sich unserem Gehirn bietet, keinen noch so widerlichen Sinn, nichts. Die Opfer sind austauschbar und werden damit im Leben wie im Tod egal. Manchmal quälen mordlüsterne Täter ihre Opfer, meist aber nicht einmal das. Sie wollen einfach töten. Irgendwen. Mordlust ist leer, kalt, einsam, dumm, verzweifelt. Sie ist die geronnene Abwendung von dem, was Menschen einander nach Zigmillionen Jahren Entwicklungsgeschichte geben könnten – *wenn* sie es halt könnten.

Wer mit mordlüsternen Tätern arbeitet, den erfasst der Hauch des absoluten Nichts. Und davon kann sich niemand erholen.

Kolumne 2: Das Böse ist ein blöder Witz

Das reizt viele österreichische BoulevardjournalistInnen bis aufs Blut: Die deutsche *BILD* hat ihnen, während das aktuelle Buch von Natascha Kampusch in den Schaufenstern sie ablenkte, die Story der Jahres gestohlen. Die Pförtner hatten die beiden Piefke-Journalisten zu Josef Fritzl, wegen – O-Ton – »Blutschande, dreitausendfacher Vergewaltigung und Sklavenhandel« verurteilt, angeblich nur nach Vorlage der Presseausweise durchgelassen. Das »Monster« plauderte mit den beiden sodann über eine Stunde lang »ungestört und alleine«, ließ sich fotografieren und unterschrieb sogar noch die nötigen Einwilligungen. »Wir haben am Eingang gefragt, ob wir Herrn Fritzl interviewen könnten, und nach fünf Minuten waren wir drin«, berichtete Wolfgang Ainetter dem Österreicher Kolumnisten des südlichen Boulevard-Pendants *Kronen-Zeitung*: »Unter uns, Kollege Jeannée, das war eine superleichte Übung.«

So weit, so bizarr. Der Nervenkitzel eines Besuchs in der Höhle von Monstern entsteht wohl durch das Gefälle zwischen dem als unmenschlich wahrgenommenen Täter, der die Schäflein, treten sie einmal in seine Zelle, zerreißen könnte, wenn er nur wollte. Doch das ist Quatsch. Selbst der gefühlsärmste Täter hat sehr spezielle Vorlieben, Fantasien und Faxen-Vorstellungen. Gefährlich ist so ein Besuch daher nicht – oft genug aber erheiternd bis erhellend.

Zwei Beispiele. Einer der bekanntesten Serienmörder aus den USA, John Wayne Gacy, machte sich mit Journalisten den für einen Psychopathen naheliegenden Spaß, ihnen verschwörerisch zu »verraten«, wo die letzte seiner Leichen liegen sollte. Die beiden Rechercheure überlegten, ob sie das besser erst der Polizei melden und dann suchen gehen sollten oder umgekehrt. Sie entschieden sich fürs Suchen – ohne Polizei. Was sie fanden, war in der Tat eine Leiche. Bloß war es die einer toten Katze. Der Täter dürfte wochenlang Spaß an den dummen Gesichtern der Enttäuschten gehabt haben.

Nebensachen wie diese haben mich als Biologen dazu gebracht, bei Taten nicht nur auf objektive, sondern auch auf subjektive Spuren zu achten. So wundert es mich nicht mehr, dass Fritzl, anstatt mit Hängekopf zu schmachten und zu schmoren, lieber fernsieht, weil er etwas »zum Lachen« braucht.

Ich bin froh, dass sich jemand zu Fritzl durchgeschlichen hat. Denn jetzt weiß auch ich als Außenstehender, dass er kein mystisches Monster ist, sondern bloß ein weiterer vermurkster Mensch ohne jedes Gefühl, was ihm und anderen gut tun würde. Das Böse ist mal wieder ein blöder Witz im Meer des Leidens und der Leidenschaften. Nicht mehr, aber auch nicht weniger.

Kolumne 3: Im Namen des Volkes

Die Augen des Angeklagten strahlen zuversichtlich. Ständig reicht er mir irgendein abgegriffenes, total zernudeltes Blatt aus seiner Aktenkopie herüber, das seiner Meinung nach zum jeweils im Gerichtssaal besprochenen Thema passt. Der Saal ist riesig und in tiefem Dunkelbraun getäfelt. Steckdosen gibt es nicht. Nur die Schriftführerin spielt in der Ecke Tetris. Sie hat wohl ein Verlängerungskabel.

»Im Knast habe ich ein selbst gedrehtes Video der Spuren«, meldet der Angeklagte in die irritierte Runde. Er meint wohl, dass es erstens normal ist, einen Tatort selbst zu filmen, und zweitens, dass seine Kamera im Gefängnis für ihn erreichbar wäre. Was er tatsächlich hat, sind seine Erinnerungen und die Akte eines Falles, der angeblich nicht seiner ist. Sonst nichts.

Drei Verteidiger mühen sich um ihn. Und, was selten ist: Sie können was.

»Warum soll ich meine Frau umgebracht haben?«, fragt der vermeintliche Täter.

»Na ja, sie lag nachts vor Ihrer Haustür.«

»Na und?«, sagt der Angeklagte. »Da kann sie jeder hingelegt haben.«

»Und Sie hatten eine Lebensversicherung abgeschlossen.«

»Wer hat das in der Ehe nicht? Auf Gegenseitigkeit!«, erwidert er.

»Was hat Ihre Frau eigentlich draußen gemacht?«

»Sie wollte zum Sport, wie jeden Dienstag.«

»Und vorher?«

»Hat sie ewig telefoniert und etwas gegessen.«

»Hatten Sie Streit?«

»Nie!«

Die Experten laufen auf. »So eine Kopfschwarte, die blutet meistens wirklich sehr stark«, sagt der erste. »Die riesige Blutlache, die Sie hier auf dem Foto sehen, ist allerdings eine statische. Da könnte man regelrecht daneben stehen, zwanzig Minuten lang, und zugucken – das wäre richtig langweilig. Die Lache würde nur immer größer werden, weil das Blut die Treppe herunterläuft. Sonst würde nichts passieren.« Die Schöffen heben die Augenbrauen.

»Wir hatten eine Kieferklemme«, sagt der Rettungsassistent. »Also, so nennen wir das. Es ist keine echte Klemme, sondern die Totenstarre im Kiefermuskel.« »Und *wie* steif darf ich mir das vorstellen?«, fragt einer der Anwälte mit milder Stimme und leicht abgespreizten Fingern. »Das ist subjektiv«, springt der Rechtsmediziner hinzu, »es kommt halt darauf an, wie viel Kraft Sie haben.«

Eine Verwandte des Opfers ist unerreichbar. Ihre Stellungnahme wird daher verlesen. »Heile Ehe ohne Streit?«, steht da. »Meine Schwester wollte sich scheiden lassen! Das hat sie uns allen lang und breit erzählt, fragen Sie nur herum. Sie hatte sogar schon einen neuen Partner, lebte aber noch bei ihrem Mann. Es war schon alles vorbereitet.« »Schwachsinn«, sagt der Angeklagte, »warum hätten wir uns denn dann eine neue Wohnung besorgt? Wir waren mitten im Umzug!« In der Tat: Sogar die Polizisten, die den Mann in der Tatnacht betreuten, sahen die Umzugskartons. Und die Tränen des Angeklagten. »Er wirkte echt verzweifelt«, sagt eine Streifenpolizistin mit jugendlichem Charme und blondem Pferdeschwanz.

Das Urteil folgt: Lebenslang. »Eins ist klar«, sagt der älteste der Verteidiger, »es gibt nichts, was unseren Mandanten mit der Tat in Verbindung bringt. Wir werden ein Leben lang weiter kämpfen.«

»Etwas anderes ist aber genauso klar«, erwidert der Richter, »es gab zu viele Widersprüche.«

Nachbemerkung: In den letzten zehn Jahren sind allein in den USA sechzig Menschen aus der Death Row freigekommen, weil sich – nach durchschnittlich zehn Jahren Knast – ihre Unschuld herausgestellt hatte.

Kolumne 4: Täter und Opfer

Mark und Lydia Benecke

Gestern im Gerichtssaal. Der Angeklagte lässt sich beim Hereinkommen nicht fotografieren. Er hält sich einen Aktenordner vors Gesicht, bis die Richterin den Fotografen rauswirft. Angeklagt ist ein schlanker Mann in weichem Wollpulli und mit grauer Fönwelle. Er soll sechshundert Mal »sexuelle Handlungen vorgenommen haben«, immer an denselben zwei Kindern. Er betreute sie, war ihr Ersatzvater und hielt Kontakt, bis die Therapeutinnen den Opfern vor Kurzem verboten, ihm weiter Briefe in den Knast zu schreiben.

Im Laufe der Verhandlung bleiben »nur« noch um die hundert – oder doch zweihundert? – sexuelle Handlungen übrig. »Wie soll ich mich an die genaue Zahl erinnern«, sagt der Angeklagte, »wo die Kinder doch bei mir gelebt haben? Irgendwann war ich nicht mehr der Jüngste, da hat der Oralverkehr sicher abgenommen.« Er blättert verständnislos in seinen Unterlagen, in denen er akribisch jeden Monat aufgezeichnet hat, in denen er mit den Jungen – in seinen zweideutigen Worten – »zusammen war«.

Die Richterin gibt sich ungerührt, obwohl ihre Stimme schwankt. Sie versucht stundenlang, die genauen Sex-Häufigkeiten zu errechnen. »Sie waren doch im Urlaub mit den Kindern! Daran müssen Sie sich doch erinnern. Waren Sie in einem Zelt? Im Freien? Oder wo?« – »Ach«, sagt der Angeklagte, »das spielt doch keine Rolle, ob es im Zelt war ...«

Es ist hoffnungslos. Alle reden und tanzen um den heißen Brei herum, keiner haut auf den Tisch, keiner hört dem anderen richtig zu. Die Richterin vertagt das Verfahren, die *BILD*-Zeitung schießt die beiden Opfer, die jetzt sechs Stunden ohne jede Information vor der abgeschabten Türe auf einem Gerichtsflur herumsaßen, noch von hinten ab. Alles geht seinen üblichen, ans Idiotische grenzenden Behördengang.

Eine Frage, die niemand stellt, ist die, warum unser Angeklagter eigentlich so geworden ist, wie er ist. Vor Gericht ist das in diesem Fall aber auch wirklich egal. Er sieht sowieso nichts ein, hat keine Therapie gemacht und beharrt darauf, dass er zeitlebens keinem Kind Gewalt zugefügt hat. Das stimmt sogar, denn nett war er immer. Sogar der warum auch immer zugezogene Psychologe will nur wissen, ob Gewalt und Zwang im Spiel waren oder nicht. Er möchte daher gegen den allgemeinen Willen im Saal, die beiden Opfer heute und für immer in Ruhe zu lassen, sie noch einmal hören.

»Wie viele Pädophilen-Verfahren hatten Sie schon?«, fragt der Verteidiger den Psychologen daraufhin verdächtig freundlich und milde. »Das hier ist doch ein ganz durchschnittliches Pädophilen-Verfahren, kein Mord! Haben Sie schon jemals davon gehört, dass normale Pädophile Gewalt gegen Kinder anwenden?« Nein. Darüber hatte sich niemand im Raum Gedanken gemacht. Die meisten Pädophilen überreden, überrumpeln, überlisten und bestechen ihre Opfer. Messer und Pistole brauchen sie dazu nicht.

Bald wird es allen zu viel. Beratungspause, Kaffeepause, Rechtsgespräch, Mittagspause, Abbruch. Der Staatsanwalt, ein kleiner, junger, überdynamischer Mann, macht noch schnell eine sehr schlüpfrige Bemerkung und beantragt Haftbefehl. Der Angeklagte hatte sich nämlich verplappert und zugegeben, während einer Bewährungszeit vor zig Jahren sofort wieder Kontakt zu seinen kindlichen Opfern aufgenommen zu haben.

Überhaupt macht es dem Staatsanwalt sichtlich Spaß, den Täter wie eine Schlange zu zertreten. Dass sich der alte, sanfte Angeklagte im Buchhalter-Habitus vor allem wegen der angeforderten Zahlenpräzision, die er so gerne liefern würde, windet, versteht der

Jurist nicht. Er ist für Abstraktes zuständig. Umgekehrt ist es auch nicht besser. Die Frage danach, ob er die Jungs, nachdem sie Schamhaare hatten, noch sexuell anziehend fand, findet nun der Angeklagte seltsam. »Darüber bin ich zum Glück hinaus«, sagt der Mann so sachlich wie selbstverständlich, »ich bin doch nicht ephebophil.« »Was?«, fragt die Richterin aufgeschreckt. »E – phe – bo – phil«, buchstabiert der Mann höflich, so als hätte die Richterin, genau wie er, einfach nur ein schlechtes Gehör. In Wahrheit hat sie den Begriff, der die Hinwendung zu nachpubertären Jungen beschreibt, noch nie gehört.

Am zeitigen Nachmittag ist das Trauerspiel, das nur aus Missverständnissen besteht, zum Glück zu Ende. Alle gehen nach Hause.

Zunächst nur am Rande – nämlich zur späteren Feststellung der Schwere der Tat – deutet jemand an, dass es nicht nur um den Täter geht, sondern dessen sexuelle Handlungen auch auf die Opfer Auswirkungen haben. Eines der Opfer, so stellt sich heraus, sitzt nämlich selbst im Gefängnis – verurteilt für Sex mit Kindern, in haargenau der Art, die er selbst als Kind erlebte. Die Psychologen berichten, dass er in seiner Sexualität unwiderruflich auf kleine Jungen geprägt ist, während sein Bruder – das zweite Opfer – eine auf Erwachsene ausgerichtete Sexualität entwickelte.

Sexueller Missbrauch in der Kindheit wirkt sich ganz unterschiedlich auf die Psyche der Opfer aus. Wer das Thema nur aus den Medien kennt, reagiert auf den bei manchen Tätern bestehenden Zusammenhang von Missbrauch in der Kindheit und späteren eigenen, genau gleichen Taten mit Unverständnis. Denn rein gefühlsmäßig würde man meinen, dass doch gerade ehemalige Missbrauchsopfer das damit einhergehende Leid genau kennen müssten. Das sollte sie eigentlich von eigenen Taten abhalten. Dabei ist Außenstehenden oft nicht klar, dass in den meisten Fällen von sexuellem Kindesmissbrauch eben keine brutale Gewalt herrscht, sondern Psychoterror der unterschwelligen Art.

Die Täter – sehr oft Familienmitglieder oder soziale Bezugspersonen der Kinder – bauen nämlich fast immer durch Zuwendung und Aufmerksamkeit eine persönliche Beziehung zu ihren Opfern auf. So geraten die Kinder allmählich in ein emotionales Abhängigkeitsverhältnis, in dem sie die sexuellen Handlungen dulden – aus Angst, ihre Bezugsperson zu verlieren. Diese Kinder entwickeln durch die Einbettung der sexuellen Handlungen in ihren Alltag häufig den Glauben, es sei »normal«, die sexuellen Wünsche der erwachsenen Bezugsperson zu erfüllen.

Das ist ein verheerender Mechanismus: Einerseits geben sich die Kinder oft selbst die Schuld für den Missbrauch, da sie den in ihnen wirkenden emotionalen Abhängigkeitsprozess nicht verstehen und verarbeiten können. Andererseits können sich die Täter dadurch, dass sie keine körperliche Gewalt anwenden, ihre Taten schönreden, indem sie sich sagen: »Wenn das, was ich tue, so schlimm für das Kind wäre, dann würde es ja nicht mehr zu mir kommen. Ich zwinge es ja nicht.« Hält man sich das vor Augen, dann wird nachvollziehbarer, wie tiefgreifend die Folgen für das Selbstbild, die Beziehungsfähigkeit und die Sexualität von Missbrauchsopfern sind.

Natürlich kann auch vieles andere in der Entwicklung von Kindern schiefgehen. Auch scheinbar harmlosere Erfahrungen als Missbrauch, beispielsweise die frühe Trennung von einem Elternteil, können eine sehr ungünstige Folge auf die Beziehungsfähigkeit von Kindern haben. Bekannte Folgen sind dabei, wie bei sexuellem Missbrauch, Depressionen, Angststörungen, die Borderline-Persönlichkeitsstörung, sexuell abweichende Vorlieben, Störungen der Fähigkeit, sich auf zwischenmenschliche Beziehungen einzulassen, und vieles für die Betroffenen Unangenehme mehr. In ihrer Ausprägung und Zusammenstellung unterscheiden sich die Folgen stark – sie schränken aber immer die Fähigkeit zu entspannten Partnerschaften ein. Und das ist schlimm.

Wie es zu den immer ähnlichen Folgen von Missbrauch kommt, wissen wir noch nicht. Die menschliche Entwicklung setzt sich aus einem kniffeligen Zusammenspiel von genetischen Einflüssen und Umwelteinflüssen zusammen. Das bedeutet, dass es Umwelteinflüsse gibt, die bestimmte Entwicklungen wahrscheinlicher machen, aber sich eben nicht in jedem Fall gleich auswirken. Ein gutes Beispiel hierfür ist das Rauchen von Zigaretten. Es erhöht nachweislich die Wahrscheinlichkeit, Lungenkrebs zu entwickeln, doch weitaus nicht jeder Raucher entwickelt Lungenkrebs. So ist es auch mit allen anderen Einflüssen: Sie können, müssen aber nicht zu denselben Schäden führen. Doch wie beim Rauchen gilt: Irgendeine Einschränkung folgt immer.

Einen Extremfall dessen, was aus einem ehemaligen Missbrauchsopfer werden kann, schildert Petra Klages in ihrem Buch *»Brieffreundschaft« mit einem Serienmörder*. Dort hat sie viele Darstellungen eines besonders grauenvoll handelnden Täters gesammelt: Sie schrieb ihm Briefe, und er schrieb zurück – oft und detailliert. Als Pädagogin und Kriminologin hat Klages so jahrelang einen neuzeitlichen Sexualmörder ausgeforscht, für den noch nicht einmal ein Heiliger Zuneigung empfinden kann. Der Täter hat seine Opfer aufgeschnitten, zerstückelt, ihnen die Eingeweide entnommen und sie an gut einsehbaren Orten in offensichtlichen Posen abgelegt. Mehr geht nicht.

Allerdings schildert der Mann in seinen Briefen nicht nur Dinge, die auf den ersten Blick bloß grauenerregend sind, sondern die auf den zweiten Blick auch sehr viel darüber aussagen, was in ihm vorging. Das hilft uns, vergleichbare Taten besser auf mögliche Spuren hin zu untersuchen. Der Psychologin ermöglicht es, nach Therapie- oder Vorbeugungsmöglichkeiten zu suchen.

Es ist darum eigentlich schade, dass nicht jeder Täter seine Geschichte so veröffentlichen kann. Als John Douglas und Robert Ressler in den Achtzigerjahren versuchten, Serienmörder für das FBI zu befragen, wurde es ihnen sogar – allerdings nur mündlich – verboten, weil man zu viel Unruhe in der Bevölkerung fürchtete. Gut, dass die beiden ihre Vorgesetzten nicht schriftlich gefragt hatten – so erhielten sie nie ein schwarzes auf weißes »Nein« und führten ihre systematische Untersuchung von Tätern trotzdem durch. Der Lohn: ein wesentlich verbessertes Verständnis der Seele von Serientätern.

Vor allem eins wurde dabei endgültig klar: Die mal über- und mal unterbewerteten Umwelteinflüsse auf ein Kind verdichteten sich zu vorhersagbaren Gesetzmäßigkeiten, was die Wahrscheinlichkeit von negativen Folgen auf die Psyche der Kinder angeht. Dennoch wird noch sehr viel geforscht werden müssen, um die Zusammenhänge verschiedener Einflussfaktoren besser beschreiben und so auch beeinflussen zu können. Klar ist aber jetzt schon: Je stärker das Trauma, dem ein Täter in seiner Kindheit ausgesetzt war, desto fürchterlicher können seine Wut und seine eigenen Taten werden. Das hört sich fürchterlich banal an. Ist es aber nicht, denn es gibt sehr viele Arten, ein Kind zu zerstören. Manche wurden leider erst in der Neuzeit verstanden.

So ähnlich ist es mit dem pädophilen Mann aus dem oben geschilderten Verfahren. Er ist, wie die meisten Täter, Lichtjahre von einem Mord entfernt. Dennoch versteht er nicht, dass Liebe, Sex und elterlicher Schutz bei Kindern nicht vermischt und in einer Person gebündelt werden dürfen. Die seelisch vernachlässigten Opfer, die sich zunächst über liebevolle Brosamen im sonst herrschenden emotionalen Nichts freuen, werden als Erwachsene fast unweigerlich selber zu Bindungsgestörten, Suizidenten oder eben Pädophilen. Andere werden Stricher, die durchdrehen, wenn sie eines Tages verlassen werden – und sei es nur von ihrem Freier. Ich (M.B.) habe zwei derartige Wohnungstatorte gesehen. Es gab keine Stelle in den betreffenden Räumen, die nicht von Blut bedeckt war. Wirklich keine.

Briefe und Berichte von Tätern – ganz gleich ob sie körperliche Gewalt ausübten oder nicht – sollen und können natürlich keine Sympathie erzeugen. Aber für Menschen mit den gleichen Gedanken, Gefühlen und Meinungen wie die von vielen anderen Menschen hätte man die Straftäter wahrscheinlich ebenso wenig gehalten. Auch Fernseh- und Zeitungsberichte stellen sie meist als Gruselmonster dar und vermitteln das bequeme Gefühl, es handele sich um Kreaturen, die nichts mit angeblich normalen Menschen gemein hätten. Manche Täter bezeichnen sich sogar selbst als Monster.

Wie schmal aber die Grenze zwischen Menschen ist, die sehr grausame Taten begehen, und denen, die dies nicht tun, wird durch die Erlebensschilderungen der Täter klar. Ihre Erinnerungen und Gefühle, ihre alltäglichen Probleme und Gedanken lassen sie als menschliches Gegenüber erscheinen – ein Gegenüber mit Stärken und Schwächen, mit sympathischen und unsympathischen Eigenschaften. Das Grauen, das sich zugleich in ihren sexuellen Fantasien und Taten zeigt, steht eingebettet in das Gesamtbild von Menschen, die selbst Opfer von Missbrauch, Traumata und Vernachlässigung in der Kindheit wurden, die teilweise Ehemann, Vater, Arbeitskollege und Nachbar waren. Deswegen sind sie meist auch keine tobenden Teufel aus einer dunklen Höhle, sondern oft genug in die Gesellschaft integrierte Menschen, die von außen durch nichts von ihren Nachbarn unterscheidbar waren. Nicht, weil sie sich perfekt tarnen, sondern weil große Anteile ihres Erwachsenenlebens eben absolut normal sind.

Das ist eine sehr unbequeme Einsicht. Denn wer möchte sich schon vorstellen, dass der eigene Mann, Bruder, Vater oder beste Freund eine dunkle Seite in sich tragen kann, die sich der Vorstellungskraft vollkommen entzieht. Es gehört schließlich zum Wesen des Menschen, seine Umgebung als halbwegs stabil und einschätzbar erleben zu wollen – wie anders könnten wir unsere alltäglichen Aufgaben sonst erfüllen? Dazu gehört aber auch der Glaube daran, dass es auf der Welt »gute« und »böse« Menschen gibt – und dass man selbst und die nächsten Angehörigen zu den Guten gehören.

Diese Grundüberzeugung wird von den Tätern fast immer ins Wanken gebracht. Am Ausgangspunkt der Geschehnisse steht fast immer ein »normales«, wenn auch vernachlässigtes Kind, das Zuneigung und Geborgenheit sucht. Irgendwann lernt es sexuelle Übergriffe, manchmal auch Gewalt und Grausamkeit als selbstverständliche und in einen Kontext von Zuwendung und Aufmerksamkeit eingebettete Erlebnisse kennen. Das Problem daran ist – auch vor Gericht –, dass vieles von dem, was die Täter aus ihrer Kindheit berichten, den meisten Menschen völlig unvorstellbar erscheint. Doch die Missbrauchstaten geschehen nachweislich und oft. Es gibt dazu überreichlich Bild- und Filmmaterial auch aus Westeuropa, und das nicht nur, weil die Daten immer leichter übermittelbar werden, sondern auch, weil es eben so oft geschieht. Dass aus einigen dieser Opfer später selbst Täter – welcher Art auch immer – werden, ist ein eigentlich seit Jahrhunderten bekanntes Phänomen. Die Schäden in der Seele dieser Menschen zeigen sich in ihren zerstörten Lebensläufen, in denen auch Liebe und Zuneigung später nicht mehr so viel heilen können, wie man es hoffen würde.

Und noch etwas wird in den Lebensgeschichten vieler Täter deutlich: Sie zeigen in manchen Lebensphasen überhaupt keine ihrer jeweiligen Neigung entsprechenden Verhaltensweisen.

Zudem gibt es viele Menschen, die den Tätern vergleichbare sexuelle Fantasien haben, ohne diese jemals umzusetzen. Ein Leben ohne Umsetzung der abweichenden sexuellen Fantasien ist also durchaus möglich. In jedem einzelnen Fall entscheiden sich zumindest die Serientäter für das, was sie tun – und diese getroffenen Entscheidungen werden durch nichts gerechtfertigt. Dennoch begünstigen die Missbrauchserfahrungen stark die Entwicklung von Persönlichkeitseigenschaften, die zu Taten mit weiteren Opfern führen – allem voran die sexuell abweichenden Fantasien in Kombination mit dem fehlenden Mitgefühl den Opfern gegenüber. Schön ist das nicht, und es ärgert uns, weil es oft so unabänderlich und unsinnig erscheint. Und doch sehen wir vor Gericht immer und immer wieder dieselben Muster von Vernachlässigung, Missbrauch und Täterwerdung.

Was nicht nur wir, sondern auch therapierte Täter sich wünschen, ist, diese tödlichen Gesetzmäßigkeiten anzunehmen und auffällige Verhaltensweisen eines Kindes darum viel deutlicher wahrzunehmen. Wünschenswert wäre, dass jeder, der sich die Schilderungen der Täter vor Augen führt, nicht untätig bleibt, wenn ein Kind sonderbar ist, sondern versucht, mit ihm ins Gespräch zu kommen und sich eventuell Rat von Beratungsstellen zu holen.

Jeder Einzelne kann sich dafür entscheiden, hinzusehen oder wegzuschauen. Was die Folgen des Wegschauens im Falle von Kindesmissbrauch und -vernachlässigung sein können, das demonstrieren die späteren, wahnsinnigen Taten eindrucksvoll. Es lohnt sich daher, im Täter auch den Opferanteil zu sehen. Nicht aus Mitleid, und auch nicht aus der Sicht von Schuld und Sühne – sondern ganz einfach, damit es nicht noch mehr Opfer gibt.

Denn glauben Sie uns: Es gibt in dem ewigen Spiel aus Hass und Angst und Mord und Leid nur eines: eine höhere oder niedrigere Anzahl von Opfern.

Danksagung

Dank an das deutsche EBM Radio sowie Radio Schizoid, ohne die es unmöglich wäre, monatelang zwölf Stunden täglich zwischen Tat-Akten, Papier und Silizium zu verbringen, ohne den Verstand zu verlieren. Krach, bumm, boing, zack, ommm.

Literaturhinweise und Quellen

Dies ist eine unvollständige Literatur-Liste: Sie dient nur dazu, die direkt mit dem Text zusammenhängenden Quellen erkennbar (und prüfbar) zu machen. Die Vornamen der Autoren haben wir angegeben, sofern wir sie herauskriegen konnten. Es gibt noch tonnenweise weiterführende Literatur.

Bitte nicht wundern: Bei Zeitschriften-Artikeln sind die Namen der Zeitschriften kursiv gesetzt, bei Büchern die Titel. Warum das so üblich ist, wissen wir auch nicht, es ist trotz einer gewissen Unlogik aber ganz praktisch.

Hitlers Schädel und Zähne

AP (1996) Obituaries: Lester L. Luntz, 72, a dentist-detective. *The New York Times*, ohne Seitenangabe.

Argunova, Alisa (ohne Jahr), Die acht Bestattungen Hitlers. Russische Dokumente und Berichte. http://www.shoa.de/drittes-reich/adolf-Hitler/419.html#_ftn2

Bezymenskij, Lew (1969), *The Death of Adolf Hitler*. Pyramid, New York.

Bierhoff, Hans Werner (2006), *Sozialpsychologie: Ein Lehrbuch*. Kohlhammer Verlag, Stuttgart.

Bihl, Wolfdieter (2000), *Der Tod Adolf Hitlers. Fakten und Überlebenslegenden*. Böhlau, Wien (praktische Übersicht über sehr viele Aussagen).

Chernetsky, Vitaly (1993), On the Russian Archives: An Interview with Sergei V. Mironenko. *Slavic Review*, Bd. 52, S. 839–846.

Cone, Edward / Fant R.V. / Rohay J.M. / Caplan Y.H. / Ballina M. / Reder R.F. / Spyker D. / Haddox J.D. (2003), Oxycodone involvement in drug abuse deaths: a DAWN-based classification scheme applied to an oxycodone postmortem database containing over 1000 cases. *Journal of Analytical Toxicology*, Bd. 27, S. 57–67.

Control Commission for Germany, British Element (ohne Jahr), Intelligence Bureau Personality Files: X-Ray of Hitler's Skull / WO208/3789 (Röntgenbilder aus dem Jahr 1944).

Cruciani, Fulvio / R. La Fratta / P. Santolamazza / D. Sellitto / R. Pascone / P. Moral / E. Watson / V. Guida / E. B. Colomb / B. Zaharova / J. Lavinha / G. Vona / R. Aman / F. Cali / N. Akar / M. Richards / A. Torroni / A. Novelletto / R. Scozzari (2004), Phylogeographic Analysis of Haplogroup E1b1b (E-M215) Y Chromosomes Reveals Multiple Migratory Events Within and Out Of Africa. *American Journal of Human Genetics*, Bd. 74, S. 1014–1022.

Deprem-Hennen, Menevse (2007), *Hitlers Leibzahnarzt. Hugo Johannes Blaschkes Leben zwischen Politik und Zahnheilkunde – eine Studie nach bekannten und bis-*

her unveröffentlichten Dokumenten. Doktorarbeit, Institut für Geschichte der Medizin der Heinrich-Heine-Universität Düsseldorf.

Eberle, Henrik / Hans-Joachim Neumann (2009), *War Hitler krank?: Ein abschließender Befund*. Bastei Lübbe, Köln.

Ende, Michael (1979), *Die unendliche Geschichte*. Thienemann, Stuttgart.

Felgenhauer, Norbert / Thomas Zilker (2000), *Cyanidintoxikation*. Orphan Europe, Dietzenbach.

Focus Online (2006), Hitlers Erben: »Führer«-Stammbaum ohne Äste. *Focus Online*, 29. April 2011, ohne Seitenangabe.

Friedman, Elise (seit 2001), »Jewish E Project (formerly Jewish E3b Project), http://www.familytreedna.com/public/JewishE3bProject/default.aspx«. Family Tree DNA: Genealogy by Genetics, Ltd., Houston, Texas; letzter Zugriff 9. Januar 2011.

Funke, Monika (2009), Auf der Suche nach Hitlers Sohn. Mit spektakulären Methoden gelangte der belgische Journalist Jean-Paul Mulders an DNA-Proben, um die umstrittenen Thesen von Hitlers Vaterschaft und seiner jüdischen Abstammung zu überprüfen. *Berliner Kurier*, 15. Februar 2000, S. 18.

Gibbels, Ellen (1990), *Hitlers Parkinson-Krankheit. Zur Frage eines hirnorganischen Psychosyndroms*. Springer Verlag.

Goñi, Uki (2009), Tests on skull fragment cast doubt on Adolf Hitler suicide story. Bone with bullet hole found by Russians in 1946 came from an unknown woman, not the German leader. *The Observer*, 27. September 2009, ohne Seitenangabe.

Hall, Allan (2010), DNA tests reveal: ›Hitler was descended from the Jews and Africans he hated‹. *Daily Mail / Mail online*, last updated 24. August 2010, letzter Zugriff 9. Januar 2011.

Häussermann, Ekkhard (2008), Hugo Johannes Blaschke: Adolf Hitlers Leibzahnarzt. *zm – Zahnärztliche Mitteilungen*, 98. Jg., Nr. 5/2008, 1. März, S. 122.

Junge, Traudl / Melissa Müller (2002), *Bis zur letzten Stunde. Hitlers Sekretärin erzählt ihr Leben*. 2. Aufl., Claassen Verlag, Berlin.

Keiser-Nielsen, Sören / Strøm F. (1983), The odontological identification of Eva Braun Hitler. *Forensic Science International*, Bd. 21, S. 59–64.

Kulke, Ulli (2006), Der zweite Tod Adolf Hitlers. *Die Welt & Die Welt online*, 25. Oktober 2006, ohne Seitenangabe.

Lewin, Louis (1929), Blausäure. *Gifte und Vergiftungen*, 4. Aufl., Stilke, Berlin, S. 497–510.

Lutze, Kay (2011), persönliche Mitteilungen per E-mail (an Mark Benecke), 8. bis 9. Januar 2011.

Lutze, Kay (2006), Von Liegnitz nach New York. Die Lebensgeschichte des jüdischen Zahnarztes Fedor Bruck (1895–1982). *zm – Zahnärztliche Mitteilungen*, 96. Jg., Nr. 10/2006, S. 124–127.

Marinin, O.V. (2003), The State Archive of the Russian Federation (SARF). http://www.rosizo.ru/eng/japan/about_archive.html, letzter Zugriff 9. Januar 2011.

Menninger, Erich / C. Bachem (1932), Eukodal-Vergiftung, chronische. (Eukodalismus.) *Archives of Toxicology*, Bd. 3, S. 173–174.

Meskil, Paul (1961), *Hitler's heirs: Where are they now?*, Pyramid Books, New York.

Migge, Torsten (seit 2002), Geschichtsthemen. Hier: Hitlers Familie. http://www.geschichtsthemen.de/Hitlers_familie.htm; letzter Zugriff 9. Januar 2011.

Mills, Jane Mills (2009), ›Hitler‹ skull belonged to woman. *AFP*, 28. September 2009.

N.N. (1968), Ein Stück Stoff. (Suche nach Hitlers Leiche und Identifizierung der Zähne.) *Der Spiegel*, 22. Jg., Heft 32, S. 32–38.

N.N. (2003), Oral oxycodone: new preparation. No better than oral morphine. *Prescrire International*, Heft 65, Juni 2003, S. 83–84.

Nilsson, Dennis (2007), Map of the Fuehrerbunker in Berlin, 1945. Wikipedia, 2010, under Creative Commons Attribution 3.0 Unported.

Page, Jeremy Page / Luba Vinogradova (2005), Trophy-hunter steals Hitler badge. Russian security service is embarrassed as exhibition loses the Nazi leader's No. 1 party membership badge. *The Times*, London, 19. November 2005, ohne Seitenangabe.

Peters, Gerhard (1933), Gasschutz, Gasrest-Nachweis, Vergiftungsfälle und Gegenmittel. *Blausäure zur Schädlingsbekämpfung*. Enke, Stuttgart, hier: S. 72–75.

Rshewskaja, Jelena (1967), *Hitlers Ende ohne Mythos*. Deutscher Militärverlag, Berlin.

Sognnaes, Reidar Fauske (1977), Dental evidence in the postmortem identification of Adolf Hitler, Eva Braun, and Stefan Bormann. Legal Medicine Annual, Bd. 1976, S. 173–235.

Sognnaes, Reidar Fauske (1980), Hitler and Bormann identifications compared by postmortem craniofacial and dental characteristics. *American Journal Forensic Medical Pathology*, 1. Jg., S. 105–115.

Sognnaes, Reidar Fauske / F. Strøm (1973), The odontological identification of Adolf Hitler. Definitive documentation by X-rays, interrogations and autopsy findings. Acta Odontologica Scandinavica, 31. Jg., S. 43–69.

The Baltimore Sun (1996), Dr. Lester L. Luntz, 72, the first forensic dentist ever. 8. Februar 1996, ohne Seitenangabe.

Unterreiner, Franz (Hrsg.) (ab 2003), Verschwörungstheorie: Angebliche Flucht Hitlers nach Argentinien. Umfangreiche (absurde) englischsprachige Website http://south.greyfalcon.us/survive.html.

Vinogradov, V. K. / J. F. Pogonyi / N. V. Teptzov (2005), Hitler's Death: Russia's Last Great Secret from the Files of the KGB. Chaucer Press, Wilkes Barre, hier: S. 195: Aussage Rattenhubers zur Erschießung Hitlers durch Günsche.

Völklein, Ulrich (1998), *Hitlers Tod. Die letzten Tage im Führerbunker*. Steidl, Göttingen.

Weinberg, Gerhard Ludwig (1994), *A World at Arms: A Global History of World War II*. Cambridge (Engl.) und New York: Cambridge University Press; verbesserte Neuauflage 2005 (dt. *Eine Welt in Waffen*, DVA, Stuttgart 1995).

Wikipedia (2002), Psychopathografie Adolf Hitlers. Website: http://de.wikipedia.org/wiki/Adolf_Hitlers_Psychopathografie, letzter Zugriff 28. Februar 2011.

Zdral, Wolfgang (2005), *Die Hitlers: Die unbekannte Familie des Führers*. Campus Verlag, Frankfurt/M.

Spurenkunde und Wiederaufnahmeverfahren

Benecke, Mark (2005), So *arbeitet die moderne Kriminalbiologie. Insekten auf Leichen und genetische Fingerabdrücke*. Bastei Lübbe, Köln.

Death Penalty Information Center (2010) Innocence: List of Those Freed From Death Row, http://www.deathpenaltyinfo.org/innocence-list-those-freed-death-row, letzter Zugriff 16. Mai 2011.

Pfefferli, Peter (2007), *Die Spur: Ratgeber für die spurenkundliche Praxis*, 5. Auflage, Kriminalistik Verlag, München.

Reibe, Saskia / Mark Benecke (2010), Der reverse CSI-Effekt, Teil 1: Wenn Spuren nicht beachtet werden: Als Muttermörderin verurteilt: Der Fall Hartung. *Kriminalistik*, 64. Jg., S. 89–94.

Reibe, Saskia / Mark Benecke (2010), Der reverse CSI-Effekt, Teil 2: Mord oder Totschlag? Ein Rückenschuss entscheidet & Teil 3: Durchgebrannt? – Unfall? – Mord? Der Fall Raven Vollrath. *Kriminalistik*, 64. Jg., S. 174–179.

Sello, Erich (1911), *Die Irrtümer der Strafjustiz und ihre Ursachen. Erster Band: Todesstrafe und lebenslängliches Zuchthaus in richterlichen Fehlsprüchen neuerer Zeit.* Decker, Berlin.

Soldt, Rüdiger (2009), DNA-Ermittlungspanne: In die Sackgasse mit Artikelnummer 420180. *FAZ.net*, 27. März 2009, ohne Seitenangabe.

Stockrahm, Sven (2009), Phantom von Heilbronn: Geschlampt und dumm angestellt. *Zeit Online, Wissenschaft*, 27. März 2009, ohne Seitenangabe.

Welt Online / dpa (2008). Polizistenmord: Heilbronner »Phantom« hinterlässt neue DNA-Spur. 27. März 2008, ohne Seitenangabe.

Nekrophilie

Aggrawal, Anil (2009), A new classification of necrophilia. *Journal of Forensic and Legal Medicine*, Bd. 16, S. 316–320.

Benecke, Mark (2008), Clandestine necrophilia – probably legal, still a problem. *Anil Aggrawal's Internet Journal of Forensic Medicine and Toxicology*, Bd. 9, Heft 2 (Juli–Dezember), ohne Seitenangabe.

Ehrlich, Edwin / Markus Rothschild / Frank Pluisch / Volkmar Schneider (2000), An extreme case of necrophilia. *Legal Medicine*, 2. Jg., S. 224–226.

Fiedler, Peter (2004), *Sexuelle Orientierung und sexuelle Abweichung: Heterosexualität, Homosexualität, Transgenderismus und Paraphilien, sexueller Missbrauch, sexuelle Gewalt.* Beltz Psychologie Verlags Union, Weinheim; hier: S. 275–276.

Krafft-Ebing, Richard von (1898), *Psychopathia sexualis. Eine klinisch-forensische Studie.* 10. Aufl, Ferdinand Enke, Stuttgart, hier: S. 371–372.

Rosman, J. P. / P. J. Resnick (1989), Sexual attraction to corpses: A psychiatric review of necrophilia. *Bulletin of the American Academy of Psychiatry and the Law*, Bd. 17, S. 153–163.

Vatel, Mathilde (2010), *La nécrophilie. Étude théorique. À la mort des sociétés occidentales modernes et du cas de Jeffre Dahmer.* Université catholique de Louvain, École de criminologie. Master-Arbeit, Louvain-la-Neuve, September 2010.

Bücher zu weiteren seelischen Veränderungen

Fiedler, Peter (2001), *Persönlichkeitsstörungen.* BeltzPVU, Weinheim.

Haney, C. / Banks, W. C. & Philip Zimbardo (1973), Interpersonal dynamics in a simulated prison. *International Journal of Criminology and Penology*, Bd. 1, S. 69–97.

Sachse, Rainer (2004), *Persönlichkeitsstörungen – Leitfaden für die Psychologische Psychotherapie.* Hogrefe-Verlag, Göttingen.

Zimbardo, Philip (2008), D*er Luzifer-Effekt. Die Macht der Umstände und die Psychologie des Bösen.* Spektrum Akademischer Verlag, Heidelberg.

Beziehungstaten

Buss, David (2007), »Der Mörder in uns: Warum wir zum Töten programmiert sind«. Spektrum Akademischer Verlag, Heidelberg.

Foerster, Klaus / Ulrich Venzlaff (2004), *Psychiatrische Begutachtung: Ein praktisches Handbuch für Ärzte und Juristen.* Urban & Fischer Verlag, München.

Kröber, Hans-Ludwig / Dieter Dölling / Norbert Leygraf / Henning Saß (2007), *Handbuch der Forensischen Psychiatrie 1: Strafrechtliche Grundlagen der Forensischen Psychiatrie.* Steinkopff, Darmstadt.

Marneros, Andreas (2007) *Intimizid – Die Tötung des Intimpartners: Ursachen, Tatsituationen und forensische Beurteilung.* Schattauer Verlag, Stuttgart.

Glaubwürdigkeit und Glaubhaftigkeit

Greuel, Luise / Susanne Offe / Agnes Fabian (1998), *Glaubhaftigkeit der Zeugenaussage: Die Praxis der forensisch-psychologischen Begutachtung.* BeltzPVU, Weinheim.

Wikipedia (2002), Psychopathografie Adolf Hitlers. Website: http://de.wikipedia.org/wiki/Adolf_Hitlers_Psychopathografie, letzter Zugriff 28. Februar 2011.

Pornografie und angebliche Gewaltwirkung

D'Amato, Anthony (2007), Porn up, rape down. Northwestern University School of Law, Social Sciences Research Network, abrufbar unter http://anthonydamato.law.northwestern.edu/Adobefiles/porn.pdf (letzter Zugriff 24. Februar 2011).

Kendall, Todd (2007), Pornography, rape and the internet. Clemson University, John E. Walker Department of Economics; abrufbar unter http://www.toddkendall.net/internetcrime.pdf (letzter Zugriff 24. Februar 2011).

Paranormale Ermittlungen

Benecke, Mark (2011), Wahrheit und Vision: Test eines Mediums bei Todesfällen. *Skeptiker* 1/2011, S. 35–42.

Forer, Bertram / N. L. Farberow / M. M. Meter / R. S. Tolman (1952), Consistency and agreement in the judgment of Rorschach signs. *Journal of Projective Techniques and Personality Assessment*, 16. Jg., S. 346–351.

Hell, Wolfgang / K. Fiedler / G. Gigerenzer (Hrsg.) (1993), *Kognitive Täuschungen. Fehl-Leistungen und Mechanismen des Urteilens, Denkens und Erinnerns.* Spektrum Akademischer Verlag, Heidelberg.

Hyman, Ray (2007), Cold Reading. *Skeptical Inquirer*, Bd. 1/2007, S. 4–12.
Kelly, George Alexander (1955), *The psychology of personal constructs*. Norton, New York.
Kunkel, Michael (seit 2002), Wahrsagercheck. Website: http://www.wahrsager-check.de/
Schrenck-Notzing, Albert von (1911), Der Prozess der Bombastus-Werke und sonstige Beiträge zur forensischen und psychologischen Beurteilung spiritistischer Medien. *Archiv für Kriminalanthropologie*, Bd. 40, S. 55–115, hier S. 104 f.

Paranormale Ermittlungen: Psychologisches

Fiedler, Peter (2001), *Persönlichkeitsstörungen*. BeltzPVU, Weinheim.
Sachse, Rainer (2004), *Persönlichkeitsstörungen – Leitfaden für die Psychologische Psychotherapie*. Hogrefe-Verlag, Göttingen.

Sadismus, Pädophilie

Berner, Wolfgang / Peer Briken / Andreas Hill (2007), *Sexualstraftäter behandeln: Mit Psychotherapie und Medikamenten*. Deutscher Ärzte-Verlag, Köln.
Fiedler, Peter (2004), *Sexuelle Orientierung und sexuelle Abweichung: Heterosexualität – Homosexualität – Transgenderismus und Paraphilien – sexueller Mißbrauch – sexuelle Gewalt*. Beltz Psychologie Verlags Union, Weinheim.
Gaebel, W. / P. Falkei (2007), Behandlungsleitlinie Störungen der sexuellen Präferenz: Diagnose, Therapie und Prognose. Steinkopff, Darmstadt.
Vetter, Brigitte (2009), *Pervers, oder?: Sexualpräferenzstörungen; 100 Fragen, 100 Antworten; Ursachen, Symptomatik, Behandlung*. Huber, Bern.

Antisoziale Persönlichkeitsstörung und Psychopathie

Boetsch, Thomas (2008), *Psychopathie und antisoziale Persönlichkeitsstörung. Ideengeschichtliche Entwicklung der Konzepte in der deutschen und angloamerikanischen Psychiatrie und ihr Bezug zu modernen Diagnosesystemen*. Verlag Dr. Müller, Saarbrücken.
Hare, Robert / Karsten Petersen (2005), *Gewissenlos. Die Psychopathen unter uns*. Springer, Wien.
Stout, Martha (2006), *Der Soziopath von nebenan*. Springer, Wien.

Im Kopf von Vergewaltigern und Sexualmördern

Leygraf, Norbert (2007), Sadismus. *Forensische Psychiatrie, Psychologie, Kriminologie*, Bd. 1, S. 63–64.
Musolff, Cornelie / Jens Hoffmann (2006), *Täterprofile bei Gewaltverbrechen: Mythos, Theorie und forensische Anwendung des Profilings*. Springer, Berlin.

»Ehefrauen-Züchter«: Josef Fritzl und Wolfgang Priklopil

Cawthorne, Nigel (2008), *House of Horrors: The Horrific True Story of Josef Fritzl, the Father from Hell*. Blake, London.
Hall, Allan (2008), *Monster*. Penguin, London.

Hall, Allan / Michael Leidig (2006), *Girl in the Cellar: The Natascha Kampusch Story*. Hodder & Stoughton, London.

Kampusch, Natascha (2010), *3096 Tage*. List, Berlin.

Marsh, Stefanie / Pancevski, Bojan (2009), *I'm No Monster: The Horrifying True Story of Josef Fritzl*. Berkley Books, New York.

Serienmörder: Jack Unterweger, David Berkowitz, John Holmes, Dennis Rader, Ted Bundy

Berkowitz, David (2006), *Son of Hope: The Prison Journals of David Berkowitz: 1*. Morning Star Communications, Overland Park.

Berkowitz, David (2008), *David Berkowitz – Son of Sam*. Filiquarian Publishing, Minneapolis.

Borowski, John / Dimas Estrada (Hrsg.) (2005), *The Strange Case of Dr. H. H. Holmes: World's First Serial Killer*. Waterfront Productions, West Hollywood.

Calohan, George / Lori Jareo (Hrsg.) (2001), *My Search for »The Son of Sam«*. Writers Club Press, San Jose.

Douglas, John E. (2007), *Inside the Mind of BTK: The True Story Behind Thirty Years of Hunting for the Wichita Serial Killer*. Jossey-Bass, New York.

Geary, Rick (2003), *The Beast of Chicago: An Account of the Life and Crimes of Herman W. Mudgett, Known to the World as H. H. Holmes*. NBM Publishing, New York.

Harmatz, Hugo (2005), *Dear David ...: Letters to Inmate #78-A-1976, Son of Sam (David Berkowitz)*. Benra Publishing, New Jersey.

Kendall, Elizabeth (Pseudonym for Elizabeth Kloepfer) (1981), *The Phantom Prince: My Life With Ted Bundy*. Madrona Publishers, Seattle.

Keppel, Robert (2005), *The Riverman: Ted Bundy and I Hunt for the Green River Killer*. Pocket Books, New York.

Klausner, Lawrence (1980), *Son of Sam: Based on the Authorized Transcription of the Tapes, Official Documents and Diaries of David Berkowitz*. McGraw-Hill, New York.

Larson, Erik (2004), *The Devil in the White City: Murder, Magic, and Madness at the Fair that Changed America*. Vintage Books, New York.

Leake, John / Clemens Setz (2008), *Der Mann aus dem Fegefeuer: Das Doppelleben des Jack Unterweger*. Residenz Verlag, St. Pölten.

Michaud, Stephen / Aynesworth, Hugh (1989), *Ted Bundy: Conversations with a Killer*. Signet, New York.

Murakami, Peter / Julia Murakami (2000): *Lexikon der Serienmörder. 450 Fallstudien einer pathologischen Tötungsart*. Ullstein, Berlin.

Nelson, Polly (1994), *Defending the Devil: My Story as Ted Bundy's Last Lawyer*. William Morrow, New York.

Newton, Michael / Jaques Buval, Heinrich Dassel (2009), *Die große Enzyklopädie der Serienmörder*. Stocker Verlag, Graz.

Rule, Ann (2000), *The Stranger Beside Me*. Signet, New York.

Schecter, Harold (2008), *Depraved: The Definitive True Story of H. H. Holmes, Whose Grotesque Crimes Shattered Turn-of-the-Century Chicago*. Pocket Books, New York.
Sullivan, Kevin M. (2009), *The Bundy Murders: A Comprehensive History*. McFarland and Co., Jefferson.
Wagner, Astrid (2001), *Jack Unterweger*. Militzke, Leipzig.

Register

C

D

H

L

M

N

O

T